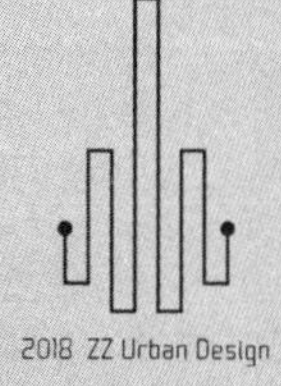

2018
首届郑州国际城市设计大会论文集

Proceedings of 2018 Zhengzhou International Urban Design Conference

中国建筑学会　主编

中国建筑工业出版社

图书在版编目（CIP）数据

2018首届郑州国际城市设计大会论文集 / 中国建筑学会主编. —北京：中国建筑工业出版社，2018.9
ISBN 978-7-112-22621-4

Ⅰ. ①2… Ⅱ. ①中… Ⅲ. ①城市规划 – 建筑设计 – 世界 – 文集 Ⅳ. ① TU984-53

中国版本图书馆CIP数据核字(2018)第198417号

本书收录了国内外城市设计界多位学者对于"国际城市/新区设计理论、方法与实践"、"城市风貌特色保护与有机更新"、"人居环境与生态、绿色、健康城市"、"中国城市双修研究与实践"等方面的学术论文近40篇，充分契合了"塑造新时代城市特色风貌"的会议主题，值得业内相关专业人员互相交流学习。本书适用于建筑设计、城市设计等专业从业者、相关单位负责人、建筑师、规划师、工程师、科技工作者及广大院校师生阅读。

责任编辑：唐 旭 李东禧 贺 伟 孙 硕
责任校对：王 瑞
书籍设计：张 慧

2018首届郑州国际城市设计大会论文集
中国建筑学会 主编
*
中国建筑工业出版社出版、发行（北京海淀三里河路9号）
各地新华书店、建筑书店经销
北京佳捷真科技发展有限公司制版
北京中科印刷有限公司印刷
*
开本：880×1230毫米 1/16 印张：17½ 字数：528千字
2018年9月第一版 2018年9月第一次印刷
定价：**89.00**元
ISBN 978-7-112-22621-4
（32746）

前　言

《2018首届郑州国际城市设计大会论文集》是由中国建筑学会、河南省住房和城乡建设厅、郑州市人民政府共同主办的首届郑州国际城市设计大会的学术成果。论文集同时也体现了本届城市设计大会的主题“塑造新时代城市特色风貌”。

2018年3月，中国建筑学会正式启动本次大会论文征集工作。经学术委员会评审，《2018首届郑州国际城市设计大会论文集》共录用了学术论文近40篇，作者为行业从业者、院校师生。论文集涵盖国际城市/新区设计理论、方法与实践，城市风貌特色保护与有机更新，人居环境与生态、绿色、健康城市，中国城市双修研究与实践等多方面主题。论文集内容丰富翔实，全面客观地反映了我国城市设计领域的学术和科技发展水平。希望本书的出版能够助力中国城市品质的提升，为实现“美丽中国”的目标添砖加瓦。

感谢在本书编辑过程中来自于政府、学术界和产业界的支持与帮助。书中不当之处，衷心希望各位读者给予批评指正。

2018首届郑州国际城市设计大会组委会

2018年8月

目录

1 国际城市/新区设计理论、方法与实践
Design Theory, Method and Practice of International City/New District

2 城市风貌特色保护与有机更新
Urban Feature Protection and Organic Renovation

3 人居环境与生态、绿色、健康城市
Habitat Environment and Ecological, Green, Healthy City

4 中国城市双修研究与实践
Research and Practice of Double Majors on Chinese Cities

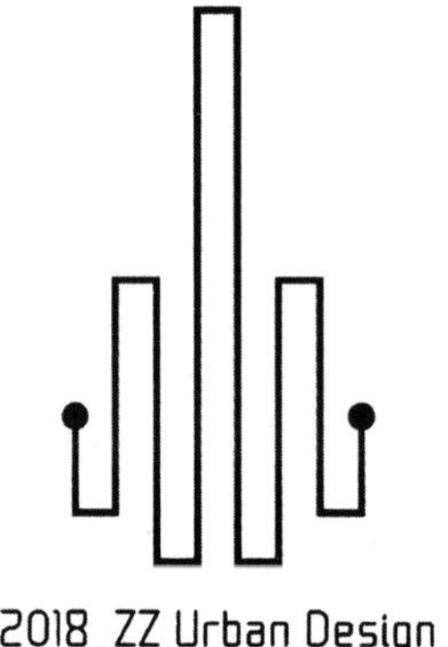
2018 ZZ Urban Design

1 国际城市/新区设计理论、方法与实践

Design Theory, Method and Practice of International City/New District

2018 ZZ Urban Design

Building and Planning of Affordable Housing for a Sustainable Future Township in the Greater Kuala Lumpur Region in Malaysia

Azim A. Aziz & M. Haziq Zulkifli
(ATSA Architects, Kuala Lumpur, Malaysia, Email:info@atsa.com.my)

Abstract: Providing affordable housing for the masses, plays a major role in the well-being of the population, contributing to the physical and mental health, education, employment, security and also the country's political certainties or uncertainties. In Malaysia, the categories and tier percentages of the population have been divided into three income groups; they are the T20 (top), M40 (middle) and B40 (bottom) groups. Many public and private housings have been built to cater to each income group, but they are unable to address many escalating social and living issues. Currently, the Greater Kuala Lumpur region, as the research area in this research, has a population of 8.3 million. It is projected by the year 2050; the population will reach 10.7 million. Through this paper, a new future township has been proposed, whereby various shared facilities and amenities have been incorporated as to avoid the growth of potential social problems. By analysing these issues, a future sustainable township has been formulated based on the three key elements, which are live, work, play and learn environment, green area and connectivity. It is foreseeable that the demands of such township are imperative in the nation building towards achieving Malaysia's goal of attaining high-income economy and a modelled developed nation status soon, graduating from being a developing nation for decades.

Keywords: Planning; Affordable; Housing; Sustainable; Township; Kuala Lumpur; Malaysia

1 Introduction

Housing has always played a vital role in the nation's economic development and well-being. It is universally regarded as a basic human right, which is to have an adequate standard of living in order to improve living conditions[1]. With the rising global population, housing has often been intertwined with larger social and urban issues. Housing affordability has become commonly discussed issues in particularly urban housing programmes. It is often used as benchmarks to evaluate a city's status and standard of living.

Similarly in Malaysia, especially in the major urban centres, housing affordability has always been the key concern among the masses in recent years. Combined with the rising cost of living, housing affordability continued to be among grave issues, other than the household income, education and employment opportunities, entrepreneurship as well as social safety net[2].

During the independence year of Malaysia (then Malaya) in 1957, the population was only 6.3 million, with 49.8 percent were Malays and Bumiputeras, 37.2 percent Chinese, 11.3 percent Indian and 1.8 percent made of the other races[3]. 60 years later, Malaysia's population rose to 31 million, comprising 68.6 percent Malays and Bumiputeras, 23.4 percent Chinese, 7.0 percent Indians and 1.0 percent of the other races[4]. The population has increased by approximately 25 million people in 60 years, with 32 million population now, a more than threefold from 1957. Around 75 percent of the population now lived in the major urban areas, concentrating in Greater Kuala Lumpur, Penang and Johor[5].

It is anticipated that in years to come the urban population will constitute about 80 percent of the population. Affordable housing has become one of the most important criteria in constituting an urban fabric that will propagate growth and other basic human necessities, on top of the jobs, security and a peaceful environment. Furthermore, it is also estimated that the future population will surge up to 41.5 million with a change from the existing demographic where 72.1 percent are Malays and other Bumiputera groups, 20 percent Chinese, 6.4 percent Indian and 1.5 percent of the other races by the year 2040[6].

In Malaysia, the income of the masses is measured by the government in the three main income groups. Income quintiles are divided into three categories, which are top 20 percent (T20), middle 40 percent (M40), and bottom 40 percent (B40)[7]. The median monthly household incomes now are standing at RM 3,000.00 for B40, RM 6,275.00 for M40 and RM 13,148.00 for T20[6]. However, to target more accurately the affordability of the housing rate for the purchasers, the categories need to be examined carefully. At present, there are various types of schemes are aiming to provide affordable housing, for instance, housings provided by PR1MA Corporation, National Housing Company Berhad (SPNB), Selangor State Government (Selangorku Homes) and Federal Territory Homes (RUMAWIP)[8].

A concrete measure to address housing affordability should be inclusive, that will look into varying angles and areas. Other than income brackets and economic perspective, it is also vital to incorporate the design of sustainable and affordable housing, as this is very much highlighted in this study. It is also an attempt to find a solution to address the severe issue of affordable housing for the masses that are liveable and conducive to propagate a civil, educated and matured society. In this paper, the Greater Kuala Lumpur region in Malaysia has been chosen as the research area.

2 Research Methodology

A qualitative approach has been primarily used in this research. Data and sources on the housings, economic indicators and related design reference were sought through online referencing and several newspapers and journal articles. Secondary data were obtained mostly from reports, articles, proceedings, books, newspapers and journals.

As the most populated region in Malaysia, the Greater Kuala Lumpur region has been selected as the research area of this study. Furthermore, purposely in this research, the research area encompasses the whole area of the state of Selangor, Federal Territories of Kuala Lumpur and Putrajaya with a total land area of 8,223 square kilometres (2,031,948 acres)[4]. The future larger expansion of Klang Valley or officially known as Greater Kuala Lumpur is one of the key reasons behind this inclusion.

The boundary area of Greater Kuala Lumpur is currently defined by the ten local authorities in Selangor, Kuala Lumpur and Putrajaya[9]. The ten municipalities are included Ampang Jaya, Kajang, Klang, Kuala Lumpur, Petaling Jaya, Putrajaya, Selayang, Sepang, Shah Alam and Subang Jaya that makes up an area of 2,163 square kilometres or 534,488 acres[10]. Based on the historical, current and projected population, the development of Klang Valley has been propelled exponentially along the Klang River basin and will continue to spread upwards and downwards in the future, which shall include the Selangor (north) and Langat (south) River basin respectively.

This study is aimed to propose a new affordable and sustainable housing model through design and architecture based on the occupant's economic conditions and living requirements. To formulate such design, it is imperative to investigate the population growth and projection for Malaysia and specifically in the Greater Kuala Lumpur region. The obtained data were further analysed and studied with the different income level groups with the existing and projected of affordable housing supply.

3 Background Studies and Findings

To date, the population of Greater Kuala Lumpur stood at 7,750,300 people and slated to expand to approximately 10,000,000 people by the year 2020 (Figure 1). Taking into account of today' s population at 7,750,300 people, based on the figures supplied by the Department of Statistics, Malaysia[4], there are about 1,830,000 households in Selangor, Kuala Lumpur and Putrajaya. To cater for 10,000,000 population by the year 2020, it is anticipated that the number of people will have to increase up to 2,500,000 with at least 2,000,000 people that will need to live in affordable houses in the next three years. However, based on the primary projection data, the population increase of Greater Kuala Lumpur to 10,000,000 people and it seem to be rather ambitious. Based on our analysis, the population would only increase to approximately 8,700,000 people by the year 2020 and the approximate addition of only 949,700 people by the year 2017 (Figure 2).

To achieve the projected 10,000,000 population in 2020, the Greater Kuala Lumpur has to grow about 563,000 people per year, which is around 7.25 percent growth per year. However, based on a more realistic average annual population growth projection of the Greater Kuala Lumpur, which is about 2.6 percent each year, it is anticipated that by the year 2020, we can only achieve 8,720,900 people living in the Greater Kuala Lumpur region. To obtain the expected 10,000,000 population of Greater Kuala Lumpur, it is anticipated that it can only be achieved by the year 2028. By the year 2050, the population of Greater Kuala Lumpur will stand at 11,000,000 people and 12,000,000 people by the year 2100. The total expected population of Malaysia would be between 40,000,000 to 60,000,000 people at its maximum, depending on the growth model used

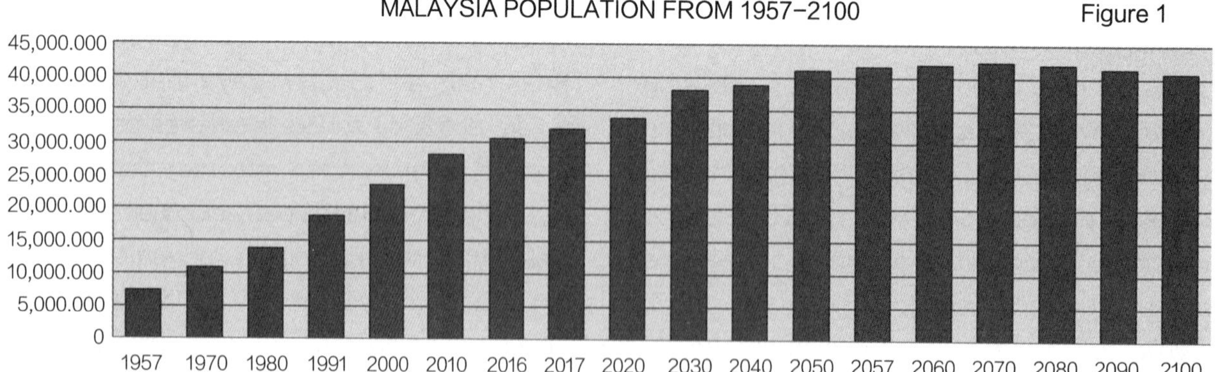

Figure 1

Figure 2

YEARS	1957	1970	1980	1991	2000	2010	2017	2020	2030	2040	2050	2057	2060	2070	2080	2090	2100
Malaysid	7,393,000	10,860,000	13,772,000	18,709,000	23,420,000	28,119,000	32,049,700	33,782,400	38,062,200	41,503,100	41,100,000	41,690,000	41,995,000	42,418,000	42,059,000	41,437,000	40,778,000
Greater Kuala Lumpur	1,012,929	2,077,430	2,364,067	2,788,113	3,307,419	7,202,672	8,259,000	8,720,900	9,761,000	10,641,000	10,715,039	10,701,823	10,778,880	10,832,324	10,875,202	10,907,490	10,929,079

to project the country's population growth.

Keeping the trend with many other developed nations, Malaysia will face an ageing population soon, as per indicated in the population chart. Based on the data, Malaysia will start experiencing an ageing population issue as early as the year 2040, when the population growth begins to stagnate. The similar figure is also prevalent in the Greater Kuala Lumpur region as the population is capped at 10 million people, not exceeding more than 11 million for the next 60 years.

In another analysis, the decreasing and stagnant population will pose many significant effects economically, other than social and general country well-being. Ideally, the population growth needs to be upkeep at 2.1% growth rate per year, for a country to be functioned orderly and sustainable[11]. To counter the declining growth, migration is the key to address the population imbalance and continue to spur the economic and development growth.

3.1 Affordable Housing Scene in Malaysia

Since the post-independence period in 1957, the provision of low-cost and affordable housing has become a priority of the government, especially in the urban areas, where squatter settlements, also known as shanty towns, were prevalent during the early years. Several government agencies were also directly responsible for providing housings for the poor in urban areas through the establishment of the respective state economic development corporations and various urban development agencies, such as the Urban Development Authority (UDA) and local authorities[12].

After the successful eradication of the squatter colonies throughout many urban areas, the problem of proper well planned affordable housing has become the next challenge. From the last two economic downturns, which were in 1997 and 2008, there seems to be an acute shortage of affordable housing. Price of such houses, (landed or strata) has risen tremendously to the point that many could not afford to buy these houses. Cost of land has also contributed greatly to the construction cost, as well as building materials and labour costs.

Other than the federal and state government agencies, the private sector has also commanding role in providing especially the low-cost housings. An imposed regulation of 30 percent or in some instances up to 50 percent of the total provision for units built quota for the building of low-cost and affordable housing in every residential development. Ensuring that the targeted group secures these houses, the government has also imposed an open registration system and selection of housing units through a balloting system.

While in some areas, there is a ruling that some affordable units built must equal to the number of high-cost houses, i.e. 50 percent affordable housings with 50 percent of free pricing houses. This approach has been carried out by allowing these units to be built in the high rise apartment units. In some instances, the high priced units partly subsidised for the construction of the low-end or affordable units. Moreover, to be fair to all, a balloting system is often carried out to ensure that there was no favouritism when selling these affordable housing units. There is no specific quota or registered purchaser required for other housing categories.

3.2 Overview of Housing Market Prices

Prior to the Eight Malaysian Plan (2001 to 2005), from 1957 up to 1998, only low-cost housings were provided by various federal and state government agencies. Beginning in 2001, a segment of affordable housing has emerged due to the increasing demands from larger urban middle and low-income groups, comprises the Middle 40 (M40) and Bottom 40 (B40).

Over the years, housing prices for the low-cost and affordable segment have been steadily rising and differ from one another, depending on the locations, features and providers. The affordable housing segment has been surfaced in the local property market since the year 2001, with the ceiling price at RM 100,000.00 per unit (Figure 3).

In the recent years, various definitions of affordable housing in Malaysia can be found depending on the respective agencies, with the prices ranging from as low as RM 42,000.00 (for the low-cost house) up to RM 400,000.00. Generally, according to the official definition by the Department of National Housing, Ministry of Housing and Local Government, houses with the price tag of RM 300,000.00 and below are considered as affordable housing[13] (Figure 4). However, for some private developers, RM 500,000.00 is considered 'affordable', as long as it is listed as RM 1,000,000.00 and below[14].

Presently, most of the affordable units are of high-density low or high rise apartments of about 650 to 950 square feet or below than 1,000 square feet. They are usually equipped with three bedrooms and two bathrooms.

The interpretation of affordable housing, in the global standard, can be attributed to the price-to-income ratio, more commonly known as the 'median-multiple' (Figure 5). It was developed in 1988 by the United Nations Centre for Human Settlement (UNCHS) and the World Bank under the Housing Indicators Programme[15]. The ratio concept had also been applied in the UN-Habitat Housing Indicators Programme, which focused on monitoring the provision and quality of dwellings.

The median multiple of price-to-income ratio refers to the 'affordable' price of a house shall stand at the three times of median gross annual income for any households. This is further pursued by UNCHS and the World Bank utilising international data and adapted in the Annual Demographia International Housing Surveys found that the 'global norm' for affordability was three times, meaning that if the median price for the whole of a housing

Figure 3

YEARS	BEFORE 197	1970-1980	1981-1997	1998-2001	2001-2001	2016
Low cost housing price (RM)	5,000.00-12,000.00	12,000.00-18,000.00	25,000.00	25,000.00-42,000.00	30,000.00-42,000.00	30,000.00-42,000.00
Affordable housing price (RM)					100,000.00-400,000.00	400,000.00-752,000.00

Figure 4

AGENCIES	PRICE RANGE	FEATURES	INCOME REQUIREMENTS
Ministry of Federal Territories	RM 63,000-RM 300.000	3 rooms,2 rooms, 1 room,studio type	<RM 10,000
departement of National Housing, Ministry of Housing and Local Government	<RM 300,000	Divided into low cost, low medium cost, medium cost	<RM 5,000
PR1MA Corporation	RM 100,000-RM 400,000		RM 25,000-RM 15,000
National Housing Company Berhad (SPNB)	RM 100,000-RM 300,000		
Selangor Property and Housing Board (LPHS)	RM 42,000-RM 250,000	Type A, B, C, D	<RM 3,000-RM 10,000

Figure 5

RATING	MEDIAN MULTIPLE
Severely unaffordable	5.1 and over
Seriously unaffordable	4.1-5.0
Moderately unaffordable	4.1-5.0
Affordable	3.0 and under

market was three times the median gross annual household income, this signals a well-functioning housing market.

Back in the year 2014, the common property market prices were found unaffordable to many middle class working families, especially in the Greater Kuala Lumpur region (Figure 6). The mismatch between household income and housing market prices had resulted in the introduction of affirmative actions by the government agencies through various affordable housing programmes. This situation is far-fetched from the official estimates that more than 80% of the population will need to require affordable housing, especially for the B40 and M40 income group households.

In the recent 2018 Malaysian general election, issues related to affordable housing were often downplayed by the political candidates on both sides, citing the highly critical of this issue to their electorates. The affordable housing issue is predicted to be a highly contentious subject for now and near years to come.

Figure 6

AREAS	MONTHLY MDIAN INCOME	ACNNUAL MEDIAN INCOME	MARKET MEDIAN PRICE	MEDIAN ALL-HOUSE PRICE	MEDIAN MULTIPLE AFFORDABILITY	AFFORDABILITY LEVEL
National (Malaysia)	4.585	55,020	165,060	242,000	4.4	4.1 to 5.0 Seriously unaffordable
Kuala Lumpur	7,620	91,440	274,320	490,000	5.4	5.1 & Over Severely unaffordable
Selangor	6,214	74,568	223,704	300,000	4.0	3.1 to 4.0 Moderately unaffordable

4 Discussion of Findings

The region of Greater Kuala Lumpur, located in the centre of Peninsular Malaysia or West Malaysia, currently hosts about 8 million population. With the land area of around 8,223 square kilometres (2,031,948 acres), the region is foreseen can accommodate a maximum up to 18 million people, though this may not be the case based on the current and projected population.

Despite the generally massive and flat land area of the Greater Kuala Lumpur region, as well as new property launched every year, the affordable homes remain to be inadequate, especially for the B40 and M40 income group households. According to Ling et al.[16] three major factors would likely attribute to the unaffordable housing scenario, including the mismatch in supply and demand, unaffordable new launches and imbalance between house prices and household incomes.

The mismatch of house supply concurred with the data supplied by the Valuation and Property Services Department[17], as the existing supply of new house in is 1,811,304, sharply lower than the number of 2,064,750 units needed for the population of Greater Kuala Lumpur.

The new property launches also skewed towards unaffordable range, with only 24% of the new launch price of RM 250,000 and below, in contrast with 35% of the population that can afford houses priced up to RM 250,000[16]. In another way, it has shown the new property launches distorted into the high-end segment market.

Another key factor would be the imbalance of growth between house prices and household income. The house prices grew by a big leap of 9.8% from the year 2007 to 2016, higher than that of household income, that stands at 8.3% only[16].

5 Outcomes

Based on the obtained data and information on the current affordable housing scenario in Greater Kuala Lumpur, it is time for concerted efforts from multi-agencies and parties in tackling the issue holistically. In this study, we have outlined our proposal and recommendations in the following sub-chapters:

5.1 Authority Regulations and Legislations

Government intervention is vital for any successful affordable housing programmes. In Malaysia, various agencies were set up through the federal government, state government and local authorities. At the federal government level, the Ministry of Housing and Local Government has the power to enact the National Housing Policy. On land matters, it is under the jurisdiction of state government while local authority oversees the zoning and building by-laws[18].

The legislation can be implemented in terms of the affordable housing quota requirement for each new development. For instance, in Selangor state, in some areas, it is now a requirement that the number of units built must be at least 50 percent of them to be affordable and the remaining 50 percent can be built to cater for the higher cost housings[19].

Other regulations can also be implemented in terms of the density requirement, provision of public amenities, as well as in terms of economic and financial sector, that will be discussed further in the following sub-chapters. A possible regulation and legislation related to rental market can also be introduced by the local authority to boost the rental accommodation market, especially for low-income households.

While in terms of the procurement and compliance of construction works, the local authority may accelerate and improve the approval time for any planning or building plan submissions. The local authority may also propose lower application fees and provide a density bonus for any affordable housing projects[16].

The built quality and cost also need to be controlled by hiring good and reputable contractors to avoid any excessive and unwanted construction costs. This is staunchly achievable with constant monitoring and supervision by the appointed consultants in every single aspect from the building, engineering, landscaping, costing and other technical specialities.

Recently, the Ministry of Housing and Local Government has mulled to streamline all government affordable housing projects under one agency, namely the National Affordable Housing Council. Should this proposal is actualised, it would effectively synchronise all applications and processes related to public affordable housing programmes, with currently 20 various agencies at the federal and state level[18]. Alternatively, inter-agencies cooperation and coordination must be established and improve for a better deliverance of affordable housing programmes nationwide.

5.2 Economic and Financial Measures

Building affordable homes shall not be a costly affair, despite the rising and inflate costs of construction, which include material, labour and land costs. In any development, the land cost and construction works constitute a larger portion at 35% and 30% respectively (Figure 7).

The reduction in these costs will greatly influence the final prices of the house. The land cost, for instance, at government intervention of the macro level, the land transaction can be

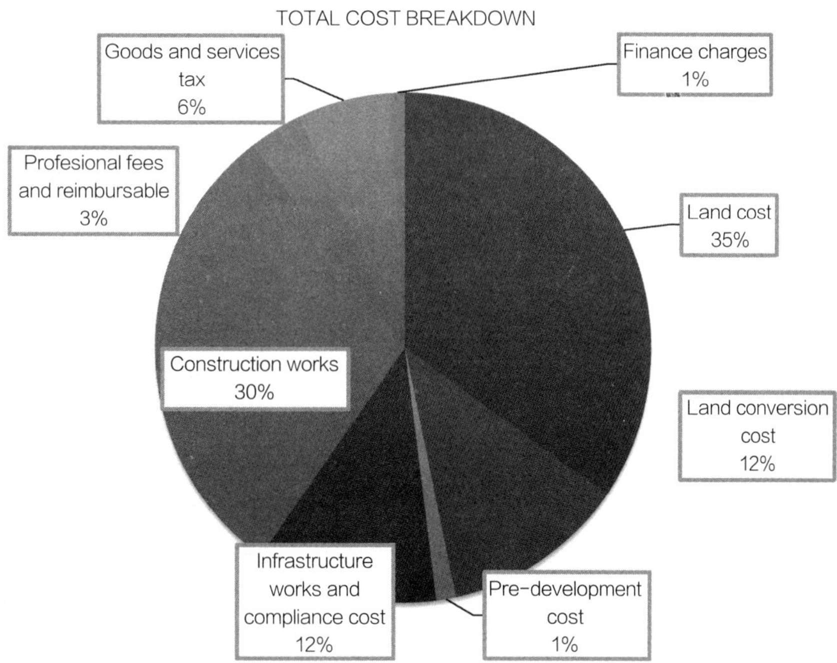

Figure 7

controlled and regulated by certain provision of land and sales acts. The similar means can be imposed on building materials, like cement and steel that is the major backbone of local building construction.

The abundance and over-reliance of cheap foreign labours shall be re-examined by adopting more advanced construction methods, such as the Industrialised Building System (IBS) and possibly robotic machinery. A special incentive and tax exemption can also be offered, which will lower the overall construction cost, as well as the labour cost.

The establishment of a single entity such as the National Affordable Housing Council by the government can effectively further reduce the construction cost. This will enhance the purchasing power to employ smarter procurement methods and ensure a steady stream of the project, with additional cost savings from bulk buying of construction materials[16].

In terms of banking and financial facilities, the banking institutions can introduce tailored financial schemes, such as the first time house buyer schemes or rent-to-own home ownership plans. The duration of the loan can also be extended up to 30 years and more. Lower interest rates can be introduced with subsidised fees for low cost and affordable housing loan schemes.

Besides that, the imposition of Real Property Gains Tax (RPGT) restrictions from time to time can also be made to curtail speculation of prices. Similar restrictions can be applied to the second time house buyers, but more supports can be done for young and low to middle-income house buyers or assistance in providing house deposit, such as MyDeposit scheme by the Ministry of Housing and Local Government.

Last but not least, in the short run, at government end, the higher yearly allocation can be pumped more into the building of affordable housing projects. At longer run, there must be a measure to alleviate the disposable household income, especially for urban dwellers in the Greater Kuala Lumpur region.

5.3 Design and Planning Strategy

Good architecture and design are imperative in creating a harmonious and pleasant built environment for our lives and well-being. In our design and planning proposal, we have outlined several suggestions from the top to bottom approach, at the macro level to the micro level in the layout planning of township and unit design of affordable housing.

At the current existing land use, the affordable housing can be planned and built on the public land and idle-land, as this has been in practice for some local authority[20]. Transit-Oriented development can also be planned, especially on the land banks of Malayan Railways Berhad (KTM) or Prasarana Berhad (Light Rail & Mass Rapid Transit operator), particularly near the railroads and train stations. In other cities, such as New York City in the United States, an unconventional infrastructure decking is a pragmatic approach, where affordable housings are built on top existing infrastructures such as rail lines[16].

At macro planning level, if the land area of Greater Kuala Lumpur is mapped and demarcated conceptually by 10 x 10 kilometres land mapping, a total of 74 land areas can be developed, with a total of 1,827,800 acres of land. With a proposed density of 30 per acre, this region can be easily fitted up to 54,834,000 people (Figure 8).

A 100 square kilometres township area is envisaged to be an integrated live, work and play area, plus a place to learn and enjoy too. A future sustainable township is a culmination area where all sorts of public amenities and facilities, such as neighbourhood market, restaurants, retail shops and offices can be found and interconnected within easy walking reach. This township ought to be a self-sustaining urban village, where it is designated to be a car-less zone with a systematic mode of public transportation.

The township will be divided into four major zones, which are the commercial, residential, institutional and recreational areas, supplemented by a pocket of green parks and

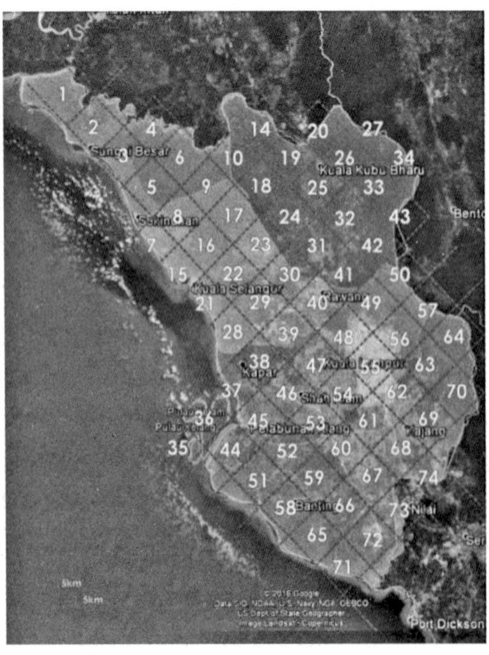

Figures and legend:

- 74 × 100 sq.km.=7,400 sq.km.
  247 acres × 7,400= 1,287,800 × 30 people/ acres=up to 54,834,000 people at 30 density per acre (*1 km=247 acres)
- 2017 population of Greater KL =8,259,000/32,049,700 or 26% of toal Malaysian population

Figure 8

plazas within. To further boost its connectivity, the angular grid form of planning will be implemented, eases movement from one end to another (Figure 9).

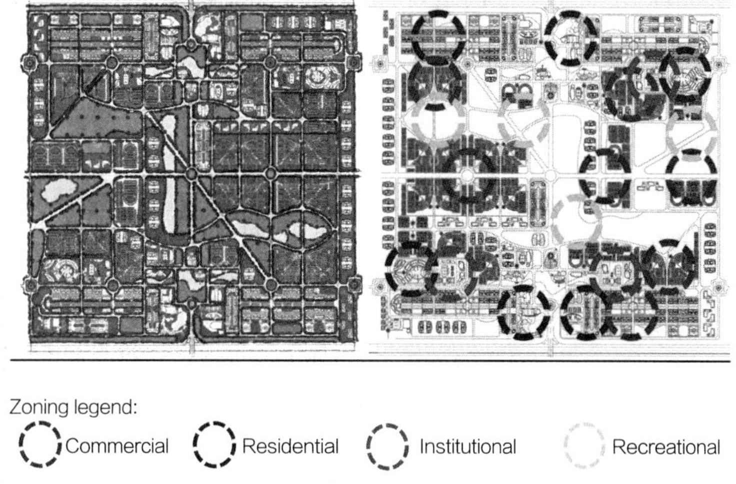

Zoning legend:
Commercial Residential Institutional Recreational

Figure 9

At the micro level, the layout design of each affordable house unit can be reviewed to match with the current and updated lifestyle. The typical affordable specifications comprise a built-up area of 850 to 1,000 square feet with three bedrooms, two bathrooms and other common spaces. This can be enforced with a revised density of units. Proposed density for affordable housing can be up to 110 units per acre or more for standalone development in Selangor. While in Kuala Lumpur, the building unit density could be much higher and up to 250 units in its density per acre. This depends on the area and the demand for such development at the centre of the city. Alternatively, the land requirements for each development can be minimised too by reducing parking facility requirement. The omission of parking space will inevitably reduce the land required for it, thus paving for more affordable housing units in each development[21].

Hence, the increased density and reduced parking requirement will encourage more people to live in accessible locations, where transportation costs can be minimised. This is where and how an effective public transportation can play its role in increasing connectivity and encourage urban sprawl. A good and interconnected public transportation system consists of trains, rail transits, trams and buses are indispensable in a future sustainable township of the Greater Kuala Lumpur region.

The provision of public facilities such as schools, playgrounds and multi-purpose halls, must be built together with other amenities such as open areas and recreational areas to promote racial and social integration, especially among the different income groups. This will also, in turn, save land required and costs in providing public facilities for the masses.

Another aspect that should be taking into consideration is the maintenance and building lifespan. One of the biggest challenges is to maintain such housings so that it will not turn into disrepair after its completion. It must grow its ecosystem to allow for sustainable living in the long run. One must also think about the lifestyle or lifespan of such housings as they may need to be replaced or renovated/refurbished every 20 to 30 years after its completion.

6 Conclusions

The affordable housing scenario is not unique to the Greater Kuala Lumpur region only, but in fact is an epidemic issue in many major cities around the world. However, as the most developed region of Malaysia, affordable housing will continue to be a contentious issue in many years to come. With the population is projected to be 8,720,900 people by the year 2020, the supply of affordable housing is on the rise to meet the increasing demand and growing population.

Nevertheless, in order to improve and solve issues pertaining to the affordable housing, combined efforts must be made to tackle the deep-rooted issues that prevent the adequate supply of reasonably priced housings, which is the affordability of owning a house and prices of the house itself. Several aspects of regulations and legislation can look into empowering the lower cost of building and owning an affordable house. Similar efforts can be pushed from the financial and banking sector in creating a more viable property market through economic measures. While in terms of design and planning, architects, planners and other professionals can start to emulate such unconventional and innovative ideas in creating not only affordable but also sustainable housings and townships.

In a long-term goal, it will not merely provide adequate and affordable housing units, but also into creating a conducive living environment, with a provision of maintenance and upgrading or refurbishment in the future, in tandem with the improved economic standing of the households.

Building a liveable township and city at the international standard is a great opportunity for the Greater Kuala Lumpur region and also Malaysia. Building purely for affordable housing in cities and townships may not enough in the short terms, but building future communities that will enhance the liveability of its people is the way that the policymakers must pursue. This, in turn, will make the Greater Kuala Lumpur region as one of the best places to live in the world with the improved quality of life for its population.

The Greater Kuala Lumpur region is in a great position to build townships that can apply new ideas, technologies and sustainable living. Broad ideas include types of dwellings, mixed development and connectivity living to be thought through in great detail and provide the future communities with a place to live, work, learn and play. The goal is to become one of the best places to live with an abundance of opportunities.

References

[1] OFFICE OF THE UNITED NATIONS HIGH COMMISSIONER FOR HUMAN RIGHTS, The Right to Adequate Housing [R]. Geneva: United Nations, 2014.

[2] ECONOMIC PLANNING UNIT, Eleventh Malaysia Plan 2016-2020 [R]. Putrajaya: Economic Planning Unit, 2015.

[3] CHANDER, R., 1974 World Population Year: The Population of Malaysia [M]. Paris: Committee for International Cooperation in National Research in Demography, 1975.

[4] DEPARTMENT OF STATISTICS, MALAYSIA, Current Population Estimates, Malaysia, 2014-2016 [R]. Putrajaya: Department of Statistics, Malaysia, 2016.

[5] UNITED NATIONS POPULATION DIVISION, THE WORLD BANK DATA. Urban population (% of total) [ED/OL]. Http://data.worldbank.org/indicator/SP.URB.TOTL.IN.ZS?locations=MY, 2014/2016-11-28.

[6] DEPARTMENT OF STATISTICS, MALAYSIA. Malaysia @ a Glance [ED/OL]. Https://www.dosm.gov.my/v1/index.php?r=column/cone&menu_id=ZmVrN2FoY

nBvZE05T1AzK0RLcEtiZz09, 2018-07-31/2018-06-11.

[7] MOHD, S., SENADJKI, A., CHE HAMAT, A. F., BAHARI, Z. Income Inequality in The Northern States of Malaysia: An Analysis of Income Quintile [C]. Proceedings of International Conference on Development and Socio Spatial Inequalities, 2015:105 - 112.

[8] ABDULLAH, Y. A., JAMALUDDIN, N. B., LING H.L., O., OMAR, D., ABDUL R., R. Adaptive Socio-Econ-Enviro Responsive Affordable Housing Model [C]. Presented at The 4th International Building Control Conference, 2016.

[9] PWC. Greater Kuala Lumpur: Bridge between Asia and the World [R]. Kuala Lumpur: PricewaterhouseCoopers Taxation Services, 2017.

[10] DEMOGRAPHIA. Demographia World Urban Areas [R]. Belleville: Wendell Cox Consultancy, 2018.

[11] UN POPULATION DIVISION. Total Fertility Rate [R]. New York: United Nations Department of Economic and Social Affairs, 2008.

[12] SHUID, S. Low Medium Cost Housing in Malaysia: Issues and Challenges [J]. Research Gate, 2016:1-13.

[13] ABU BAKAR, D., & JUSOH, H. Community Wellbeing in the Scope of Sustainable Affordable Housing [J]. Malaysian Journal of Society and Space, 2017:97-114.

[14] THE EDGE PROPERTY. Affordable housing and the emergence of a new norm [ED/OL]. Http://www.theedgeproperty.com.my/tags/affordable-housing, 2016-10-31/2016-11-29.

[15] COX, W., & PAVLETICH, H. 14th Annual Demographia International Housing Affordability Survey 2018 [R]. Belleville: Demographia, 2017.

[16] LING, C. S., ALMEIDA, S. J., & WEI, H. S. Affordable Housing: Challenges and the Way Forward. Economic and Financial Developments in the Malaysian Economy in the Fourth Quarter of 2017 [R]. Kuala Lumpur: Central Bank of Malaysia, 2018:19-26.

[17] VALUATION AND PROPERTY SERVICES DEPARTMENT. Property Stock Report [R]. Putrajaya: Valuation and Property Services Department, 2016.

[18] KENAS, T., SUWARDI, A., LING, N. P., HASSAN, H. Ownership On The Horizon [N]. Star Property.my, 2018-07-09.

[19] HASSAN, M., 'Selangorku Homes' - Policy and Planning Methods in Affordable Housing of Selangor State [C]. Presented at Seminar on Selangorku Homes and Strata Management Act, Shah Alam, Malaysia, 2015.

[20] MCKINSEY GLOBAL INSTITUTE, A blueprint for addressing the global affordable housing challenge [R]. New York City: McKinsey Global Institute, 2014.

[21] CHEN L.L., E., Minimum parking and housing affordability [N]. The Sun, 2018-06-29.

分类与导则
——美国 TOD 核心区城市设计导则初探 ①

Classification and Guidelines:
TOD Core Area Urban Design Guidelines in America

胡映东，陶帅
（北京交通大学建筑与艺术学院，100044）

摘要： 核心区决定了 TOD 社区的类型、形态和效率，体现在其土地混合使用、开发强度、活动频次、步行可达等显著特征。美国 TOD 核心区城市设计体系中的弹性控制，是通过“导”（六大目标原则及其重要程度排序）与分类制定的“则”（详细的规定条款与管制内容）的相互配合实现的。

关键词： 美国；TOD 核心区；城市设计；分类；导；则

Abstract: The core area determines the type, form and efficiency of the TOD community, which is reflected in the remarkable characteristics of the mixed use of land, the intensity of development, the frequency of activities, and the accessibility of walking. The elastic control in the urban design system of the TOD core area of the United States is realized through the coordination of “guides” (6 major target principles and rank in important degree) and classified “rules” (detailed provisions and control contents).

Keywords: America; TOD Core Area; Urban Design; Classification; Guides; Rules

1 绪言

核心区是TOD社区中商业与混合使用的中心区域（mixed-use core area/core commercial area）[1]，土地混合使用、开发强度、活动频次、步行可达等特征远高于外围区域，很大程度上决定了TOD的类型、空间形态和效率，也是连接中心站点和外部居住功能的纽带。核心区配置充足的办公和商业空间，为内部居民或外部使用者提供购物或工作机会[1]。核心区的构成和形态由开发定位与空间布局决定，体现为区域中人的活动区域、强度和方式。不同性质的TOD核心区范围差异较大（表1）。

不同TOD核心区范围对比　　表1

城市中心	新中心	城市邻里	新邻里	就业区	机构/娱乐
1/4～1/2英里	1/6～1/3英里	1/8英里	1/8英里	1/10英里	1/8英里

20世纪后期，“单纯物质环境更新”、自上而下的规划指导思想得以反思[2]，美国城市设计开始实行自上而下的政策引导和自下而上的公共参与相结合的弹性控制运行体系。通过自下而上的目的、原则、导则和定量标准来实现规划总体目标，或自上而下从次区域到全市、地区、邻里单位，到单个地点建立不同层次的设计导则[3]。TOD社区的城市设计以自上而下的城市整体规划为主导，但在已开发或部分开发区域，特别是城市建成区，自下而上的影响则更突出[4]。城市设计导则的“导”取引导、启发之意，“则”为规则、榜样之解[5]。核心区的“导”体现针对不同类型站点的弹性控制。通过制定决定性影响的目的和原则，给予实现预期效果的多重可能性。“导”指导产生“则”，分类制定有针对性的刚性准则与管制内容，同时“则”也允许有一定程度的灵活和创造性的方法，以消除单一角度或方法对整体效果的不利影响[4]。

2 TOD 核心区分类

TOD社区按区位、定位、建筑功能分布

① 基金信息：国家自然科学基金（面上）项目“轨道交通与城市发展动态协同规律及关键指标研究”（51778039）。

及比例等分类[6]。根据美国国家非营利组织"Reconnecting America"的研究报告《站区规划——如何做TOD社区》（Station Area Planning-How To Make Great Transit-Oriented Places，Federal Transit Administration，2010），TOD社区分为中心型、区域型和走廊型三大类[7]。基于上述分类方法，可将TOD核心区分为三大类六小类：中心型（城市中心、新中心）、邻里型（城市邻里、新邻里）、专门用途型（就业区、机构/娱乐）[8]~[10]。核心区分类因素包含站点在城市中的位置和定位、现有用途和长期活力、潜在发展区的位置和数量、现有公共空间、道路基础设施、步行环境与自行车连接、与核心站点的可达性、政府居民等主体的职责[8]。与TOD社区分类相比，中心型和区域型在小项分类时进行了合并（图1），便于实际控制；混合走廊型已包含多种TOD类型，而单个核心区主要体现为沿走廊方向的轴向拉伸，故不再将混合走廊作为一类核心区单独列出。

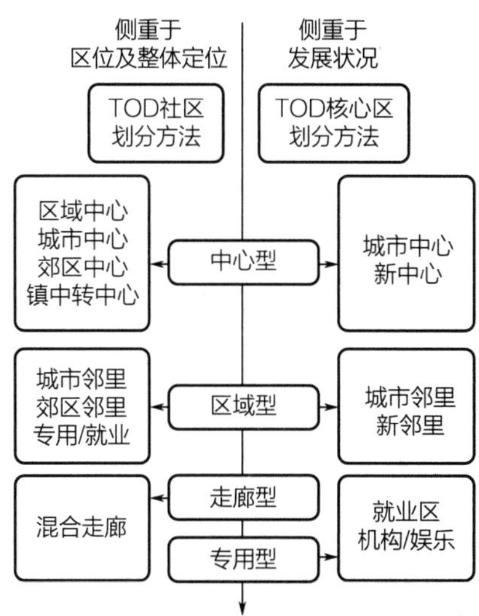

图1 TOD社区与TOD核心区分类比较

3 导——TOD核心区城市设计目标原则

"导"是对预期方向和特征的目标描述，而不限定设计手段和具体的内容[9]。例如《Fairfax County Transit-Oriented Development Guidelines》（2010）所提出"轨道交通车站附近保证最高密度或土地使用强度，明确TOD边界并保护周边现有社区"[10]，再如促进有活力和宜居的地区，使公共交通使用者和周围社区受益，并促进公共交通作为主要交通工具的使用[11]。

3.1 六大原则

TOD核心区的建设目标是在长期政策背景下，优化出行选择，创造充满活力的、多样化的社区。核心是通过提高公共交通分担率和增强核心站点对地区用户的吸引力,来鼓励持续的站点投资和维护（表2）。

六大目标原则 表2

序号	原则	二级原则	措施
1	促进公共交通的土地使用[8]	用地利用应促进公交使用，提高交通网络效率	• 高密度的商业办公使用 • 促进早晚高峰期之外的公交使用 • 提升区域内活动时间 • 吸引人们步行，生成行人交通
		混合的土地利用	• 住宅、就业和零售、服务等多用途混合 • 土地用途的垂直组合，鼓励建筑物内混合使用 • 土地用途的水平组合，规划区域内多个建筑物实现 • 不同类型建筑间的协同
		限制非公共交通支持性土地	• 限制非交通支持性土地用途，如洗车修车、室外仓储、加油站、商业性地面停车场等低密、消耗土地
2	增加建设强度，提升核心区活力[12]	优化站点周边密度	• 最高密度的用途和形式建筑尽量靠近核心站点建设
		弱化密度的影响	• 在站点周边安置最高密度 • 高低强度间形成过渡
		体量影响最小化	• 进行阴影研究，确保新的发展不对现有社区造成重大影响

续表

序号	原则	二级原则	措施
3	行人导向设计，最大限度地提升步行可达性、全线全时的行人舒适度	通向车站的安全行人通道	• 以便捷、连续、无障碍、舒适、直接、安全支撑核心区的步行可达性
		紧凑开发	• 建筑物围合行人通道和空间，路线易辨认
		整合公共系统	• 各种公共系统的舒适与有效结网
		自行车友好	• 自行车具有良好视线交流，但避免与过境乘客发生潜在冲突
		行人导向功能外置	• 商业、餐厅、室外咖啡等对行人有吸引力的功能设于首层
		人性化尺度	• 门廊入口应与道路正接，减少安全问题 • 低层建筑形式和材质多样，提高视觉吸引力 • 4～5层适当退让，保证街道的人行尺度及阴影感受
		全季节设计	• 主要行人路线、建筑和交通设施应包括气候和天气保护，包括覆盖的等候区、建筑投影和柱廊、遮阳篷等
4	塑造场所空间	地标建筑	• 车站、大型商业、知名住宅等地标具有高识别度
		街道划分	• 保障人行道等沿街公共活动空间，强化街道景观纵深
		车站空间过渡	• 挪借过渡区域的空间，创造舒适、有趣的候车/下车区域
		多种活动焦点	• 车站区域成为过境目的地和社区聚集点
5	合理组织停车[13]	减少停车需求	• 适当减少核心区停车
		停车位置合理，避免流线干扰	• 不阻隔社区与车站的步行联系 • 停车场通达公交车站、办公区等目的线路直接 • 停车场设在建筑物的后部或侧面
		满足行人需求和街道形象的停车形式	• 创造利于行人习惯的停车形式，绿化和人行道将停车单元分割更小 • 停车不破坏街道形象，包括商业用途和建筑透明度等
6	结合现有社区背景	公共参与	• 当地土地所有者和社区应参与车站区域的规划过程，提供信息并向其咨询
		社区服务及设施	• 新开发者为当地社区提供服务和设施，以满足就业、便利零售和个人服务、日托、公共集会等需求
		迎合当地环境	• 保持与周边良好的界面，处理高低密度之间的过渡

3.2 目标排序

依据不同站点定位与现状制定设计目标，六大原则的重要程度排序有所差异（图2）。①城市中心：首要任务是改进行人导向设计，其次是促进公共交通使用。②新中心：未开发或待重建区域的首要任务是建立交通网络、行人导向设计和营造场所空间，塑造城市或城郊的新商业中心。③城市邻里：加密式发展（Infill development settings）为市区提供商业中心，首要任务是促进公共交通的使用，并使核心区成为社区的活动焦点。由于主要服务区内居民，混合程度及步行导向需求较低。④新邻里：为待开发

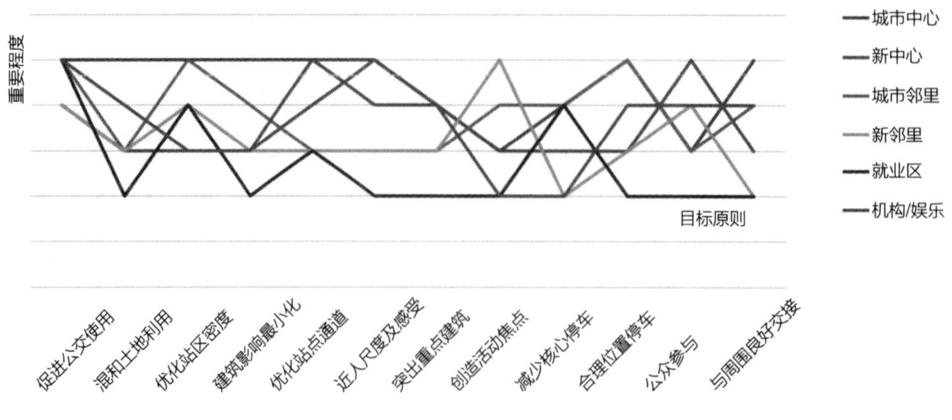

图2 不同站点的原则排序（资料来源：根据文献[13]～[15]）整理

或待重建的居住区服务的商业中心。首要任务是促进公共交通使用，塑造场所空间，打造活动焦点。为满足通达次级区域的需要，可在站点周边设置大型停车场。⑤就业区：主要任务是促进与周边地区的交通连接，并建立商业核心。与邻里型相似，就业区仅服务区域内部，但区域活动较少。⑥机构/娱乐：现状多为低密度开发。土地使用框架由园区总体规划决定，用户主要是大学、医院或区域性娱乐设施。由于日均公交客流量大且持续，娱乐区兼有重大活动的高峰客流特征，因此，公共交通和行人导向设计是重点。

4　则——TOD 核心区城市设计导则

“则”以开发框架的方式限定需要考虑的所有要素（任务），通过详细的规定条款与控制要求明确主要的管制内容，保障设计品质。导既是行为的先导，也是需遵循的法则[16]，在TOD核心区六大原则基础上，针对各社区编制分类导则。则的条目由四部分组成，以对应导的六个目标（图3）：①土地使用和建设，以确定新的允许用途、车站用地范围和规模；②建筑及场地设计，描述街道和建筑的关系特点，不同建筑控高区域的空间过渡；③交通设计，明确站点和邻近区域（私人和公共）行人与不同交通方式间的关系；④公共空间，优质的公共资源来吸引和稳定私人投资，确保整个地区的一致性和场所感（表3）。

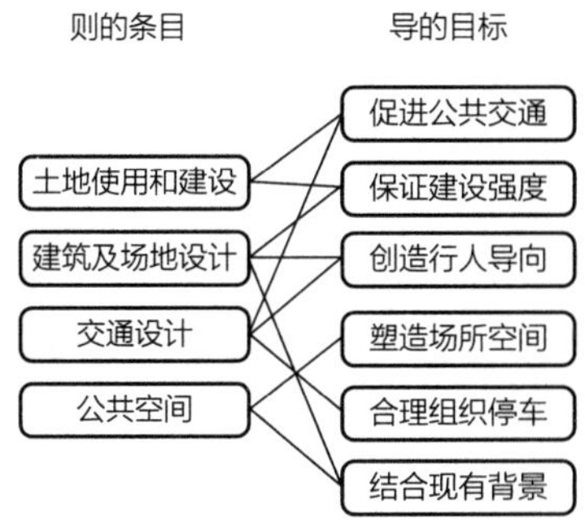

图 3　导与则的对应关系

5　结语

时至今日，TOD理念和模式在美国仍受到开发者、政府、公众、学者追捧。没有迹象显示，TOD会在可预见的未来消亡。这是市场所需，也是投资热点。据调查，近1/4美国人选择了2030年将在TOD社区居住，全美4000座公交车站附近将产生各2000套住房的开发需求[6]。越来越多的千禧一代选择搬回市区，TOD开发需求将持续走高[17]。

（1）区位效率、场所塑造决定TOD开发成败

核心区提高了“区位效率”（Location efficiency），提供步行、自行车或乘坐公共交通工具的多种选择，提供住房、工作、购物和娱乐的丰富组合，为公私部门及新老居民创造新价值。塑造场所空间对于提升核心区吸引力也至关重要[18]。

（2）TOD核心区居住功能将加强

到21世纪中叶，美国增长最快的人口群体（老年人、单身、非白人家庭）是使用公共交通的主体[19]。未来美国城市TOD核心的综合公寓需求比例可能增加，对核心区的公共交通路线和步行环境提出更高的要求。

（3）TOD核心区开发强度的天花板现象

TOD与DOT（发展导向的交通，Development-Oriented Transit）是一对相互制约和影响的矛盾。交通优势促进了核心区的繁荣，核心区开发反过来刺激交通的持续改善，继而使核心区密度进一步提高。应掌握边际效益递减规则，避免强度超过区域和交通承载力。

（4）郊区TOD是未来的重点

在郊区，TOD模式并未有效限制小汽车的使用。波特兰的研究表明，具有多种公共交通选择的城市居民使用汽车的数量（58%）比郊区居民（87%）少（Portland　Metro）。加利福尼亚的研究也表明，在TOD居住和工作的人使用公共交通的可能性是该地区平均水平的5倍和3.5倍（Rick Wilson，Cal Poly Pomona）。

（5）持续的TOD社区再投资价值收益

TOD价值与税收提升促进了再投资[20]。核心区自身及在整个社区的分布和比例，利于体现TOD核心区的经济效应，推动社区良性循环。

（6）加强政府在TOD核心区设计中的作用

实际操作中，政府通过弹性的导则协调商业利益与功能配备和配套设施的矛盾[21]。

表3

六类TOD核心区的主要设计导则

则的分类		核心区类型					
大项	小项	城市中心	新中心	城市邻里	新邻里	就业区	机构/娱乐
	线路及站点 高密度区域 低密度区域 绿化及广场						
土地使用和建设	核心区面积及形状	半径1/4～1/2英里的圆形，面积120～500英亩	半径1/6～1/3英里的不规则圆形，沿主要交通线路方向有延伸，面积40～200英亩	核心站点边半径1/8英里的圆形，及区域内的其他主要商业综合聚集地	核心站点边半径1/8英里的圆形	核心站点边半径1/10英里的圆形，及区域内的其他主要商业综合聚集地	核心站点边半径1/8英里的圆形，及区域内的其他主要商业综合聚集地
	建筑密度及分布	容积率≥3，建筑密度40%～60%，中心密度稍高	容积率≥2，建筑密度30%～60%，中心密度高于边缘	容积率≥2.5，建筑密度30%～60%，中心密度稍高于边缘	容积率≥1.5，建筑密度30%～50%，中心密度高于边缘	容积率≥1.5，建筑密度30%～50%，中心密度高于边缘	容积率≥2，建筑密度30%～60%，中心密度高于边缘
	建筑高度控制	平均30～80m，最高300m	平均20～50m，最高150m	平均20～50m，最高100m	平均5～30m，最高50m	平均10～30m，最高50m	平均20～40m，最高80m
	地下空间	充分开发高层地下空间，广场地下为停车等辅助功能。并可将部分商业设施（不超过10%）铺设于地下	开发部分高层地下空间，广场地下空间。主要作为辅助用房	开发部分高层地下空间，广场地下空间。主要作为辅助用房	不超过20%的底层辅助用房	除特殊需求外，不应开发地下空间	开发部分高层地下空间，广场地下空间。主要作为辅助用房
	区块划分	方格区块，1～2英亩	方格区块为主，1.5～5英亩	方格区块，1～2.5英亩	方格区块，1.5～5英亩	建议方格区块，1～2.5英亩	建议方格区块，1～2.5英亩
建筑物及场地	建筑功能及比例	商业：综合=2：8	商业：综合=3：7	商业：综合：居住=5：4：1	商业：综合：居住=6：3：1	商业：综合：居住=8：2：0	商业：综合：居住=5：5：0
	建筑贴线率	＞70%	＞30%	＞50%	＞30%	＞30%	＞50%
	透明度	50%～80%	30%～70%	30%～50%	30%～50%	20%～50%	30%～50%
交通组织	路面设计	单相二分路50%（区域道路）、次干道（四车道）20%（区域道路）、支路（双车道）30%（内部道路）	快速路或主干道（六车道）10%（过境道路，区域道路）、次干道（四车道）40%（区域道路）、支路（双车道）50%（内部道路）	快速路（六车道）10%（区域道路）、次干道（四车道）30%（区域道路）、支路（双车道）60%（内部道路）	快速路（四车道）10%（过境道路）、次干道（四车道）30%（区域道路）、支路（双车道）60%（内部道路）	快速路（六车道）或主干道（六车道）10%（区域道路）、次干道（四车道）40%（区域道路）、支路（双车道）50%（内部道路）	快速路（六车道）或主干道（六车道）10%（区域道路）、次干道（四车道）40%（区域道路）、支路（双车道）50%（内部道路）
	步行及自行车系统	车行道边设置为主，独立设置及立体步行系统为辅	沿主要道路设置独立人行道，支路可合并人行道与机动车道	沿主要道路设置独立人行道	沿主要道路设置独立人行道	沿主要道路设置独立人行道	沿主要道路设置独立人行道
	停车设置	建筑周边停车与地下停车为主，站点小型地面停车场为辅	建筑周边停车与地下停车为主，站点小型地面停车场及路面停车为辅。根据换乘汽车需要可在部分站点设置大型停车场	建筑周边停车与地下停车为主，站点小型地面停车场及路面停车为辅	建筑周边及地下停车为主，站点小型地面停车场及路面停车为辅。根据换乘汽车需要可在部分站点设置大型停车场	建筑周边停车与地下停车为主，站点小型地面停车场及路面停车为辅。大型停车场一般不设置于核心范围内	建筑周边停车与地下停车为主，站点小型地面停车场及路面停车为辅。大型停车场一般不设置于核心范围内

续表

则的分类		核心区类型					
大项	小项	城市中心	新中心	城市邻里	新邻里	就业区	机构/娱乐
	线路及站点 高密度区域 低密度区域 绿化及广场						
交通组织	核心停车数量（小汽车/自行车）	20～100/100～400	20～800/100～800	20～100/100～400	20～800/100～800	50～200/100～400	50～200/100～400
开放空间	城市广场	于商业区或商务综合体边设置小型城市广场，广场总占地面积10%～15%。单个广场面积50～500m^2	结合商业区设置小型城市广场，广场总占地面积10%～20%。单个广场面积50%～1000m^2	结合商业区设置生活广场，广场需要满足居民的居住游憩需求。广场总占地面积10%～20%	结合商业区设置生活广场，广场需要满足居民的居住游憩需求。广场总占地面积10%～30%	结合就业区主要活动建筑设置生活广场。广场总占地面积10%～30%	结合就业区主要活动建筑设置生活广场。广场总占地面积10%～30%
	公共艺术	主要结合小型广场放置，展示特色	按需放置，展示城市特色	按需放置，展示城市特色	可放置	可放置	可放置
	主要景观类型	非独立景观绿化，70%～90%人工景观	50%～80%人工景观	50%～80%人工景观	30%～60%人工景观	30%～60%人工景观	50%～80%人工景观

（注：根据佛罗里达、克利夫兰、西雅图等地TOD设计导则整理参考[11]、[15]、[22]整理）

参考文献

[1] Calthorpe Associates, City of San Diego Land Guidance System Transit-Oriented Development Design Guidelines [M]. 1992：36.

[2] 高源. 美国现代城市设计运作研究[D]. 南京：东南大学，2005.

[3] 程明华. 美国城市设计导则的编制与实施[J]. 城市规划学刊，2009（z1）：57-60.

[4] 高源. 美国城市设计导则探讨及对中国的启示[J]. 城市规划，2007（04）：48-52.

[5] 辞海编辑委员会. 辞海[M]. 上海：上海辞书出版社，1989：2822.

[6] Federal Transit Administration . TOD101:Why Transit-Oriented Development And Why Now? [R/OL]. 2012:4.

[7] Federal Transit Administration . TOD202:Station Area Planning-How To Make Great Transit-Oriented Places[R/OL]. 2008:4-7.

[8] The city of Calgary Land use planning&policy. Transit Oriented developmenT policy Guidelines[J/OL]. 2005：1-3.

[9] Sacramento Regional Transit.A Guide to Transit Oriented Development (TOD) [J/OL]. 2009：4-10.

[10] Heidi Merkel, Planning Division. Fairfax County Transit-Oriented Development Guidelines[R/OL]. 2010：2-19.

[11] Greater Cleveland Regional Transit Authority. Transit Oriented Development Guidelines[R/OL]. 2007：5-6.

[12] City of Boise Sponsoring Agencies McFarland Management.State Street Corridor Transit Oriented Development Policy Guidelines[R/OL]. 2010：5-9.

[13] Seattle City Council.Capitol Hill TOD Site-Specific Design Guidelines（draft）[R/OL]. 2012：2-12.

[14] The City of Edmonton Sustainable Development and Transportation Services Departments. Transit Oriented Development Guidelines[R/OL]. 2012：11-14.

[15] Sound Transit.Transit-Oriented Development (TOD) Program[R/OL].2014：7-10.

[16] 高源，王建国. 城市设计导则的科学意义[J].规划师，2000（05）：37-40、46.

[17] Chris Falk. Why Transit Oriented Development (TOD) is Hot! [N/OL]. 2017 https://www.chrisfalk.com/transit-oriented-development-tod-hot.

[18] Tod Toolkit.Knoxville Regional Transit Corridor Study[R/OL]. 2013.

[19] Sam Zimmerman-Bergman, Technical Assistance Director, Reconnecting America .Transportation and Housing Costs: Issues and Opportunities[R/OL]. 2008.

[20] Reconnecting America ,Encouraging Transit Oriented Development Case Studies that Work[R/OL]. 2014：3.

[21] 黄维民. TOD理念下城市交通可持续发展探究[J].人民论坛，2016（05）：171-173.

[22] Florida Department of Transportation . Transit Oriented Development Design Guidelines [R/OL].2006:3-5.

作者简介

胡映东，博士、副教授，北京交通大学建筑与艺术学院。研究方向：交通站域开发与城市设计。通信地址：北京市上园村3号北京交通大学17号楼，100044。电子邮箱：ydhu@bjtu.edu.cn。手机：15110245116。

弹性城市视角下的特色小镇规划创新
——以腾冲荷花傣族佤族乡为例

Urban Planning Innovation of Characteristic Town from the Perspective of Resilient City: A Case Study of Tengchong Lotus Dai Wa Village

戚一帆
（天津大学建筑学院）

摘要：近年来，弹性城市理念在国际上引起广泛关注，并逐渐成为城市规划的新热点和城市建设的新趋势。本文指出当前特色小镇发展主要面临房地产化、特色丧失、活力不足、生态破坏以及运营不力等问题，并以腾冲荷花傣族佤族乡为例，从产业、文化、社区、生态和管理弹性五个方面提出了弹性城市视角下的特色小镇规划思路，探索了应用弹性城市理念对特色小镇进行规划引导的创新方式，使特色小镇“特”中出“新”，健康发展。

关键词：弹性城市；特色小镇；荷花傣族佤族乡

Abstract: In recent years, the concept of Resilient City has attracted wide attention in the world, and has gradually become a new hotspot of urban planning and a new trend of urban construction. This paper points out that the development of the current characteristic town is mainly faced with the problems of real estate overflow, loss of characteristics, lack of vitality, ecological destruction and poor operation and so on. Taking the Tengchong Lotus Dai Wa village as an example, it puts forward the planning ideas of the characteristic town from the five aspects of industry, culture, community, ecology and management resilience. This paper explores the innovative way of applying the concept of resilient city to guide the planning of characteristic towns, so as to make the special towns develop healthily.

Keywords: Resilient City; Characteristic Town; Tengchong Lotus Dai Wa Village

特色小镇是我国新时代城镇化发展的新型探索和成功实践。在经历了几年的发展后，需要更完善的规划建设体系来指导建设。弹性城市是指能够适应新环境，遭遇灾难后快速恢复，而且不危及城市中长期发展的城市规划建设理念。在这样的背景下，本文希望应用弹性城市理念，找到特色小镇建设发展的突破点。

1 弹性城市概念及研究框架

1.1 弹性城市概念

对于弹性城市，Alberti的定义是城市一系列结构和过程变化重组之前，所能够吸收与化解变化的能力与程度[1]；弹性联盟认为弹性城市是城市或城市系统能够消化并吸收外界干扰，并保持原有主要特征、结构和关键功能的能力[2]。弹性城市在国外已被广泛研究并应用于构建城市应对自然灾害、经济波动以及社会突发事件的弹性实践中。

1.2 弹性城市研究框架

美国洛克菲勒基金会和奥雅那设计公司合作，提出通过四个维度来建立城市弹性，分别为健康和福祉、经济和社会、基础设施和生态环境、领导力和战略。在此基础上，该框架还提出了12项弹性城市目标，并通过灵活性、冗余性、稳健性、资源丰富性、反思性、包容性和整合性七个方面进行评价（图1）[3]。联合国人居署关于弹性城市发展趋势的报告所提出的弹性系统框架则从工程弹性、生态弹性和社会经济弹性三方面对弹性城市进行了架构（表1）[4]。

本文以更为具体的美国洛克菲勒基金会弹性城市研究框架为基础，探究特色小镇在弹性城市视角下的规划建设路径和策略。

2 当前特色小镇发展的问题

经过了几年如火如荼的研究与建设，特色小镇

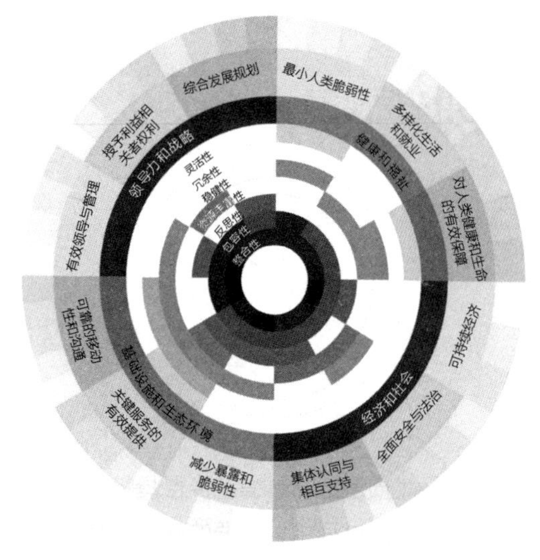

图1 美国洛克菲勒基金会弹性城市研究框架[3]

联合国人居署的弹性系统框架[4] 表1

	均衡状态	弹性判断依据	扰动的特性	重点
工程弹性	一种	回归到单一均衡的速度	• 可预测 • 来自外部 • 有冲击	• 抵抗和恢复 • 高效性、可预测性
生态弹性	多种	在进入新平衡的门槛之前，可以被吸收的冲击量，以及自我组织程度和学习能力	• 可预测和不可预测 • 来自外部 • 有冲击	• 持续性 • 适应性、灵活性 • 资源丰富性，高效性，多样性
社会-经济弹性	无，持续变化	不断吸收的冲击和压力的大小，以及社会生态系统自我组织和学习能力的先进程度	• 可预测和不可预测 • 来自内部和外部 • 有冲击和应力	• 持续性 • 适应性、灵活性 • 人类改造环境的潜力（人类机构）

的发展逐渐显现出了一些规划建设中的问题和威胁。目前特色小镇面临的主要问题为以下五个方面：①房地产化。小镇的发展壮大离不开产业的有效支撑。然而，一些小镇未找到适合自己的产业发展方向，再加上一些开发商虽致力于推进新型城镇化、建设特色小镇，却忽视产业发展，使小镇70%～80%的用地都变成了房地产项目。②特色丧失。现阶段一些特色小镇由于没有深入挖掘历史文化这一发展的内在动力，再加上缺乏现代文化的再造和传承，小镇建设只能盲目借鉴其他发展态势良好的小镇，使得特色小镇发展趋于同质化。③活力不足。目前，一部分特色小镇的产业蓬勃发展，但人居环境的营造远没有跟上步伐，反而正逐渐失去小镇活力，变回传统的产业园、开发区。④生态破坏。部分特色小镇在规划时对生态环境容量没有进行充分考虑，对当地的区域生态系统造成了一定影响。⑤运营不力。一些特色小镇依然沿用传统的开发思路，不注重发挥市场作用，政府也有过度承担企业职责的大包大揽现象。在应用弹性城市理念的过程中，应重点注重解决特色小镇这五方面的问题。

3 腾冲荷花傣族佤族乡

3.1 基本概况

荷花傣族佤族乡位于云南省腾冲市西南部，总面积125.88平方公里，距腾冲市城区24公里。地处大盈江西岸的山坡河谷地带。2015年末，总人口为29171人，其中傣族5494人、佤族1780人，占总人口的25%[5]。交通方面，基地与中缅口岸车程约70分钟，距腾冲机场50分钟，航空及公路较为便捷，铁路尚在规划中。基地依靠主要对外道路S233和腾冲相连，在腾冲1小时范围圈内，适合驾车游（图2）。经济产业方面，荷花傣族佤族乡第一产业以农

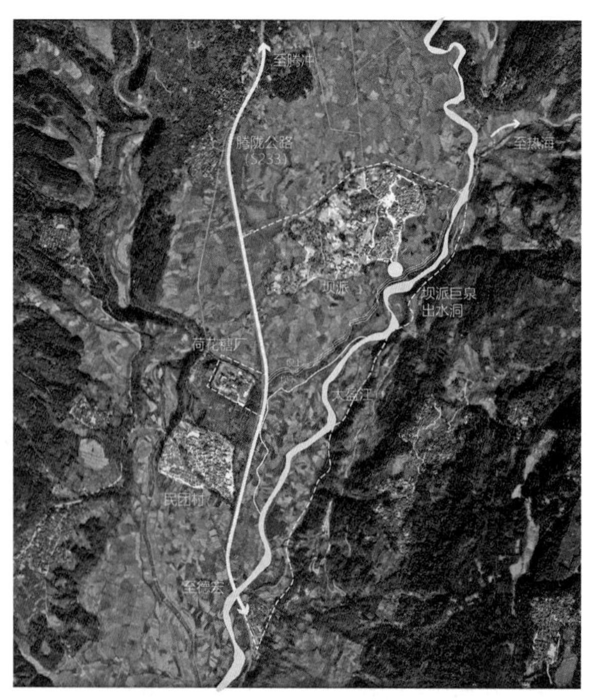

图2 荷花傣族佤族乡现状分析

业为主，主要作物有烤烟、玉米；第二产业为加工业，主要产品有玉石、火山岩，另有建于20世纪80年代初期的工业遗存荷花糖厂；第三产业以旅游服务业为主，主要的旅游资源有坝派巨泉，温泉度假村及傣佤文化体验，距离5A级景区热海仅有6公里（图3）。文化及自然资源方面，佤族清戏、傣戏、傣族织锦等文化艺术流传至今，佤族清戏具有600多年的历史，被誉为“戏剧活化石”，2008年被列为国家级第二批非物质文化遗产。

图3 荷花傣族佤族乡现状经济产业

3.2 面临的挑战与威胁

（1）旅游业同质化竞争激烈。腾冲的火山地热分布位居全国之冠，而荷花乡还拥有傣佤文化、坝派村寨等优秀原乡文化以及天然低温温泉——坝派巨泉，距离五星级景区热海只有6公里，生态旅游资源丰富。然而云南作为旅游大省，同质化竞争颇为激烈，地热温泉旅游也已经逐渐遍布云南。在严峻的旅游同质化竞争中，荷花乡需要深入分析当地条件，进行长远的规划战略制定，不仅要在旅游产品方面推陈出新，还要在旅游营销模式上找到特色发展之路。

（2）产业转型升级面临挑战。荷花乡现状以农业为主导产业，在通过旅游业发展促进经济提升的过程中，不能完全抛弃传统农业，应将两者有机结合，推动传统农业向现代农业发展，并成为荷花乡旅游业的重要一环。在农业和旅游业融合发展过程中，农业产品是否多元，农业—旅游业产业链是否完善，都是对日后产业升级是否顺利的考验。

（3）生态本底保障形势严峻。坝派巨泉是腾冲火山地热重要地质遗迹，是荷花乡最具特色的生态资源，在旅游业发展过程中，必要的建设和大量旅游客群的到来难免对其造成冲击。要实现荷花乡旅游业的可持续发展，必须坚持生态安全保障先行，形成健康的生态系统。

（4）原乡文化传承面临考验。文化是特色小镇发展的根本，傣佤文化是荷花乡的传统特色文化，但在旅游业发展后，如何让傣佤文化保持原汁原味，并与新兴文化共同发挥文化引领作用，是荷花乡特色文化发展的重要议题。

（5）运营管理模式有待探讨。荷花乡的运营管理模式是应对以上四方面的挑战和威胁的根本所在。云南省旅游发展主要采取的是政府主导的管理运营模式，以解决组织前期资金、公共利益资源整合等问题[6]。但在现阶段云南省旅游经济发展逐渐饱和的前提下，荷花乡需要探索新的运营管理模式，在云南旅游产业竞争激烈的大环境下赢得一席之地（图4）。

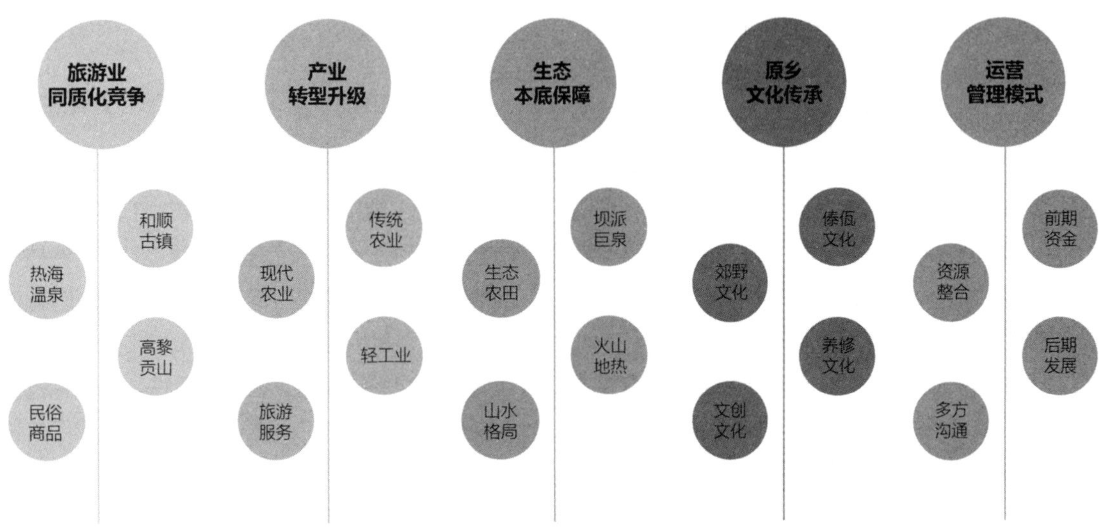

图4 面临的挑战与威胁

4 弹性城市视角下的特色小镇城市设计创新——以腾冲荷花傣族佤族乡为例

近年来，在国家旅游政策的促进下，云南旅游逐渐发生质变，智慧旅游、旅游定制化逐渐在旅游市场中站稳脚跟，腾冲在滇西经济圈崛起的过程中，具有较大的旅游发展潜力。在对荷花乡现状资源梳理的基础上，对荷花乡旅游潜在客群进行研究，明确荷花乡客源以省内客源为主，逗留时间平均两天以上，其中自驾出行占比最高，观光与休闲度假并重。在此基础上，确定了荷花乡“常规团游+豪华团游+私家定制”的团游模式，以及“度假散客+自驾散客+会奖散客”的散客构成。考虑特色小镇现阶段呈现的问题，以及荷花乡未来发展的挑战和威胁，以美国洛克菲勒基金会制定的弹性城市研究框架为基础，从产业、文化、社区、生态以及管理五个维度探讨荷花乡弹性规划的创新方向，从而构建弹性城市视角下的特色小镇规划体系。

4.1 产业弹性——促进产业发展的冗余性和灵活性

根据弹性城市研究框架中的经济与社会维度提到的“可持续经济”观点，首先，应开展全面连续的特色小镇产业发展规划。荷花乡目前人民群众的收入主要来源于农业，产业发展以农业为主，应与旅游业结合，重点发展特色旅游服务业，带动当地产业升级，形成多元化的经济产业体系（图5）。第二，应打造多元化的经济基础，增加产业发展冗余性，培育“强”中有“特”、灵活多样的小镇经济。将未来荷花乡发展定位为滇西旅游门户，腾越养修福地，坝上温泉之乡，功能定位为集温泉疗养、民俗体验、禅修养生、会议博览、户外运动、田园观光为一体的国际化旅游度假小镇，充分整合荷花乡旅游资源进行多元化利用。第三，吸引多样化投资，并与区域和全球经济紧密结合，营造有吸引力的产业环境。对荷花糖厂、坝派村寨、农田等当地资源进行合理整合利用，将荷花乡分为八大功能板块。由政府主导，与当地居民合力改造坝派村寨，整合为傣佤民宿主题区及商业风情街，依托金银堆、荷花池整合出村庄公共区，引入水系，改善村寨环境；吸引观光农业投资及户外运动投资，保留大部分原有农田，发展生态农业观光产业，沿坝保留景观带，引入云南独具特色的梯田，发展主题公园，结合农业观光发展户外运动，为自驾游游客提供房车基地；吸引一定地产类投资，植入文创功能，在坝下公路两侧分别设置旅游地产和玉石加工博览中心，其中展览区集中发展文创会展功能，旅游地产为外来高端游客提供住宿，吸引高端客户；吸引娱乐康体类投资，结合两大温泉景区发展温泉旅游度假及禅修疗养基地（图6）。

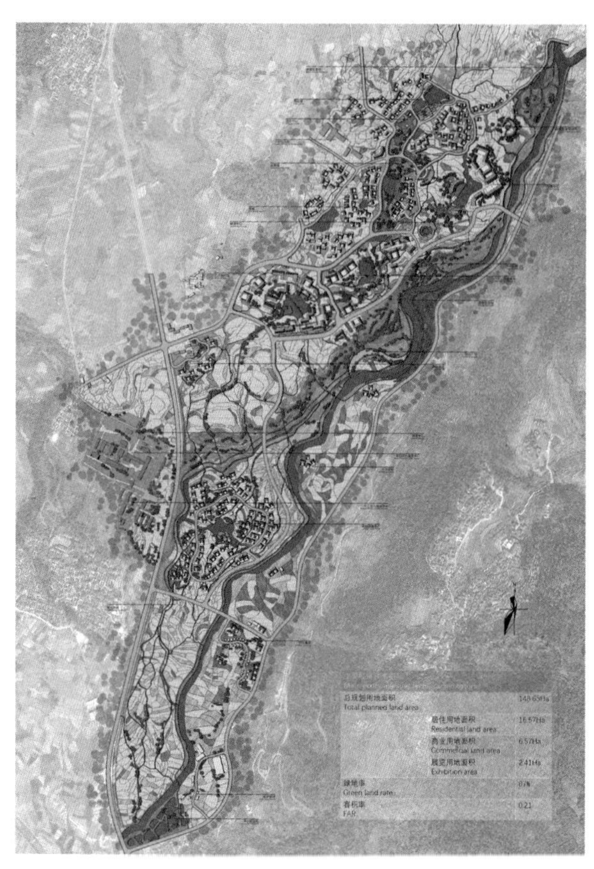

图5 平面图

4.2 文化弹性——挖掘特色文化的多元性和更新性

特色小镇的文化发展是动态可变的，特色文化的挖掘离不开对自身优势的利用，还需要新兴文化的带动发展。荷花乡原生傣佤民俗文化在进行旅游开发后如何保证其原汁原味，并与新兴文化进行结合，进而使特色文化具有多元性和更新性，是荷花乡弹性规划中需要重点探讨的问题。荷花乡原生傣佤文化分为物质文化和非物质文化两个方面。物质文化有基于民俗风情和特色农业的傣族织锦、玉石雕刻、火山岩制作、傣佤美味等，非物质文化包括世界非物质文化遗

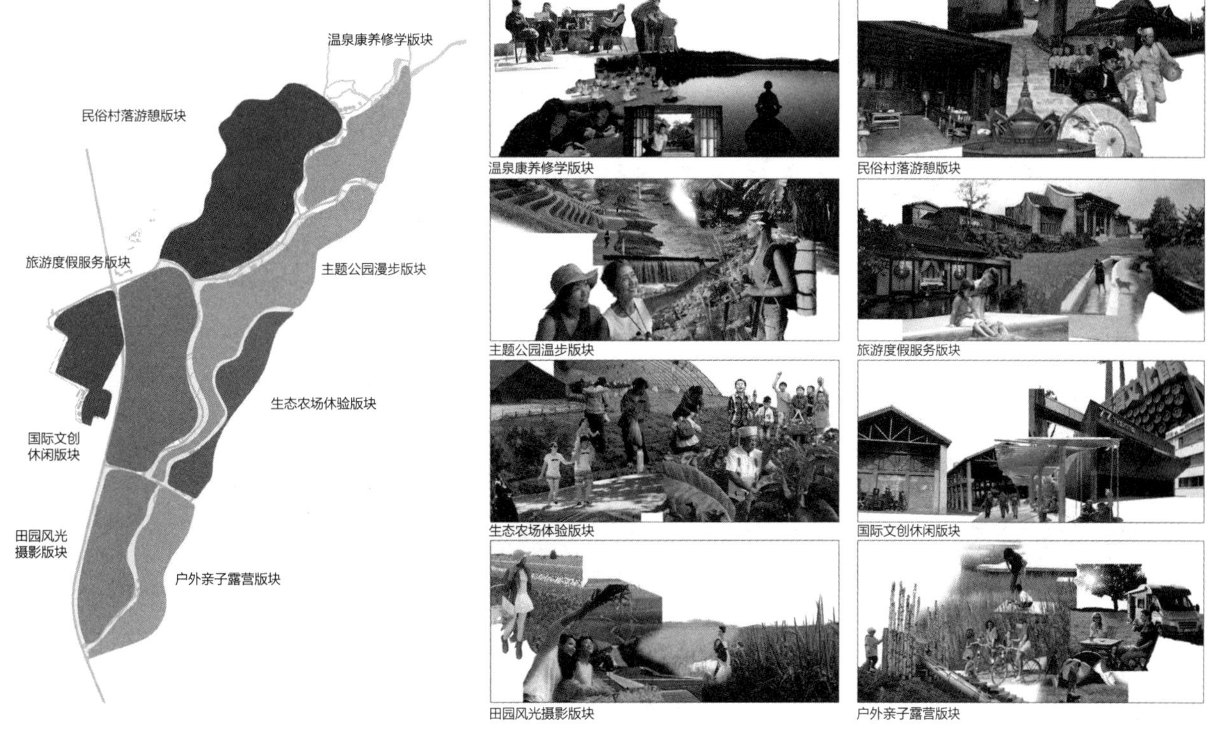

图 6　荷花乡产业策划

产——佤族清戏，以及当地特有的温泉文化。新兴文化包括由新产业引入的禅修养生文化、国际文创文化和户外体验文化。在满足文化多元性的基础上，对傣佤文化进行体验式设计，植入多样文化活动，引导当地居民了解新兴文化，丰富文化宣传模式，使特色文化融合更新，具有时代性，成为荷花乡吸引旅游的主要源头（图 7）。

4.3　社区弹性——提升人居环境的认同感和幸福感

根据弹性城市研究框架中的“集体认同与相互支持”概念，首先，应尽量减少潜在的人居环境脆弱性，满足基本的幸福生活水平。荷花乡的旅游发展不仅要服务于游客，更要造福当地居民，另外，对坝派村寨的改造应首先考虑村民需求，划分村寨组群，注重公共空间的营造，小学、幼儿园、活动中心等公共配套设施应首先保障。第二，积极引导居民参与小镇建设，形成包容性社会结构，建立透明有效的沟通协调机制，提升公众对风险的认识以及对政策的理解和认同，并增强政府、社区与居民之间的协作性。对于未来民宿建设和民宅改造应进行深入调研访谈，了解居民生活习惯和主要意向，以满足居民需求为首要出发点。注重公众参与，鼓励当地居民参与旅游建设，实现产业转型的同时造福于民，提升居民的幸福感。

4.4　生态弹性——保障生态环境的耐受性和可持续性

弹性城市研究框架中的“基础设施和生态环境”维度提出，首先应构建综合危害暴露风险分析系统，对城市生态的潜在风险进行可靠预估。对于荷花乡而言，首先对当地进行生态适宜性评价，划定生态保护范围，明确适建区、限建区和禁建区。第二，应建立有效的生态管理体系，制定生态守则。第三，建立具有前瞻性的全方位生态防护网络，增强生态系统的可持续性。对以大盈江支流为主的水系进行重点保护，构建主要景观廊道，保留基本的农田格局，并在坝上坝下形成景观通廊。在交通方面，减少基地内车行道数量，鼓励慢行交通，人行步道覆盖整个区域，并设置若干观景平台，完善布局景观交通体系，减少对原有生态环境的破坏。对于农田的保护利用，在保留大部分原有农田的基础上，对功能进行改造，沿泉水种植水稻，保留坝派村寨中的自家菜园，并建设生态农场，观光农田，利用坝上坝下高差营造梯田风情。在生态水系水岸方面，对荷花乡进行海绵城市设计。荷

祈福许愿季

举办时间：初一、十五
主要活动：
寺庙朝拜、开光保佑安康
祭祀朝拜
许愿灯活动

蔬果采摘季

举办时间：蔬果丰收时节
主要活动：
蔬果采摘活动
家庭烹饪比赛
特色养生蔬果品尝

房车露营季

举办时间：旅游旺季
主要活动：
房车露营活动
户外体验交流
河畔篝火烧烤晚会

自然科普季

举办时间：每年春季、暑期
主要活动：
自然知识科普教育
植树节活动（小树认养）
蔬果种植讲解
田园菜地DIY

禅修养生季

举办时间：春夏秋季
主要活动：
禅式运动体验
森林氧吧静享
户外康体健身
养性会馆、悟禅台

荷花诗词与摄影季

举办时间：每年5～10月
主要活动：
荷畔婚纱摄影活动
自然野趣采风活动
莲花文化摄影展

生态探险季

举办时间：4-9月份
主要活动：
攀岩、徒步、漂流、森林穿越、环峨眉河自行车竞技赛等

荷花美食节

举办时间：蔬果丰收时节
主要活动：
美食主题展、美食街
当地餐饮、酒店、宾馆在节日期间开展优质服务，推出“精品菜肴”美食套餐

佤族戏剧节

举办时间：旅游旺季
主要活动：
戏剧节活动
清戏交流展示

傣族手工集市展

举办时间：每年春季、暑期
主要活动：
傣族织锦
傣画技艺

禅修养学宣传季

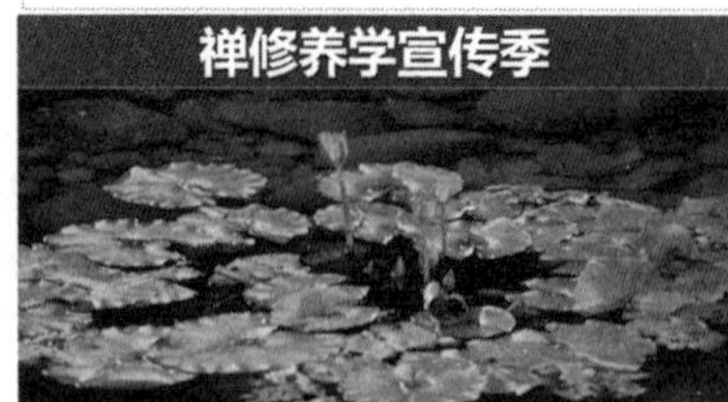

举办时间：旅游旺季
主要活动：
茶道表演与讲解、禅茶一味馆
国学论坛、佛学院、佛教音乐鉴赏
禅意修行体验课程
幻化佛陀光影展

温泉旅游季

举办时间：旅游旺季
主要活动：
温泉SPA

图7　荷花乡旅游节事活动策划

花乡水资源丰富，将大盈江水引入基地，以水为脉，形成水网体系，串联多个水景节点，并依据功能需求设计硬质、软质及亲水驳岸。在荷花小镇流域的上游设调蓄型湿地，中游设置游憩型湿地，下游设置净水型湿地，有利于水资源的保护及净化，多种驳岸的设计方便游客使用。并通过屋顶集水、透水铺装、生态草沟、雨水花园、湿地等措施调蓄水体，实现整个区域水系的流动和更新（图8）。

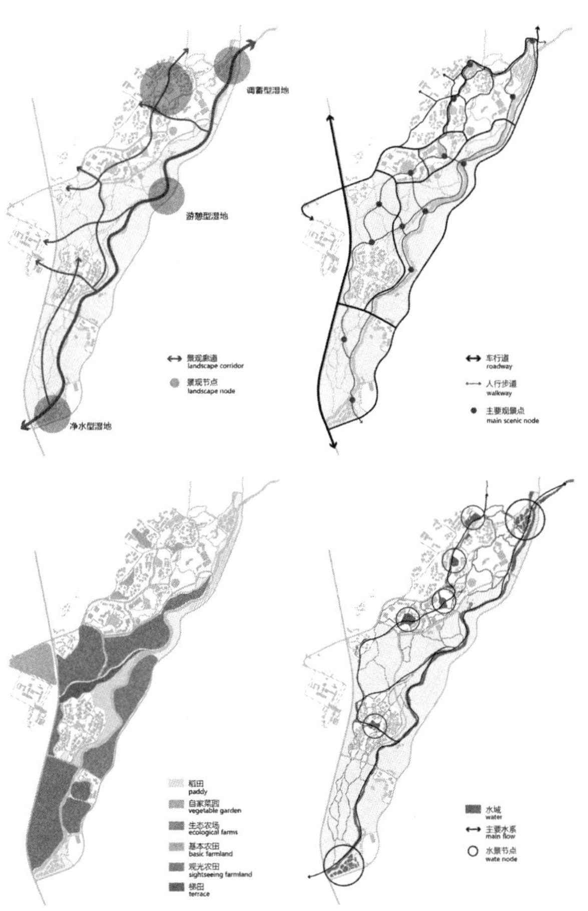

图 8 荷花乡生态环境保护规划

4.5 管理弹性——增强政府管理的反思性和稳健性

政策弹性强调弹性行动对与弹性规划后续引导的反思性和稳健性。在“领导力与战略”维度，弹性城市提出，首先应促进政府机构之间的综合协作与灵活沟通。设立荷花乡旅游发展领导小组，有针对性地进行旅游业发展工作，积极向优秀特色旅游小镇学习先进经验。第二，有效协调多方利益，对参与城市决策的所有行动者进行透明、包容和综合的政府决策和领导。荷花乡政府应提供多方沟通互动的协商平台，加强社区对公众参与的组织能力。第三，定时进行政府治理综合危险监测与风险评估，提升政府反思性，培养政府综合应急管理能力的稳健性。建立智慧风险管理平台，运用大数据对旅游发展进行跟踪分析，对人流量、环境承载力、经济发展等进行实时跟进，对风险进行预先评估和精确预测，形成成熟的弹性管理体系（图 9）。

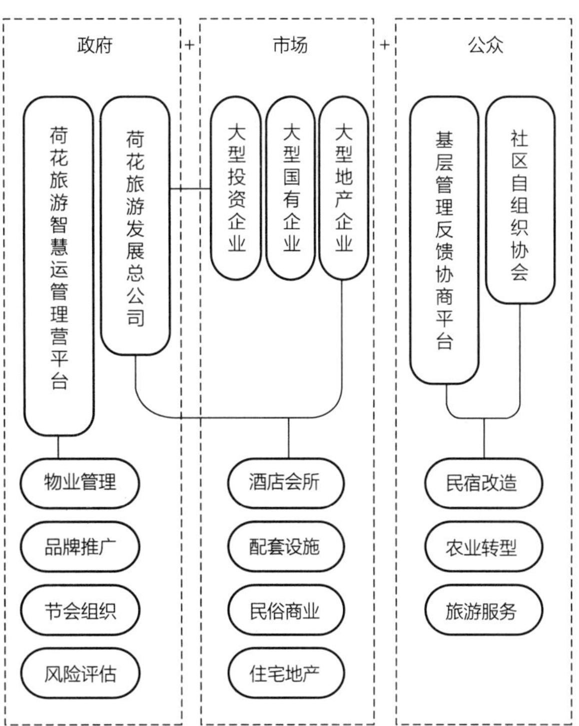

图 9 荷花乡运营管理模式

5 结语

本文从弹性城市视角对特色小镇的规划建设体系进行了创新探索，在产业弹性、文化弹性、社区弹性、生态弹性和政策弹性五个方面提出了相应的弹性策略。以下是笔者对于多族裔文化资本和多族裔社区的一点思考。第一，弹性城市理念可以促进特色小镇全面提高对不确定扰动的处理能力。在建设特色小镇过程中，应提升对危机的预防和应对能力，以保障小镇的稳步发展。弹性城市作为提升城市危机恢复力、促进城市运转多样化的新兴理论概念，会发挥出越来越重要的作用。第二，弹性城市理念可以使特色小镇的建设和运营成为动态变化过程。弹性城市的建设是动态变化的过程，通过实时监控、及时修正，全面增强城市系统的结构适应性，从而长期提升城市整体的系统弹性。特色小镇的建设和运营也是一项长期工作，以动态方法进行动态建设，可以有序推进特色小镇高质量健康发展。第三，弹性城市理念以问题为导向满足实际建设需求。弹性城市是从识别城市面临的问题和威胁出发的城市发展新概念。弹性城市以问题为导向，为特色小镇的空间和社会经济发展提供了应对问题和威胁的新思路。第四，应用弹性城市理念可适应未来发展新趋势。目前国际上一些学者认为，弹性城市理念正在逐渐取代可持续发展理念，成为城市发展的新趋势。从特色小镇的建设之初开始建立弹性城市理念，可以促使特色小镇适应未来发展新趋势，与国际接轨，从而实现城乡一体化发展。

参考文献

[1] Alberti M, Marzluff J, Shulenberger E, et al. Integrating humans into ecosystems: Opportunities and challenges for urban ecology[J]. Bio Science, 2003, 53(4): 1169-1179.

[2] Resilience Alliance. Urban Resilience Research Prospectus. Australia: CSIRO, 2007. 2007-02[2011-5-20]http:// www.resalliance.org/index.php/urban_resilience.

[3] Rockefeller Foundation, ARUP. City resilience framework[EB/OL]. 2014. http://publications.arup.com/Publications/C/City_Resilience_Framework.aspx.

[4] UN HABITAT. Trends in Urban Resilience 2017 [EB/OL]. 2017. https://unhabitat.org/books/trends-in-urban-resilience-2017.

[5] 百度百科. 荷花傣族佤族乡[EB/OL].2018.07. https://baike.baidu.com/item/%E8%8D%B7%E8%8A%B1%E9%95%87/18677785?fr=aladdin&fromid=9075959&fromtitle=%E8%8D%B7%E8%8A%B1%E5%82%A3%E6%97%8F%E4%BD%A4%E6%97%8F%E4%B9%A1#reference-[7]-18955189-wrap.

[6] 胡雪芹，文凤平. 云南省旅游发展模式研究[J]. 市场论坛，2014（05）：89-91.

天津中新生态城与未来科技城规划发展对比研究

A Comparative Study on the Planning and Development of Sino Singapore Eco City and Future Technology City in Tianjin

刘程明，叶葭
（天津大学，300072）

摘要：在中国低碳可持续发展的浪潮中，中新生态城与未来科技城同样作为天津新近开发的新型城市基地，具有相近的绿色生态、科技创新的理念。本研究利用实地调研与文献梳理等研究方法，探究生态城及科技城规划发展的区别，包括两个新城的规划与实施环节中的主要问题：交通问题、生态科技定位问题、动态的规划实施机制，以及在政策刺激下，快速发展的城区在短期所经历的配套设施建设不匹配带来的需求矛盾问题。

关键词：中新生态城；未来科技城；规划；实施；对比

Abstract: In the wave of low carbon sustainable development in China, the Sino-Singapore Tianjin Eco City and the Future Sciences and Technology City, as a new city base in Tianjin, have similar ideas of green ecology and scientific and technological innovation. This study explores the difference between the planning and development of the eco city and the science and technology city by means of field research and literature review, including the main problems in the planning and implementation of the two cities, such as traffic problems, ecological science and technology positioning, dynamic planning and implementation mechanism, and needs conflict of supporting facilities caused by too rapid city development under the policy stimulating.

中国是世界上生态科技新城建设数量最多、建设规模最大的国家之一，虽已取得不小成果，却尚处于起步阶段，在快速发展的同时也面临诸多困境与瓶颈。天津中新生态城与未来科技城是我国为应对全球气候变化、实现经济转型升级的重大战略部署，两者经济、文化背景虽然相近，但规划、发展策略却存在诸多不同。对比研究两者的异同，分析其原因可为我国未来新型城镇化建设提供宝贵的参考意见和经验。

1　两城规划策略及发展政策的差异

两城的城市规划策略及发展政策的差异是由不同的目标导向所导致的。城市规划是城市发展战略目标的具体化，决定了城市的基本性质。如表1所示，通

中新生态城与未来科技城发展目标对比　　表1

比较研究	中新生态城	未来科技城
开发商	中国、新加坡两国政府	北京、天津“两市”，以及高新区、宁河区、开发区、首创集团
规划期限	12年 （近期：2008～2010年，中期：2011～2015年；远期：2016～2020年）	17年 （近期2013～2020年；远期2020～2030年）
土地面积	31.23km^2	30.50km^2（南区），144.58km^2（北区）
人口规模	35万人	70万人
就业岗位	21万人	50万人
空间结构	一轴三心四片、一岛三水六廊	一心一廊两区六组团
发展定位	我国生态环保、节能减排、绿色建筑等技术自主创新的平台，国家级环保教育研发、交流展示中心和生态型产业基地，参与国际生态环境发展事务的窗口，生态宜居的示范新城	“三基地、三新城”即：首都功能疏解的承接基地、国内外高端人才的创新创业基地、产业链完整的高端制造业的研发转化基地、链接全球创新要素资源的高端产业新城、彰显智慧活力的宜居乐业新城、凸显生态特色的文化旅游新城
城区特色	生态、环保、和谐、宜居	智慧、创新
形象定位	具有示范性的国际化生态新城，充分体现“三能三和”（人与人、人与经济活动、人与自然环境和谐共处；能实行、能复制、能推广）	智慧经济城、创新先导城

过比较天津中新生态城和未来科技城的城市规划和发展政策，显见两城的发展目标存在明显差异，进而直接或间接地导致了两城在城市选址、功能定位、交通策略等规划策略以及环境政策、土地政策、科技发展政策、能源政策等发展政策上的一系列不同。

1.1 项目背景决定发展定位

2007年中国、新加坡共同签署了在天津建设生态城的框架协定，这是世界上第一个国家间合作开发建设的生态城市，也成为苏州工业园后，中新政府间的第二个合作项目，是我国探索如何在资源约束条件下建设生态城的重要试验载体。

天津中新生态城的发展定位为综合性的生态环保、节能减排、绿色建筑、循环经济等技术创新和应用推广的平台，国家级生态环保培训推广中心，现代高科技生态型产业基地，参与国际生态环境建设的交流展示窗口，资源节约型、环境友好型的宜居示范新城。在此基础上，生态城将“生态”作为指导思想，采用了生态主导型规划方法，全面突出“生态”的主导地位。

未来科技城是作为区域发展战略提出的。2006年，天津被定位为国际港口城市和中国北方经济中心，滨海新区开发开放被正式纳入国家发展战略，国家科技部决定和打造滨海高新区。中央对未来科技城提出了“智慧经济城、创新先导城”的总体定位，以“科技”作为指导思想，提出了“三基地、三新城”的发展定位，该定位在科技城的城市规划及发展政策中均有所体现。

1.2 发展定位主导规划策略

1.2.1 管理策略

中新生态城（图1）的建设实行政企分开原则。设立了三个层面的领导和工作机构，即中新两国政府联合协调理事会、中新联合工作委员会和中新生态城管委会和中新天津生态城投资开发有限公司；未来科技城（图2）由北京、天津“两市”，以及高新区、宁河区、开发区、首创集团“四方”共同参与开发建设。不同开发商负责不同片区的开发，主要有高新区开发片区、宁河区开发片区、开发区片区。

1.2.2 选址策略

中新生态城基于“生态”的指导思想，以“不

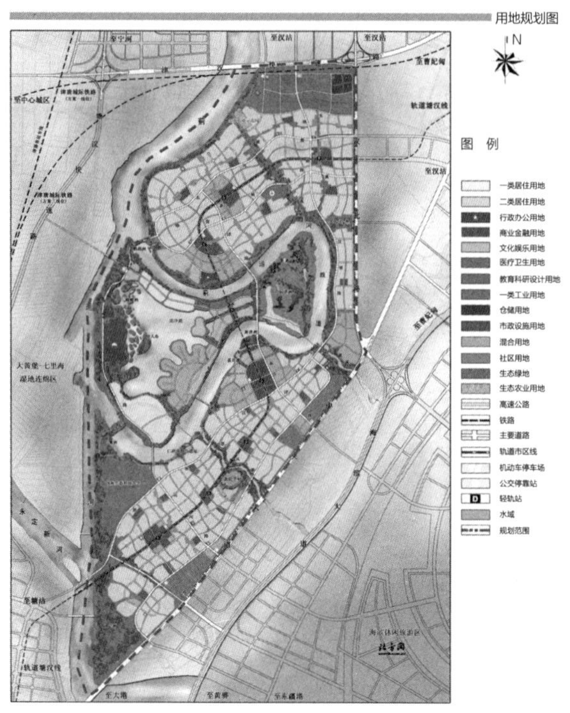

图1 中新生态城（图片来源：网络）

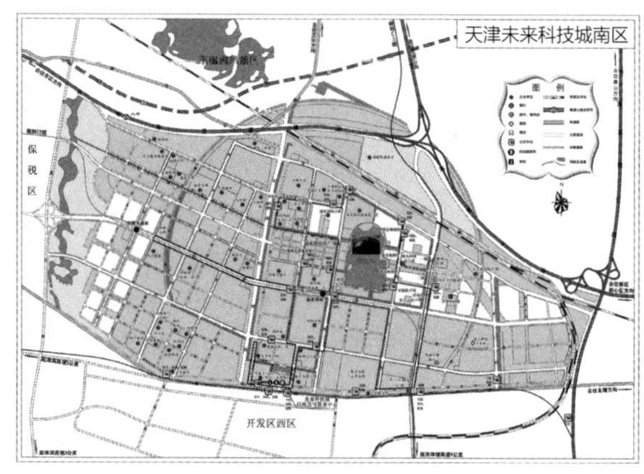

图2 未来科技城南区（图片来源：网络）

占耕地、优先考虑水资源缺乏地区”为原则，选址于土地盐渍、植被稀少、环境退化、淡水缺乏地区。未来科技城则基于“三基地、三新城”的目标定位，将“便捷交通”作为重要选址原则，形成以15公里为半径的便捷交通圈，以便与市区、滨海核心区、机场、港口紧密联系。选址策略的差异造成后续规划及发展的差异性（图3、图4）。

1.2.3 交通策略

天津未来科技城公共交通规划强调快速通勤，以快速到达为目标。北区规划四横五纵的高速公路网和三横四纵的外部城市道路网。南北两区依靠东金路、津汉公路和唐津高速相连接。其交通规划以提高科技

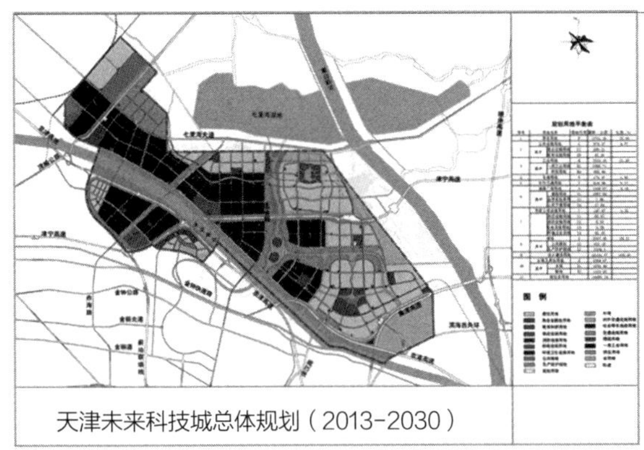

图 3 未来科技城总体规划（图片来源：《天津未来科技城总体规划（2013—2030 年）》修改公示）

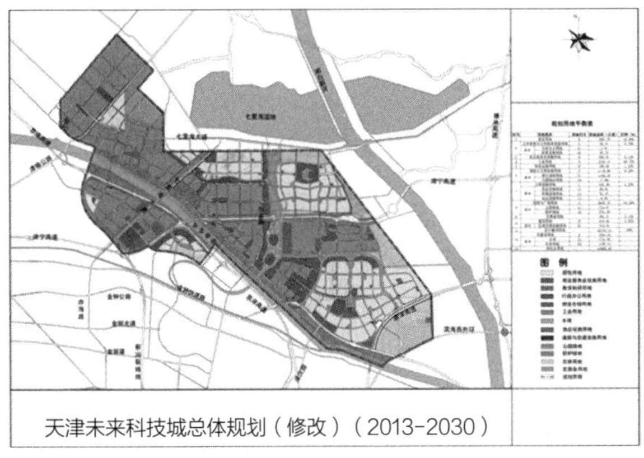

图 4 未来科技城总体规划（修改）（图片来源：《天津未来科技城总体规划（2013—2030 年）》修改公示）

城和周边城市中心之间的通勤效率为主要目标，强调快速通勤。区域间主要以大、中运量公交为主，计划形成“轨道+区间快线+定制公交”的多模式公交系统。现阶段，未来科技城南区路网建设已基本完成，区内共设公交线路四条，北区尚未建设。南区目前现状路网与北区规划道路联系较弱，与天津市中心区连接路线途径滨海国际机场，高峰时间通勤受不确定因素影响较大，对日后承接北区发展存在一定隐患。

中新生态城交通规划以绿色交通理念为基础，精髓在于绿色出行而非交通，力求打造环境友好、资源节约、社会和谐、运行高效的绿色交通体系。主要交通体系由轨道交通与公路交通联合组成，其周边原有津滨轻轨线与唐津高速，规划增设轨道交通四条、公路六条，并规划建设有轨电车1号线。目前中新生态城交通体系建设已基本完成，区内公交已有12条投入使用，能够满足区内通勤需求。新城与天津中心城区、滨海新区间公路联系亦较为方便。但新城与天津市区间的公共交通与轨道交通对比，发展尚不完善，两区通勤周期较长，新城在发展初期难以获得主城区的足够支持。

1.2.4 功能布局

基于“生态”的指导思想，中新生态城将交通、休闲、购物、防灾等城市功能集合于轻轨沿线150～200米宽的绿化开敞空间，形成“生态谷”和城市功能主线，以生态岛为核心，围绕水库、蓟运河故道和蓟运河三个水系，构建六条廊道，形成由生态谷、生态廊道和湿地、水系构成的复合生态系统，使中新天津生态城成为生态宜居的花园之城 。

基于“科技”的指导思想，天津未来科技城在土地利用和功能布局中，重点突出研发创新活动的主体地位，增加研发用地比重。采取功能混合模式，研发产业呈带状平行于公交走廊布置，合理配置公共设施用地，就地安排一定比例的生活配套设施。

1.2.5 生态策略

两城具有相似的可持续发展的目标定位，都涉及生态、经济、社会的可持续发展的发展目标，而发展重点各有侧重：生态城主要体现在生态住区建设；科技城主要在高精尖产业的发展、加快推进创新项目建设。具体生态策略上，两者都涉及生态保护与生态修复、景观设计、绿色交通实现、水资源与垃圾的生态处理与建筑节能建设。而生态城则在此基础上，发展建设新型能源设备、推广生态社区建设，但是，所展现的良好规划设想与实际实施情况之间对比出的差距，以及产业引进不足、常住人口不足、房地产倒卖现象明显等问题所造成的生活气息的不足、公共服务设施的闲置、垃圾分类无法有效维持等严重问题，这些情况应该在实际开发发展的过程中，得以改善与解决。

1.3 发展定位主导发展政策

两城的发展政策涉及环境政策、土地政策、科技发展政策、能源政策、财税优惠政策，基于两城发展定位不同，在不同发展政策上的侧重点各有不同。生态城紧紧围绕“生态”主题，大力发展清洁能源，加强生态城内污水库的治理及污水处理厂的建设，积极探索新型的垃圾收运及处理模式。生态城要求所有建筑100%为绿色建筑，并制定了相关建筑设计标准。未来科技城则基于“科技”和“创新”的理念，着重于科技发展政策和财税优惠政策，例如根据企业发展不同阶段，提供“三级孵化器模式”服务、小巨人企业扶持计划、人才股权激励政策等扶持政策，此外还制订了高端研发机构引进政策，特色人才团队政策等。

2 两城规划策略及发展政策的相同点

2.1 新型城镇化建设原则

两城在规划策略及发展政策上还是存在一系列共性，遵循我国新型城镇化建设的基本原则，例如：基于人们生活便捷的功能混合原则，基于可持续发展的资源节约环境友好原则，基于社会发展的科技创新原则。此外，两城在发展绿色交通、建设生态环境、节约资源、开发新能源、促进科技创新、调整经济结构等方面都采取了相似的政策与措施。

2.2 适度超前的配套建设原则

两城都是从荒芜的土地上建设起来的新城，从规划到建设完成，仅有十几年的时间，不完善的配套服务导致人气难聚集，进而会产生配套运营成本过高而难以持续的现象。为此，两城都采取了坚持适度超前的配套建设原则，即先做配套环境来聚集人气。规划建设了研发用房、住宅、商业设施、学校等功能配套设施，破解制约发展的矛盾。这些配套设施建设采取行政与市场结合的方式，对前期建设及运营给予适当的财政补贴。

2.3 管理与编制之间的动态协调

通过对比研究发现，由于中新生态城与未来科技城形象定位的不同，两者考核体系也存在较大差异。中新生态城以生态效益为主要评价对象，强调政府控制管理的作用，以保障生态城的可持续发展。未来科技城的以创新要素为重点评价对象，政府主要职能是引导管理，对推动创新资源聚集具有较强的导向作用。

但是，在实施规划策略、发展政策的过程中，两城都使用了类似的弹性控制体系，通过控规的“硬”和城市设计导则的“灵活”保证了控规可以适应现状地贯彻出来。两个新城在控规设计之初都非常重视空间结构，不精确地控制具体的形态，为后面的不断调整留有充足弹性。概括来讲，两个项目的时间和空间等各个方面可有严格控制且允许适当调节，对周围环境与格局做出智能化反应。规划实施过程并非线性发展，有时需要迂回推进，面对控规的困境，可以尝试更积极的应对方式，从规划实施的全局视野，综合考虑各个环节的特殊问题，通过建立控规管理与控规编制之间的动态协调机制，做到相互协调、无缝衔接。根据实际的发展变化，动态的规划实施机制能够及时调整规划控制与引导的方向和方式，主动适应客观环境。

3 新城市发展过程中面临的挑战与问题

3.1 面临的挑战

中新生态城和未来科技城都面临来自管理机制和技术方法的挑战。两座新城的建设时间跨度长，城市规划、建设和管理必定会经受自下而上的多维度冲击，控规在编制初期不可能预见到未来经济活动和制度管理发生的全部变化，在执行过程中必定会做出适当调整。生态城建设之初，其制定的22项控制性指标和四项引导性指标，成为量化目标和指导建设管理的基本依据。但是由于缺少可供借鉴的成熟经验，如何在控规阶段进行深化，落实到每个具体建设项目就成了一大难题。同生态城一样，科技城的建设也面临着类似的难题，由于时间跨度长，项目规划设计要求很容易在实施过程中发生调整和修改，不可能一步到位。

3.2 存在的问题

两座新城作为天津的两大创新绿色示范区域，是近期城市规划的发展重点。我们发现两地虽已开发5~10年，处于规划发展的中期或后期阶段，基础设施基本完善，但仍存在诸多问题，产业投资跟不上，人口密度稀疏，城市缺乏基本活力。以下围绕配套商业、基础设施、道路三方面来分析两座未来宜居城市的愿景与发展现状间的落差及其对人居环境质量的影响。

3.2.1 配套商业

两座未来城内小型商业、服务业的种类与分布。天津未来科技城北区尚未建设完备，而前期的南部发展区目前仅在渤龙湖总部经济区与航天城内部具有部分服务社区的小型商业、服务业。生态城虽起步较早，配套服务业较多，但仍然缺乏吸引力。天津中新生态城与未来科技城处于开发建设的前期阶段，产业招商以大规模企业为主，配套条件和运营成本对中小企业相对较高，从而出现企业大小不平衡的现象。

3.2.2 基础设施

1. 绿色设施：在未来科技城渤龙湖区域，基本公共设施已建设完备，场地内基本分布有电动汽车充电点、绿色分类垃圾桶等。而生态城内则专注公共设施的绿色化措施，在垃圾桶与路灯等处设置太阳能充电板，体现绿色宜居的理念。

2. 休闲设施：在两座未来城的场地内休闲设施主要分布在居住区周边，主要为健身器材区、休息座椅与街区公园。对比街道转角处的小型绿地与渤龙湖环湖公园绿地，占地面积过大的环湖公园拉大了居住者间的距离，没能成为良好的社区活动平台。居住者更喜欢街角处的小型活动场地。

3.2.3 道路

1. 人行道：街道是城市活力的主要载体，对于社区的安全、交往、孩子具有重要作用。在两座未来城内，虽然分布足够宽阔的人行道，但是其中人行道宽度较单一，总体缺乏层级变化，不利于街区内人行系统分级，不具有不同层级人行道所具有的公共性与私密性差异，不利于其成为街区公共活动的触发器。

2. 车行道：未来城内道路无明显分级，主要为双向四车道，部分区域车道旁设置红色自行车道。均匀的宽阔车道提供便捷快速交通的同时，减少了周边服务的粘滞性，减弱了周边建筑间相互的关联性，也削弱了街角道路的差异性便捷的车行道，使得城市成为一块快速通过区域，周边区域仿佛被交通道一点点蚕食同化。

3.3 原因分析

一方面，稳健的城市建设是持续的、循序渐进的变化。其中较早建设的中新生态城而今只是一座9岁的新城。这种政策刺激下快速发展的城区短期内必将经历配套设施建设不匹配带来的需求矛盾。同时在这个快速发展期，城市发展过程中的一系列问题也将被压缩放大。另一方面，老建筑存在对于城市综合发展具有重要社会与经济意义，同一时间建立起来的大批新建筑注定会遭遇效益低下的问题。中新生态城与未来科技城坐落于天津的未开发区，这里缺乏让城市生活快速融入的旧建筑基础，大量建设工作的耗资与短期微弱收益的矛盾也促使该地区前期建设对于资金收益的重视。然而这种趋势必将不利于居住者与城区环境的融合。与之相对的，老建筑再利用的低成本运作有助于普通企业与小作坊的发展繁殖。可以说城市需要各种各样的旧建筑来培育产业的多样性，而产业的多样性将丰富居住者对城市的使用与对功能的选择，这些将成为孕育城市活动与特色的温床。

3.4 对策探讨

中新生态城与科技未来城均本着创新与绿色的理念建设未来城市范本。虽然在环境建设方面两者都表现出显著的进步。但规划策略与实际实施产生的一系列问题为这两片城区埋下了隐患。在“未来城”探索建设阶段，政府部门应适时调整政策，与时俱进、因地适宜，根据实际建设情况调整后期发展。相关产商也应突出发展自身特色，借助这一历史机遇，发挥自身优势，形成完整的产业链，以产业拉动发展。而居住者方面应降低投资房的比例，提高园区内入住率，避免因入住率低造成的鬼城现象。经过实地考察，我们发现一个规划实施过程中应具备敏锐的反馈系统，利用初期指标对整个体系实施后进行检测与反馈，将“未来城”建设为一个能实施、可复制、能推广的可持续城市。

参考文献

[1] 王靖. 城市设计导则与建筑集群设计的滨海实践——天津未来科技城渤龙湖总部经济区城市设计实施综述[C]. 2013中国城市规划年会，2013.

[2] 张磊磊，江帆. 生态城市建设与城市投融资初探——以中新天津生态城为例[C]. 2009中国城市规划年会，2009.

[3] 田洗. 循环经济理念在生态城市建设中的应用研究——以中新天津生态城为例[D]. 天津：南开大学，2009.

[4] 尹继辉. 天津未来科技城开发建设对策研究[D]. 天津：天津大学，2014.

作者简介

刘程明，叶葭，天津大学建筑学院硕士研究生。

民国《郑州市新市区建设计划草案（1928）》研究

Study on the New Urban Construction Draft Planning of Zhengzhou (1928) in the Republic of China

韦峰，徐维波，崔敏敏

摘要： 民国《郑州市新市区建设计划草案》刊载于1928年郑州市政府主办的《市政月刊》第3~7期，是1927年南京国民政府成立之后，在市制运动背景下比较完整的一个新市区近代城市规划建设文本，具有较高的历史与理论研究价值。论文通过相关背景梳理及文本研究，总结得出：该《草案》是以未来理想的城市社会生活场景为明确固有目标的“目标—手段型”城市规划，在规划选址和功能分区方面较早地、系统地运用了田园城市规划思想，在规划布局、路网结构、地块划分等方面具有鲜明的时代特色。该《草案》为新中国成立以后“省会迁郑”背景下的郑州城市功能布局与相关规划做了一次有意义的探索和尝试。

关键词： 郑州；民国；新市区；市政；规划；草案

Abstract: *The new urban construction draft planning of Zhengzhou published in the Zhengzhou municipal monthly* phase 3~7 in 1928, which is a first new urban planning and construction text. After the establishment of the Nanjing national government in 1927, under the background of the modern city convert movement, which has some historical and theoretical value and should be focused. By combing the history background, the paper conclude that, *the draft* is a “target-means” urban planning based on the future ideal urban social life, the Garden City Theory was earlier and systematically applied to the planning site selection and functional zoning, it has distinct characteristics of the times in terms of layout, road and block. *The draft* has made a meaningful exploration and impacted greatly on Zhengzhou’s urban planning after 1953.

Keywords: Zhengzhou; The Republic of China; The New Urban; Municipal System; Planning; Draft

1 背景

1.1 郑州的近代化

京汉、陇海铁路交汇与贯通是郑州从传统城市向现代城市转型的动力和基础。1906年京汉铁路开通，1909年汴洛铁路分别向东西方向延展，东达沿海，西通秦陇，两大干线的交汇和延展，使郑州成为中原地区乃至全国的铁路交通枢纽，由此带来了郑州近代工业、商业、金融业的发展。大量外地商人来郑州火车站以东区域经商设店，新的商业建筑、工业建筑和服务设施陆续出现，很快在郑县老城西关和火车站之间形成了一片新区（图1）。以1906年为界，此前郑州的近代服务设施和市政基础设施建设主要集中在老城，之后的十年时间里，地方志[1]所记载的近代城市建设活动几乎都是发生在火车站地区①。

新的马路、楼房、工厂、商业设施、公共设施交相辉映，使得日常人流聚集于此，成为郑州展示“现代化”的中心舞台。“火车两旁马路，现已修有五区之广，路旁里巷亦有马路17条。各省知名商店设分庄于该处者，络绎不绝。说者拟之以为第二汉口云”[2]。正如日本人林重次郎在《河南省郑州事情》[3]中分析的那样，郑州位于汉口、天津两个商业圈的分水岭，地理位置优越，影响区域广泛，具有很强的竞争优势，“郑州地处中原，作为战略要地，会成为将来内地的政治、经济中心……恰恰类似于美国的芝加哥这个城市，郑州成为中国的芝加哥作为既定的事实将会只是时间问题。”

① 1908年，火车站正前方的马路大街（后改为大同路）整修完成，这是郑州第一条有路基、有面层的高等级的道路。1912年占地60亩的郑县商场在火车站附近建成开业，郑州成为国内农副土特产品集散地。同年，天主教意籍传教士在慕霖路创办“天主堂医院”。1913年设立成路工程局，是郑州最早的城市建设专职管理机构，火车站至各大街的马路渐次修筑，形成了具有现代意义的路网系统。1913年砖木结构二层共1500个座位的普乐园戏院在钱塘里建成，是当时郑州规模最大、设施最好的一家戏院。1914年，明远电灯股份两合公司在老城西南大同路与敦睦路交叉口建成，装有75千瓦立式蒸汽发电机一台，发电供火车站地区的大同路、福寿街、德化街等大商号照明用，这使得火车站地区成了郑州最早用上电灯的地方。1915年，位于陇海铁路局占地近80亩的陇海花园建成，成为当时郑州唯一可供市民休息娱乐的公共空间场所。

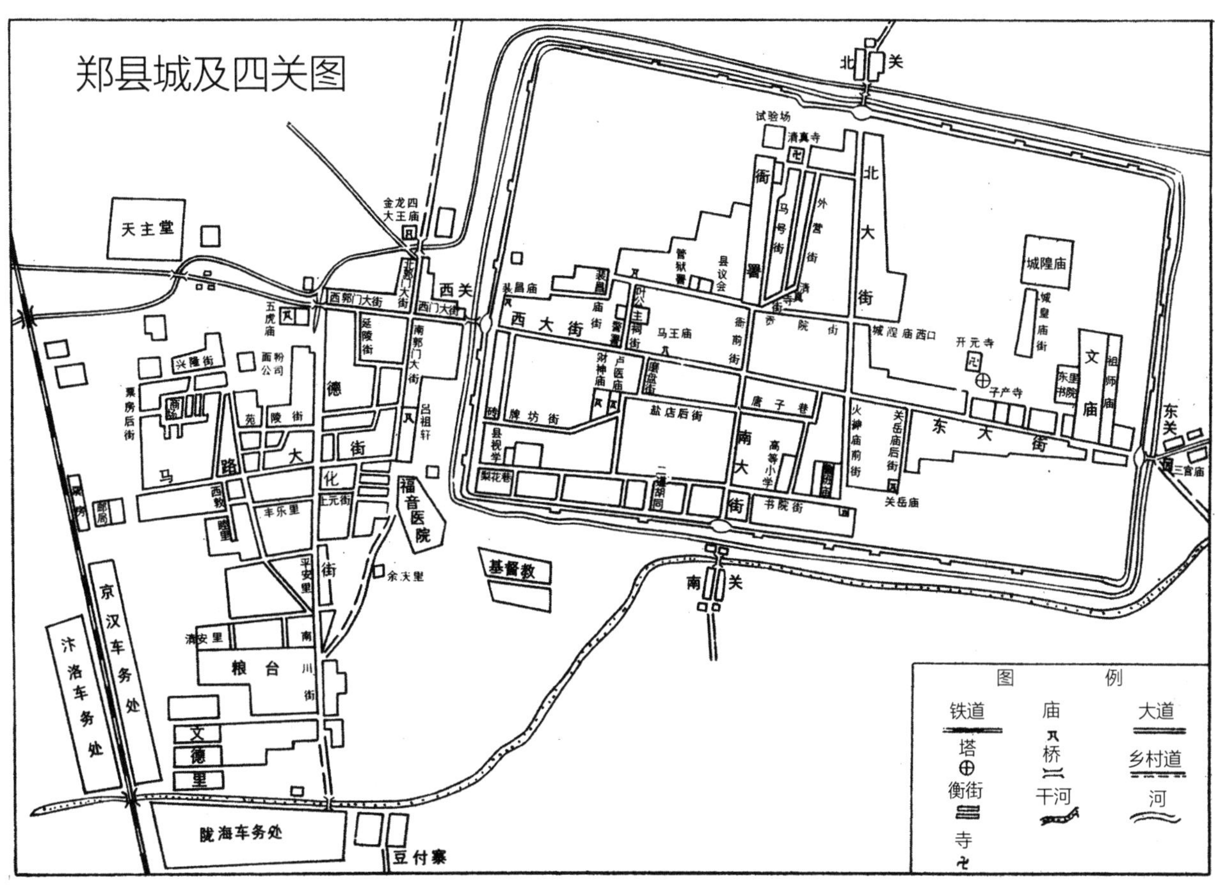

图 1 郑县城及四关图（1916 年）（资料来源：作者改绘自参考文献 [4]）

1.2 由郑县到郑州市

1927年4月，南京国民政府成立，6月冯玉祥督豫，河南以及郑州进入相对平稳的政治时期。7月27日郑州市政筹备处成立，1928年3月，郑州市政筹备处改为郑州市政府，与当时省会开封一起成为河南最早设市的城市。刘治洲为郑州市首任市长，“依中国国民党党义及中央政府与省政府之法令，综理全市行政事务”[5]。根据《郑州市组织条例》[6]郑州市政府设财务局、社会局、工务局、公安局及秘书处，未来增设土地局、教育局和卫生局，聘参事、技师、技士若干。1929年3月4日，郑州市市政府第九次市政会议决定设立建设委员会，下设设计组、调查组和编审组[7]。至此，形成了具有财政、土地、实业、教育、市政、建设、公共安全及卫生的现代城市管理职能的市制组织架构（图2）。

郑州市政府成立之后，即公布《建设新郑州市计划大纲十四条》[8]，明确提出开辟新郑州市、调查户口、测量土地、清理财政、整理警政、不动产登记、修筑道路、改良建筑、训练民众、振兴工商业、养老恤幼、济贫救灾、普及教育、注重卫生等14条建设大纲内容。1929年，郑州市政府针对大纲制定了具体的《郑州市十八年年度建设计划大纲草案》[7]，明确了年度25项具体市政建设任务（图3）。“开辟新郑州市”并建设新市区是建设大纲中的第一条，也是1929年度建设计划的重要内容。编制《郑州市新市区建设计划草案》[9]（以下简称《草案》）正是落实建设大纲的具体要求和指导年度建设计划的重要指针。

2 《草案》文本研究

2.1 《草案》作者

《草案》作者陈海滨的历史文献资料甚少。根据“中华民国十七年十二月十四日”郑州市市长赵守钰向河南省政府的呈文[10]，其中提到为切实做好新市区建设计划，“建筑工程、划分市区，非有专门技士切

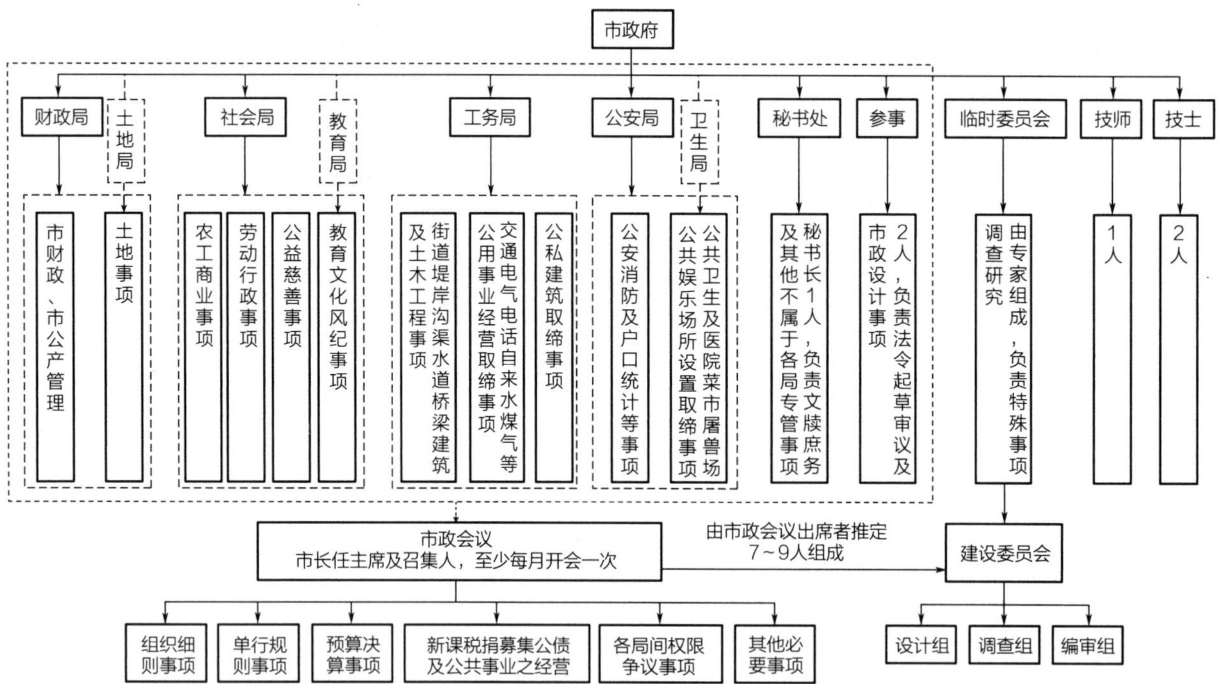

图2 郑州市政府组织架构（资料来源：作者绘制，虚线方框部门为后续成立部门）

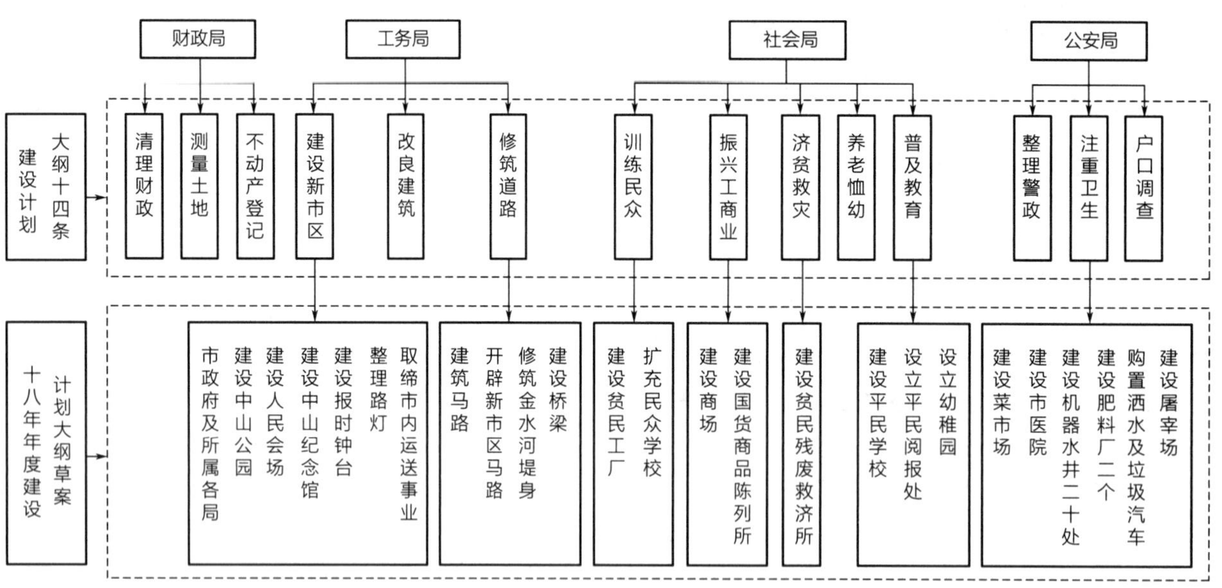

图3 郑州市建设大纲十四条及1929年度建设计划（资料来源：作者绘制）

实规划，不足以资建设而期良善”，特聘请陈海滨为技士，筹划新市区建设计划。呈文随后对陈海滨履历进行介绍，“青岛德华特别高等专门学校[11]及上海同济医工大学校土木工专科毕业”①，毕业之后“历充福建军政府民政司科长，直隶省长公署技正，天津特别市公用局技正等职”。与同一时期身兼学者或工务局局长的大家，如柳士英[12]（苏州，1928）、董修甲[13]（武汉，1929）、张维翰[14]（昆明，1929）、沈怡[15]（上海，1929）、孙科[16]（南京，1929）、程天固[17]（广州，1930）、梁思成[18]（天津，

① 青岛德华特别高等专门学堂成立于1909年，由中德两国政府共同创办，1914年因日德战争停办。学堂设法、工、医、农四科，工科学制四年，分建设学、机械电气和采矿冶金三个专业。在德国政府的支持下，1912年德国各大工厂企业捐助24万马克的机器设备，其中包括一台完整的蒸汽机车和铁路机件，甚至还计划在学校周围修建一条环形铁路以供学生实习之用。青岛德华特别高等专门学堂开校5年，共毕业农、法两届和工科一届毕业生200余名。1914年停办时，部分教师及未毕业的43名学生转至上海同济医工学堂（今同济大学前身）就学。

《草案》各章节内容比例与配图分布 表1

章节内容	字数（个）	所占比例	配图数量（幅）	配图名称
选择新市区位置	345	2%	0	
划定新市区之地域	3850	18%	1	柏林全市人口居留地支配表
划分新市区各部分及各种重要之设备	7635	35%	4	市区标准图、菜市场摊位平面图、池浴装置图、雨浴装置图
规划全市之街道	4845	22%	11	市街系统标准图、房屋段落各图、街道横断面图、第九图、重要孔道横面标准图（无电车者）、重要孔道横面标准图（有电车者）、园林大道横面标准图、商业区干路标准图、住宅干路（南北直街）横面标准图、住宅干路（东西直街）横面标准图、工业区道路横断标准图
关于水之筹划	4343	20%	0	
新旧市区之联络	584	3%	0	
总计	21602	100%	16	

1930）等相比，陈海滨的任职经历和科层体系影响力显然无法同日而语。但其主导的郑州《草案》时间上早于前者，规划对象是完全脱离已有城区的新市区，因而也更具有理想主义色彩。陈海滨被聘为技士主持《草案》的时间是1928年10月4日，与12月14日的呈文时间相对照，其主持编制《草案》的时间仅仅有70天。呈文对陈海滨的评价是“技学高深、经验宏富”，认为陈海滨任职以来“一切设施，深资得力”。

2.2 《草案》内容

《草案》全文分为六个章节：选择新市区位置、划定新市区之地域、划分新市区各部分及各种重要之设备、规划全市之街道、关于水之筹划、新旧市区之联络。其中，第三部分“划分新市区各部分及各种重要之设备”所占比重最大，占全文的35%，其次为“规划全市之街道”占全文的22%。《草案》插图16幅，为“规划全市之街道”配图最多，达11幅（表1），既有为了清楚表达街道与地块划分关系的“房屋段落图”，又有不同功能和等级的道路断面图。配图数量之多，足见当时市政规划者对城市道路之重视。

2.3 《草案》参考案例

《草案》全文共提及的国家有八个，按出现频次排序依次为：美国（25次）、德国（21次）、中国（14次）；国内外参考城市案例19个，出现频次共计77次，按出现频次排序依次为：纽约（8次）、华盛顿（5次）、柏林（5次）、青岛（5次）、广州（5次）。参考案例及应用具有以下特点：①参考国内外城市案例共19个，其中中国城市五个，美国城市五个，德国城市三个，这说明规划编制者在注重借鉴美、德等发达国家城市规划理论与实践的同时，又注意总结分析国内先进城市规划建设的经验与得失；②中、美、德三国参考城市案例共计13个，占参考城市总数量的68%，其分布范围几乎贯穿整个《草案》的全部章节，说明了规划编制者对当时中国市政建设情况和美、德等发达国家的城市规划经验谙熟于心；③文本第三部分“划分新市区各部分及各种重要之设备”章节内容涉及全部8个国家、15个参考城市案例，参考城市出现频次36处，占总数的47%（表2），体现了新市区规划和市政建设等内容为《草案》文本编制的重中之重。

3 《草案》规划思想研究

3.1 城乡结合的新市区选址

田园城市（Ebenezer Howard，1898）是现代城市规划理论的来源之一，由于其方案的社会价值观念和大量经济方案的内容具有划时代的意义，从而被普遍认为是现代城市规划的开端[19]。发表于1909年《吉林官报》第12期的《田园都市之理想》，是对“田园城市理论”进行引介的最早文献。译者在前言中，鉴于“人民皆去田园而环趋都市”，以致“都市有人满之忧，而田园生寥落之感”，认为田园都市“为新都市之组织”，其理想有二：“一则欲以清新农村之趣味，改良现在之都市，而造成新都市，以绝

《草案》提及的国内外参考城市案例分布情况统计表 **表2**

章节内容	中国	美国	德国	法国	日、英 俄、加	欧美 （泛指）	频次
选择新市区位置	—	蒲罗门1	—	—	—	—	1
划定新市区之地域	广州1	美国（泛指）3 纽约2 华盛顿1	德国（泛指）3 柏林2 德裕赛尔4	—	—	欧洲1	17
划分新市区各部分及各种重要之设备	广州2 青岛2 北平3	美国（泛指）2 华盛顿2 纽约4 芝加哥1 波士顿1	德国（泛指）4 柏林1 莱比锡1	巴黎2 里昂1	日本2 伦敦1 亨伯里1 莫斯科1 渥太华1	欧洲1 欧美3	36
规划全市之街道	广州1 天津1	美国（泛指）3 纽约2 华盛顿2 芝加哥1	德国（泛指）1 柏林1	法国泛指 1	—	—	13
关于水之筹划	青岛3	—	德国（泛指）3 柏林1	—	—	欧美1	8
新旧市区之联络	天津1	—	—	—	—	欧美1	2
城市个数/频次	5/14	5/25	3/21	2/4	4/6	0/7	19/77

大都会之弊风；一则欲尊重健全之田园生活，增进之以都市各般之文明事业，企图农村培养之改良”。

随后的近20年时间，经过董修甲[20]、张维翰[21]等人的系统引介，并与当时我国市政建设需求相结合，归纳总结出田园城市包括城市选址、功能分区、道路交通、公用事业、园林景观等建设要素。董修甲（1925）认为，“田园新市之制度，实亦我国当今之急务。我国无论旧式城市（如内地各城市）或新式城市（如各通商大埠），其卫生上、居住上急待解决之问题实多。”郊外建设新市区的优点，“郊境土地贱、经费省，加之郊外房屋稀少，建筑时不须拆毁旧物，省费甚大也。且郊外既有田园，又有树木，建设田园新市更属易事也”。

郑州市新市区选址在京汉铁路以西、陇海铁路以南，东起京广路，西至华山路，南起黄岗寺，北至建设路，东西宽5千米，南北长7千米，面积35平方千米。新市区规划选址既避开了老城区、商埠区等现状建成区，又在空间上通过解放路、陇海路与火车站保持较为便捷的交通联系（图4），而且将广袤的乡村自然景观纳入城市，便于形成兼具城乡优点的田园城市。正如《草案》作者所言，“利用未有建筑之新区域，而具有乡村逸趣天然景物，不需多费人工之雕琢，即可由自然的变化，而顿成市区之近郊公园矣”。同时，“园林大道在农村化之新市区中，亦深

图4　郑州新市区、老城区、商埠区与铁路关系图
（资料来源：作者绘制）

具天然之美”，其效用甚至“较公园为优胜”[9]。

3.2 更为细密的功能分区规划思想

董修甲、张维翰等民国市政学者对田园城市理论进行系统引入的同时，十分注意与当时中国实际建设需求相结合，并将其中蕴涵的功能分区思想进行了最大限度的解读。董修甲将霍华德田园城市特点总结为

有限的规模、中心布局、放射状林荫道、周边产业、环绕绿化带等五条，还结合自己的理解，进一步将田园城市划分为行政区、住宅区、工业区、商业区、公园区、军事区、田园区等七个功能区，并将分区理念列为“田园新市”的第一要素。分区思想开始深入人心，成为当时城市规划和市政建设必须要考虑问题和解决问题的手段。以至上海工务局局长沈怡说：“近代市政学者，莫不以分区为建设市政之前提”[22]，城市建设时，按照恰当细密的功能分区，可以避免城市发展的混乱状态，使城市在空间上秩序井然。

同一时期城市规划分区情况对比表　　表3

时间（年）	规划名称	分区数量（个）	分区内容
1928	《苏州工务计划设想》	3	行政中心区、公园区、商业区
1928	《上海特别市工务局民国十七年2、3两期业务报告》	5	市中心（行政区）、工业、码头、商业、住宅
1928	《郑州市新市区建设计划草案》	7	行政区、公共区、商业区、工业区、住宅区、教育区、司法区等
1929	南京《首都计划》	6	中央政治区、市级行政区、工业区、商业区、文教区、住宅区
1929	《武汉特别市之设计方针》	4	工业区、商业区、住宅区、行政区
1930	《天津特别市物质建设方案》	4	公园区、住宅区（分三类）、商业区（分二类）、工业区（分二类）

在功能分区思想指导下，《草案》本着“为市民在市区内外，谋衣、食、住、行四大要素之利便”的精神，将新市区划分为行政区、公共区、商业区、工业区、住宅区、教育区、司法区等七大功能区。功能分区与同一时期其他城市的规划相比（表3）更加明确、细密。在“主市政者，施以有条理之规划”的前提下，可以避免出现“由享有地产或公用物者，擅自动作，致堕偏颇，造成私人垄断之局势”。将“牲场及菜市”、“园林”、“运动场游戏场”、“公共浴堂”、“厕所”等归为五类“重要之设备”，其布局则体现“宁移场所以就市民，勿驱市民以就场所”的理念。

3.3　以行政区为中心的规划布局理念

《草案》特别注重行政区位置的选择，将其作为新市区规划布局的起点和未来新市区秩序的原点。其位置位于新市区中央偏北，南临中央公园，位置居中，中轴对称，“地势须居全市之中心”，“集建各大衙署于市之中央”，形成以行政区为中心，环绕布置公共区、商业区、司法区等公共设施，形成功能分区明确、建筑形象鲜明的市中心。同时提出，市中心建筑“须具革命维新之精神，文化美术之气象，方足唤起全市民众之观感，以集中于市政府指导之下”，最终达到“改造社会之实效”。

公共区位于行政区南部，应紧邻行政区，“俾为政治上之联络”；商业区位于行政区东部临近铁路，便于货物运输，且位于市区边缘，为未来发展留有余地；司法区位于行政区北部，“与行政区巍然对峙”，彰显“司法独立之精神”。其他城市功能区则按照现代城市分区原理进行布局：工业区根据风向，布置在市区东南角，并与住宅区相隔离，且紧邻铁路“可得转运之便利”；教育区集中布置在市区西北隅，远离闹市；菜市场分散布局，便于使用，杀牲场则集中于市区东北隅；住宅区首先考虑安全和卫生，其次布置在市区西部边缘，为未来发展留有余地；园林则有主有次，分布均衡在“市区中心及四隅”，且有园林大道相联系；运动场、游戏场分设于园林两旁，便于市民使用（图5）。

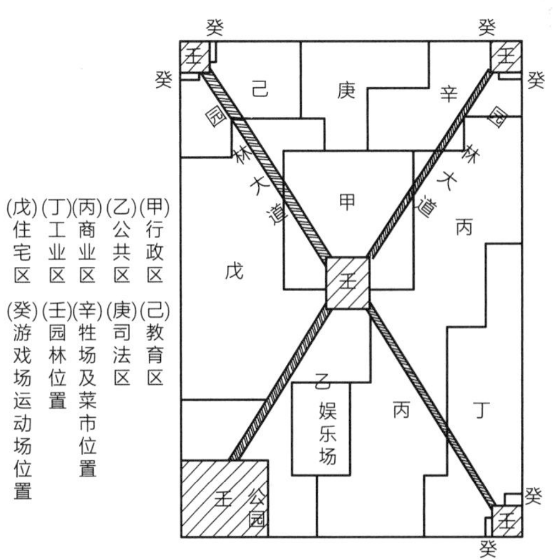

图5　功能分区图（资料来源：参考文献[9]第4期）

3.4　方格网加放射状的路网结构

尽管中国最早的方格网道路系统出现于《周礼·考工记》中，但是近代以来，以1811年纽约曼哈顿岛网格规划影响最大。在曼哈顿岛57平方千米的范围内，划分了155条东西向街道，12条南北向街道、东西向街道的间隔仅为200英尺（约61米），由此形成了2000个密集的街坊地块。每个地块又被分成若干个8米×30米的单位用地，窄边面向街道，以利于出售。密集的方格网式道路大大提高了沿街土地的利用率。另一方面，1909年伯纳姆采用古典主义加巴洛克的手法对芝加哥进行规划改造，除了采用林荫大道、放射状大道、广场、大型公园、市民中心等城市美化运动的典型手法外，还对工商业的布局、交通设施的组织、公园与湖滨地区的设计、城市人口的增加等给予关注，虽然当时由于经济问题而未被政府采纳，但其影响很快传播到世界各地。

《草案》城市路网完全采用方格网加放射形的道路系统模式（图6），以城市中央公园为起点，通过四条园林大道联系城市角部的四个园林，从而形成放射型主干道，在不同功能区的中心或联系部分设置五个大小形状各异的次级星形广场和放射型次干道。这一做法与同一时期中国其他城市具有相似之处，是对美国华盛顿（图7）、芝加哥等一系列城市道路规划的承袭和运用，甚至在城市路网结构中增加对角线的直达道路的做法都是一致的。

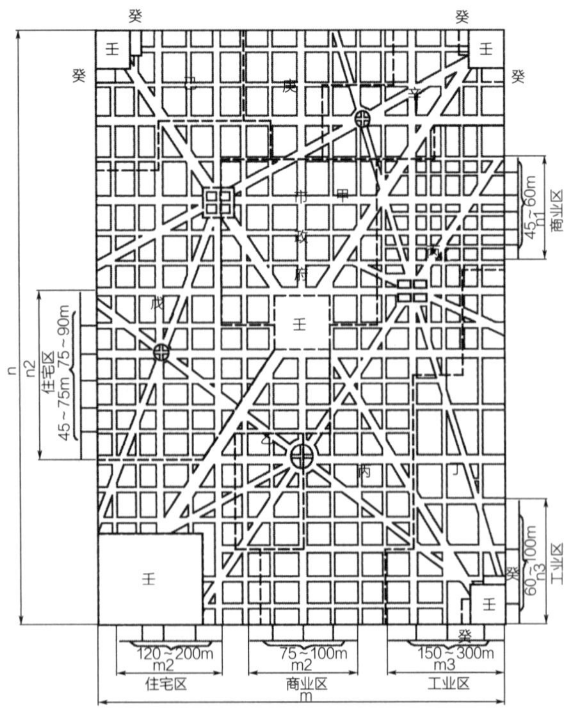

图6 道路系统图（资料来源：参考文献[9]第6期）

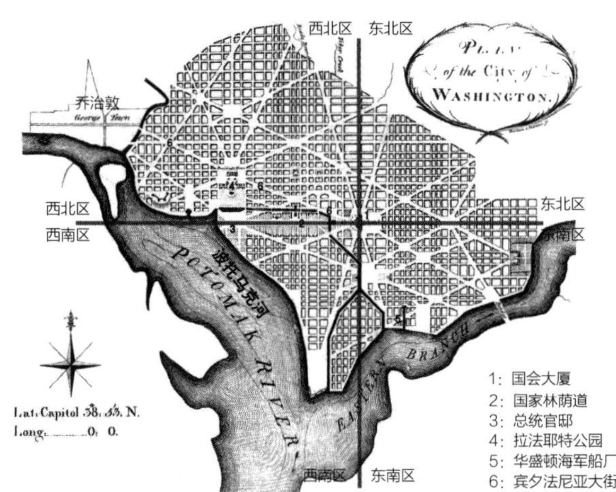

图7 1791年郎方（P. C. Le Enfant）的华盛顿特区规划方案（18千米×18千米）（资料来源：http://www.awaker.cn/news/detail_78542.html.）

3.5 灵活的地块划分与道路设计

在上述路网体系影响下，《草案》对南北7千米、东西5千米的新市区进行了地块划分，共形成放射型道路九条、南北向道路15条、东西向街道19条，东西向道路间距333米，南北向道路间距368米。图8所绘的为城市级道路，其所形成的是平均333米×368米的街坊地块。对于地块内部进一步的划分成商业横街、住宅横街，则受表达方式所限，在图中无法有效表达。对此，《草案》提出应根据“各区性质不同，房屋段落之大小又须随之而异”。行政区、教育区、司法区、公共区的地块划分应根据实际需要，具体确定。商业区、住宅区、工业区则“以小而短者为宜”，并在图8中通过在商业区、住宅区、工业区旁边添加标注长度（m）、纵度（n）控制范围的方式予以表现。如此形成了最小地块75米×45米（商业区）、最大地块300米×100米（工业区）的地块划分模式（表4、图8）。

功能区地块划分表　　表4

	横度（长，m）	纵度（宽，n）
商业区	75米~100米（米1）	45米~60米（n1）
住宅区	120米~200米（米2）	上等75米~90米（n2）
		下等45米~75米（n2）
工业区	150米~300米（米3）	60米~100米（n3）

以上以住宅区为例，最小地块120米×75米，内部增加东西、南北方向各1条的住宅巷道（宽3米），

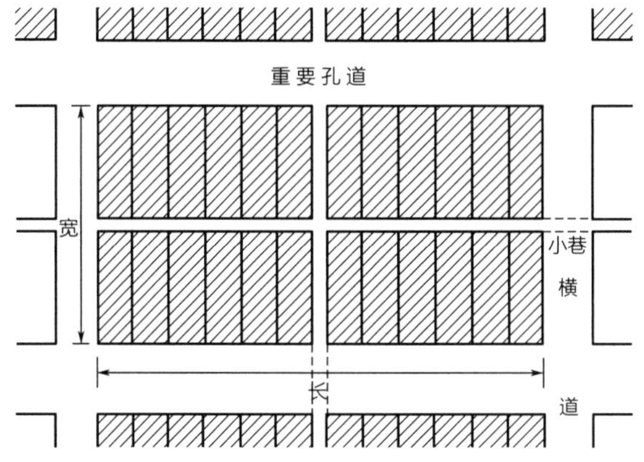

图 8 地块划分示意图（资料来源：参考文献 [9] 第 6 期）

则形成24个可出售地块，大小为9.6米×36米，比例为1:3.75。根据编制于1883年的广州沙面法租界地段划分（图9）可以看到，沙面东部法租界地块大小为160米×90米，内部划分成12个可出售地块，大小为26.7米×45米，比例为1∶1.69。两者进行对比就可发现，《草案》所确定的住宅区地块大小、比例更加符合中国传统院落式（正房3间、南北2进）居住模式。

此外，《草案》为不同功能、等级的城市道路设计了七幅道路断面图，均按照"初创"和"完成"两个阶段进行控制，既有规划控制的刚性，又有分步实施的灵活性。比如，对于控制线50米宽有电车道的主干道，初期一块板，中间路幅宽14米，电车、汽车、车马混行，两侧植树带和人行道各4米，共计22米进行控制，两侧再各有14米预留地。随着城市发展和交通量的增大，将电车道移出快车道，与两侧的慢行道结合，原来两侧14米的预留地则变成7米宽的人行道，最终形成快车道、慢车道和人行道相互隔离、通行效率和安全性较高的三块板道路断面形式（图10、表5）。

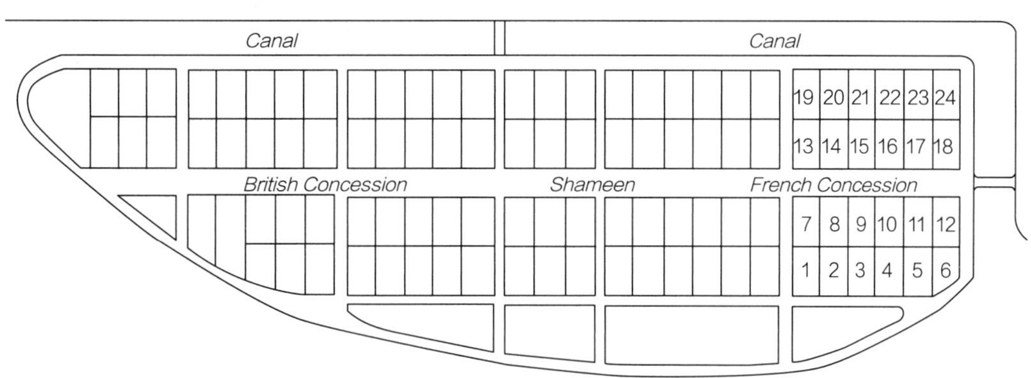

图 9 广州沙面租界地块划分与编号图（资料来源：1883 年沙面法租界地段编号地图）

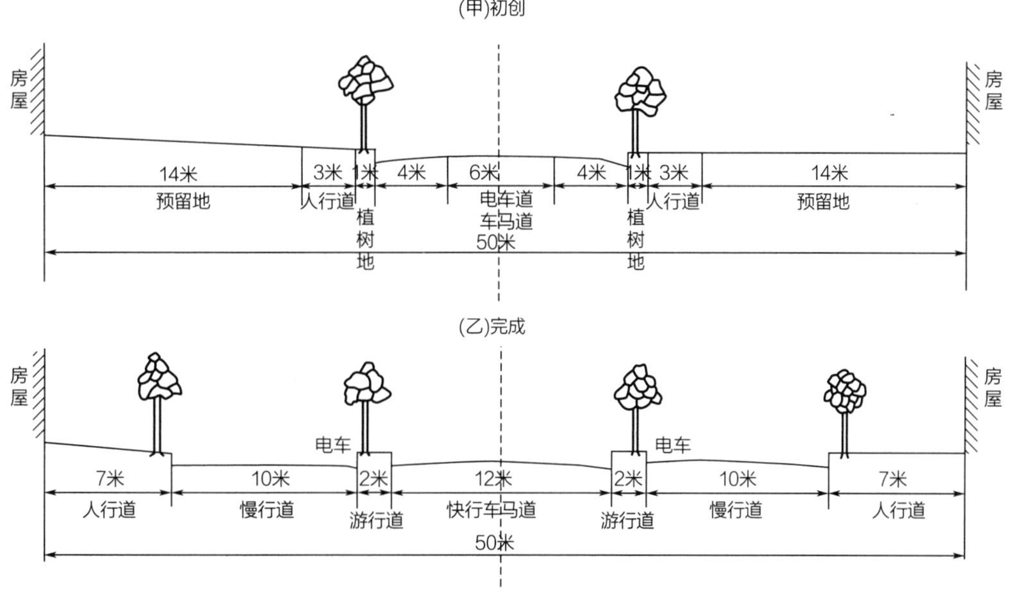

图 10 主干路道路断面图

道路断面设计一览表　　表5

道路种类		断面宽度（米）	断面形式（米）
园林大道或主干路（设草地）		45~90	5+6+2+32+2+6+5（58）
园林大道（中间不设草地）		32~45	5+9+4+22+4+9+5（58）
重要孔道	有电车	50	7+10+2+12+2+10+7（50）
	无电车	45	7+9+2+9+2+9+7（45）
斜角干路		30~45	无
商业干路		30~45	9+15+9（33）
商业支路		24~30	无
住宅干路	南北直街	24~35	东10+2+12+2+10西（36）
	东西直街	24~35	北10+2+12+4南（28）
住宅支路		15~24	无
工业区道路		18	2+14+2（18）
商业横街		3~7.5	无
住宅横巷		1.5~3	无

4 结论

1. 规划策略层面

《草案》把未来理想的城市社会生活场景作为明确固有的目标，然后确定为实现这个目标的具体的、一系列的规划控制手段，是一种建立在“合理主义”的“目标—手段型”城市规划。因此，《草案》策略性地回避了现有城区及其问题，以新市区市政建设为“一切建设之枢纽”，贯穿整个新市区规划，通过新市区市政建设实现社会改良和政治进步的愿望，即“解决社会民生诸问题”，最终达到“转移人类思想，促进社会发展”的目标。

2. 在操作技术层面

①新市区选址完全避开现状建成区，体现了城乡结合的田园城市规划思想；②功能分区细密，场所和设施的布局体现了“宁移场所以就市民，勿驱市民以就场所”的布局理念；③新市区规划以行政区为中心，形成未来城市空间秩序的原点；④道路系统规划采用方格网加放射形的城市路网，体现了当时世界范围内的普遍做法；⑤结合功能使用要求，采取局部加密道路形成小地块的开发模式，便于土地开发和出让；⑥不同功能、等级的城市道路按照“初创”和“完成”两个阶段进行控制，既有规划控制的刚性，又有分步实施的灵活性。

3. 规划影响层面

跨越京广铁路向西发展建设新市区，实现以京广铁路为轴线、东西两城的组团式发展的布局思路；东起京广路，西至华山路，南起黄岗寺以南，北至建设路之间的35平方千米的规划范围；以现在市政府所在位置为行政区的核心，以嵩山路为南北轴线的空间设想；以解放路、陇海路为东西市区的主要联系通道等内容，为新中国成立以后“省会迁郑”背景下的郑州城市功能布局与相关规划（图11）做了一次有意义的探索和尝试。

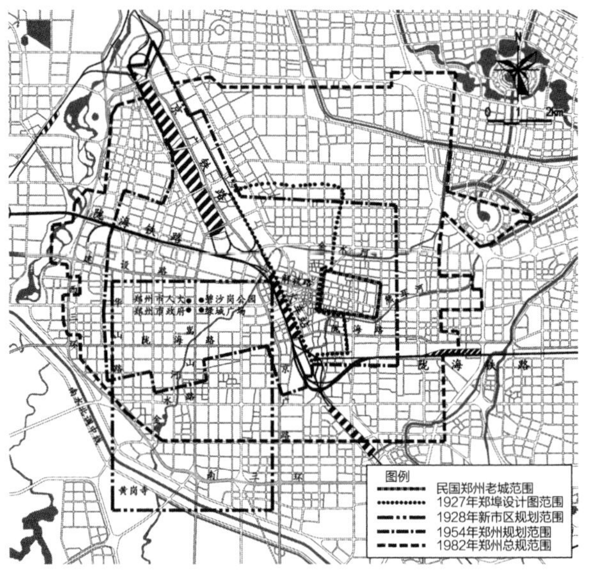

图11　新市区与相关规划的空间关系图

5 结语

1929年1月11日，第二次蒋冯大战爆发，5月冯玉祥退出郑州。1930年5月11日，历时六个月的“中原大战”正式爆发，对中原地区经济造成极大的破坏。政治的动荡，导致主政郑州的地方行政长官，如走马灯一般，三年八易其人，最短的市长仅仅在任一个月（表6）。政治动荡与经济凋敝导致郑州市制建立以后，庞大的市政建设任务无法持续开展，《草案》的实施缺乏必要的经济基础和社会环境。1930年10月，刘峙在中原大战后出任河南省政府主席，从而结束了冯玉祥主豫时期与南京政府之间的“游离”

状态。对照南京政府的《市组织法》，郑州市在财政、人口等方面还有相当距离。1931年1月13日，南京政府国务会议决定，裁撤郑州归并郑县，《草案》更无实施的可能性。

1927～1930年郑州历任市长情况表　表6

任命时间		姓名	官职
1927年	7月27日	王正廷	郑州市政筹备处处长
1928年	1月15日	刘治洲	郑州市政筹备处处长
	3月18日	刘治洲	郑州市市长
	6月21日	李鸣钟	郑州市市长
	7月22日	李炘	郑州市市长
	9月1日	赵守钰	郑州市市长
1929年	4月4日	徐瀛	郑州市市长
	9月30日	祝鸿元	郑州市市长
1930年	1月	何梦庚	郑州市市长

《草案》编制已有90年的时间，现在我们将《草案》作为一个特定城市的近代城市规划建设文本，放在一个更加广阔的时间和空间范围内加以考察，研究其城市规划理论、思想、内容和方法，总结城市规划与政治、经济、社会、文化等因素的相互关系，对丰富中国近代城市规划的理论研究和实践探索具有一定的意义。

参考文献

[1] 郑州市地方史志编纂委员会. 郑州市志（第1分册）[M]. 郑州：中州古籍出版社，1999.

[2] 郑州商埠之发达[J]. 南洋商务报，1907（28）：3.

[3] 徐有礼. 郑州日本领事馆史事综录[M]. 香港：天马出版有限公司，2005.

[4] 管城回族区人民政府编. 郑州市管城回族区地名志[M]. 郑州：中州古籍出版社，1992.

[5] 刘景向. 河南新志（中册）[M]. 郑州：中州古籍出版社，1990.

[6] 郑州市组织条例[J]. 市政月刊，1928（3）.

[7] 郑州市市政府建设委员会简章[J]. 市政月刊，1929（6）.

[8] 建设新郑州市计划大纲十四条[J]. 市政月刊，1928（1）.

[9] 郑州市新市区建设计划草案[J]. 市政月刊，1928（3）-1929（7）.

[10] 为聘请陈海滨为技士请鉴核备案由[J]. 市政月刊，1928（3）.

[11] 翟广顺. 青岛特别高等专门学堂的创建及其影响[J]. 青岛职业技术学院学报，2011（5）：77-83.

[12] 陈泳. 柳士英与苏州近代城建规划[J]. 新建筑，2005（6）：57-60.

[13] 张天洁，李百浩，李泽. 中国近代城市规划的“实验者”——董修甲与武汉的近代城市规划实践[J]. 新建筑，2012（3）：138-143.

[14] 韩雁娟，李百浩. 近代市建制初期昆明田园城市规划实践与思想[J]. 城市规划学刊，2017（5）：111-118.

[15] 李瑞，冰河. 沈怡——中国近代城市规划的实践者[J]. 华中建筑，2016（11）：14-17.

[16] 董佳. 国民政府时期的南京《首都计划》——一个民国首都的规划与政治[J]. 城市规划，2012（8）：14-19.

[17] 邹东. 试论民国时期广州城市规划建设[J]. 规划师，2017（1）：142-146.

[18] 孙媛，张天洁. 浅析《天津特别市物质建设方案》的时代背景及意义[J]. 建筑学报，2015（S1）：88-93.

[19] 吴志强.《百年西方城市规划理论史纲》导论[J]. 城市规划汇刊，2000（2）：9-18.

[20] 董修甲. 田园新市与我国市政[J]. 东方杂志，1925，22（11）：30-44.

[21]（日）弓家七郎著，张维瀚译. 英国田园市[M]. 北京：商务印书馆，1927.

[22] 沈怡. 上海特别市政府指令第二五三一号：令工务局：为呈送本市分区计划草图请核示[N]. 上海特别市市政府市政公报，1928（15）：49.

作者简介

韦峰（1974-），男，郑州大学建筑学院，副教授；

徐维波（1976-），女，郑州大学建筑学院，讲师；

崔敏敏（1989-），女，郑州大学城市规划设计研究院有限公司，工程师。

中国式风貌管控：城市设计的技术迭代和制度匹配

Urban Features Control in Chinese Style: Technical Iteration and Institution Matching for Urban Design in China

刘迪
（中国城市规划设计研究院，200335）

摘要： 对我国城市风貌呈现出的问题，认为以往城市忽视风貌基本面建设，只重中心区建设的错误途径。与国外城建制度对比研究，指出了我国大地块指标管理在风貌管控中的问题根源，提出街区风貌塑造有赖于城建制度的改革、千城一面并非风貌问题，而是短期历史的城市发展规律等观点。

关键词： 城市风貌管控；城市特色；城市设计；城建制度

Abstract: As for the problems of urban appearance in our country, it is considered that the neglect of the basic construction of the basic features of the city in the past is only the wrong way to build the central area. Compared with the foreign urban construction system, this paper points out the root of the problem in the management and control of the large land mass index in our country, and points out that the building of the block and features depends on the reform of the system of urban construction, the one of the city is not the question of the style but the law of the development of the city in the short history.

Keywords: Urban Features Control; Urban Characteristics; Urban Design; Urban Construction System

1 背景：城市风貌管控成为国家意识

青萍之末，狂风源起。中国的城市设计在2015年被提升到前所未有的国家高度，城市风貌作为城市设计的直接关切对象，是城市设计的雕梁画栋。2017年6月，住房和城乡建设部颁布《城市设计管理办法》，这是我国第一次在国家层面为推动城市设计的专项条例。此后，各地市出台了很多与此对应的执行细则和落实办法。2017年更像是中国城市设计繁荣崛起的制度元年，仅此一年国家接连推出了77个双修试点城市和57个城市设计试点城市，面大量广，力度空前。种种现象表明我国的城市风貌问题已迫在眉睫。

1.1 现象1：风貌问题纵贯国土，普遍存在

从全国来看，风貌问题已经是纵横全部国土的普遍问题，而绝非单纯的一城一地的得失问题。上至特大城市因土地集约紧缩利用而带来的城市高度风貌无序，下至县城乡村因缺少独立建筑师（规划师）制度支撑及村民自建房而导致的住房只重体积、外观失控的现象比比皆是。如是上述已经构成了我国40年城市大发展过程中始终无法克服的“疑难杂症”，也是影响我国城镇化质量的突出问题。

1.2 现象2：规划一直在编，风貌依旧难解

从住房和城乡建设部77个双修试点城市的规划编制情况来看，这些城市并非此前没有编制过风貌规划或城市设计。与此相反，这些试点城市恰恰是我国城市设计和风貌规划积累最多、经验最丰富的城市。以如此力度来推动的城市规划管理，即使放在全世界来看，这些城市都是世界上规划管理最严厉、规划编制最系统的。但即使这样，这些城市的风貌还是不能令人满意。

1.3 质疑之声：中国当代城市设计有技术手段可否管住本国的城市风貌?

虽然我国城市规划体制自诞生以来，风貌管控便从未在各级规划编制过程中断绝于耳，但就其实际建成效果来看却喜忧参半。甚至难以与国外一些不太强

调规划设计的城市相媲美。如美国休斯敦市的法律体系中根本就找不到地区性的法定规划，更无从谈起风貌管控这类的专项规划；旧金山市市区法规中也只有城市设计导则一部约束性城建规划手册；纽约市也仅仅是一部区划法条例。但是，凡有到过这些城市游赏经历的人，无不对它们的空间风貌赞叹有佳。

所以，种种迹象难免会令人心生疑问：中国当代城市设计究竟应以何种技术手段和技术储备，来管住本国城建体制下的城市风貌？或者说，风貌管理到底是一个技术问题还是一个制度问题？

1.4 问题之源：风貌规划的本体缺位、重心错位

1. 规划者与使用者视角误差造成管控本体缺位

从编制过风貌规划的城市来看，规划成果本身对风貌的认识并不统一。77个城市中有风貌规划的几乎都采用结构主义方法：抓大放小，重心放在风貌结构怎么控制、特色骨架怎么塑造（图1）。

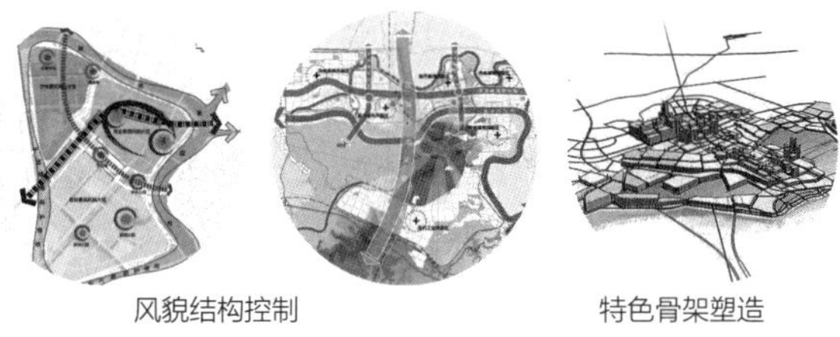

图1 结构主义方法做风貌规划的现象普遍

但实践证明，作为总管全局的风貌规划和作为人去体验的城市风貌并不是同一回事，规划师的编制视角对风貌的理解与市民使用者的视角存在很大的误差。作为城市使用者能感受到的风貌是一个基本面问题，而非规划里所强调的风貌结构。如广州中轴线城市设计和建成效果的比对即可发现，规划师脑中的规划图景与职业追求（轴线结构突出、主次分明）与现实场景（风貌感受）之间存在着较大的误差（图2）。

类似的情况也出现在对北京城市风貌的认识上，京城风貌的管控优劣并不取决于中轴线或长安街的结构性风貌管理是否有效，而是北京量大面广的胡同大院和居住小区的风貌管控是否有效。因为这些空间才是北京城市风貌的基本面，它们合在一起占到了城市用地总面积的一半以上，它们才是决定外来者对这个城市风貌感观体验的主体（图3）。

图2 广州中轴线城市设计和建成效果对比

但规划通常忽略的往往就是这些风貌基本面的管控问题。所以许多城市的设计愿景都很好，但按此风貌结构建设出来的形象却总是难如人意（忽视基本面管控）。因为城市风貌不是一个结构性问题，而是怎么让全体空间或大多数可视空间美起来的问题（图4）。

图3 北京城市风貌

图4 风貌不是结构性问题

2. 脱胎于规划惯性思维的重点式管控重心错位

另一方面，反过来看，规划中通常强调的中心区、商务区等这些城市“重点片区”，往往就算不去控制，城市的形象和风貌也不会太差。如比较一下上海和纽约的城市风貌就不难发现，就中心区建成风貌而言，两者不分伯仲。但比较一下基本面的风貌，就

会发现两者判若云泥。所以，从这个角度看，恰恰是这些通常被我们认为是非重点的地区才是决定城市风貌感受的关键（图5）。

纽约中心区风貌 NY Center

上海居住社区风貌 Shanghai Residence

纽约居住社区风貌 NY Residence

图 5 城市“重点片区”风貌

2 实践：风貌管控的困与惑

2.1 感性管控的科学性不足

一方面，当前风貌规划编制技术本身科学性不足，容易遭到开发商的质疑。尤体现在城市地块高度控制赋值时，由于影响地块开发的因素极其复杂，规划师不可能全面掌握。于是，编制中往往会主观按照地租理论从中心向外围梯级高度递减的方式对地块赋值，这种方法说到底既是一种经验性判断，又是一种无奈之举。因此，难免会遭遇在后续开发中对高度控制科学性的质疑：为什么控高是n米，而不是n+1米或n+2米。而当面对这种问题，规划师在技术上又很难给出一个科学有力的论据。

2.2 理性管控的严谨性不足

另一方面，以多源理性的数据方法来控制的城市风貌也会遭遇“数字打架”的尴尬。如某市的规划统一管理技术规定表中，就存在数据双限打架的现象：即依照规定中的高度上限值开发，与其对应的地块容积率的上限值却无法达到。而且，这种现象在各地的实践中普遍存在，规划编制者和管理者普遍缺少对技术标准的数学合理性的考证（图6）。

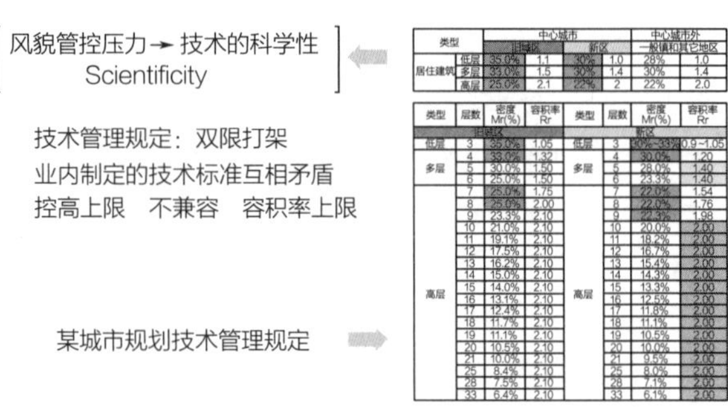

类型		中心城市				中心城市外	
		旧城区		新区		一般镇和其它地区	
居住建筑	低层	35.0%	1.1	30%	1.0	28%	1.0
	多层	33.0%	1.5	30%	1.4	30%	1.4
	高层	25.0%	2.1	22%	2	22%	2.0

类型	层数	密度 Mr(%)	容积率 Rr	类型	层数	密度 Mr(%)	容积率 Rr
旧城区				新区			
低层	3	35.0%	1.05	低层	3	30%~33%	0.9~1.05
多层	4	33.0%	1.32	多层	4	30.0%	1.20
	5	30.0%	1.50		5	28.0%	1.40
	6	25.0%	1.50		6	23.3%	1.40
高层	7	25.0%	1.75	高层	7	22.0%	1.54
	8	25.0%	2.00		8	22.0%	1.76
	9	23.3%	2.10		9	22.3%	1.98
	10	21.0%	2.10		10	20.0%	2.00
	11	19.1%	2.10		11	18.2%	2.00
	12	17.5%	2.10		12	16.7%	2.00
	13	16.2%	2.10		13	15.4%	2.00
	14	15.0%	2.10		14	14.3%	2.00
	15	14.0%	2.10		15	13.3%	2.00
	16	13.1%	2.10		16	12.5%	2.00
	17	12.4%	2.10		17	11.8%	2.00
	18	11.7%	2.10		18	11.1%	2.00
	19	11.1%	2.10		19	10.5%	2.00
	20	10.5%	2.10		20	10.0%	2.00
	21	10.0%	2.10		21	9.5%	2.00
	25	8.4%	2.10		25	8.0%	2.00
	28	7.5%	2.10		28	7.1%	2.00
	33	6.4%	2.10		33	6.1%	2.00

图 6 多源理性的数据方法来控制城市风貌

3 反思：风貌管控的表与里

风貌管控是制度问题还是技术问题？从上文分析看，风貌管控的压力似乎主要来自于技术上不够科学，造成了对风貌的“议价空间”，导致风貌失控。因此，笔者在《安吉县城总体城市设计》实践中曾设计了如下实验：即通过现代计算机超算技术，对风貌控制做“精算”，实现科学精确制导的地块控制，进而探讨我国城市风貌的顽症能否通过技术途径治愈的方法。

具体内容为：在技术层面，规划通过把城市和自然山水的高度数据带入计算机，让计算机来求值。然后通过编程写算法、拟合，最后得出计算精准的高度控制图。不难发现，以往这个过程是复杂科学，人脑凭经验很难说清楚。那么，有了这样一个科学计算的结果，风貌管控是不是就有保证了呢？

但现实情况仍超出设想：与安吉县城总体编制手法类似的桂林城市高度控制在管理实践中，其城市高度控制在极具精准度和科学性的情况下，其城市风貌仍然存在前文中的问题。这说明我国风貌问题的普遍性，极有可能是由国家一系列城建制度所决定的，风貌问题的核心不在于对风貌控制要素本身是否足够精准或开发商有无人文情怀，而是一种制度使然（图7）。

3.1 反思 1：地块指标式的管理能管好城市风貌吗？

比较一下就能发现，在风貌管理上，我国风貌管控是通过管地块来管风貌，而国外很多城市的风貌管控是直接管地块内的建筑。所以，在我国城市开发几乎都是大地块开发的情况下（国外私有制地块切分往

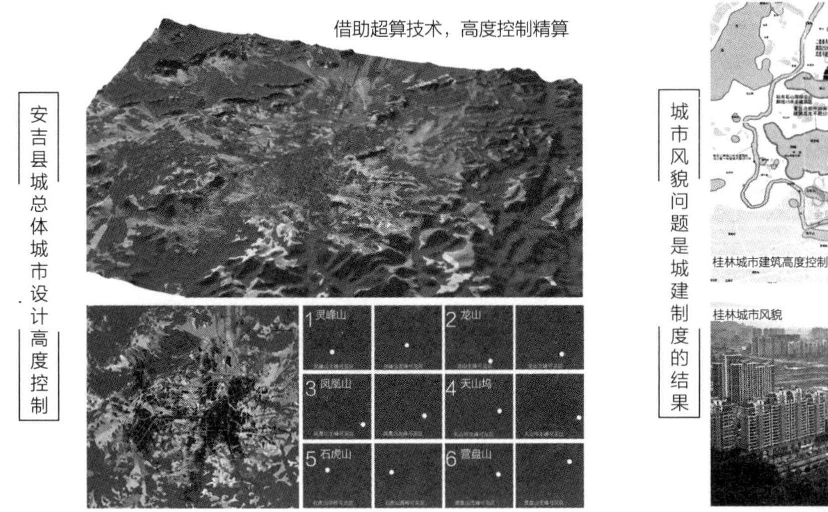

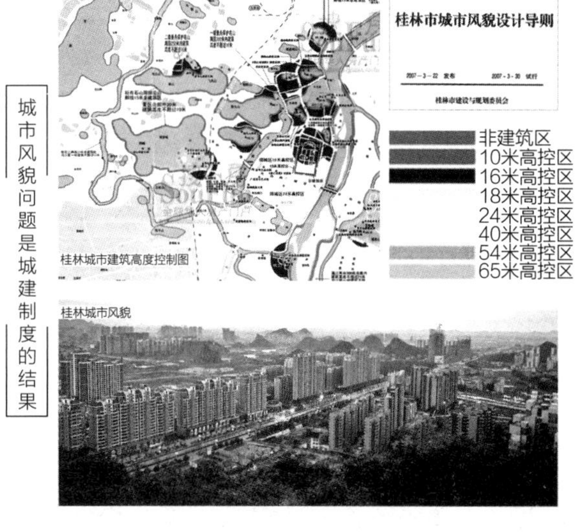

图 7　安吉县城总体规划和桂林城市高度控制

往很小），与其对应的风貌控制也是整地块控高。因此，难以回避的问题即实际控制指标很可能控制不住实际建设的高度组合。所以在中国的大中小城市经常会看到出现合法的高低配小区或高低配组团，造成对整个风貌区的干扰（图8）。

图 8　通过地块管风貌结果

所以，为了管住这一问题，地方规划局就要不停地在政策上打补丁。如某城市地铁站前地块，因其地块开发采用高低配模式（符合地块风貌控制要求），竟导致在地铁站前区出现了别墅。为此，当地规划局在后续出让的地块规划条件中明确规定：新建住宅小区既要控高也要限低。这一现象的本质就是整地块控高方法的缺陷，换句话说，整地块控高想要同时引导其风貌“不出格”就需要不停地在政策上打各种补丁（图9）。

而在日本，城市住宅开发都是私有小地块上的居民自建房（日语中称之为“一户建”）。所以，日本的城市高度管控实际上是管至私人地块的。但具体控制办法却相对简单：只控制一个容积率的指标。由于

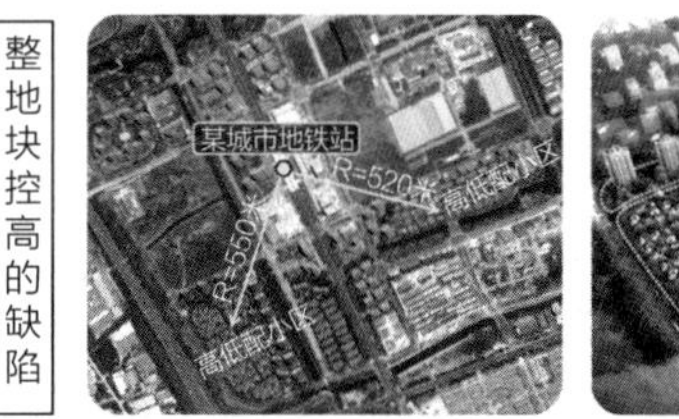

图 9　某城市地铁站前地块开发

地块面积足够小，所以按照规定要求的容积率，建出来的住宅高度基本都能保证在2～3层，城市风貌管控虽从小入手，但却收到了面的效果。这种情况极其类似于我国的乡村地区。所以，现阶段我国很多建筑师提出乡建（喜欢到乡村做小住宅设计），就是这个道理。但是，这种模式却是城市里我们居住小区模式所做不到的（图10）。

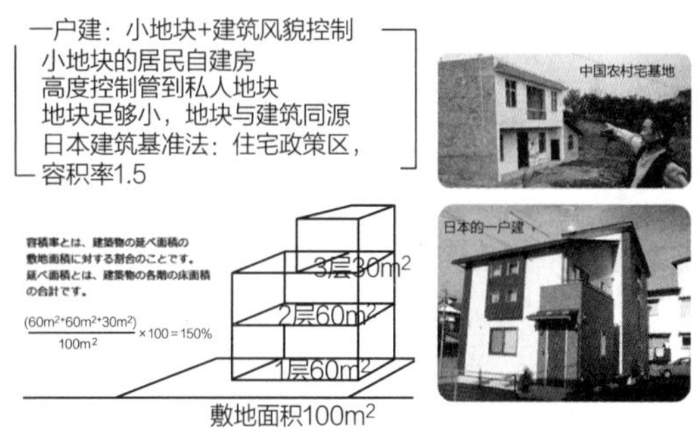

图 10　日本风貌管理

另一个例子，为什么说以建筑为对象的风貌管理方式往往比较有效。日本的建筑基准法里有一条叫不得改变老建筑的原有风貌。如下图就是日本城市风貌

管理的执法过程图（户主改变了老建筑的外观，被政府要求恢复建筑原貌）。所以，现在日本的街头我们经常能够见到长得古代面孔的新房子，就是因为上述这条规定（修缮但不能改建），因此这些街道的风貌能够做到传承延续和新老融合（图11）。

图 11　日本城市风貌管理执法过程

从这个角度看，巴黎19世纪奥斯曼的城市美化运动与我国当今大力推进的城市双修别无二致。同样是通过对一栋栋建筑的改造（而非地块）而形成了今日的风貌（图12）。

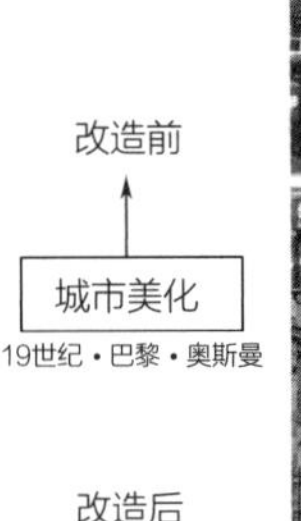

图 12　奥斯曼城市美化运动

与这种模式相匹配，针对单体建筑的风貌管控还催生了国外早已普及的独立建筑师制度。所以，当行走在当今中国城市大街上看到遍地开花的房产中介门店的时候，在日本的城市街道上却是很多为住宅提供整修服务的独立建筑师门店（日语中称“工务店”，即承接私人住宅设计和施工的小型建筑设计公司），而这些工务店又恰恰是当地城市风貌管控规则的精通掌握者，从而保证了住宅设计在源头上与风貌管控的衔接（而非我国模式中开发商在拿地后对风貌控制要求的突破和质疑）。所以，城建模式的不同导致了这种城市风貌、业态分工、行为自觉方式上的巨大差异（图13）。

而且，放眼世界来看，世界上很少有国家是采用类似我国统规、统建的方式来解决国民住房问题的，全球90%的国家都是采用类似日本一户建的私人住宅解决方案（图14）。在这一城建制度下，市民是拥有一定的城市建设权的，风貌管理和人对城市的感受是一致的。某种程度上看，厦门曾厝垵就是这种模式的变体（按户自改）（图15）。

图 13　中日街道对比

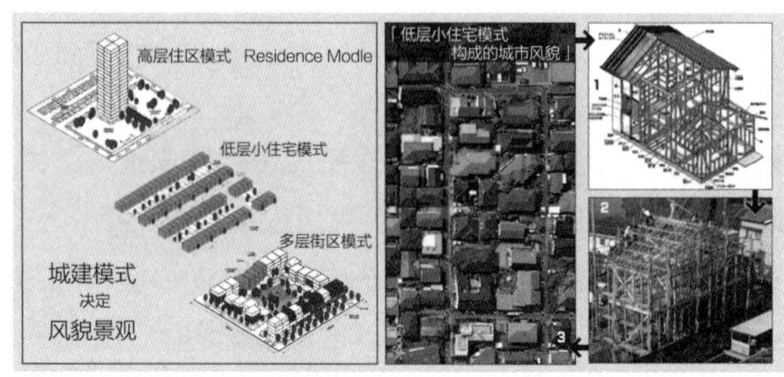

图 14　日木一户建的私人住宅

图 15　厦门曾厝垵

3.2　反思 2：街区式的风貌在我国能实现吗?

第二，毋庸置疑，高层住宅林立对城市风貌的冲击是致命的。而我国之所以提倡开发高层住宅的一个重要原因，就是认为国家人口众多，为了节约土地，所以要建高层住宅。但是这种在我们脑中根深蒂固的逻辑到底成不成立呢？人多地少就一定要多建高层住宅吗?

做一个对比就能发现，就城市化地区来说，日韩的人口密度比我国还要大，但日韩却采用的是低层小住宅的方式来解决本国国民的住房问题，而不是我国的高层住宅模式。

而且，即便我国以如此力度来拉升城市高度进而提升土地利用效率的情况下，北京、上海等市区的平均容积率竟然比东京市区的平均容积率还要低。也就是说，像日本这样采用低层住房解决方案的国家，在土地的利用效率上并不比我国多层和高层小区模式要低多少（图16）。

图 16　东京、上海对比

同时，由于日照间距在我国是建设强制性条例。导致住宅小区必然都是"排排坐、向前看"。所以，中国的住宅小区几乎都是按照日照规划出来的，而不是设计出来的。容积率和日照一定，小区的高度空间布局和风貌基本就锁死了（图17）。

所以，能看得出来，我国住宅使用的舒适性（强制保证的阳光权）实际上是以城市风貌为代价的，日照间距产生的副作用就是城市风貌的千篇一律。所以，客观制度上我国不太可能做到如欧洲国家那样的街区式风貌（无法利用东西向）（图18）。

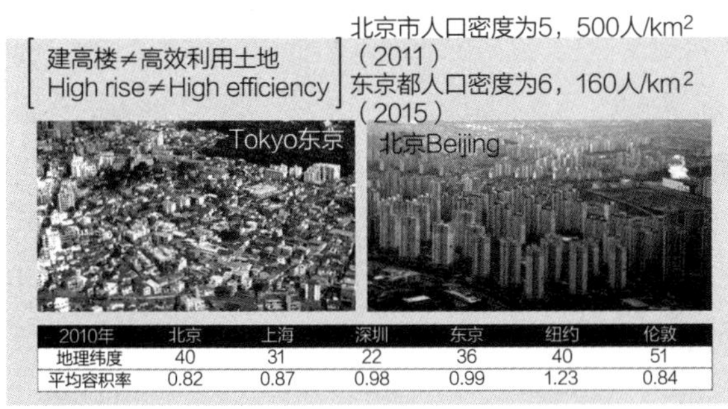

2010年	北京	上海	深圳	东京	纽约	伦敦
地理纬度	40	31	22	36	40	51
平均容积率	0.82	0.87	0.98	0.99	1.23	0.84

图 17　东京与北京对比

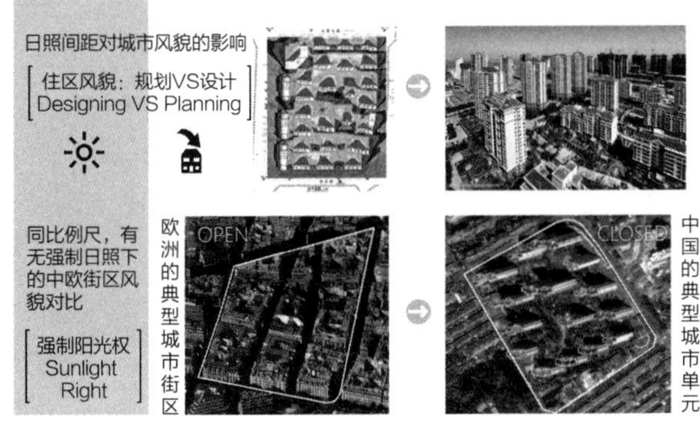

图 18　中国与欧洲国家典型街区对比

因此，体现在城市肌理上，中外城市的肌理差异非常大。也因此导致我国的城市肌理都比较易读（以日照为依据判断建筑功能类型）（图19）。

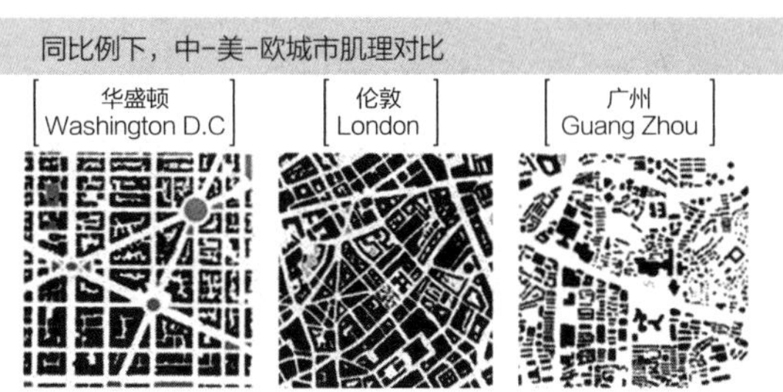

图 19　易读的中国城市肌理

而且，如果延伸去看，城建制度和风貌的这种关联，不会因为民族和文化的不同而不同。最好的案例如东西柏林。东柏林的城市风貌和我国城市类似，而西柏林却都是欧洲小住宅的风貌特征。因此，风貌的核心在于城建制度，而且不以民族和文化为转移（图20）。

图 20　东西柏林城市风貌对比

3.3　反思 3：千城一面是风貌问题吗?

第三，千城一面到底是不是风貌问题？业内常常把千城一面归结为城市病，是城市特色不足的表现。据某媒体统计，我国600多个大中小城市中，200多个城市都存在千城一面的问题。但实际情况是否如媒体报道的一样呢？如果从大历史观的视角看，不难发现我国的城市建设主要集中在改革开放后的40年间。而在这段时间里，从建筑建造的技术到建筑材料的变化都非常之小。所以，在这一段时间内建设的城市，其风貌理所当然会比较像，因为无论在技术上还是审美上基本都差不多。

即使发达国家如美国，其城市也仍难以摆脱这一规律，其城市千城一面也非常普遍。如下图中不同城市的街道照片，两侧建筑风貌几乎难以区分。其原因就是这些美国城市的开发建设基本也是集中在同一时期（19世纪后半叶）（图21）。

图21 美国城市的千城一面

所以，不难理解为什么当人们到了平遥或丽江这样的城市时，能明显感觉到城市鲜明的特色。因为这些城市的建设具有历史时差，当时的建造技术和美学价值和现在的差距很大。因此，距离产生美，时空差就是城市特色。因此，千城一面并不是一个风貌问题，而是一个在快速城镇化过程中所呈现出的短期城市发展规律。从大历史角度看，城市建设的时空差有了，城市特色也就有了（图22）。

千城一面是快速城镇化所呈现的短期城市发展规律

距离产生美，时空差就是城市特色
The Law of Urban Development

图22 时空差的城市特色

4 总结：关于城市风貌的几点认识

最后，本文的若干观点总结如下：

第一，城市风貌管控在技术上首先要解决编制科学性的问题，编制成果的合理性和判断过程的科学性需要技术的迭代更新。要推动大数据、数字化等规划量化编制方法和工具应用于编制和管理之中。

第二，城市风貌管控的重点对象不是中心区，而是基本面（占据城市空间绝大比例的住宅）。城市风貌管控是一个面的问题，而不是结构的问题。

第三，城建制度是改善风貌形象的根本。应探索改进土地开发机制（土地细分技术的应用），弹性的日照管理，还有统一多元的建设权市场化改革是改善我国城市风貌的源头性探索方向。

第四，千城一面不是风貌的问题，而是我们这个时代由于短期内大建快上所呈现出的城市发展规律。

参考文献

[1] 中国城市规划设计研究院上海分院. 安吉县县城总体城市设计[R]. 2017.

作者简介

刘迪，男，中国城市规划设计研究院，高级城市规划师。邮箱：Lau_seu@sina.com。电话：13512107503。

对总体城市设计四个关键问题的探索
——以长春市总体城市设计实践为例

Exploration on Four Key Issues of General Urban Design: Taking the General Urban Design of Changchun City as Example

赵宏宇，金广君，解文龙

摘要：总体城市设计是城市物质空间形态的顶层设计，而 57 个住房和城乡建设部城市设计试点城市，一方面需要落实新时代创造人民美好生活的发展要求，另一方面需要探索总体城市设计编制过程中所面临的项目定位不明确、设计过程缺乏科学依据、市民难以感知城市特色、实施管理缺乏条理等难题。长春作为首批试点城市之一，针对性地进行了如下四个重要思考与探索：项目定位方面，提出“有限设计”的主张，将总体城市设计定位为城市总体规划的专项；过程取向方面，以人民为中心，采用多种科学适用的自下而上数据收集与分析手段；设计创作方面，以城市意象格局为核心整体性地塑造市民可感知的城市特色，并科学谋划城市成长坐标；成果实施方面，全面与总规进行绑定，并构建分层、分类的智慧化城市设计项目库，保障总体城市设计有用并长期有效。以期为众多城市设计试点城市提供编制路径借鉴。

关键词：城市设计试点；总体城市设计；城市设计；成长坐标；长春

Abstract: General urban design is the top-level spatial design of urban morphology. However, for the 57 urban design pilots, some issues exist in the compilation process of general urban design such as unclear positioning of project, lack of scientific basis for the design process, difficulty in perceiving the characteristics by citizen, and lack of orderliness of implementation and management. Four significant aspects of exploration have been carried out in the General Urban Design of Changchun City: As for project positioning, the concept of “limited design” has been proposed and the general urban design has been positioned as one specific plan of the master plan; As for process orientation, emphasis should be put on the people-centered concept, and varieties of scientific and applicable data collection and analysis methods which are from bottom to top should be adopted; As for project design, the structure of the image of city may help to integrally form citizen-perceived characteristics of city and scientifically plan the coordinates of urban growth; As for implementation and management, the achievements of general urban design should be bound with the master plan, and intelligent project library of urban design can be classified and established hierarchically to ensure the general urban design useful and effective. Compilation methodology from the General Urban Design of Changchun City could be a valuable reference to other urban design pilots.

Keywords: Urban Design Pilot; General Urban Design; Urban Design; Growth Coordinate; Changchun

1 引言

2015年中央城市工作会议的召开与2017年国家级城市设计试点城市的确立，标志着城市设计的效用已在我国得到广泛认可，其中总体城市设计作为重点地区城市设计的顶层设计，处于与城市总体规划相同的编制阶段，具备从城市整体层面塑造城市意象和风貌特色的重要作用。

不同于重点地区城市设计，总体城市设计是城市设计经“中国特色”实践后的产物，二十多年来虽已在全国各地广泛开展，但由于缺乏系统的理论支撑，并未形成可复制、可推广的编制路径经验。长春市作为国家首批城市设计试点城市中少有的严寒地区城市之一，针对新时代创造人民美好生活、以人民为中心等发展要求，率先开展了总体城市设计研究，以期探索其编制过程中的一系列问题，形成总体城市设计的“长春经验”，为其他试点城市提供借鉴。

2 总体城市设计所面临的新常态

2.1 国家级编制依据的解读与深入思考

为更有效地提高城市建设水平，塑造城市风貌特色，2017年住房和城乡建设部依次颁布了《城市设计管理办法》以及第一批和第二批城市设计试点城市的通知文件，对总体城市设计的具体工作目标、工作内容和工作重点进行了公布，用以指导城市设计工作的推进。本文对其进行了深入解读和对比分析，将其中针对总体城市设计的规定提炼为以下五大工作要求，以此作为具体工作的核心依据。

（1）管理制度创新：创新城市设计管理制度，探索城市设计的法定化途径。

（2）技术方法创新：鼓励使用新技术和信息化手段，探索适用的城市设计技术方法。

（3）推动城市转型：探索通过城市设计划定成长坐标，促进城市转型发展。

（4）注重实效：强化城市设计的实施，发挥城市设计的精细化管理作用。

（5）及时推广宣传：探索特色成果与宣传参与途径，形成可复制、可推广的长春经验。

2.2 当下城市设计关键问题的思考

当下城市设计是中国城市建设领域最热门的话题，其缘起是对奇奇怪怪建筑、千城一面等城市问题的关注，也由此引发了学界和业界关于“奇奇怪怪建筑如何避免”、“规划对建筑如何管控”、“城市风貌特色如何保护和创造”、“控制性详细规划为什么控制不住这些奇奇怪怪”等问题的思考与讨论。

针对此，国内众多专家学者以总体城市设计为工具进行了大量的理论与实践探索。其中王建国等（2017）认为总体城市设计亟需解决空间形态的整体性塑造、编制过程的科学性等重大实践问题；段进等（2015）认为总体城市设计主要面临“技术路线偏差、内容与成果泛化、难以管理与落实”的困境；喻祥等（2015）在梳理当前总体城市设计实践经验的基础上，提出总体城市设计亟需进行成果形式和主要内容的梳理，并建立相应的技术标准；杨震等（2011）认为总体城市设计需要重点回答“如何确定工作范围、如何塑造人可感知的意象特色、如何实现绿色可持续发展、如何保障长期有效的实施”等挑战。

对其进行综述发现，当前城市设计在设计方面主要存在“设计创作缺乏科学依据”、“城市空间缺乏整体性”和“缺乏特色和人情味”三大问题，而在管理方面则主要存在“实施管理缺乏条理”和“弹性决策缺乏科学依据”的问题。

2.3 新常态下长春总体城市设计的工作框架

在深入解读试点城市工作要求与当下城市设计关键问题的基础上，通过总结长春市总体城市设计实践历程及案例，发现长春市总体城市设计目前存在的关键问题主要集中在项目定位、过程取向、设计创作和成果实施四个方面。本文通过四个重要的思考对新常态下的总体城市设计编制路径进行了探索（图1）。

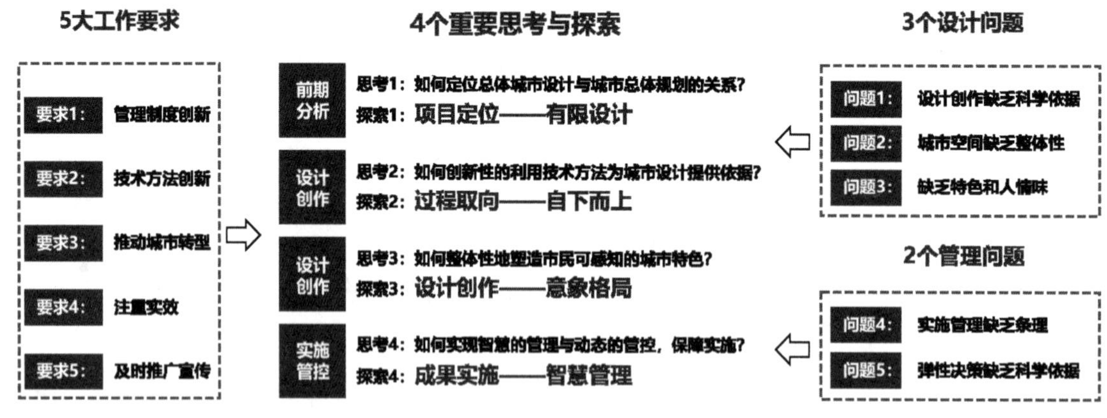

图1 长春总体城市设计的工作框架

3 项目定位——有限设计

总体城市设计与城市总体规划均是在宏观的城市空间尺度上对城市进行谋划，在编制总体城市设计之前必须首先厘清两者在编制内容、概念定位、空间定位、起点定位等方面的关系。总体规划是对“空间资源的调控”，而总体城市设计是对“城市特色的塑造”，对“城市意象的提升”。除总体城市设计之外，在城市总体层面还有一些专项城市设计，包括城市色彩与建筑风格、广告与公共标识、夜景照明、城市雕塑等特定系统所编制的城市设计，所以一个总体城市设计不能“包罗万象”（图2）。

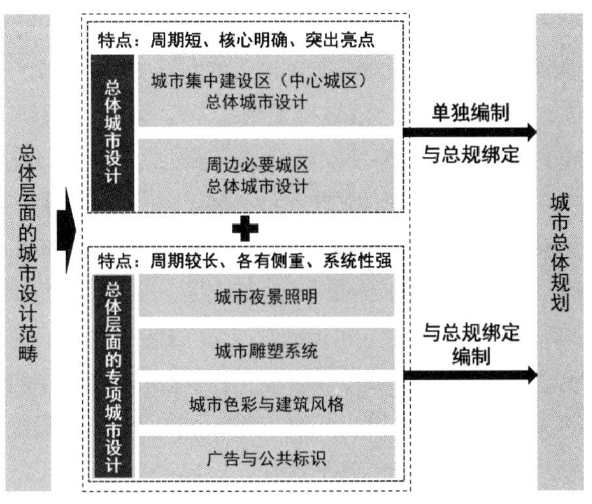

图 2 城市设计范畴

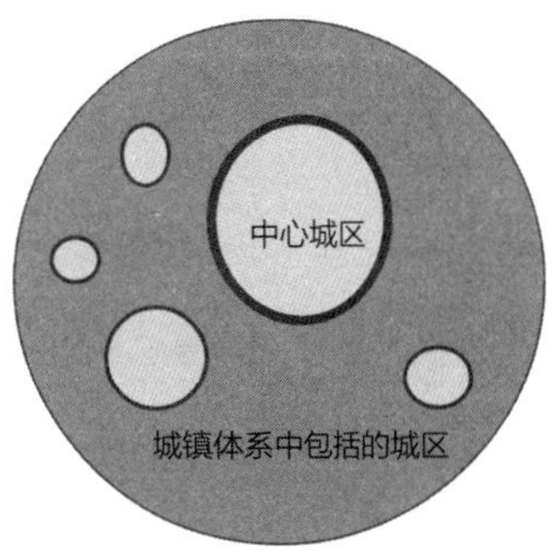

图 3 总体城市设计的空间定位

3.1 概念定位：总规的一个专项

学界关于总体城市设计与城市总体规划关系的探讨早已有之，主要集中在以下两种观点：一是总体城市设计作为总规的一个专项规划；二是以总规为指导和依据，单独立项和编制总体城市设计。而从以往大量的总体城市设计实践案例来看，大多是在总规编制完成后的单项研究，事实上形成总体城市设计相对脱离总规而独立存在。2016年3月，住房和城乡建设部有关文件明确指出，对全国多数城市而言，总体城市设计应作为城市总体规划的特定章节，并可与城市总体规划一并报批。即总体城市设计是总规的一个专项，原则上对城市总体规划不能做修改。因此，总体城市设计是城市总体规划的一个专项，可与城市总体规划一并报批并实施，有同样的法律地位。

3.2 空间定位

以往的总体城市设计实践多以中心城区（如郑州市总体城市设计）或市域（如广州市总体城市设计）为范围进行研究。笔者认为总体城市设计的空间范围应分为两个圈层：第一圈层是城市集中建设区，与总规中的中心城区相对应；第二圈层是周边必要区域（各城市的情况不尽相同），与总规城镇体系中包括的城区相对应（图3）。

同时，总体城市设计的两个空间圈层需要基于不用的理念和方法分别进行立项和研究。其原因在于，虽然两个圈层的空间范围都在城乡规划体系之中，但由于两个圈层城区的性质不同，其空间特征具有巨大差异性，具体体现在：①人口密度差异较大，导致发展模式及开发强度截然不同。以长春为例，其两个圈层的人口密度相差近23倍。②开发强度的巨大差别导致城镇空间肌理差异较大。③因发展阶段不同而展现出明显差异的风貌特色。因此，两个空间圈层需要分别进行立项研究。

3.3 起点定位

总体城市设计的编制应当以城市总体规划和历次总体层面城市设计的成果为起点。一方面，总体城市设计作为城市总体规划的专项，需要参照并遵从城市总体规划的系统性研究成果。另一方面，历次编制的总体层面城市设计成果能够快速帮助识别城市的特色所在。因此，在编制长春市总体城市设计的过程中，以塑造有特色的长春市为目标，从自然山水环境、城市形态与景观、公共空间三个方面对城市总体规划和历次总体层面城市设计的成果进行了梳理、整合和凝练，以此识别出长春市既有的自然山水格局、城市形态与景观格局和活力公共空间体系格局。

4 过程取向——自下而上

在设计创作之前，能否创新性地利用技术方法为总体城市设计提供依据是其成功与否的关键所在。为此长春市总体城市设计坚持自下而上的过程取向，以人民为中心，采用多种科学适用的自下而上数据收集与分析手段。其中，公众认知数据的收集方面，进行全过程、全社会和多媒体协同的主观评价；城市空间客观数据的收集方面，针对总体城市设计的研究内容选择科学适用的大数据分析模拟手段；同时，进行实地踏勘获取第一手的现状调研数据，以此识别城市空间的现状问题，对比并修正主客观评价中的分析结果。

4.1 多领域合作

1. 模式升级——“倡导式”公众参与型规划决策过程

总体城市设计的规划决策模式从以“规划师”为唯一主体升级为多元社会团体（设计集群）共同参与的“倡导式”规划决策模式。其原因在于总体城市设计的基本价值观发生根本性转变：仅靠规划师的规划设计不能创造一个健康的城市，公众的利益需要多元社会团体的共同协商而确定。长春在总体城市设计的编制过程中，引入知名文人墨客、公共艺术协会、公益规划师、摄影爱好者、市民代表等不同社会团体参与规划决策过程，切实了解不同社会群体的城市设计愿景与诉求，真正落实人民群众参与城市规划建设的“共建”环节。

2. 角色转变——城市设计师转换为中介型角色

城市设计师在总体城市设计过程中角色发生根本性转变，转换为协调政府与民众的中介。从本质上讲，总体城市设计是对城市空间资源的总体分配与再分配，而这一过程的主体为政府，受体则为公众。不同于以往城市设计师代表政府进行规划设计，长春总体城市设计团队更多承担政府与民众之间的中介角色，以期维护城市空间的公共利益。

4.2 全社会参与

1. 手段多元——从传统媒体转换为多种新媒体手段

新时代的总体城市设计应当重视利用多种媒体手段快速宣传，强化公众参与的深度和广度，在及时接受公众反馈的基础上，对设计内容进行实时调整。在长春总体城市设计实践的过程中，充分利用了微信公众号、网络媒体“新华网”（国家级媒体）、电子杂志《幸福都市》（省内最受欢迎的规划专业科普杂志）、电视（长春宣传片）、数字报纸（吉林日报）、“open house”规划展览馆（省级展示与宣传平台）等多种宣传方式和手段对城市设计的相关内容进行全方位宣传，从公众角度，促进公众建立公平、和谐、绿色的需求观。

2. 过程转变——一次性公众参与转变为系列全过程公众咨询

公众参与虽已作为各地城市规划与设计编制的重要辅助决策手段，但大多采用传统的被动式、一次性公众参与模式，如规划编制前的问卷调研、成果完成时的公示告知、规划批复后的发布等。这种参与模式无法真正地将公众意愿应用于规划设计成果之中，为此长春市总体城市设计开展了以“长春是我们大家的”为主题的系列公众参与活动，针对“前期分析”、“设计创作”和“管理实施”三个不同阶段中的不同工作步骤依次进行公众咨询，共计采集10000余份样本，采样率高、覆盖范围广。在强化公众参与的深度和广度的同时，及时接受公众反馈的数据信息，对设计内容进行实时调整。

4.3 大数据分析

针对自然山水格局、城市形态与景观格局和活力公共空间体系格局三个方面各自遇到的重要空间问题，选择适用的量化分析手段。其中针对老城区历史水系消失的问题，进行历史水系调蓄功能特征评估；针对城市空间高度的无序问题，进行基于GIS的天穹视廊模拟研究；针对识别重要活力公共空间的需求，进行基于随机性与固定性数据相叠加的动态人群活力分析。

1. 历史水系调蓄功能特征评估

为逐步修复老城区内已消失的多条历史水系，基于内涝点叠加分析与调蓄水量情景模拟分析对其恢复后的绩效进行预测，是灾害、历史、文化、生态智慧等综合绩效考量下的百年大计，彰显营城的生态智慧。长春在营城之初，即充分考虑地形地貌形成了多条流绿空间，而历史上的流绿空间与城市现有的严重内涝点高度重合。在此基础上，根据“河网结构—降雨径流关系—调蓄能力理论”进行水系恢复后的“调蓄水量情景模拟分析”发现，五条历史水系的恢复能够将其所在汇水分区的调蓄总量提高九倍。

2. 基于GIS的天穹视廊模拟研究

在城市形态与景观格局的研究中，运用GIS三维模型大数据进行眺望系统的可视域分析、全景天穹的天际线修正和大尺度空间形态模拟，在实地踏勘对比下的互看校核基础上，对全市整体空间高度秩序进行管控，以“最美天际线与视廊、最具可实现性与经济性、最具寒地城市特征”为原则构建六条一级城市景观视廊。

3．基于随机性与固定性数据相叠加的动态人群活力分析

创新性地运用动态与非动态数据相结合的方式进行人群活力分析，识别城市“冷”、“热”区域。为了避免单一大数据可能存在的偶然性和误差性，长春市总体城市设计在动态人群活力分析的过程中，将基于动态随机性的手机信令与浮动车数据的人群活力分析，与基于固定性的用电量数据的人群活力分析进行耦合，对市民的空间活力分布进行综合可视化分析，增强了人群活力分析的可信性。

5　设计创作——意象格局

总体城市设计的核心设计内容即为整体性地塑造市民可感知的城市特色。为此长春市总体城市设计实践提出了构建“城市意象格局”的设计策略，依托城市生命元素构成功能体和廊道，整体性地构建长春城市空间特色。

5.1　城市意象格局的构建

根据城市风貌特色定位和总体城市设计研究内容，将“城市意象格局”从纵向分层提出其构成，即①划定“城市意象分区”：根据城市总体规划、问卷调查、大数据分析、现场调查，综合得出城市意象分区，作为对城市特色风貌提出控制要求的依据；②构建“总体意象格局”：依据“城市意象分区”，从城市的自然山水格局、城市形态与景观格局、活力公共空间体系格局三个方面提出“总体意象格局”（图4）。

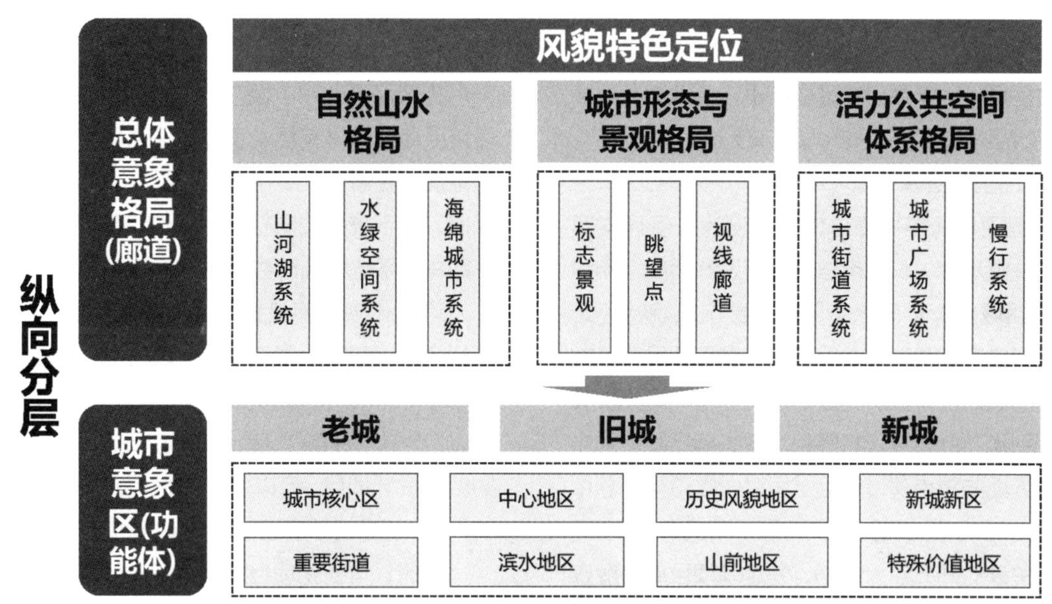

图4　构建城市意象格局

5.2　成长坐标的划定

总体意象格局构建的核心内容在于划定城市的自然山水格局、城市形态与景观格局、活力公共空间体系格局三个方面的成长坐标，其中：

成长坐标既是底线，又是永续而特色的发展点。一方面，自然山水格局、城市形态与景观格局和活力公共空间体系格局需要划定出蓝线、绿线、紫线等，明确保护和控制范围。另一方面，被划定为底线的区域是支持城市特色而永续发展的关键所在，应该当作百年大计进行考虑。

成长坐标既是平面的，也是立体的。成长坐标不仅仅包括传统在平面上对蓝线、绿线、紫线等的划定，也包括针对重要的城市视廊、天际线等进行的空间控制线的划定。

同时，成长坐标既是现在的，也是未来的。城市成长坐标的划定不仅仅应该关注当下的城市空间，也应该关注未来发展的可能性。例如本次长春总体城市设计，针对老城区内已经消失的多条重要历史水系进行未来择机恢复的控制线划定。

6 成果实施——智慧管理

从目前已有的总体城市设计实践来看，由于总体城市设计属宏观尺度的城市设计，且与下层次详细规划及局部城市设计之间缺乏有效的转译路径，导致总体城市设计成果难以有效转化为规划设计要求，对具体规划建设的指导意义不大。针对如何利用管理手段和政策机制来动态引导特色的塑造过程这一关键问题，长春市从“项目库的建立”、“全方位地与总体规划绑定”与“政策机制的引导”三个方面进行探索，以此实现“做有用的城市设计”这一目标。

6.1 项目库的建立

以“分层设计、分区管控、分项实施”为原则构建总体城市设计项目库。以全要素为核心提出精细化的导引目标与策略，确定底线控制、垂直导引和代价体系相结合的导控管理方法，并依托可视化的项目库管控平台指导下一步重点地区城市设计的编制，保障城市设计的落地和实施，推动城市转型。

1. 产品型项目库转译

产品型项目库是保障总体城市设计具备现实可操作性的关键步骤。长春市总体城市设计面向“流绿林城、中西城韵、舒朗冰爽”的长春市风貌特色定位，构建了由廊道和功能体组成的产品型项目库。并且项目库的制定实现了从关注“从无到有”向更加关注“从有到优”的转变，将惠及大众的高品质型民生项目作为近期的重点建设项目。同时，以总体规划中近期（2020年）、中期（2035年）和远期（2050年）三个关键时间节点为依据，制定以项目库为触媒的渐进式规划，保障总体城市设计的顺利实现。

2. 以全要素为核心的精细化管理

面向产品开发的项目库管控全要素主要包括城市规划控制要素（目标为保障功能的合理性）和城市设计控制要素（目标为引导和谐而有特色的城市形态）两大类。其中城市规划控制要素以用地性质、容积率等传统的管控指标为主，而城市设计控制要素则以更加具有弹性和引导性的导控目标与导控策略为主。具体来说城市设计控制要素包括风貌特色定位、自然山水格局、城市形态与景观格局、活力公共空间体系格局以及寒地舒适度与特色景观（附加条件）五个方面。

3. 尊重市场规律的导控管理方法

依据要素的管理难易程度及公众价值高低制定导控管理方式。不同控制要素其控制难度不同，如与土地业权人市场诉求相关的容积率、建筑高度等方面控制难度较大，与公共价值领域联系紧密的开敞空间等方面控制难度较小。不同控制难度的要素采取的导控手段也不同，对控制难度较大的要素采取引导性方式，如容积率、建筑密度等，对控制难度较小的要素采取控制性方式，如开敞空间、标志物等。

以底线控制、垂直导控和代价体系为核心的导控管理方法。底线控制是指要划定城市开发建设的底线，如历史风貌地区周边的建筑高度最高不得高于历史建筑的屋檐。一旦突破设计管控的底线，必须根据实际情况，增加开发建设的附加条件（代价体系），并且对导控要素进行垂直可视化的管理。

4. 城市设计管理辅助决策系统：可视化项目库管控平台

搭建基于CIM（城市信息模型）的可视化项目库管控平台，具体包括“三库、三系统”。其中三库是基础现状要素库、城市设计控制要素库和规划项目要素库，三系统是城市空间基础沙盘系统、城市数字化辅助决策系统和城市数字化过程式参与系统。

可视化项目库管控平台的搭建可以将城市设计的社会环境和文化复杂性定向转变为计算机建模、计算、协作的城市信息反馈体系，使得城市设计更加扁平化、全过程覆盖、全系统集成、动态更新。如新增加的城市设计项目，可以将其信息实时录入管控平台系统，减小城市设计项目管理和实施的时间滞后效应。

同时，可视化项目库管控平台的搭建便于构建面向公众开放的端口，使公众参与到城市设计的全过程之中，并对城市空间方案进行评议与对比。在城市设计过程中，能够提出对城市空间与生活圈的城市设计构想，并在方案评价和实施评估阶段对设计方案与建成空间给予评价和反馈。

6.2 全方位地与总体规划绑定

长春市总体城市设计在编制过程中，与总规编制相协同，并从目标定位、范围边界、规划结构、事权划分、功能引导、利用模式、指标控制等方面对总规进行全方位的落实与对接，保障其成果的绑定实施（图5）。

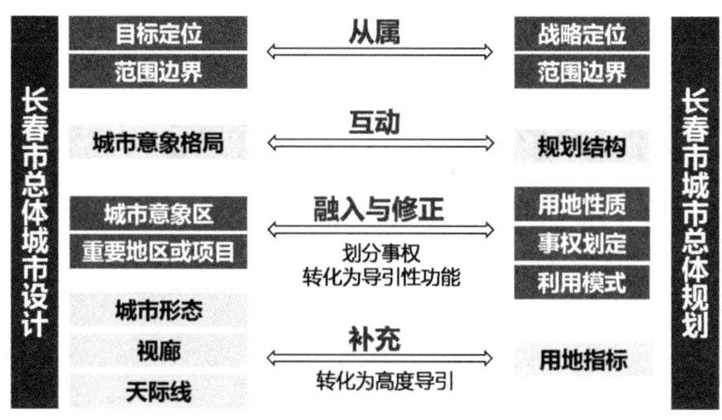

图 5 全方位与总体规划绑定示意图

6.3 政策机制的引导

划分“专事”，通过分层、分类型的总体城市设计项目库与城市法定管制体系进行对接，通过划分项目库的事权，明确不同行政主体的工作重点。

聘用“专人”，使城市设计拥有相对稳定的指导群体，保障实施的连续性。一方面，成立长春市城市设计专业委员会，作为独立的城市设计管理机构、操作机构与监督机构。另一方面，设立总城市设计师与各重点区域的责任规划师。

同时，长春市已开展《将城市设计要素纳入规划条件可行性研究》等研究，探索设立“专法”对城市设计的全过程实施提供法定支撑。

7 几点思考

我国城市设计试点城市面临着完成住房和城乡建设部工作要求和探索当前城市设计问题解决途径的新常态。为此，长春市在总体城市设计实践的过程中，最终形成了三个核心价值观，分别为“提升文化自信”、“以人民为中心”和“回答试点要求”。

同时针对住房和城乡建设部“做有用的城市设计”的要求，长春市总体城市设计做到了出发点实，从试点的工作要求与当前城市设计的问题出发；过程实，创新性地采用多种自下而上的数据收集分析手段；结果实，将总体城市设计成果通过智慧的项目库管理与动态的管控策略进行落实，并全方位地与总规对接，探索总体城市设计的法定化路径。

（项目团队成员：赵宏宇、刘延松、周扬、解文龙、韩超、林展略、孟凡宇、单良、刘琦、曹宇、付天宇、王俊旗、刘斯迪、陈勇越、张艾欣、毛博、杨鑫宇、姜雄天、于志强、范思琦、谭悦彤、宋鉴、朱琦静、刘亚平等）

参考文献

[1] 金广君，蔡瑞定，金敬思. 中医学视角下城市物质空间的生命要素探析[J]. 城市规划，2015，39（04）：35-42.

[2] 住房城乡建设部发布《城市设计管理办法》[J].城市规划通讯，2017（08）：5-6.

[3] 住房城乡建设部关于将北京等20个城市列为第一批城市设计试点城市的通知[J]. 城市规划通讯，2017（08）：6-7.

[4] 住房城乡建设部公布第二批城市设计试点名单[J]. 城市规划通讯，2017（15）：7-8.

[5] 王建国，杨俊宴.平原型城市总体城市设计的理论与方法研究探索——郑州案例[J]. 城市规划，2017，41（05）：9-19.

[6] 段进，季松. 问题导向型总体城市设计方法研究[J]. 城市规划，2015，39（07）：56-62、86.

[7] 杨震. 总体城市设计研究述评与再思考：2004-2014[J]. 城市发展研究，2015，22（04）：65-73.

[8] 金广君，吴小洁. 对“城市廊道”概念的思考[J]. 建筑学报，2010（11）:90-95.

[9] 王建国，阳建强，杨俊宴. 总体城市设计的途径与方法——无锡案例的探索[J]. 城市规划，2011，35（05）：88-96.

[10] 喻祥. 对我国总体城市设计的思考[J]. 规划师，2011，27（S1）：222-228.

[11] 赵宏宇，高洋，王耀武. 山地水敏性城市设计——基于“城市、建筑、景观”三位一体理论的城市设计新思维[J]. 规划师，2013，29（04）：86-91.

[12] 金广君，单樑. 预则立，巧预则通——论以开发项目为导向的城市设计策划[J]. 华中建筑，2008（07）：55-61、66.

[13] 赵宏宇. SWOTs分析法及其在城市设计实践中的作用[J]. 城市规划，2004（12）：83-86.

作者简介

赵宏宇（1977-），男，博士，吉林建筑大学建筑与规划学院城乡规划系系主任、副教授，寒地城市设计研究中心副主任，英国谢菲尔德大学访问学者；

金广君（1960-），男，博士，哈尔滨工业大学深圳研究生院教授；

解文龙（1991-），男，博士在读，哈尔滨工业大学建筑学院博士研究生，寒地城市设计研究中心副主任。

基于特色基因的城市设计管控体系构建方法研究
——以陕西省西咸新区为例

THE Construction Method of Urban Design Control System Based on Characteristic Gene: A Case Study of Xixian New Area in Shanxi Province

霍玉婷，卢斌，李新
（天津市城市规划设计研究院）

摘要：城市设计，自20世纪80年代进入中国，经历了本土化、浪潮化和法制化三个发展历程。近十年来，各地城市设计实践仍存在着特色不突出和方案难落实两大问题。究其根源，是由于城市设计在大部分城市缺乏明确的体系设计和落实途径。本文以西咸新区实际项目为例，介绍了城市设计管控与现行法定规划管理手段相结合的创新尝试，并结合西咸新区不同地域的自然、历史、区位等特色“基因”，系统地提出了差异化管控方法。

关键词：城市设计；西咸新区；特色；差异化

Abstract: Urban design, introduced into China from the 1980s, has gone through three developing stages: localization, wave and legalization. Over the past 10 years, there are still two major problems in urban design practices: no feature and difficult to realize. The reason is that urban design lacks clear system and implementation in most cities. Taking the actual project of Xixian New Area as an example, this paper introduces an innovative attempt to combine the urban design management and control with the current legal planning management means, and combines the nature, history and location of the different regions of Xixian New Area, and puts forward the differential management and control methods.

1 国内的城市设计发展概况

1.1 本土化

现代城市设计于20世纪30年代兴起于西方，然而，直至1980年，周干峙在中国建筑学会第五次代表大会上发表了“发展综合性的城市设计工作”的文章，作为国内最早公开发表关于“城市设计”的文字论述，代表城市设计正式进入中国。之后，王建国①、金广君、项秉仁②、黄富厢③等一大批学者在教育、专著、实践等方面不断努力，使城市设计为国内学界业界所知。1997年，建设部总规划师陈为邦发表了“积极开展城市设计，精心塑造城市形象”的论文。之后中国建筑学会与中国城市规划学会相继召开以城市设计为主题的学术年会和学术研讨会，城市设计在研究中不断改良，并结合中国规划体系逐步实现了本土化。

1.2 浪潮化

2000年以来的15年中，城市设计实践在我国大、中、小城市开展得如火如荼，估计达到上千项之多。中、外众多设计单位与城市设计、规划、建筑专家受邀参与到这世界上规模空前的城市设计大实践中来，并取得一定的成效与经验。然而，由于城市设计水平良莠不齐，更多的为了视觉上标新立异；城市设计与规划体系不接轨，即使美好的方案也多止步于用地布局；三维层面的城市空间形象仍处于失控状态。这一阶段的城市设计实践为进一步为下一步管理体制改革提供了现实基础。

1.3 法制化

2015年以来，随着中央城市工作会议的召开以及《中共中央国务院关于进一步加强城市规划建设管理工作的若干意见》的出台，城市设计对规划管理的实际意义正逐渐从幕后走向台前。2017年，《城市

① 1991年出版《现代城市设计理论与方法》。
② 翻译、编译出版凯文·林奇的“城市的意象”。
③ 翻译、编译出版E·N·培根等的“城市设计”，1983年主持上海虹桥经济技术开发区规划中结合城市设计尝试。

设计管理办法》的颁布更是夯实了城市设计在规划管理中的位置。

2 管控体系设计核心问题思考

本项目的开展基本与《城市设计管理办法》的制定和颁布同步进行，第一时间实现了在上位规定基础上的操作手段具体化，其目的是将西咸新区的高品质的城市设计转化为可操作的设计管控，真正指导规划建设管理。

2.1 与控规的关系

自1990年起，在我国城市规划编制体系中，控制性详细规划扮演了连接城市总体规划与建筑设计的角色，大量单独编制的城市设计实践活动造成了控制性详细规划与城市设计在项目上严重重复或重叠，因此理清城市设计与控制性详细规划的关系是破解城市设计尴尬境地的关键。

在充分借鉴深圳、天津等多地城市设计导则管理经验的基础上，《西咸新区城市设计管控体系》尝试建立与控规相平行的城市设计控制体系，充分考虑控制性详细规划的管理特点，二维三维一起着力，实现城市用地开发和空间形象的平行控制，并以此为目标构建了以“城市设计导则”为核心的控制体系。

2.2 与项目实施的关系

虽然城市设计的规划地位一定程度上得到夯实，在项目中也努力理清城市设计和控制性详细规划的关系，但法定规划中的缺位仍使得其管控要求落地缺乏法律依据，因此，本次项目实践中深入分析了控制性详细规划的操作路径，提出将城市设计导则管控要求与控规指标平行纳入规划条件（图1），获得相对等的法律效力。

图1 西咸新区规划条件书

3 特色城市设计管控体系构建

3.1 层级式体系架构设计

规划提出总体空间图则、片区空间图则、单元城市设计导则的层级设计，以城市总体空间格局为终极蓝图，实现了轴线、廊道、节点、地标等城市设计核心内容（图2），从宏观到微观的层层分解，保证城

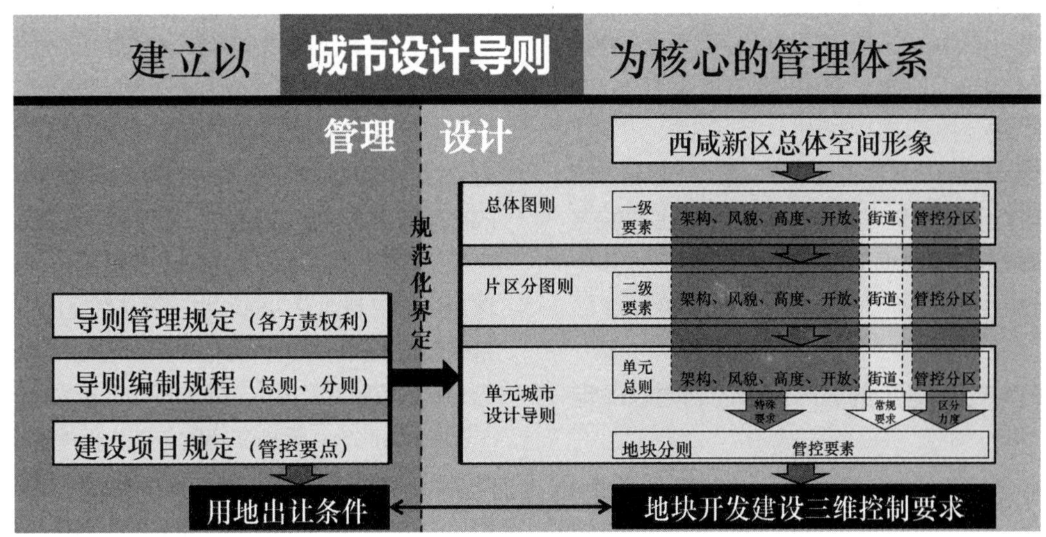

图2 西咸新区城市设计管控体系架构

市总体空间格局的有效传承。该体系对各层级城市设计提出了前置性要求，将有效避免不同层级、不同尺度、不同位置城市设计各自为政。

3.2 菜单化管控要素选择

充分借鉴国内外城市设计导则控制要素，提出以街道控制为基础，地块建筑控制为核心，开放空间控制为重点的“线—面—点”全覆盖的控制方式。提出三类13项城市设计管控要素作为基础控制菜单（图3）。同时，考虑到不同新城风貌差异，与新城根据自身特色可有侧重的要素进行选择。例如，沣西、沣东等与西安、咸阳城区密切衔接的现代风貌城区，强化街道控制，通过严格控制贴线率、街墙广告等要素塑造街区秩序，弱化建筑形态控制，营造现代、开放的城市形象；而秦汉、泾河等历史文化与田园风貌区则截然相反，因组团分布较松散，自然历史资源独特，弱化街区控制，通过改变屋顶形式，明确建筑风格和色彩材质强化自身气质，提高组团标志性和辨识度。

此外，本项目针对不同风貌区内建筑风格，居住建筑、办公建筑、商业建筑的建筑形式、色彩、外立面装饰材料等方面提出控制菜单，便于指导下一步具体导则编制和规划管理（图3）。

		街道							开放空间	建筑				
		建筑退线(米)	贴线率(%)	建筑主立面及入口门厅位置	机动车出入口位置	首层通透度	建筑墙体广告和牌匾	街区开放度和人行出入口间距	类型及控制要求	建筑体量	建筑高度(米)	第五立面	建筑风格和色彩	建筑外立面装饰材料
基本强度	核心区	●	●	●	●	●	●	●	●	●	●	●	●	●
	重点区	●	●	○	○	○	○	○	●	●	●	○	●	○
	一般区	●	○	×	×	—	×	—	●	○	●	×	○	×
现代风貌区	核心区	●	●	●	●	●	●	●	●	●	●	●	○	○
	重点区	●	●	○	○	○	○	○	●	○	●	○	○	○
	一般区	●	○	×	×	—	×	—	●	×	○	×	×	×
传统田园风貌区	核心区	●	●	●	●	○	○	○	●	●	●	●	●	●
	重点区	●	●	○	○	×	○	○	●	●	●	○	●	○
	一般区	●	○	×	×	—	—	—	●	○	●	×	○	×

图3 城市设计管控要素菜单

3.3 差异化管控力度分区

规划依托西咸新区河流、道路、城市轴线，划定了“核心地区、重点地区、一般地区”三类城市设计管控分区，其中核心地区和重点地区面积约占建设用地总量的40%。同时，考虑地块开发弹性，针对不同分区内的管控要素分别提出“强制管控、建议管控和负面清单管控”三种管控方式。核心地区基本进行强制管控全覆盖，重点地区强制管控与建议管控各50%，一般地区以负面清单管控为主，保证城市多样化。

4 基于“特色基因”的城市设计控制要求确定

4.1 尊重特色基因，提出特色风貌控制要求

西咸新区泾、渭、沣三水交汇，周、秦、汉、唐遗迹遍布，城、乡、田、园风光共融，其最大的特点在于不同的城市土地因区位和资源差异散发着独有的气质。因此，本项目核心特色为尊重特色“基因”，进行差异化管控。

针对西咸新区“大河流、大遗址、大田园”的具体要素布局，在控制要素常规控制要求的基础上，特别针对建筑高度、道路通透率、街区开放度、第五立面、建筑风格等八项要素提出了15条有针对性的风貌控制要求。以文物遗址为例，在周边用地的高度控制上，为了避免对遗址的空间影响，要求文物保护建设控制地带内建筑物按照高距比H:D≤1的关系确定建筑檐口高度。文庙、崇文塔等有主体构筑物的，建设控制地带内构建筑物不得高于文物遗址主体（图4）。此外，历史文物周边广告标牌的设置应充分考虑历史文化特征，禁止在坡屋顶上设置广告牌匾，禁止采用大幅窗体或墙面式广告标牌，不得采用突出墙面的灯箱和霓虹灯照式照明。

图 4 文物遗址周边建筑高度控制示意

4.2 落实空间架构，提出特殊位置控制要求

为保证城市总体空间架构有效落实和向下疏解，本项目针对城市轴线、廊道、节点、地标等特殊位置及其周边建设用地，提出17项特殊控制要求。以城市地标控制为例，考虑到突出地标和天际线塑造，规定节点片区的制高点建筑可突破建筑高度常规控制要求50%；城市轴线上以高地标建筑为起始点，每两公里设置一处建筑次高点，次高点高度不超过高地标建筑的70%，两公里区段内设置4～6处建筑高低错落的变化。

5 结语

《西咸新区城市设计管控体系》是在国家大力推动城市设计背景下的一次法制化尝试，是城市设计管理经验的跨地域创新实践。我们希望紧握城市设计管控的“马良神笔”，可以使美好城市设计不再是束之高阁的一张画纸。

参考文献

[1] 郑正. 寻找适合中国的城市设计[J]. 城市规划学刊，2007（02）：95-99.

[2] 金广君. 城市设计：如何在中国落地. 2017中国城市规划年会主题报告. 2017，11.

Research on Space Efficiency of Changchun City-level Commercial Center Based on Commercial Attraction

Yan Tianjiao & Lv Jing
(School of Architecture and urban planning, Jilin Jianzhu University, Changchun, 130118, China)

Abstract: The business center is very important for shaping the vitality of the city. At present, Changchun City has formed two major city-level commercial centers, including Chongqing Road and Hongqi Street Commercial Center. The former is a traditional commercial street with a long history, while the latter is an emerging commercial street in the expansion of the city. Although both of them have tried their best to enhance their attractiveness in the long-term planning and construction, the effect was not satisfactory. Therefore, based on the perspective of commercial attraction, this paper used space syntax and GIS to compare and study the spatial layout and internal mechanism of two major commercial centers in Changchun City. The article fundamentally distinguished the difference between the two, analyzed the factors that influence the evolution of the format and the spatial transformation, and constructed a space efficiency evaluation system. At the same time, it gave the planning department measures and recommendations about reinvigorating and improving space efficiency for traditional and emerging commercial center.

Keywords: Commercial Center; Commercial Attractions; Space Efficiency; Chongqing Road; Hongqi Street

1 Introduction

The issue of reinvigorating vitality has always been a subject of great concern in business centers. In the past, relevant scholars have studied many issues such as the location of business centers, the relationship between business activities and planning, and the retail model. For example, the famous central theory（W.Christaller1946）; commercial activities can create better urban spaces or upgrade projects (Brunette and Caldarice 2014; Findlay and Sparks2009; Lowe 2005a)[1]-[3]; business can distribute social economy (Kompil and Celik 2006; Smith 2007)[4]、[5]; use of different methods to achieve traffic accessibility at various scales analysis, such as spatial syntax (Griffiths et al. 2013; Hossain 1999; Porta et al. 2009; Sarma 2006; Villain 2011)[6]-[10]; commercial activities can also increase the efficiency and elasticity of cities (Barata-Salgueiro and Erkip 2014)[11]; new perspectives on the role of urban planning, the impact of new purchase payment methods on retail formats, store types, and business models (Grewal et al. 2012; Sorescu et al. 2011)[12]、[13].The usual research method for space efficiency is DEA (Data Envelopment Analysis). Most of the research is about the macro efficiency of isolated cities, such as urban efficiency based on resource view[14], ignoring the impact of residents activities, elemental flows and the Internet.Therefore, this paper has explored the issue of space efficiency from the perspective of commercial attractiveness. It was based on big data and quantitative means with sufficient data support. At the same time, combined with the comparative research method, the horizontal and vertical lines were simultaneously promoted, and the commercial space efficiency evaluation system was constructed, and then the influencing factors and certain feasible optimization strategies were obtained.

A commercial center is a hub for organizing

the circulation of goods within a certain area. This article refers to the areas where business resources are concentrated, where there are dense populations, and where business activities are frequent in Changchun. Commercial functional areas are divided into municipal commercial centers, district-level commercial centers, and community businesses according to different scales [15]. Commercial attractiveness refers to the ability of products or services to attract or stimulate consumers. The commercial center is aimed at the radiation range of space, and the commercial attraction is to focus on the components such as the format. However, space efficiency is to analyze the matching relationship between physical space and use function, so that the element flow is organically combined. Take Changchun City as an example. Chongqing Road and Hongqi Street, both of which are city-level commercial centers, have different development status. However, they are also trying to get out of the decline. Therefore, it is of great significance to study the factors that influence the attractiveness of commercial centers in the new era. Moreover, comparing the two can be analyzed from the aspect of their own development, or the status quo of the two can be compared horizontally. This is conducive to the analysis of the status quo and problems of these two major commercial centers, and then provide optimization strategies, which will provide important reference for the transformation of future planning.

2 Research content and methods

2.1 Research Content

The current two municipal commercial centers in Changchun, Chongqing Road and Hongqi Street, have different development directions depending on their positioning. Therefore, comparative analysis between the two is conducive to the study of the factors affecting the business center space efficiency, and then implement improvement strategies, as shown in Figure 1.

Figure 1 Area of research

1. Chongqing Road Commercial Center

Chongqing Road commercial center spans Chaoyang District and Nanguan District, east to Dajing Road, west to Jianhe Street, south to Xinhua Road and north to Bei' an Road. With a total land area of approximately 0.5 square kilometers, it is a long-established commercial center in Changchun City. In 2017, the average daily traffic volume of Chongqing Road was over 600,000. And its consumer groups are mainly targeted at domestic and foreign tourists and high-end consumer groups. Chongqing Road Commercial Positioning is the most influential and high-quality commercial center with high-end consumer goods, luxury goods and financial industry in Changchun.

2. Hongqi Street Commercial Center

Hongqi Street commercial center is located in Chaoyang District, west to Hongqixisan Alley, east to Yan' an Road, north to Qinghua Road, and south to Tongde Road. It contains 10 street roads and covers an area of approximately 0.5 square kilometers. At present, it contains 1,420 businesses of various types, with a total business area of 340,000 square meters. It currently has six commercial buildings and a total of more than 300 international brands. In this business circle, more than 960 IT businesses are based in Bainaohui and Euro-Asia Science and Technology City. And it has become the main distribution center for IT trends and high-tech products in Changchun City.

2.2 Research Methods

1. Data Acquisition and Processing

The source of the data is the POI (Point of Interest) data of the Golder Map and statistical yearbooks for Changchun City or district. Spatial syntax is a mathematical method of describing and analyzing space. "Axis analysis" is a method of spatial analysis of spatial translation into lines, which can clearly analyze the relationship between roads and buildings. GIS (Geographical Information System) is a very important spatial information system that can visualize geographical data. Therefore, the combination of the two in this paper can provide a more in-depth understanding of the planning and design of the business center.

2. Research Framework

This study carried out three lines horizontally. The existing three types of data, including annual statistical data, POI data and road network data, were weighted and integrated using GIS and spatial syntax analysis results to obtain a five-dimensional evaluation system. At the same time, the comparative study method was also used to longitudinally compare Chongqing Road and Hongqi Street, and further analyze the influencing factors of commercial center space efficiency, as shown in Figure 2.

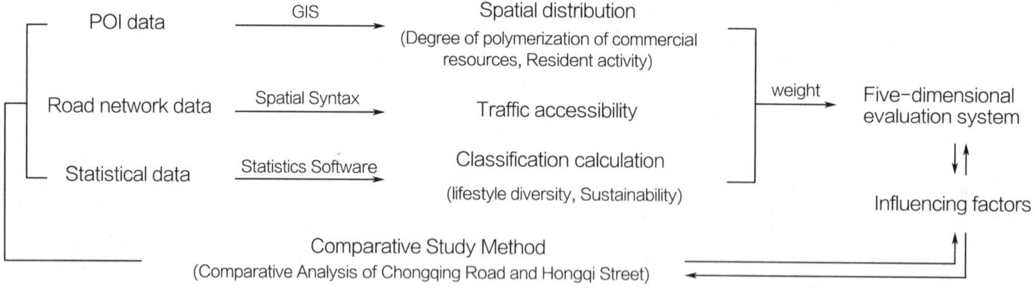

Figure 2 Research strategy

3 Analysis on Space Efficiency of Chongqing Road and Hongqi Street Commercial Center

Based on the construction of urban business glamour index in China, space efficiency is divided into five dimensions: business resource aggregation degree, traffic accessibility, residents activity, lifestyle diversity and sustainability. Among them, commercial resources aggregation, residents activity, and lifestyles diversity are achieved with GIS. The degree of traffic accessibility is obtained through spatial syntax. Lifestyle diversity and sustainability are the results of statistical analysis.

3.1 Business Resource Aggregation

Business resources aggreation includes the total number of brand stores, the size of core business districts, the number of basic business, and the number of people. Nuclear density analysis can not only see the spatial distribution density but also the distribution of mainstream commodities,as shown in Figure 3.

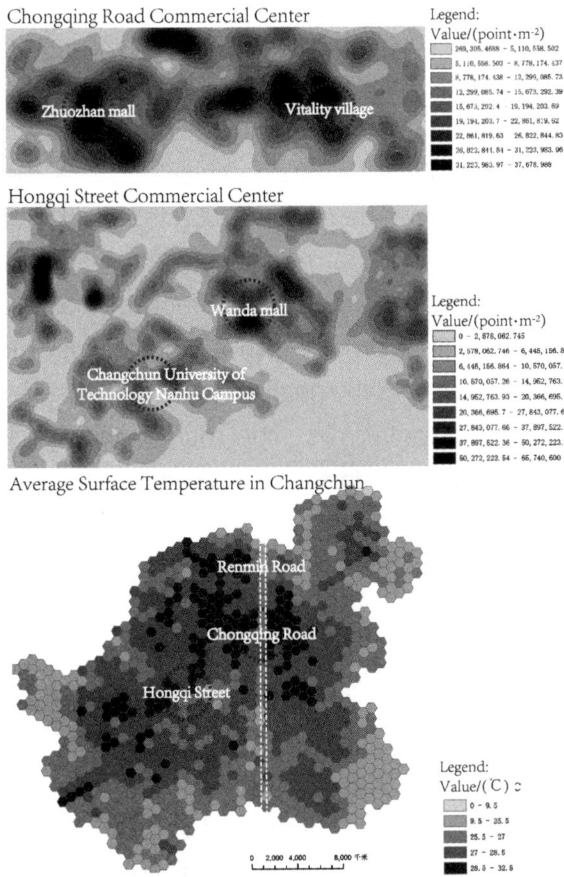

Figure 3 Nuclear density distribution and ground temperature analysis in Changchun

Only from the highest degree of aggregation, Hongqi Street is higher than Chongqing Road. However, from the perspective of spatial distribution, the degree of POI in Chongqing Road is more obvious. The heat island effect partly reflects the accumulation of resources and also reflects the mobility of population and environmental index.

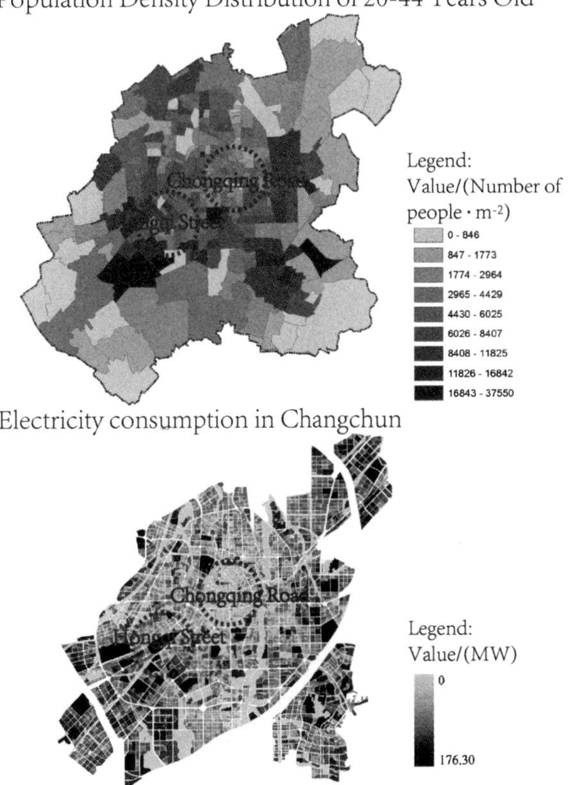

Figure 4 Distribution of population of 20-44 years old and electricity consumption in Changchun

3.2 Resident Activity

Resident activity includes consumer activity and night activity. The degree of consumer activity can be compared with the annual sales of the two. According to the statistical yearbook data of Chaoyang District, in 2011 Chongqing Road Commercial Center realized sales of RMB 6.2 billion and tax revenue of RMB 360 million. In the same year, Hongqi Street Commercial Center Annual sales of 10.2 billion yuan, tax 130 million yuan. In contrast, Chongqing Road Business Center has a downward trend, and pay attention to taxation over the years, Chongqing Road is significantly higher than Hongqi Street. The level of taxation can also directly tell the difference between the policy toward the two major commercial centers. It is clear that Hongqi Street encourages innovation and Chongqing Road is relatively controlled.

Nighttime activity can be analyzed by comparing the nighttime business conditions of the two. For example, there are about 12 KTVs on Chongqing Road, 20 on Hongqi Street, about 10 Bars on Chongqing Road, and 30 on Hongqi Street. Residents aged 20~44 are the consumers with the highest spending power and activity at night. From Figure 4, it can be seen that Hongqi Street is more densely distributed than Chongqing Road in population aged 20~44. At the same time, the nighttime activity of the two can also be compared from the electricity consumption. Figure 4 shows that Chongqing Road is significantly lower than the electricity consumption of Hongqi Street. It can be concluded that Chongqing Road is less active than Hongqi Street at night. This is also because of the different positioning of the two and the different composition of the business.

3.3 Traffic Accessibility

Axial analysis based on space syntax, including connectivity, integration, depth, etc., can show its accessibility. Connectivity is the number of spaces directly connected to a spatial unit, and the degree of connection to the surrounding space can be visually seen. The average depth value is the ratio of the global depth of a topological model to the shortest topological model and is a relative depth value. Integration is a function of the reciprocal of the global depth value. The larger the global depth value is, the smaller integration is, and the smaller the global depth value is, the larger integration is, and the higher integration is, the higher space accessibility is, and the space utilization is higher. The degree of synergy is the ratio of the degree of local integration to the degree of global integration where the number of steps in a certain topology is limited. It can be seen whether the regional accessibility is balanced.

The highest connectivity of Chongqing Road is 10, and Hongqi Street connectivity is 17, as shown in Figure 5, the degree connectivity of Hongqi Street is significantly higher than Chongqing Road.The maximum value of the local integration on Chongqing Road limited to 3 topological steps is 2.279901, the highest value of local integration on Hongqi Street is 1.93012, and the highest degree of global integration is 3.23158 on Chongqing Road and 3.58685 on Hongqi Street. In the aggregation analysis,the red color indicates that aggregation value is high, and the blue color indicates the opposite. It can be seen that Chongqing Road overall has a higher aggregation than Hongqi Street.The degree of local integration of the topological structure with a limit of 3 is the vertical axis, and the degree of global integration is the horizontal axis. The resulting regional cooperation degree is shown in Figure 5. In the Chongqing Road area, the two values converge in the middle section, while in the Hongqi Street area, the two values converge in the lower section. By comparison, the overall degree of coordination of Chongqing Road is higher than that of Hongqi Street, which means that the accessibility of Chongqing Road is generally higher than that of Hongqi Street. Moreover, through real-time traffic monitoring, Hongqi Street is one of the most congested sections of the city at peak times, and congested road sections and congestion time are much higher than Chongqing Road. However, on the whole, the two are not very high in terms of traffic accessibility, and they are all serious congestion problems in the city.

3.4 Lifestyle Diversity

Lifestyle diversity includes different types of business, different ways of consumption, and

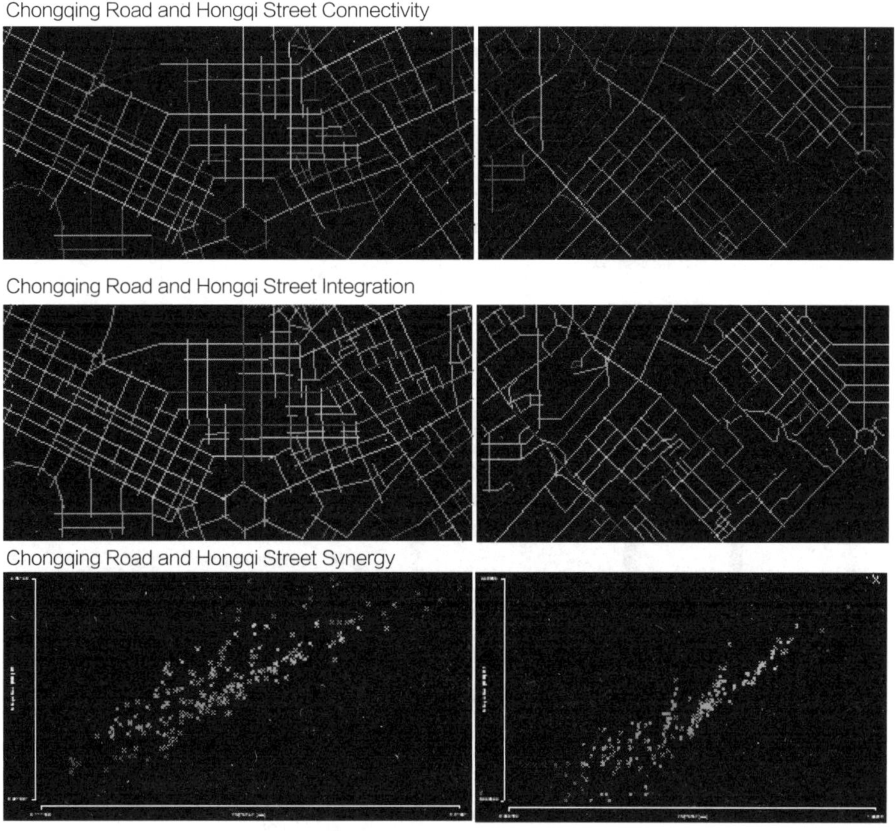

Figure 5 Analysis using spatial syntax

so on. Due to the complexity and overlap of the original POI data classification, the POI functions are divided into 10 categories according to the "*Standard for Urban Land Classification and Planning Construction Land GB50137-2011*" and economic industry classification, including catering function, life service function, government office function, and financial insurance function, health care function, science and education cultural function, retail business function, business residence function, recreation and sports function, and social welfare function.

As shown in Figure 6, the overall quantity of POI data captured by Hongqi Street is higher than that of Chongqing Road, and the catering, life service, and cultural functions are significantly higher than Chongqing Road. First of all, because Changchun is a "city on the car", car services are specifically listed here. It can be seen from the figure that the auto service on Hongqi Street is much higher than that on Chongqing Road, mainly because the location of Hongqi Street is the throat and hub of FAW and it is the only way to cross the business district and industrial area. The second reason is that Hongqi Street was named after the Changchun Film Studio. In the period of New China, the government positioned it as a cultural and commercial street. Therefore, Hongqi Street has a higher degree of aggregation than Chongqing Road in terms of cultural and scientific education.

In general, both types of business are relatively abundant, but in the specific proportions, it can be clearly seen that the proportion of convenience stores and entertainment in Chongqing Road is too small, and the proportion of life services in Hongqi Street is seriously out of balance, just like beauty salons. Hotels, entertainment and beauty salons accounted for nearly 85% of the overall. As for

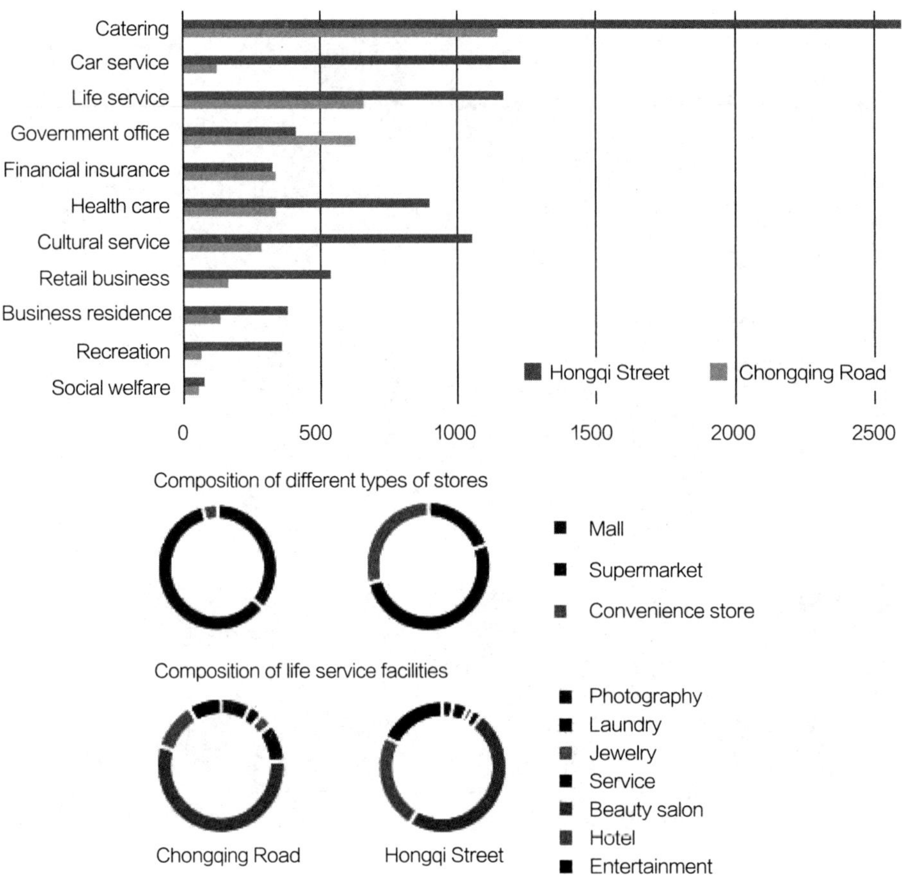

Figure 6 Chongqing Road and Hongqi Street Commercial Center business composition

the consumption method, it has become more complicated due to the development of the Internet. The payment methods of Alipay and Wechat have been almost fully covered, and the mobile software of the Meituan, Baidu nuomi, and the Public remark web has also greatly enriched the lifestyle of the residents.

3.5 Sustainability

Sustainability includes the environmental friendly index, entrepreneurial index and talent attraction index. Hongqi Street Commercial Center is the only bridge in the city that can connect historic cultural resources and latecomer advantage, and is the key node representing the two major brands of Changying and FAW. At the same time, the planning of Hongqi Street during New China period is the main distribution center for IT trends and high-tech products in Changchun City. At present, there are more than 960 shops in IT industry based on Bainaohui and Euro-Asia Technology City. Therefore, both the entrepreneurial index and the talent attraction index are higher than Chongqing Road Commercial Center.

3.6 Summary

Different factors in the above five dimensions are superimposed according to different weights, each dimension is scored in Figure 7. Overall, Chongqing Road is slightly higher than Hongqi Street in commercial resourcesthe integration and traffic accessibility; Hongqi Street is significantly higher than Chongqing Road in terms of resident activity and sustainability; both in terms of lifestyle diversity are not extremely different. In addition, both of them need to improve the accessibility.

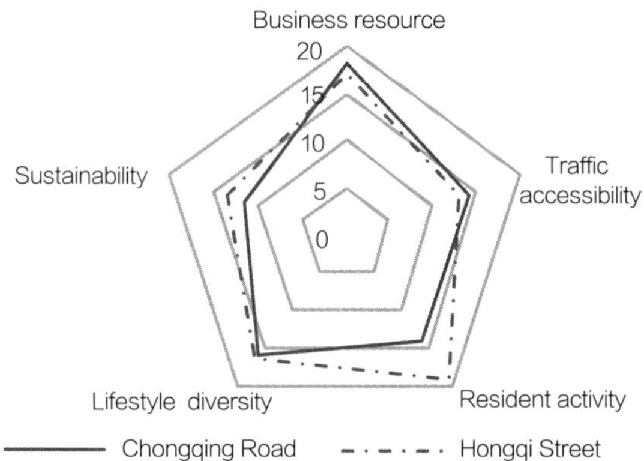

Figure 7 Chongqing Road and Hongqi Street space efficiency five-dimensional evaluation

4 Analysis of Influencing Factors of Space Efficiency

4.1 Evaluation Criteria for Space Efficiency

After the above analysis, in the five dimensions, the total number of brand stores, the size of the core shopping district, the number of basic businesses, the number of people, and the degree of aggregation of business resources are positively correlated; the road connectivity, degree of aggregation, degree of collaboration, and accessibility of traffic are positively correlated. There is a positive correlation between consumer activity, night activity, and resident activity; positive correlations are found between genre, consumption patterns, and lifestyle diversity; entrepreneurship index, talent attraction index, and sustainability are positively correlated; heat island effect and environmental friendliness index become negative correlation. In consideration of weights, with reference to the construction of Chinese commercial charm index, weights have been given to influential factors of each dimension , as shown in Table 1. In the scoring system, it is divided into four levels, that is, very good, good, poor, very bad,

Space Efficiency Evaluation Criteria Table 1

Five dimensions	Influencing factors	Weights
Business resource aggregation	Brand store richness	0.35
	Basic business volume	0.3
	Population	0.35
Traffic accessibility	Road connectivity	0.25
	Integration	0.4
	Degree of synergy	0.35
Resident activity	Consumption level	0.3
	Consumption structure	0.4
	Nighttime activity	0.3
Lifestyle diversity	Types of business	0.3
	Business composition	0.45
	Diversity of consumption methods	0.25
Sustainability	Entrepreneurial business types	0.35
	Talent attraction	0.45
	Environmental friendliness	0.2

score of 0-20 points. Through the weighted scoring of the impact factors of each item, the score of each item is obtained to form a five-dimensional evaluation system. The scores of Chongqing Road and Hongqi Street have been shown in Figure 7.

4.2 Influencing Factors of Space Efficiency

After analyzing the current situation of the two, the factors affecting the change of space efficiency of commercial centers can generally be divided into two major factors, direct impact factors and indirect impact factors. As shown in Figure 8, direct factors include population differentiation, planning and construction, and the role of the Internet. Indirect factors include government policies and market economy.

1. Government Policy

The government strategy leads to the distribution of industries and population in cities, formulates public service policies, planning

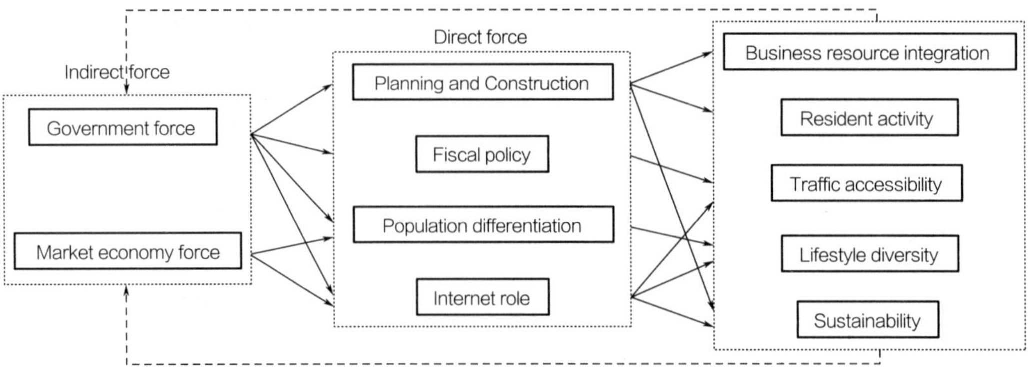

Figure 8 Impact Factor System

systems for commercial laws, fiscal and taxation policies, and formulates urban planning and investment fixed assets in leading urban, all of which have a critical impact on the development and distribution of commercial centers[16]. Government policies directly affects planning and construction, policy finance, population differentiation and the Internet.Therefore, the strategy of redefining public policies is the first step in assessing and interpreting the new configuration and development of urban commercial space[17]. Therefore, Chongqing Road should pay attention to the renovation and transformation, and Hongqi Street should focus on the vitality of public space.

2. Market Economy

Market economy can affect the population differentiation and the change of consumption structure, which provides new impetus for the development of urban commerce. The urban consumption structure has gradually shifted from the past “eat and wear” as a guide to “live and work and enjoyment” . In addition to satisfying shopping needs, people now pay more attention to leisure, entertainment, sports and other enjoyment-type consumption. As a result, corresponding changes have taken place in the commercial business conditions in the city.The traditional business model is shifting to a new business model. The mainstream consumer willingness has begun to favor branded and chained outlets. At the same time, high-end luxury goods consumption in Changchun has formed a fixed-size consumer group.The impact of this factor is particularly evident in lifestyle diversity.

3. Planning and Construction

Chongqing Road is the oldest commercial street in Changchun. It is positioned as the most influential and high-quality commercial center and radiates the whole province and even larger areas. The positioning of Hongqi Street is to create the most dynamic, highly fashionable and three-dimensional comprehensive city-level commercial center with high-tech product distribution functions. The goal of Hongqi Street is to increase creativity and the policy of Chongqing Road is cohesive, so the taxation, business functions, and development status of the two are very different.

4. Population Differentiation

Affected by the theory of land rent, residents have different choices for different addresses, thus resulting in population differentiation and social stratification. The number of population is determined by the scope of the commercial center. The quality of the population is influenced by the different characteristics mentioned above. These factors will also directly affect the evaluation of space efficiency.These effects are also reflected in residents activity, lifestyle diversity and sustainability. Different formats attract different people, and different people can influence different lifestyles and working conditions.

5. Internet Role

Changchun citizens online shopping goods or service expenditure was 54.34 yuan in 2011, 3.7 times that of 2010, and 11 times that of 2009. In 2015, the per capita online shopping expenditure in Jilin Province was 660 yuan, which is a rapid increase compared with the past few years. Relevant scholars have found that the catering industry in many cities is affected by take-out, and its spatial distribution is from homogenization to re-aggregation, so electronic consumption will have a direct impact on space and consumption structure. The role of the Internet can also be seen in the diversity of lifestyles, which diversifies consumption patterns and facilitates the life of people.

5 Conclusion

In this paper, the five different dimensions of the space efficiency of Chongqing Road and Hongqi Street Commercial Center were analyzed in depth through the comparative study method, and the influencing factors that led to these results were studied. Therefore, the following suggestions can be made for the optimization of future commercial centers or other transformation of urban land use:

1. In the aspect of policies, it is appropriate to change financing policies and other commercial resources.Chongqing Road should be oriented to the renovation and transformation, and inject construction funds into the transformation and cultural aspects of public space; and Hongqi Street should correspond urban design based on dynamic reshaping and focus on create dynamic spaces.

2. In terms of planning, it is necessary to look for cultural attribution while balancing the proportions of the types of business.Chongqing Road should increase the concept of historical culture development, and Hongqi Street should continue to deepen the development atmosphere of film culture. At the same time, in the planning and design of public space, Chongqing Road should pay attention to the control indicators such as architectural color, material, façade, marking system and lighting system; Hongqi Street should create public event places with pleasant scale and design creative positive space.

3. From the perspective of functions, it is necessary to hierarchically manage its own functions. Firstly, Chongqing Road should appropriately increase the catering industry, cultural and entertainment services. Then,it had better to classify and hierarchically manage, from business method and management mode, to the distribution of modern facilities such as small KTVs. At the same time, Hongqi Street needs to appropriately add financial and insurance facilities and social welfare facilities, and enrich its functions while considering the design of humanized facilities.

4. As for business format, for Chongqing Road, the store type should be balanced, the number of convenience stores should be increased. For Hongqi Street, the focus is on balanced living service facilities and basic service facilities. At the same time, both should create a distinctive brand with its own characteristics to increase diversity in combination with different formats.

5. In innovation, the combination of online and offline methods can be used in combination

with the Internet to increase the degree of experience. Create different experience businesses for audiences of different ages and occupations. For example, Chongqing Road can add 24-hour libraries, reading rooms and other cultural facilities to enrich the audio-visual experience of consumers; Hongqi Street can take into consideration the facilities such as the Role Experience Hall for Children , and all can experience online payment.

Due to the limitations of the research case in this paper, the comparison and connection of commercial centers in different regions and the transformation of urban land for different functions need to be further studied.

References

[1] Brunetta, G., & Caldarice, O. (2014). Self-organisation and retail-led regeneration: A new territorial governance withinthe Italian context. Local Economy, 29(4-5), 334-344.

[2] Findlay, A., & Sparks, L. (2009). Literature review: Policies adopted to support a healthy retail sector and retail led regeneration and the impact of retail on the regeneration of town centres and local high streets: The Scottish Government,Edinburgh.

[3] Lowe,M. (2005a). The regional shopping centre in the inner city:A study of retail-led urban regeneration. Urban Studies,42(3), 449-470.

[4] Kompil, M., & Celik, H. M. (2006). Modeling the spatial consequences of retail structure change of Izmir-Turkey: a quasi empirical application of spatial interaction model. In Paper presented at the international conference on regional and urban modelling, EcoMod, Free University of Brussels.

[5] Smith, D. (2007). Polycentricity and sustainable development:A real estate approach to analyzing urban form and function in Greater London. Centre for Advanced Spatial Analysis University College London, UK Economic and Social Research Council.

[6] Griffiths, S., Dhanani, A., Ellul, C., Haklay, M., Jeevendrampillai, D., Nikolova, N. et al. (2013). Using space syntax and historical land-use data to interrogate narratives of high street 'decline' in two Greater London suburbs. In Paper presented at the proceedings from the ninth international space syntax symposium.

[7] Hossain, N. (1999). A syntactic approach to the analysis of spatial patterns in spontaneous retail development in Dhaka. In Paper presented at the proceedings of the 2nd Space Syntax Symposium, Brasilia.

[8] Porta, S., Strano, E., Iacoviello, V., Messora, R., Latora, V., Cardillo, A., & Scellato, S. (2009). Street centrality and densities of retail and services in Bologna, Italy. Environment and Planning B-Planning & Design, 36(3), 450-465.

[9] Sarma, A. (2006). The social logic of shopping—A syntactic approach to the analysis of spatial and positional trends of community centre markets in New Delhi. (MSc Built Environment: Advanced Architectural Studies), University College London, Bartlett School of Graduate Studies.

[10] Villain, J. (2011). The impact of urban form on the spatial distribution of commercial activities in Montre' al. (M.SC thesis), Concordia University, Canada.

[11] Barata-Salgueiro, T., & Erkip, F. (2014). Retail planning andurban resilience—An introduction to the special issue.Cities, 36, 107-111.

[12] Grewal, D., Roggeveen, A. L., Compeau, L. D., & Levy, M.(2012). Retail value-based pricing strategies: New times, new technologies, new consumers. Journal of Retailing, 88(1), 1-6.

[13] Sorescu, A., Frambach, R. T., Singh, J., Rangaswamy, A., & Bridges, C. (2011). Innovations in retail business models. Journal of Retailing, 87, Supplement 1(0), S3-S16.

[14] Tao Xiao-ma, Tan Jing, Chen Xu. (2013). A study on city efficiency based on the resources view: A case of 16 cities of Yangtze River Delta. China Population,

Resources and Environment, 23(1).

[15] Gillette, Howard.(1985).The Evolution of the Planned Shopping Center in Suburb and City. In: Journal of the American Planning Association, 51(4), 449-460.

[16] Fernandes,J.R.,&Chamusca,P. (2014). Urban policies,planning and retail resilience. Cities, 36, 170-177.

[17] Johan, H.,Alexander, S. (2013).The production of social space: shopping malls as relational and transductive spaces. Journal of Engineering, Design and Technology,11(3).

[18] Kim, S.; Han, J. (2016).Characteristics of Urban Sustainability in the Cases of Multi Commercial Complexes from the Perspective of the "Ground". Sustainability,8,439.

About the author

YanTianjiao, Jilin Jianzhu University, Master, Tel: 15704366933, Email: 984696194@qq.com;

Lv Jing, Jilin Jianzhu University, Professor.

中国城市细胞建构

Construction of Chinese Urban Cell

蔡永洁
（同济大学建筑与城市规划学院）

摘要：讨论一种中国式的城市空间营造机制，为当代中国城市设计在操作层面寻找一种适宜的工具性元素和设计方法。中国空间区别于西方的关键是那个内部的丰富世界，将这种传统与不断开放的当代中国城市相结合，并融入西方街坊，发展出一种复合型的开放街区，它既定义城市空间，又营造出具有内部子系统的城市庭院，形成一种有别于西方、又兼具中国传统空间理念，并适应当代城市发展的城市细胞，即具有中国文化特质的城市空间单元。

关键词：城市细胞；复合型街坊；建构

Abstract: In order to explore operative tools and methods for contemporary urban design in China, a constructing mechanism of urban space in Chinese stile will be discussed. The key of Chinese spatial concept, which is decisively different to the west, is that inner rich world. This tradition can be combined with continuously open Chinese cities and western block for a development of compounded and open block. This type of blocks defines urban space, creates also urban courtyard with inner subsystem. It is distinguished from the west, contains traditional Chinese spatial concept, but suits the changing cities of today. On this account a new type of urban cell, a constructing unit of urban space with Chinese character, can be formed.

Keywords: Urban Cell; Compounded Block; Construction

1 引言：当代中国城市的困境

过去40年的城市化进程彻底改变了传统中国城市的面貌，以庭院为基本空间单元的城市建筑被林立的高楼大厦所取代，城市空间的尺度、形态、内容均发生了革命性的变化。当代中国城市在从内向型空间走向开放的同时，我们却不得不遗憾地发现，传统城市原有的那种亲和的尺度、明确的空间形态在这一过程几乎消失殆尽，取而代之的是相互独立、缺少关联的宏伟的现代建筑。

以陆家嘴为例，这个代表上海乃至全中国改革开放成就的新兴城市CBD，在不到两平方公里的土地上汇集了众多的超高层建筑，非常集中地暴露出当代中国城市空间营造的主要问题，主要表现为“非人性的宏大尺度:高耸的建筑物以及过低的建筑密度；形态不明的城市空间：高层建筑没有积极地定义街道和广场；多样性缺失：功能单一（79%办公），空间缺少形态和尺度的变化；步行环境品质低下：功能分区引发交通潮汐，道路两侧缺乏活力支撑。”[①]如果分析陆家嘴的空间，立即就能找到原因：这里的空间构成完全依赖尺度宏大、相互间缺少关联的建筑物构成。进一步翻译，我们建造了众多的纪念碑式的建筑物，但没有营造出城市空间来（图1～图3）。

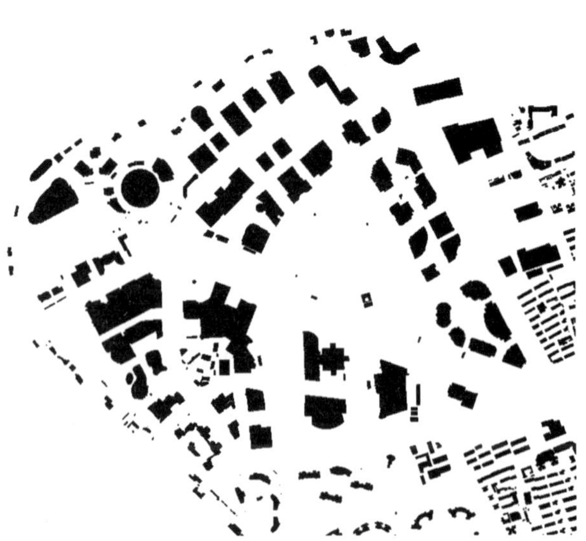

图1 陆家嘴图底分析（资料来源：作者绘制）

① 在一篇关于陆家嘴空间改造研究的论文中，作者曾对问题进行过相关的总结，参见：蔡永洁，许凯，张溱，周易. 新城改造中的城市细胞修补术——陆家嘴再城市化的教学实验[J]. 城市设计，2018（01）：66.

图 2　陆家嘴鸟瞰（资料来源：作者拍摄于 2018 年）

图 3　无法行走的陆家嘴（资料来源：作者拍摄于 2018 年）

2　中国的空间传统

看上去，以陆家嘴为代表的中国现代化城市与我们曾经的传统失去了关系，小街小巷以及深深庭院在当代的城市建设狂潮中逐步消失。显然，社会生活方式以及现代人对城市和个人空间的诉求已经发生了翻天覆地的变化，那么，曾经的中国空间营造机制在现代城市中还有没有传承和发展的机会？

下文尝试从中国古代城市空间及其在近代创造性的演绎两个视角总结归纳传统中国空间的基本特质与营造机制。

2.1　古代庭院：稳定的内部世界

传统中国空间的构成单元是庭院。不论东西南北，不论形态差异，庭院定义了中国空间，并因此定义了家庭以及社会生活的方式，这不仅在城市，也包括乡村。庭院具有两个基本特质：一是相对独立的建筑通过尊卑有序的原则建立起空间秩序，二是高度的内向性。这两种特质基本贯穿从考古学上能够考证的整个中国古代城市历史，没有发生过变化。

以北京的四合院为例，通过内部的建筑围合出庭院，形成模块化的合院式建筑组团。其中，正房坐北朝南，左右东西厢房，充分体现了封建社会的礼仪与等级。庭院的进深是由使用者的身份地位以及实际需求决定的①，而庭院的进数则反映了家族的规模与经济实力。从类型学视角看，中国地域之间的差异性不大，不同地域的合院可以被抽象为同一种类型，合院内部形成一套完整的子系统，来组织建筑单体与庭院。从空间逻辑上看，先有院，后有房子，院子的主动性带来了建筑单体的向心性，同时也决定了每个合院内的建筑不能脱离该系统而单独存在。由于合院关注建筑体量之间的组织关系，而非建筑单体的造型，导致了建筑的高度一致。庭院的外界面常常由围墙来定义，简单明确地划分出内与外。合院对自身内部系统完整性的要求，使合院之间独立且互不干预，呈现一种重复性组织特征，形成街区，街区之间由街巷（北京胡同）分隔，既界定街区，又解决交通（图 4～图6）。

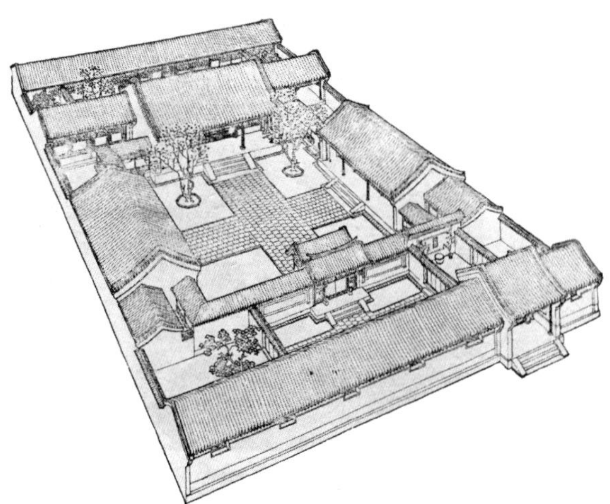

图 4　北京四合院
（资料来源：刘敦桢．中国古代建筑史 [M]. 北京：中国建筑工业出版社，1981：316.）

① 李菁. 乾隆京城全图中的合院建筑和街坊系统研究[J]. 建筑历史与理论（第十辑），335-345.

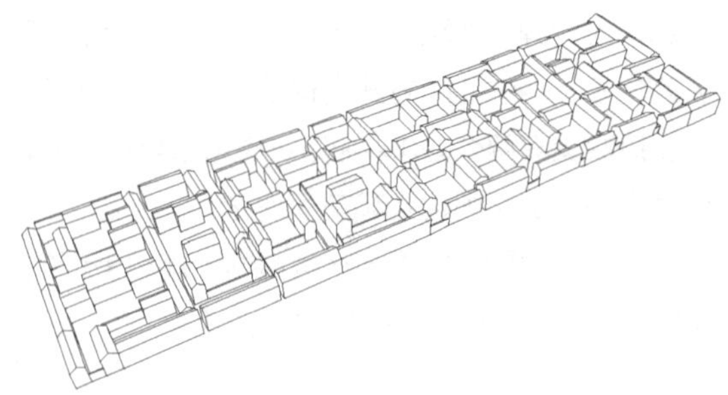

图5 四合院集合（资料来源：作者根据《乾隆京城全图》局部绘制）

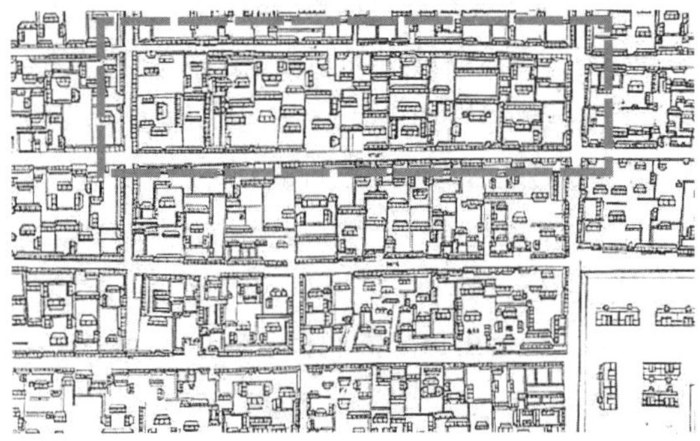

图6 四合院街区（资料来源：李菁《乾隆京城全图》.342，现存中国历史第一档案馆）

2.2 近代里弄：多层级的半开放街区

上海里弄是中西方空间理念对抗与融合的产物，它将沪上的三合院按照英国的联排式住宅行列式排布，并在外围周边沿街布置商业建筑，将内部的行列包围，创造性地建构了一种新的空间类型，即围合的行列式。它巧妙地诠释了城市、邻里、家庭三个层级的空间，并将其融为一体。这种多层级的城市空间前无古人，它通过城市街道、主弄、支弄以及建筑内部天井系统，构建出了一种半开放的里弄街区。它有别于西方的封闭式街坊，又与传统的中国庭院不同；它展示出西方街坊的空间围合特征，又将中国庭院的内部世界发扬光大。

由于中国传统庭院占地面积大，而欧美独立式的花园洋房造价高，所以最好的办法是把平房叠加为二层或三层的楼居，并置成排，重复成行，成为里弄的基本单元，左右前后有小巷沟通，既节约土地又遵循习惯，还便于大规模开发。周边连续的沿街建筑是对城市开放的，这一点受到西方的影响，在建构城市街道空间的同时，也保证了弄堂内部的安宁。从使用角度看，里弄的内部住宅与外部沿街的商业分别由中国传统居住单元与西方的开放城市界面转译而来，周边式与内部子系统相结合形成内外并重的特点，实现了空间与功能的复合。沿街建筑底层为店铺，楼上为民居，街区内的商业满足居民的日常需求，增加了人们的社会活动，也使街道真正具有活力①。里弄内部多为“鱼骨状”的主弄-支弄结构系统，较窄的弄巷适合慢行，可以有效避免外部人员的穿越；临街区的弄口之间往往位置对应，在城市交通干道之外建立了次一级的半开放通路，不同里弄街区之间没有绝对的隔离，促成了街区与城市的融合。外部的商业取代了传统街坊的围墙，向城市空间更开放，但同时保护着内部的里弄，显示出内部营造优先的基本原则（图7～图9）。

图7 上海的里弄（资料来源：作者拍摄于2003年）

图8 里弄街区的临街建筑（资料来源：作者拍摄于2005年）

① 李彦伯. 上海里弄街区的价值[M]. 上海：同济大学出版社，2014：57.

图 9 里弄街区的内部弄巷（资料来源：作者拍摄于 2005 年）

3 建构新的传统

两个时期的中国城市空间营造机制分析显示，上海的里弄继承和发展了中国城市空间营造中注重内部世界的传统，并对其进行了变革：一是独立的庭院转换成了多层级的弄巷，二是完全内向的庭院空间向邻里乃至向城市开放。

进一步发展里弄经验，可以探寻一种新型的适应当代城市生活的空间类型。近年来，通过本科生以及硕士生的毕业设计教学，作者与同学们一道进行了多次关于城市空间营造机制的研究性设计探索，旨在找寻一种城市设计的操作性工具，以解决当前城市建设中城市空间建构的基础性问题。这些探索有一个共同的特点，从空间营造机制入手，将现代城市的开放性与中国传统空间的内部世界相结合，使城市空间同时兼具内向与开放两种特质，形成多层级的复合型街坊。

3.1 内向与开放并存：案例

下文呈现的三个教学实践项目，均注重一个基本条件：从里弄的经验中获取营养，发展传统的内向型空间，建构一种有别于专注外部空间的城市空间单元，形成内外兼顾的新类型，以适应现代城市的生活需求。

2017年本科生的毕业设计①针对陆家嘴展开，探索这个著名城市新区的再城市化改造策略。其中，关键是对低密度的陆家嘴进行加密，通过修与补的双重策略②，实现陆家嘴城市空间的转型。由于陆家嘴基本上被独立式的高层建筑所统治，与新空间类型的置入并举，这种高层建筑的空间改良被作为基本策略进行了深入探讨。具体办法就是针对性地选择一些高层建筑，在其周围补充裙房，将独立式的高层建筑转型为被裙房围合的带庭院的复合型街坊，这种街坊既定义街道，又提供了一个公共性策略，形成向城市开放的庭院系统。改造设计的结果首先是公共空间系统的重新定义，它彻底改观了世纪大道，并将陆家嘴重要的空间节点如东方明珠、国金中心、金茂-环球-上海中心，以及陆家嘴绿地东侧和北侧的超高层建筑群串联起来，在陆家嘴内部建立了一个适宜步行的公共空间环。其次是空间形态的重新定义：空间加密使街道、庭院、广场、绿地等各种空间类型的围合性得到加强，城市空间形态得以清晰呈现。第三，空间尺度的重新定义：本着两把比例尺的原则，小体量建筑的介入填补了大量城市消极空间，压缩了道路空间，以建筑的小尺度修正了空间的大尺度，从而建立了一个新的城市小尺度体系。第四，空间层级的建立：裙房的置入带来了公共空间体系的分级，由原来单一的流动性空间转型为得到明确定义的街道-广场-城市庭院体系，空间的层次变得丰富（图10～图13）。

为探寻多元策略，2018年的本科毕业设计③再次将目光聚焦陆家嘴。与上一年度不同，这次同学们制定了赋予陆家嘴一个空间上的活力核心的目标，并将这个核心区的建构作为改造的重点。在这一共同目标下，设计小组探寻了四种不同的具体策略，其中，“城市庭院”方案最充分地体现了复合街坊的理念。方法是运用多层周边式街坊（Block）定义小尺度的

① 2017年本科毕业设计组由10名学生组成，分别是程晏宁、戴方国、洪逸伦、金刚、龙嘉雨、苏南西、许纯、张靖、周锡辉、周易；辅导教师三名：蔡永洁、许凯、张溱（助教）；工作周期16周。

② 蔡永洁，许凯，张溱，周易. 新城改造中的城市细胞修补术——陆家嘴再城市化的教学实验[J]. 城市设计，2018（01）：66.

③ 2018年本科毕业设计组由10名学生组成，分别是林亦晖、厉浩然、朱任杰、王欣蕊、林思琪、张弛、冯羽奇、林敏薇、李昊、张玉娇、周顺宏、别雨璇；辅导教师三名：蔡永洁、许凯、张溱（助教）；工作周期16周。

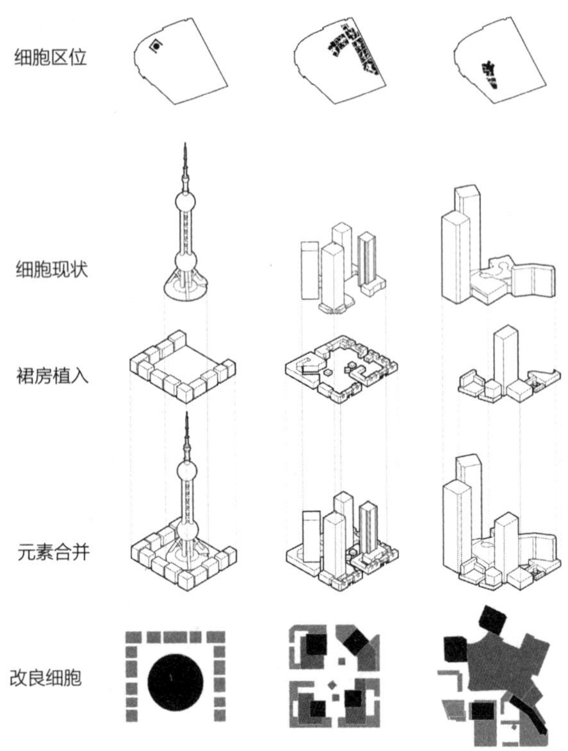

图 10 空间类型改良（资料来源：2017 毕业设计课题组制作）

图 11 高层裙房（资料来源：2017 毕业设计课题组制作）

城市街道，在其内部设置独立体建筑和城市庭院及街巷，形成内部半开放的公共空间体系，构成从街道、建筑、庭院、街巷的多层级系统。从形态上看，周边式布局的街坊相对规整，它赋予街道空间清晰的结构和形态；而内部元素充满变化，通过高低不一的设立

图 12 加密后的陆家嘴（资料来源：2017 毕业设计课题组制作）

图 13 陆家嘴设计模型（资料来源：2017 毕业设计课题组制作）

体式建筑以及大小和形态多样的开放空间构成内部的多元系统，以营造城市核心区应有的复杂性与多样性。在实际操作中，原来那个空旷的陆家嘴绿地被新系统覆盖，与对面的超级超高层区（金茂大厦、环球中心、上海中心）共同构成未来的陆家嘴活力核心；其间通过宽阔的由世纪大道演绎而来的世纪绿廊进行分割，唤起陆家嘴建设历程的回忆。核心的构建使陆家嘴的空间转型为一种圈层结构，中心区最为复杂，尺度最小，滨水区简单，这种多层级的结构为整个陆家嘴的空间增添了多样性（图14～图16）。

第三个案例选自2016年硕士生的毕业设计①，以浦东的世纪广场为研究对象，尝试将这个空旷的城市空间转型为亲和与多元的区级中心。构建一个简单

① 卜莞御. 上海浦东世纪广场改造设计研究[D]. 上海：同济大学，2016.

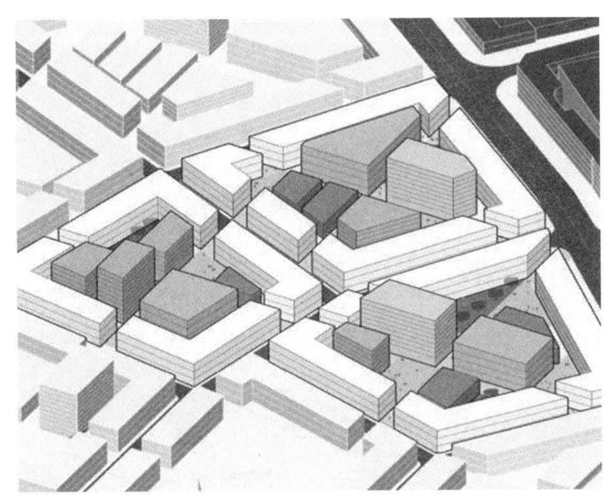

图 14 陆家嘴复合街坊单元
（资料来源：2018 毕业设计课题组制作）

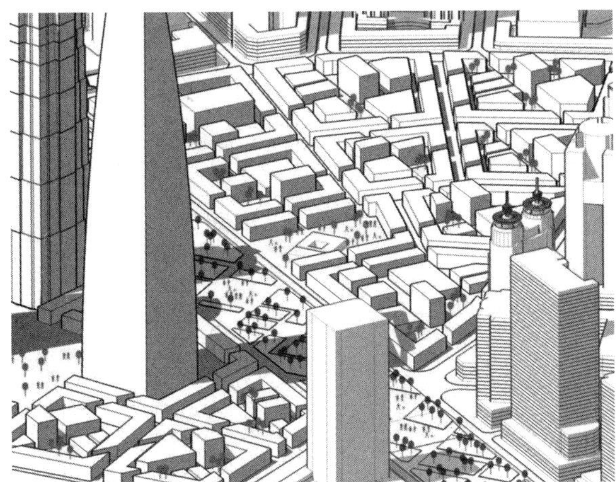

图 15 陆家嘴复合街坊组合
（资料来源：2018 毕业设计课题组制作）

图 16 陆家嘴新核心区
（资料来源：2018 毕业设计课题组制作）

而又富于特色的空间单元是设计研究的重中之重。设计者大胆的构思源自上海的里弄，简单的行列辅以围合的周边式街坊，街坊的价值在于重构区域的空间结构，内部的行列赋予这个结构以多样性与复杂性。设计者认为上海最典型的空间类型是行列式，于是将行列作为基本策略。为减少行列布局在东西两侧对街道空间定义不足的弱点，增加了一圈围合式街坊。总体布局上重复地使用这种基本单元，形成两条贯穿的建筑带，每个单元的周边街坊承载商业功能，内部的行列则包含了商业、居住、文化及其他生活设施。这样简单的空间结构根据区域周边的重要建筑的空间对位关系进行再次切割，在一个简单系统中又置入了变化，最终完成了这一空间转型（图17～图20）。

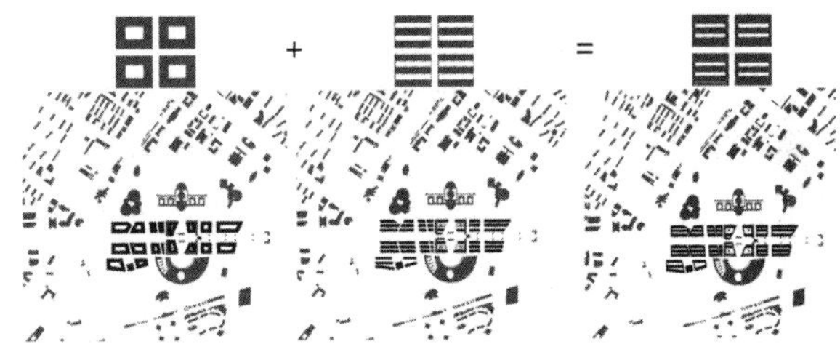

图 17 世纪广场复合街坊的建构机制
（资料来源：卜莞御，2016，附录 C，设计展板 3）

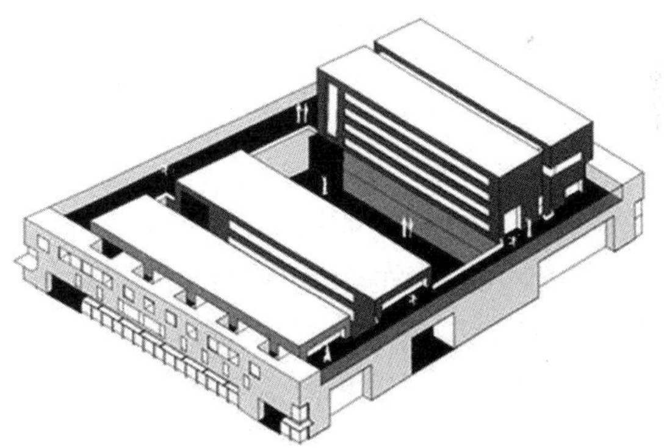

图 18 世纪广场街坊单元
（资料来源：卜莞御，2016，附录 C，设计展板 5）

图 19 世纪广场空间现状
（资料来源：作者拍摄于 2005 年）

图 20 世纪广场空间转型
（资料来源：卜莞御，2016，附录 C，设计展板 6）

3.2 一种新型的城市细胞：多层级的复合型街坊

如果将城市设计理解成联系城市规划与建筑设计之间的桥梁，那么城市设计显然就不是城市规划，也不是建筑设计。从操作层面看，城市设计旨在探寻一种城市空间的建构机制，讨论建筑之间的关系以及这种关系对城市空间以及城市生活建构的意义。引入生物学的概念，就是合理建构城市细胞，具体而言，即是讨论城市细胞自身的构成机制以及城市细胞之间的相互关系。城市细胞是“城市空间中最小的空间单元”①，这个单元在克里尔兄弟那里被分解成两种类型，一种是城市里的纪念性建筑（欧洲的教堂、陆家嘴的超高层……），另一类是城市里最为普遍的经济性建筑（欧洲城市里的普通街坊、中国的行列……）。显然，本文讨论的是第二类城市细胞，它定义了城市最基本的空间特质，即城市肌理，因此是城市空间组织中最基本的元素。鉴于此，这类城市细胞应该成为城市设计操作中的基本元素（图21）。

三个案例有一个共同特点：没有简单地从中国传统庭院空间的形式特征入手思考问题，而是从传统空间类型的构成机制及其价值入手，抽象出类型的基本属性，然后在形态上进行了开放性的探索。摆脱了形式的束缚，这种兼具城市、半城市、邻里以及私人领域的多层级的复合型街坊可以被看作是中国传统空间文化的发展，它有别于简单的西方街坊原型，但又与之相关，从中可以发展出一种适应当代复杂城市生活的新型城市细胞。

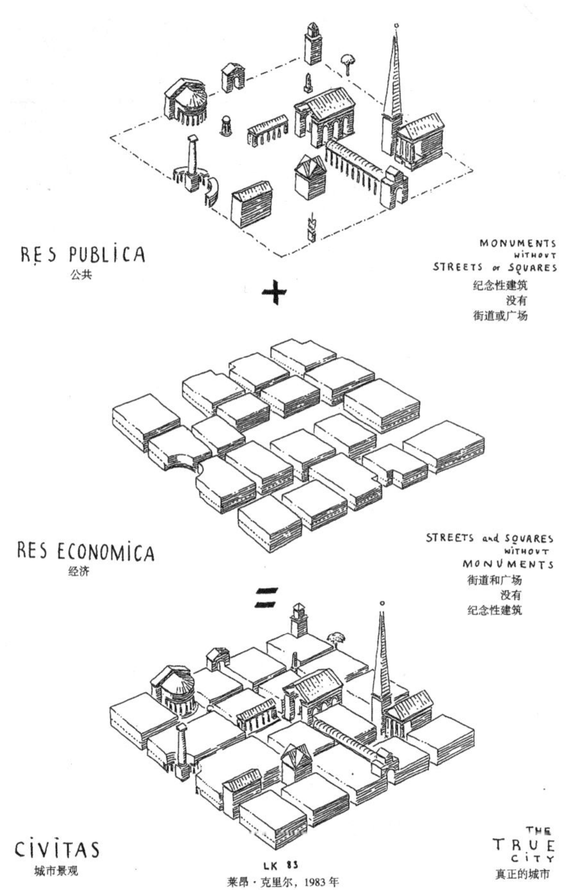

图 21 莱昂 · 克里尔的两类城市细胞
（资料来源：莱昂 · 克里尔）

参考文献

[1] 蔡永洁，许凯，张溱，周易. 新城改造中的城市细胞修补术——陆家嘴再城市化的教学实验[J]. 城市设计，2018（01）：64-73.

[2] 李菁. 乾隆京城全图中的合院建筑和街坊系统研究[J]. 建筑历史与理论（第十辑），335-345.

[3] 李彦伯. 上海里弄街区的价值[M]. 上海：同济大学出版社，2014.

[4] 卜莞御. 上海浦东世纪广场改造设计研究[D]. 上海：同济大学，2016.

[5] 莱昂 · 克里尔. 社会建筑[M]. 北京：中国建筑工业出版社，,2011.

① 作者曾在2018年首次系统地提出过城市细胞的概念，参见：蔡永洁，许凯，张溱，周易. 新城改造中的城市细胞修补术——陆家嘴再城市化的教学实验［J］. 城市设计，2018（01）：64-73.

2 城市风貌特色保护与有机更新

Urban Feature Protection and Organic Renovation

2018 ZZ Urban Design

"Spatial Analysis" As a Tool for Culture Lead Regeneration.

A Case Study of Dhaka: Nilkhet Book Market

Shafique Rahman

Abstract: With the initiation of rapid expansion, globalization and mega-projects, our cities are turning into homogenous, soulless and scarce of places. Organically grown public places in developing cities are increasingly regenerated to make substantial contribution to the messy vitality of populous urban hubs. Regeneration of cultural areas are often occupied an ambivalent position, being characterized as either an essence of the indigenous development or a controversial new development to meet various aspects, especially economic demands. However, some recent examples depict that the historical environment is a major document which demonstrates and reflects cultural identity. It is necessary to both protect and regenerate heritage areas and to integrate them to urban environment for sustainability. Regeneration of old public places requires strong synchronicity with its origin to keep up cultural identity. However, this is not yet well documented to what extend the characteristics of the original development could influence the regeneration.

The research attempts to frame up a process of urban regeneration. The framework has been evolved from a careful synthesis of a number of implemented regeneration projects. And the innovation added through a method, "Spatial Analysis", which entirely depends on the space quality and architectural characteristics of any cultural development. And the process found expression through the regeneration of a uniquely characterized and historic market place namely Nilkhel Book Market, located in the Dhaka, Bangladesh. More specifically, it is an investigation of spatial characteristics of an organic development in order to re-evaluate their potential to consider them as a tool for culture lead regeneration. The existing marketplace has been analyzed from different aspects of spatial characteristics, thereafter, a re-design approach is presented to document a design process of culture lead urban re-generation.

Keywords: Urban Regeneration; Culture Lead Regeneration; Urban Regeneration Approaches

1 Introduction - Background of the Study

In today's increasingly global and interconnected world, over half of the world's population lives in urban areas. According to the data presented by United Nation World Urbanization Prospects, 54 percent of the world's population residing in urban areas in 2014.[1] To accumulate the increasing population and to manage the services for migrated people, urban areas are spreading to a substantial scale. Old urban areas are rapidly redeveloping and the fabric of the cities are changing radically. Today's cities are facing the pressure of the urban development due to the rapid growth of urban population.

Many new development is tearing the old urban fabric and the socio-economic character of the historic urban areas.[2] Furthermore, in some cases historic areas suffer from negligence and decay. However, not enough clarified redevelopment and regeneration initiatives compromise sustainability, culture and cultural heritage.

On the contrary, development process should also be maintained in order to sustain the economic growths of the cities. To adopt the changes of population and their increasing demand, development process could not be stabilized.

Avoiding the sustainability due to possible loss of cultural assets could be irreplaceable.[2] Award-winning developers and architects from urban and tribal communities discuss today how to successfully strike a balance between economic development and the sustainable management of cultural assets; based upon culture. We all recognize how important it is to respect local culture, heritage and tradition; with regeneration approaches. Due to the lack of the state policies, awareness and guideline, cultural assets are destroying around the world.

Culture can be, indeed, regarded as a fundamental issue, even as a pathway towards sustainable development. It is necessary to execute the most viable solution for redevelopments which can strike a balance between economy and culture together. However, it has been witnessed in many cases that the framework of sustainable development, remains vague: the role of culture is poorly considered in the redevelopment projects.

The research attempt to focus on culture lead regeneration approaches. The aim of the research is to establish a framework which could encounter a balanced between economic opportunities for the population and optimizing the regeneration approach by applying a creative mix of cultural, environment and historic resources. Through the case study, Regeneration of Nilkhet Book Market, Dhaka, the framework has been established. It is expected that the framework could be considered as a guideline for culture lead regeneration projects around the world. Furthermore, it will support future research on the specific guideline for culture lead regeneration strategies.

2 Defining the Case Study

Nilkhet book market is one of the most vibrant market places of the fastest growing Megacity, Dhaka, Bangladesh. Initiated by a few street vendors, the 50 years old cultural market is now sprawling an area of 5.7 Acre 23,067 sqm and contains more than 1300 books and stationary shops. The market is serving up the major educational institutions in its immediate surroundings and also the city of 20 million dwellers.[3] However, its peripheral street vendor shops have occupied the entire street. Due to the result of an unplanned layout, poor accessibility pattern and lack of open spaces this cultural market place has turned into an urban mayhem.[4] The immediate traffic node has become one of the nine major traffic congestion nodes in Dhaka due to the impact of this vibrant cultural market (Figure 1~Figure 10).

Nilkhet Book Market is responsive to the demand of its surroundings. The place also conserves high traditional value, considering a place where meet students of all general and specialized branch of education. An Iconic place regarding its urban sprawl, prestigious educational institutions are the major site surroundings of Nilkhet Book Market. This urban center has been observed as a highly fascinating space for visitors and a successful business generating hub. However, it has enormous effect on the ongoing traffic chaos of

Figure 1 Lsometric top view of the Existing Market

Figure 2 Location map and site surrounds of Nilkhet Book Market

Figure 3 The street market long with the road intersection

Figure 4 Traffic Congestion scenario

Figure 5 to Figure 10 Various activity inside and outside of the existing market

this metropolis. Uncontrolled Street shopping along with its indoor market has turned the regional cluster into an urban mayhem.

Regeneration of this cultural place is a dilemma. Some recent examples show that the historical environment is a major document which demonstrates and reflects cultural identity. It is necessary to both protect and regenerate heritage areas and to integrate them to urban environment for sustainability. Additionally, a unique gesture is added by a 200 years old Mosque inside the market. Conservation of this historical architecture is an additional focus of this regeneration project. The indigenous plan and circulation pattern also contains different morphology in its existing layout, scale, lighting quality, texture and in its built environment. Unplanned but organic layout also highly permeable for the community, people habituated and the place has become a traditional urban center. Existing environment has grater qualities which create the opportunity to personalize the place to the user. The every single element of existing market offers enormous potential as tools for planning and regeneration of this project.

3 Need Analysis for Regeneration

Leading on from a discussion of the definition and characteristics of regeneration, a pertinent question remains as to why it is important to regenerate urban areas. Regeneration of urban areas matters as 'the tragedy of the inner city affects everyone'.[5] Regeneration offers unlimited opportunity to strengthen urban areas and community. Before examine and further analyses let us reflect on the Savamala quarter in Belgrade. The fact that, this area was the worst quarter in the city before regeneration. Now, it is one of the most interesting zones in the entire city.[6] There are many several examples which reflect successful outcome after regeneration of urban areas. However, the design solution must be founded on the base of existing problems and existing cultural environment. Therefore the need analysis is a first point to start a regeneration project (Figure 11、Figure 12).

A survey conducted on the existing urban cluster of Nilkhet Book Market. The problems associated with the greater context is the Traffic hazard created by this market. The market has created an unplanned accessibility pattern which turns the adjacent node one of the major traffic congestion nodes in the city. Study conducted on the traffic movement of the region has identified the roads adjacent to Nilkhet Book Market as the most mismanaged situation in the city.[7] The lack of open space in the periphery and even inside the area push the pedestrian walkers on the road. There is no parking space and public transport dropping to support the market sprawling an area of 23,067 sqm.

The market has fewer open space for public activity, only 4% area remains green which is not even accessible. Figure 13 depicts the open space and build area ratio. The only area for public activity can be considered is the circulation space, which is about 17% Figure 15 illustrates the ratio of various functions in the existing condition. Due to the poor accessibility, less accessible areas inside the market has become crime generating spots, since the major user group of the market is 70% young age students around the age 16 to 30 years (Figure 16). Figure 14 depicts the vibrancy pattern of accessibility in various zones of the market. Also the market has been identified as the major spot of piracy of books and intellectual property.[8]

Moreover due the poor accessibility and high density structure the market has

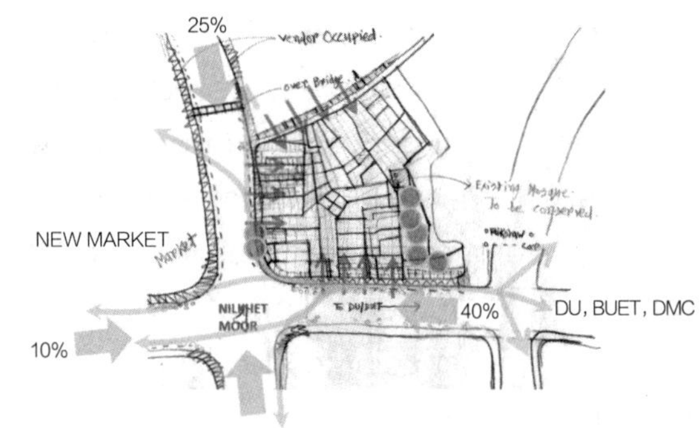

Figure 11 Unplanned accessibility pattern and pedestrian activity

Figure 12 Vendor Market on pedestrian and street occupancy due to accessibility

Figure 13 Open space and build space ratio. Green mark indicates open area within the site

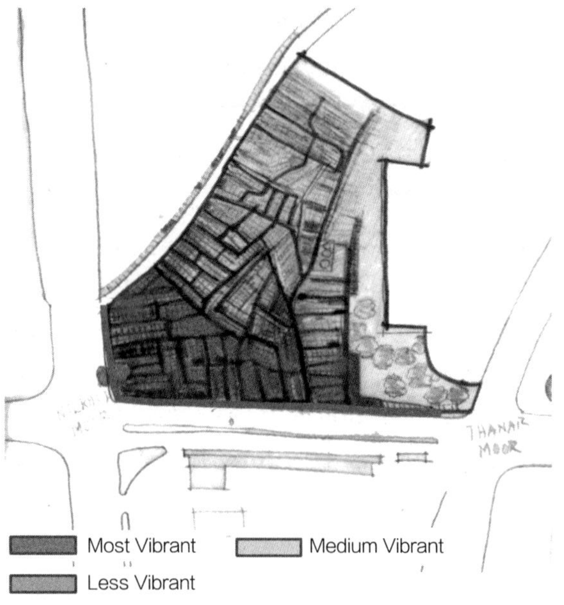

Figure 14 Public access and vibraency pattern in the existing market

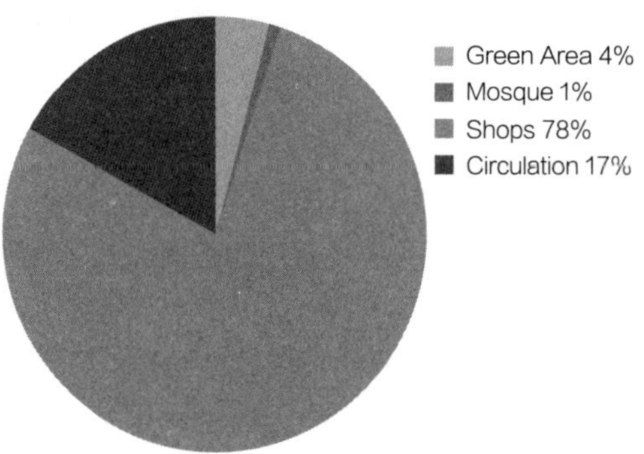

Figure 15 The pie chart is showing ratio of functional areas in the existing situation

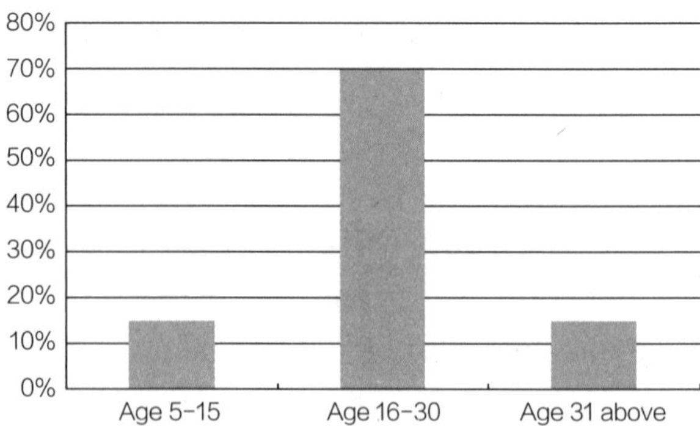

Figure 16 The age group of users

encountered fire hazard several times in last decade.[9] Apart from all these problems created by this organically formed market, the demand has also been increased in the 21st century Dhaka city. Program derived from the existing analysis shows that the number of shops required at the present situation is double than the existing condition. All the fatal impact caused by the market to its urban artifact and increased demand of present situation rises the need for urban regeneration in Nilkhet Book Market.

3.1 Literature Review

Undoubtedly, Nilkhet Book Market requires upgradation or redevelopment to integrate it into the urban environment for a sustainable future. However, due to its nature and practice, urban regeneration is far from being a completely fixed set of guiding principles and practices, and does not have a proven or well- established track record of success.[10] Defining the design approach of regeneration is the most complicated factor and a point of investigation, since there is no specific guideline either available through building bylaws or any standard literature framework as guideline.

Urban regeneration is a less significant component of wider 'urban policy' within the Building Regulation of Bangladesh. Urban policy can be viewed as spatial in that it relates to urban areas and urban processes, and to the populations who live in urban areas, and particularly the resolution of urban problems.[10] Urban areas are complex and dynamic systems and reflect the many processes that drive economic, social, physical and environmental transition.[11] Urban regeneration can be seen as the outcome of the interplay between these many processes, and is also a response to the opportunities and challenges that are presented by existing situation.

Apart from the approach of direct response to the problem and strengths of any specific regeneration project, there is further dimension which could lead the concept. Culture, as a key element of urban strategies, was also documented as a major design strategy in the context of other countries.[12] From the 1980s onwards culture-led regeneration has been used as a strategy throughout Europe for regenerating and revitalizing cities and regions which have suffered social and economic problems through de-industrialization. While these strategies have undoubtedly been successful in a number of different cities throughout the UK and Europe.[13]

"Culture Led Regeneration" denotes the opportunities for the transformation and regeneration of places through cultural activity. It tends to be relevant for cities that have gone through big economic changes, places that may have lost their industrial base and have needed to reinvent themselves through cultural and art activity.[14] However, Culture Led Regeneration approaches have no specific framework available through literature.

3.2 Methodology

Hence there is no established framework, a synthesis of regeneration projects around the world could help to develop the framework to determine the concept for the Regeneration of Nilkhet Book Market Dhaka. Toward this notion some implemented projects, especially which claims an approach to culture lead regeneration are being analyzed and a checklist is being developed. Through the assessment and contextualization of various actions found from the case studies a new criteria has been fixed as the guiding principal for the present study. The criteria can be defined as spatial analysis, which found expression through the regeneration of Nilkhet Book Market, Dhaka.

3.3 Approaches and Remarks in the Implemented Projects/ Case Studies of Good Practice

A checklist of good practice has been summarized in the Table 1. The case studies selected here are all reported as successful to some extends. The points included as

Table1

	LACE MARKET	SMETHWICK HIGH STREET	WIRKSWOR	Notts Beeston Canal	Dearne Valley Park	Brixton Station	Miles Platting	Highfields Priority Zone
Characteristics, Location and Size	Industrial Improvements Area, Nottingham , 49.42 Acre	Shopping Centre Improvements, Oldham, 111.19 Acre	New Tourist and Leisure Facility West Derbyshire	Series of Environmental Improvements Along The Cannel. Nottingham, 10km	Reclamation Work and a series of park, Barnsley, 1999.08 Acre	Refurbishment of station with shop frontage, Lambeth	Housing and Surrounding Environment Improvements, Manchester, Manchester	Housing Improvement, Leichester, 2014.9 Acre
Area Identified and Defined Systematically								
Clear Focus of Improvements								
Improvement Techniques Innovative and Successful								
Resolution of Complex Problems								
Careful Consideration of Priorities Within the Area								
Strong Visual Impact								
Functional / Efficiency Improvements								
Underused Building Bought Back into Use								
Environmental and Structural Improvements to Buildings								
Traffic Management								
Good Use of Existing Features								
Strong Visual Impact , Landscaping and External Improvements								

Table 01: Check list of Good Regeneration Practice and Strategies among 8 Implemented Projects.
The Data in the table are adopted from the Report "Improving Urban Areas- Case Studies of Good Practice in Urban Regeneration- ECOTEC Research and Consulting Ltd." [15]

Strong Visual Impact, Landscaping, external Improvements, environmental Improvements, good use of existing features all are tools of spatial element of design. Therefore, it is documented that spatial features of an existing environment are considered for most of the successful regeneration initiatives within the study area. Based on the points of spatial relationship to regeneration projects a number of factors have been identified for analysis and implementation in the Regeneration of Nilkhet Book Market, Dhaka.

3.4 Approaches Taken to Regeneration of Nilkhet Book Market

Table 2

Potentiality Of Existing Environment taken as guiding principal	Resolution of Complex Problems in the built environment
• Organic Informal Space • Endless Character • Intimate Scale • Very little dead ends • Color and Texture in the indoor environment • Special type of circulation pattern • Window Shops	• Inefficient Circulation • Dark Pathway, No Day Light Ventilation • Shop Size Not Efficient • Unhygienic , Dirty Corridor • Violent Activity (Drug Distribution) • No open space, Natural Environment
Functional Efficiency Improvements	Traffic Management
• 2000 Car parking considered • Number Of Shops increased to Double. • Open space, Civic Facility Added • Now Tower block added for functional mix-up and financial viability • Functional Zoning developed.	• Traffic System Designed To Improve the Traffic Mismanagement in the Broad Urban Aspect • Driveway, Dropping, Vehicular Loop Added • Access of non-motorized vehicle and public transport linking system added.

4 Spatial Analysis of Nilkhet Book Market

Based on the fundamentals The spatial analysis of the existing market has been conducted based on points of Accessibility, circulation pattern, node, characteristics of indigenous open space, scale of internal spaces, lighting quality, texture, fenestration, space quality, size of window shops, zoning, vendor shops, existing program, permeability, variety, legibility, robustness, richness and ability of personalization of the existing market (Figure 17).

Layout

The market has grown up organically. It contains a layout of organic character. The layout of the market is not calculative, rather than intangible. Figure 18 is a conceptual layout plan of the existing market, which shows the circulation arteries and abrupt shaped window shops clusters.

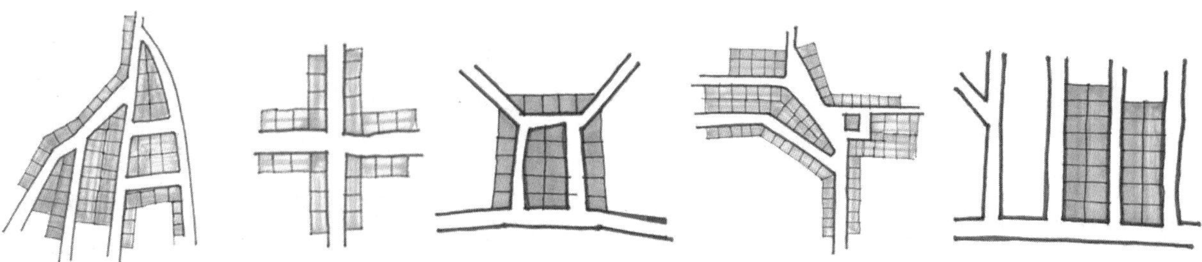

Figure 17 Various shopping wings, street squares, nodes and arteries inside the existing market

Figure 18 The existing layout of the market

The Space, Scale and Fabric

Figure 19 illustrates a section of typical wing of the market. The lower level of the window shops are used as the shop and the upper level is a warehouse. The shopping wings are congested, but it has a very intimate character considering scale of the space and the fabric is colorful with the multi various stack of books.

Figure 19 Existing section of the market

Shops at the Edge

At the edge the shops has a different character than indoor. Food, stationary and printing shops are basically located at the edge. The shops serving up people on a major public pedestrian at the edge. The characteristics of window shopping at the edge has created problem to uninterrupted pedestrian flow, however, it is convenient and accepted by the user group (Figure 20, 21).

Figure 20, 21 Existing section at the edge

Figure 22 Circulation layout of the market

Circulation and Accessibility

Existing market surrounded by public pedestrian in south and west portion. Streets inside the market connected with the peripheral footpath. The circulation layout has an organic character, but also very permeable regarding its fluidity, connectivity and accessibility (Figure 22).

500 Years Old Heritage Mosque Inside The Market

500 years ago Hajrat Bakushah came from Bagdad to spread Islam. His grand-daughter Hazrat Syeada Bibi Mariam Saleha (pbuh) built the Bakushah Mosque during the Mughal period in Hijri 1118 (1706 AD). The mosque considered for improvement and adoptive reuse.

4.1 Findings and Concept for Regeneration Developed from Spatial Analysis

A schematic concept diagram has been

developed, Figure 23, as the proposed approach for the regeneration. Figure 23 describes a peripheral pedestrian circulation connecting the whole market and the diagonal cross circulation developing various size and shaped shopping blocks. The connections are developed from the spatial analysis of existing market and should remain the existing built environment in the regenerated market.

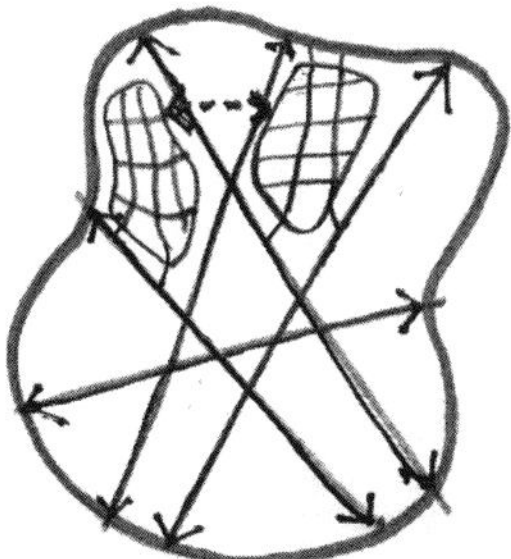

Figure 23 Conceptual layout scheme

The scheme, afterwards, treated in node points of the circulation wings as open space and gathering space, which is a prominent problem solving approach for defusing public circulation in the periphery. The large scale open space in the nodes are the new innovation added to the project. In addition in the edge of the market larger public open space has been designed to accommodate the cultural street market, but also defusing pedestrian traffic flow towards a problem solving approach for traffic congestion in the surrounding roads (Figure 24).

The market in the proposed situation increased the number of shops and turned the shopping blocks in two story, Figure 25. The storage system in the existing market are adopted in a same way to keep up the indigenous character. Moreover, the fabric of the inside streets are remain same with the texture of colorful books, lighting quality and spatial character of cultural market.

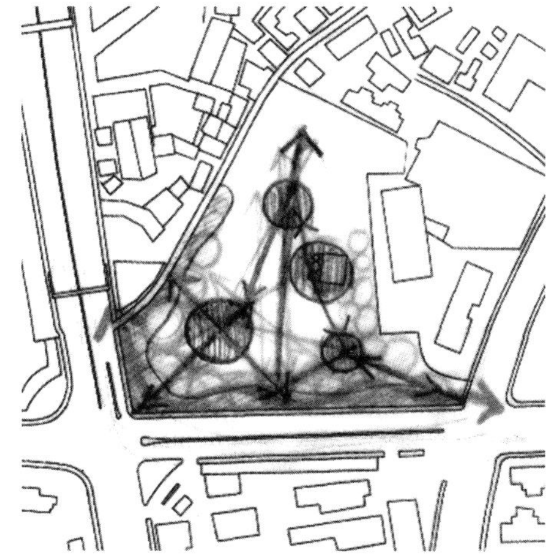

Figure 24 Conceptual layout for regeneration

Figure 25 Conceptual section for proposed regeneration

4.2 Implementation and Design Outcome

Different coherent functions have been added in the proposed design. Some 2000 cars was addressed, together with modes of entry and egress and designed in the appearance of complex urban traffic system. The tower is arranged at the lowest permeable Northern brink of this irregular site, at the outset to develop a strong urban form that acknowledge the public domain of the street by pulling the horizontal building masses forward on the site and creating a plaza along the thoroughfare boundary.

Adequate public spaces are created within the lowrise structures placed at the rear of the site so as to minimize destruction of existing amenities. These interconnected courtyards are derived from the vernacular architecture of the broad context. These cultural spaces will defuse the pedestrian flow at the edges and would be a major solution toward the traffic congestion of this region.Through some sequential changes from its initial idea to the final outcome the project has been designed from the essence of the existing environment. To design and implement the idea of regeneration was irrigated from the existing cultural market through the process of spatial analysis (Figure 26、Figure 27).

Figure 26 A 3d Visualization of Existing Situation of the market, isometric view

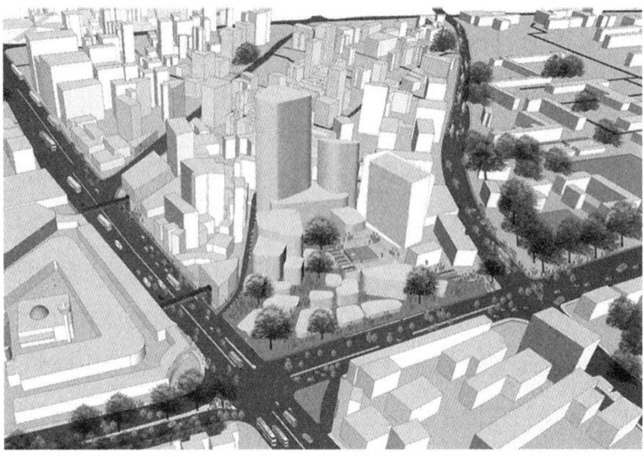

Figure 27 A 3d Visualization of proposed Situation of the market, isometric view.
Where it is seen that the regenerated public spaces defuses the pedestrian flow at the edge and the traffic catastrophe has been minimized to a substantial scale. As well as, the regenerated project still keeps the spatial quality of original development and designed from an essence of original cultural market. The conceptual illustration reflects an attempt to the culture lead urban regeneration process.

5 Conclusion

Cultural sustainability can indeed present a starting point for the general improvement of problematic urban areas like Nilkhet Book Market. Identifying the guiding principal to implement culture lead regeneration is the difficult part in regeneration projects, hence there is no specific theory or principal available in literature. In the present study spatial analysis as a process of designing regeneration projects on a focus to culture has been presented. The benchmark has been developed from a synthesis of several successful case studies. And the framework has been depicted from analysis to implementation through a unique characterized market in Dhaka, Bangladesh. It is expected that the process would help design of culture lead regeneration projects in future. The database would create opportunity to further research in the field of architecture and urban design.

References

[1] UNDESA, *World Urbanization Prospects*. 2014.

[2] A. R. Ismail, H. A. El Tawil, and N. G. Rezk, "Urban Regeneration of Historic Paths: A Case Study Kom El Dekka Historic Path," vol. 10, no. 1: 49-59, 2016.

[3] A. Kabir and B. Parolin, "Planning and Development of Dhaka-a Story of 400 Years," *15th Int. Plan. Hist. Soc. Conf.*, vol. 1,: 1-20, 2012.

[4] A. Ahmed and T. Binoy, "An Overview of The Faulty Decisions of City Authorities at Azimpur Intersection of Mirpur Road in Dhaka City," : 179-181, 2012.

[5] M. A. Stegman, "Recent US Urban Change and Policy Initiatives," *SAGE J.*, 1995.

[6] E. V. Lazarević, A. B. Koružnjak, and M. Devetaković, "Culture design-led regeneration as a tool used to regenerate deprived areas. Belgrade-The Savamala quarter; Reflections on an unplanned cultural zone," *Energy Build.*, vol. 115: 3-10, 2016.

[7] M. Hasan, T. S. Tofa, M. Rakibul, and I. Khan, "Existing Facilities And Deficiencies In A Busy Intersection At Dhaka Based On The Condition Survey Of The Study Area Mahmudul Hasan *, Tajkia Syeed Tofa **, Mohammad Rakibul Islam Khan ***," vol. 4, no. 8, pp. 8-11, 2014.

[8] R. Alam, "MARKETING OF BOOKS IN BANGLADESH : A THREAT TO INTELLECTUAL PROPERTY RIGHTS," vol. 2012, no. 15, 2014.

[9] T. D. S. Dhaka, "https://www.thedailystar.net/city/fire-nilkhet-book-market-dhaka-capital-1411336."

[10] A. Tallon, "Urban Regeneration in the UK S e c o-n d Ed i t ion," no. nd Edition.

[11] D. and P. of U. R. The Evaluation, *No Title*. 2000.

[12] E. Eizenberg and N. Cohen, "Reconstructing urban image through cultural flagship events: The case of Bat-Yam," *Cities*, vol. 42, no. PA: 54-62, 2015.

[13] C. Middleton and P. Freestone, "The Impact of Culture-led Regeneration on Regional Identity in North East England," : 1-16, 2008.

[14] J. Vickery, "The Emergence of Culture-led Regeneration: A policy concept and its discontents," *Warwick Cent. Cult. Policy Stud. Warwick Univ.*, no. 9: 106, 2007.

[15] E. R. and C. Department of The Environment by JURUE, "Improving Urban Areas-Case Studies of Good Practice in Urban Regeneration," 1998.

Author the Author

Shafique Rahman, Assistant Professor, Department of Architecture, Ahsanullah University of Science and Technology (AUST), Dhaka & Principal Architect at Trikon Architects, Email: shafique07arch@gmail.com, Mobile: +88-01711-92 80 16.

街区改造中的行为综合数据分析与设计支持
——以南京市某街区改造为例①

Comprehensive Quantitative Analysis of People's Behavior and Design Support in Block Renewal Project: Case Study of a Common Block in Nanjing

黄晶，贾新锋

摘要： 新数据时代为人们研究城市空间与社会生活带来了更多途径。文章以南京市某街区改造为例，通过实地调研与空间句法轴线地图以及百度热力图对比，提取有效信息，为“街道的连通”、“沿街公共服务设施的布置”以及“街道的深化设计”提供设计支持。研究试图找寻人们即时、即地对街区空间的需求，在设计中做出准确、有效、恰当的回应，营造具有认同感、能够为城市居民提供安全、舒适的社会生活场所的城市街区。

关键词： 街区；数据分析；社会生活；公共空间；行为

Abstract: The era of New Data bring more methods of studying urban space and social life. Taking the renewal of a block in Nanjing as an example, the paper compares Field Research, Space Syntax Axis Map and Baidu Heatmaps to analyze their different focuses on the relationship of public space and social life. Then useful information is excavated and it provides design support for Road Connecting, Public Service Facilities Layouting along Street and Detail Designing of Street. The research tries to find the here and now requirement of block space and responses correctly in the block design. The method will contribute to create safe and comfortable urban block, which has the sense of identity.

Keywords: Block; Data Analysis; Social Life; Public Space; Behavior

“好的城市改造与更新，应该能够保持居住者在情感与心理发展上的可延续性”[1]。城市街区的改造不仅仅只是对物质环境的更新，还应关注与居住者精神层面密切相关的社会生活的可延续性[2]。伴随着社会的进步，生活涉及的各项功能及其关系发生了改变,人对生活的要求也处于不断变化之中[3]。这是一个复杂与动态的过程，对其了解需要多维的视角与方法。新数据时代的到来为人们分析与研究城市空间与人的生活带来了更多途径[4]。

1 行为综合数据分析用于社会生活与公共空间关联的研究

对社会生活与城市公共空间关联的研究，有助于在街区改造中推进社会生活的持续性演变。人类建成环境与“产生于不同尺度、时间和社会的人的日常生活耦合在一起”[5]。公共空间能够通过运动、交流，在身体上与精神上赋予人们“健康、安全与福利”，而特定社会生活的存在是公共空间发展的先决条件[6]。了解社会生活对公共空间的使用状况以及公共空间对社会生活的制约，研究公共空间在推进社会生活持续变化的过程中扮演着什么样的角色，是非常必要的[7]。

近些年，随着电子计算机技术以及互联网数据挖掘等信息技术的迅猛发展，GIS、空间句法、网络大数据等具有全面、快速、海量、多样、真实等优势的工具，已经与城市地理、城市规划等研究领域结合，弥补了传统研究方法的一些缺陷。空间句法是近些年被广泛应用于分析城市空间与建筑空间的一种计算软件，它能够精确地描述城市的物理复杂性。轴线地图明确表征城市中的街道体系，以形成城市整体构形，并在此基础上有效地分析与预测城市中的人流和物质流[8]。轴线地图被广泛运用于交通与交通流的预测与评价中。在国内，空间句法轴线地图多用于城市宏观层面的研究中[9]~[12]。也有部分学者运用轴线地图分析特定的中、微观城市区域[13]、[14]；百度热力图通过

① 国家自然科学基金项目：基于地面层行为量化模拟分析的街道区域增容与复合利用研究（项目编号51508516）。

获取特定区域的手机用户数量,统计各个地区内集聚的人群密度和人流速度，综合计算出聚集地的热度，并可视化在百度地图上，形成人群空间分布图[15]。目前，利用百度热力地图的研究主要集中于城市规划与地理等宏观尺度领域上[15]~[19]，在城市中、微观尺度空间的研究中鲜有使用。

本研究尝试通过实地调研数据与空间句法轴线地图、百度热力图的对比，挖掘轴线地图与热力图这两种主要用于宏观城市空间研究的工具，在中、微观城市空间研究中的价值，找寻数据背后隐藏的线索。并结合它们的数据收集与分析优势，分析城市中社会生活和公共空间之间的关联，以期获得较传统人工实地调研更为全面、精确的信息，突破以往在街区改造中常见的“依赖经验和试错的窠臼”[20]，回归对隐藏在数据之后的现实条件与问题的探讨上，为既有街区的改造提供相对精准、能够反映空间使用者需求的设计支持。

2 街区空间人行活动的综合量化分析

示例改造街区位于南京中山北路东侧（图1）①。

图1 研究区块位置与现状示意

研究区域周边多大、中型商业、商务建筑以及文化教育类建筑。研究区域内主要含商业、居住、教育、办公等功能。地块毗邻南京市著名的商业中心——湖南路，商业活动频繁。地块中集中了大量居住人口，既有在此长期居住的市民，也有大量低收入租住户，市民生活繁荣。地块中各个时期建筑混杂，部分地段存在居住拥挤、公共环境卫生差等问题。

2.1 人行活动的实地定点调研分析

在工作日与休息日的不同时段，选择调研街区中12个节点进行人行活动（含非机动通行与各种类型的驻留活动）的调查与分析。

1. 人行活动与街道的关联分析

调研范围内，中山北路南段、云南路以及湖北路的在工作日与休息日各个时段，人流量总体变化不大。中山北路北段、湖南路在休息日上午十点以后人流量有显著增加。主要原因在于，湖南路一带是南京市重要商业中心，这些路段上有各种类型的店铺。

调研发现，街区中人流量最大的乐业村路上主要活动人群和预想不一致。乐业村路是一个市民生活非常繁荣的城市地段，集中了大量低价位饭馆和各类食物售卖店。依据以往经验，这类场所的主要消费者应该是在周边大型写字楼等工作场所中的人群，为他们提供午餐。通过数据分析发现，在工作日，虽然中午人的活动量较上午有所增加，但是该路段活跃时间更多集中在工作日下午三点之后；在休息日，乐业村路活动量的增加与中山北路北段以及湖南路上的活动量增加基本一致。由此推知，在周边工作的人只是乐业村路服务人群中的一小部分。乐业村路更多是面向居住在周边的租住户和原住民，以及休息日来湖南路商业中心购物的人群。其中，地块中大量租住户和原住民是形成乐业村路繁荣的主要力量之一（图2）。

2. 驻留活动与沿街建筑的关联研究

除了通行之外（含等车），在街道区域中，还有一些如观望、交谈、娱乐、售卖等驻留活动的发生。通过驻留活动与沿街建筑的关联分析，可以了解在研究区域中什么样的沿街建筑更能够吸引人们在街道等城市公共空间中活动。虽然驻留活动在一定程度上受

① 街区改造范围为乐业村路、中山北路、云南路与湖北路围绕的街区，含乐业村路以及两侧的建筑的改造。所以我们把数据综合分析扩大到了湖南路、中山北路、云南路与湖北路围绕的两个街区。

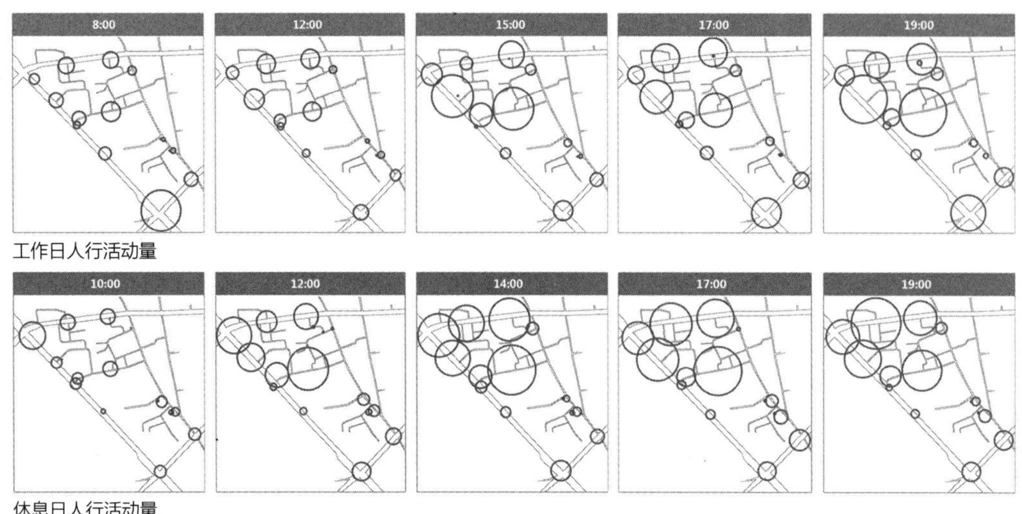

图2 分时段人行活动量

人行走路径以及人行道条件的影响，但是在同一条街道以及相邻的街道上，驻留活动量能够在一定程度上反映什么样的沿街建筑与空间更能够吸引人的停留。通过对照发现：调研区域中，占据了较长沿街界面的大型银行（节点1、节点7）以及加油站（节点9）虽然具有一定的公共性，但是其相邻人行空间很少有人停留。而在该城市地段占据城市街道长度较小的诸如餐厅类、日常生活用品售卖店等更具有吸引力，吸引了更多人的交谈、观望，甚至进行买卖等活动（表1）。

12个节点驻留活动量统计表

表1

	1	2	3	4	5	6	7	8	9	10	11	12
	大型银行	服装、配饰类小商铺	服装、配饰类小商铺	小型银行	小型银行、餐厅	自行车商铺	大型银行	保健品商铺、餐厅	加油站	小吃点	服装、配饰类小商铺	小饭店、小吃点
	周二驻留活动	周二驻留活动	周二驻留活动	周二驻留活动	周二驻留活动	周二驻留活动	周二步行活动	周二步行活动	周二步行活动	周二步行活动	周二驻留活动	周二驻留活动
观望	7	35	28	12	23	13	13	8	17	33	29	14
交谈	13	28	14	4	30	27	8	0	30	14	28	55
娱乐	0	0	0	0	0	0	0	0	0	10	0	0
售卖	4	67	27	0	70	0	0	0	9	121	82	231
其他	0	2	0	0	4	0	0	0	0	0	5	0
	周日驻留活动	周日驻留活动	周日驻留活动	周日驻留活动	周日驻留活动	周日驻留活动	周日驻留活动	周日驻留活动	周日驻留活动	周日驻留活动	周日驻留活动	周日驻留活动
观望	17	19	36	12	17	8	5	14	18	8	125	29
交谈	18	5	31	7	25	16	0	8	18	48	55	64
娱乐	1	0	1	0	1	0	0	2	3	72	0	16
售卖	0	36	18	0	64	4	0	0	3	118	66	190
其他	2	7	1	0	12	0	7	0	4	8	4	7

周二驻留活动量
周日驻留活动量

2.2 轴线地图分析及实地调研数据对比

轴线地图集成度多被用来衡量街道的可达性。图中颜色越偏暖色代表集成度高，空间可达性越高。

街道的可达性表达了人们到达不同街道的难易程度，理论上来说可达性高的街道以及周边区域是具有更高公共化潜质的城市空间。通过轴线地图的分析①可以看到调研区域中中山北路集成度最高，云南路、湖南路以及湖北路北段的集成度也较高。乐业村路除了与中山北路连接的路段集成度较高外，其余部分的数值均较低。街区内部的道路多为断头路，仅有少量的街口与城市道路相连接，整体集成度都偏低（图3）。

但是，轴线地图仅仅是从理论上分析了道路潜在公共性。对照现场调研结果可以发现，理论上的街道可达性高并不意味着街道空间人的活动量大，它还受街道沿街建筑功能、空间形态等因素影响。整体而言，研究区域内人流量与轴线地图分析的结果有一定的对应关系。例如研究区域街区内的断头路，不论是轴线地图分析，还是现场调研的数值均相对比较低。基地周边的中山北路、云南路与湖南路的两种分析与调研的数值均较高。但是，一些路段的人流量，与集成度值的高低反差较大：例如，乐业村路大部分路段集成度并不高，但是调研中发现它的人流量相对较大，在休息日是研究区段中最为集中的人行活动街道。其主要原因在于乐业村路两侧有多种类型的与人的日常需求直接相关的低价格商业店铺，能够为城市中普通市民的生活服务（图3）。

通过街区空间轴线地图分析与调研数据对比发现：街区中断头路无论从空间句法的分析，还是现场调研，活动数值均比较低；除了可达性之外，沿街建筑的功能与形态对社会生活的影响同样较大；研究范围中，存在着一些潜在公共价值没有被充分发掘的路段，例如云南路。这些路段的公共化的实现有赖于临街设施与空间的改造。

2.3 百度热力图及实地调研数据对比

通过实地调研得到的街道空间人行活动数据与百度热力图对比分析可以看到，虽然百度热力图能够显示出特定时间点下城市空间中人的密度，但是在较小城市空间范围内，百度热力图显得比较粗糙（图4、图5）：热力图中人的密度边界相对模糊，难以准确反映出活动的空间边界；热力图中，不同颜色代表的人的密度数值范围较大，无法反映较小尺度城市空间中活动量的小范围变化；活动被抽象成单纯的数字，无法区分活动类型。在研究区域中，大部分时段人的密度均较低，在百度热力图上显示为浅紫色与中紫色。例如，乐业村路在工作日中，除了早上八点时段外，其余的时段均为浅紫色。而对照人行活动统计，可以看到它在这五个时段人行活动具有较大的差异。与之相对照，实地调研由于采用的是人力查数的统计方法，在数据采集量上远远落后于热力图。但人工调研具有更强的目标性，它能够有效统计活动类型与数量。

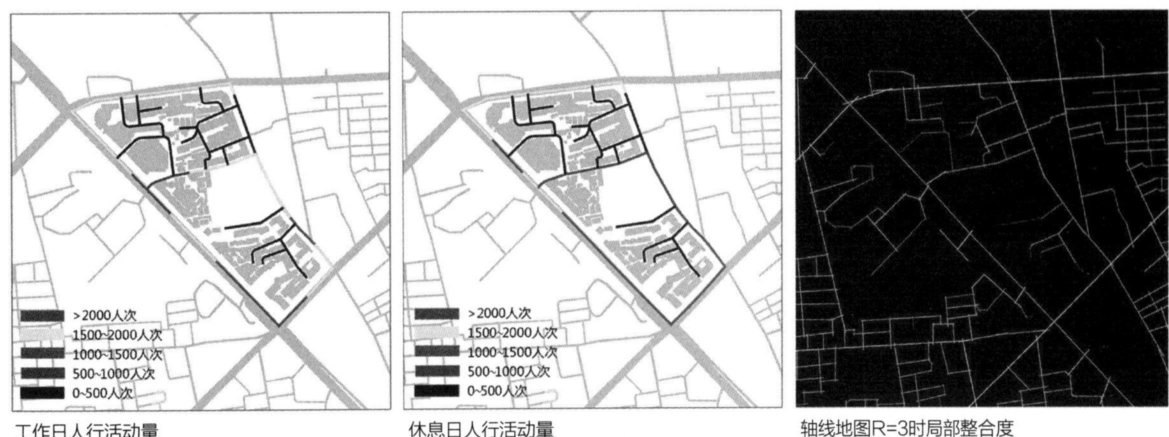

图3 轴线地图与实地调研数据对比

① 为了保证轴线地图分析相对准确，我们绘制了西北到长江，东至紫金山，南至秦淮河范围内的城市路网，由于篇幅的原因在文中并没有展示。

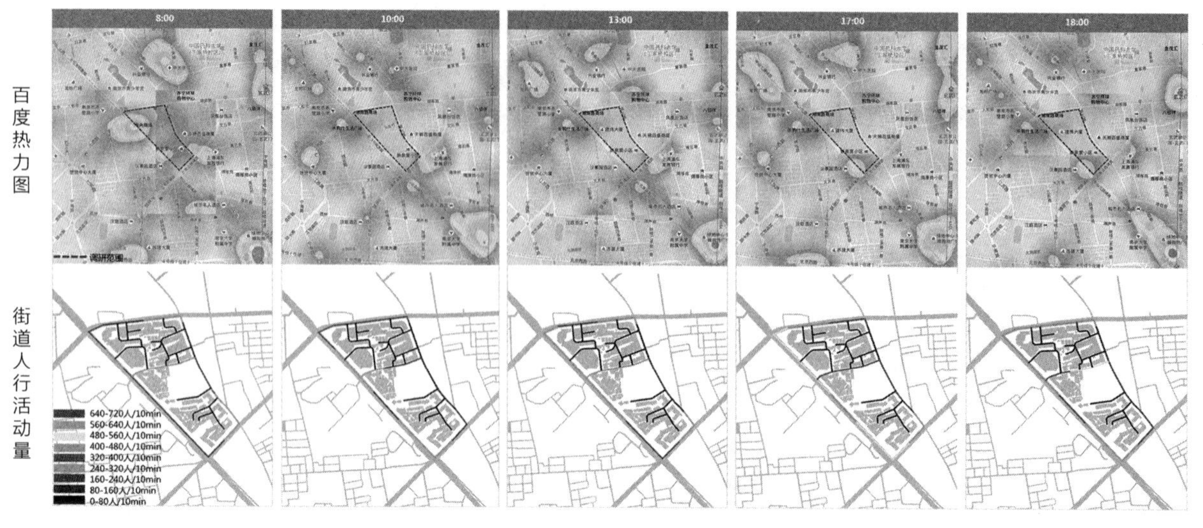

图 4　工作日百度热力图与街道空间实地调研数据对比

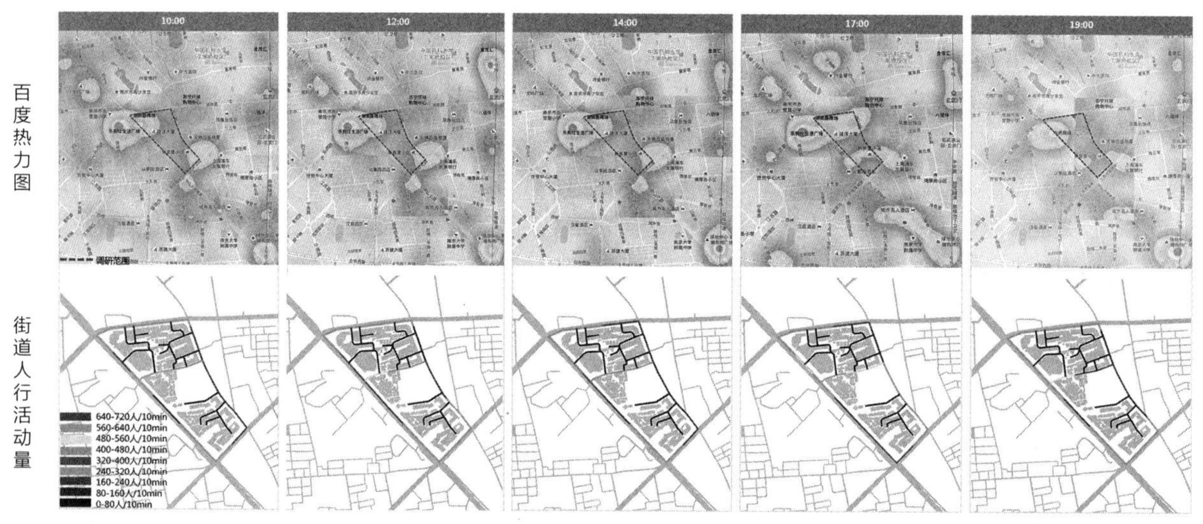

图 5　休息日百度热力图与街道空间实地调研数据对比

热力地图能够全局呈现研究区域及其周边人群密度的相对关系，凸显研究区块周边聚集了大量人群的城市场所及其聚集时间，能够为人流的来源与方向提供有价值的信息。在研究区域五分钟步行范围之内，位于研究地段西北山西路上颐和商厦附近、云南路与中北路交叉点口以北、研究地块东侧的狮子桥，以及中山北路的中央商场附近都有聚集了大量人群的城市场所（图6）。

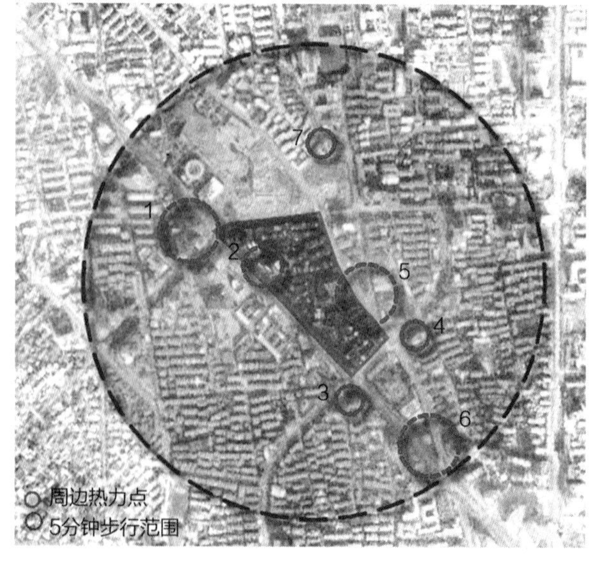

图 6　五分钟步行圈内热力点分布

3　行为综合数据分析对街区改造的设计支持

本文中的街区改造是结合学生课程设计的一次探索。设计的主旨在保护历史建筑、改善街区环境、植入新业态的基础上，延续丰富繁荣的市民生活，保留当地特色生活记忆，并妥善安置原有居民和租住户的生活。通过对建筑脉络的梳理，基地内打开一条西北至东南的步行主路，划分了不同功能区。道路东侧利用片墙串联不同年代建筑，表达新老建筑间的对话、社会生活与城市公共空间的对话。在中国城市快速城市化背景下，设计立足于对城市社会生活的尊重，探讨了通过对街区空间的改造，推进了社会生活的持续性发展、改善了普通市民的生活环境、提高了城市生活质量的途径（图7～图9）。

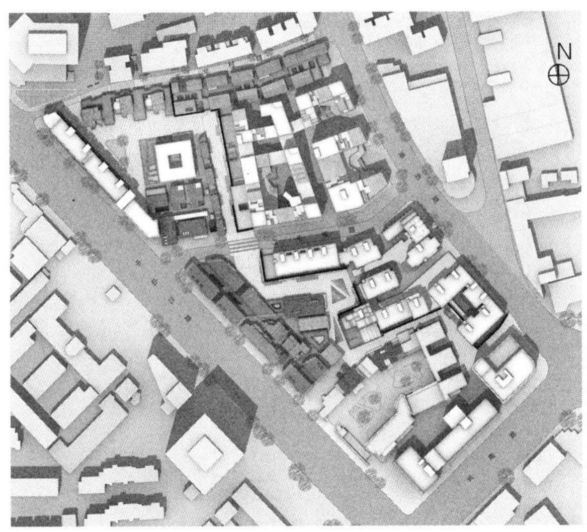

图7 街区改造总平面图

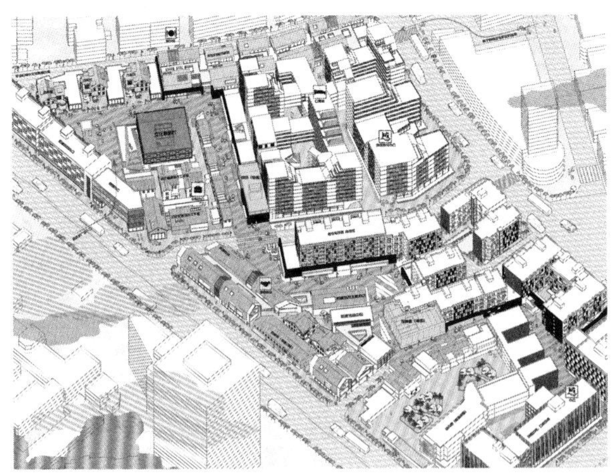

图8 街区改造鸟瞰图

3.1 街道的连通

该部分设计支持来自于2.2轴线地图以及2.3百度热力图的分析。

图9 街区改造功能布局

街道网的改进主要是通过“街道的连通”实现的。在图3的街道现状的轴线地图分析中，原有街区内部道路的集成度相对低。街道的连通有助于提高街道的可达性，建构连续的街道体系，并将原本大尺度街区打开①，符合国家“窄街道、密路网”的要求。“在连通的街道系统中，运动长度更短、更为有效……步行距离也能够覆盖更为大的城市区域……连通的街道系统能够为人们提供更多的服务与娱乐设施”[21]。

通过实地调研，顺沿街区内现有建筑肌理，结合周边热力点的分布，确定打通的“断头路”，考察街区内新路网是否会影响现有主要建筑与空间的正常使用。新路网能够缓解此城市区段的交通拥堵以及人车混杂问题，并提高部分街区空间的可达性。街道的设置，注重连接街区周边重要的聚集了大量人的城市热力点，形成以步行为主的通道，并在关键位置设置具有生活服务性质的空间节点。使改造街区能够与周边热力点之间建立更为直接的路径上与功能上的连接，提高改造街区中公共空间的步行可达性，吸引周边更多市民进入街区，为他们提供生活服务（图10）。

3.2 沿街公共服务设施的布置

主要的设计支持来自于2.2轴线地图以及2.1.2驻留活动与沿街建筑的关联研究。

新路网体系创造了更多具有成为城市公共空间潜质的沿街城市空间，可以适度新建与改造小规模、低造价、短工期的公共设施。对研究区域改造后路网

① 被改造街区长向近400米。根据一些学者的研究在中国城市中街区长边在200米左右比较合适。

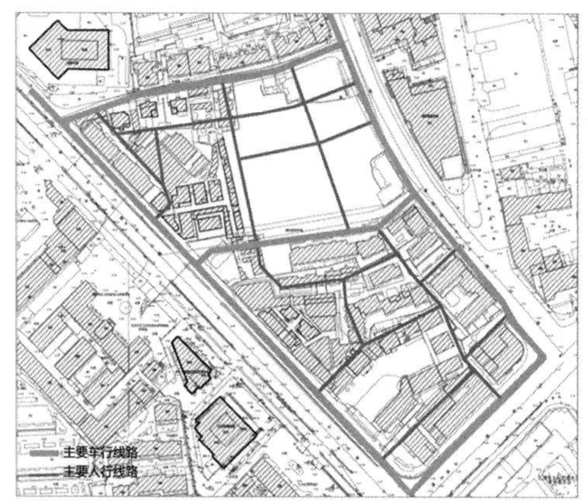

顺沿建筑肌理形成新的街道体系

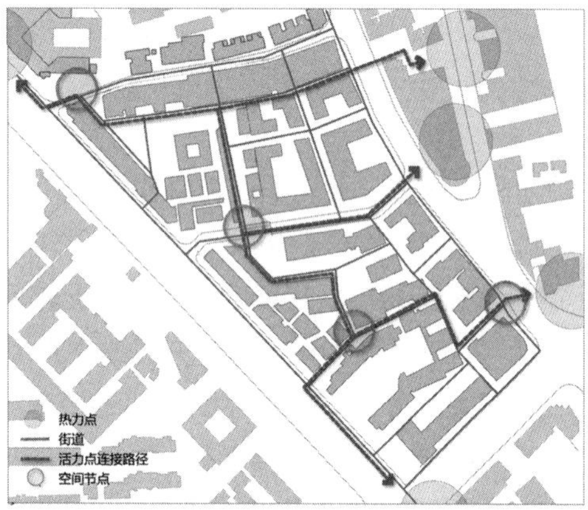

连接周边热力点

图 10　街区内街道的连通

轴线地图R=3时局部整合度

线段地图R=1000时整合度

图 11　新路网轴线地图与线段地图分析

进行轴线地图R=3时局部集成度分析以及线段地图R=1000时整合度分析（图11）。

依据改造后路网的轴线地图局部集成度R=3①时的分析，确定区域中局部集成度较高的街道，选择中山北路、乐业村路、二毛南路西段，以及二毛南路南侧两段较短的新增路径，为沿街商业建筑重点布置的路段，主要布置与饮食、服装以及其他与日常生活密切相关的商业店铺。

依据改造后路网的线段地图R=1000时的分析，云南路在10～15分钟步行范围内具有很高的可达性，主要布置社区服务设施，例如小型诊所、银行、图书室、邮局等（图12）。商业店铺与社区服务设施小规模、混合布置在建筑的底层沿街面，规模与功能设置应注重对居民日常公共生活需求的回应，以在较短的离家距离内满足人们日常购物、工作、娱乐等需求[22]。

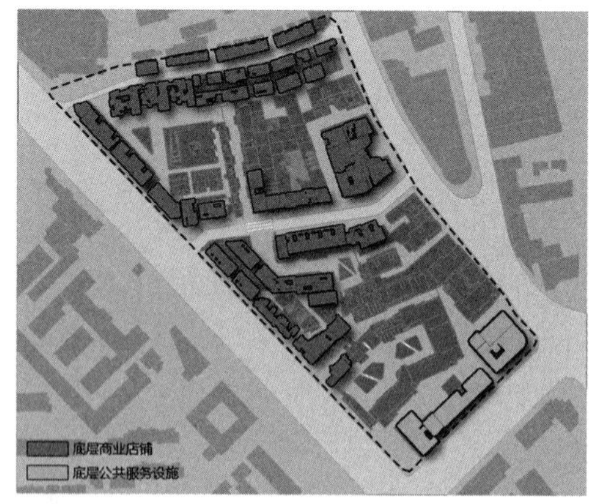

图 12　临街建筑底层的商业与公共服务设施布局

3.3　街道的深化设计

主要的设计指导来自于2.1.2实地调研的数据分析，以及3.3轴线地图对新路网的预测。

① 在空间句法的许多案例分析中，我们发现当设定局部集成度的分析半径R=3时（当然也有个别例外的情况），局部集成度同商业分布、步行人流量分布等有密切的相关性。

通过实地调研数据分析，乐业村路是改造街区内最为繁华的城市地段。虽然乐业村路南侧的棚户区建筑质量差，卫生、消防等问题突出。但是，它的临街店铺却保持着很强的活力。同时，新路网提高了乐业村路的可达性。因此，乐业村路成为重点改造街道。

在路面的设计中，采用交通稳净化的策略。通过路面铺装、街道设施等，限制机动车的行驶速度，并将部分车流疏导到打通的二毛南路上，为在此活动的市民提供相对安全、舒适的环境。

在2.2.1实地调研的驻留活动与街道界面的关系（表1）可以看到，在这个城市区段，临街面宽较短的饮食类店铺更为适合市民社会生活的需求。在临街店铺的设计上，采用“窄单元、多功能”的方式布置各种类型的商业店铺（图13～图15）。

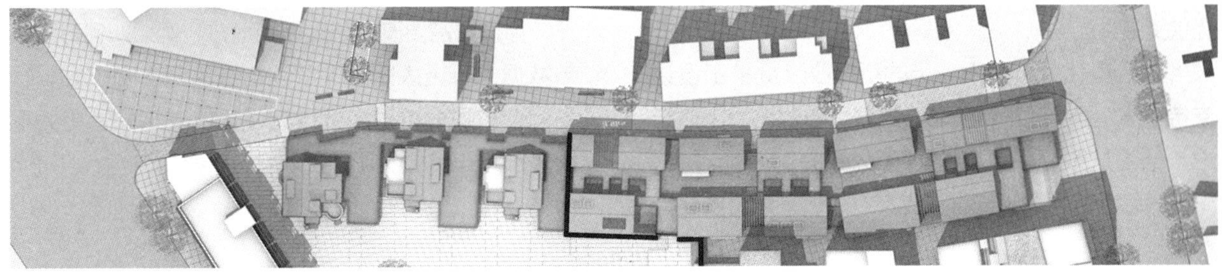

图13 乐园村路改造总平面图

图14 乐业村路沿街新建商业建筑立面

图15 乐业村路改造前后对照

4 结语

在新的数据环境下，研究社会生活与城市公共空间的方法越来越多，而研究目标与研究区域现状决定了研究方法与工具。本文采用实地调研、与空间句法轴线地图以及百度热力图对比的方法，分析了不同方法对社会生活与城市公共空间关联研究的不同侧重点，提取其中有效的信息，为下一步的街区改造设计提供支持。

综合量化分析为下一步的街区改造提供了设计支持。表2显示了三种工具通过分析与对比得出的结论，结论从不同侧重点为街区改造提供设计支持。“行为综合数据分析与设计支持”，试图通过多途径量化工具分析研究城市街区，以获得相对全面的关于社会生活的数据，找寻人们即时、即地对公共空间的需求，并在设计中做出准确、有效、恰当的回应，构建与所处城市环境联系紧密，能够为城市居民营造安全的、舒适的、紧凑的、依托于街道的城市公共生活场所体系的城市街区。

目前，“街区改造中的行为综合数据分析与设计支持”还仅仅停留在理论探讨层面。而研究的部分环节存在着需要改进与延伸的地方，例如如何对工具与数据进行更大空间的解读与更为深入的挖掘，行为综合数据分析对街区改造设计的支持能否更为系统化？这些问题还需要在以后的研究中进一步改进与深化。

街区改造的行为综合量化分析与设计支持技术路线 表2

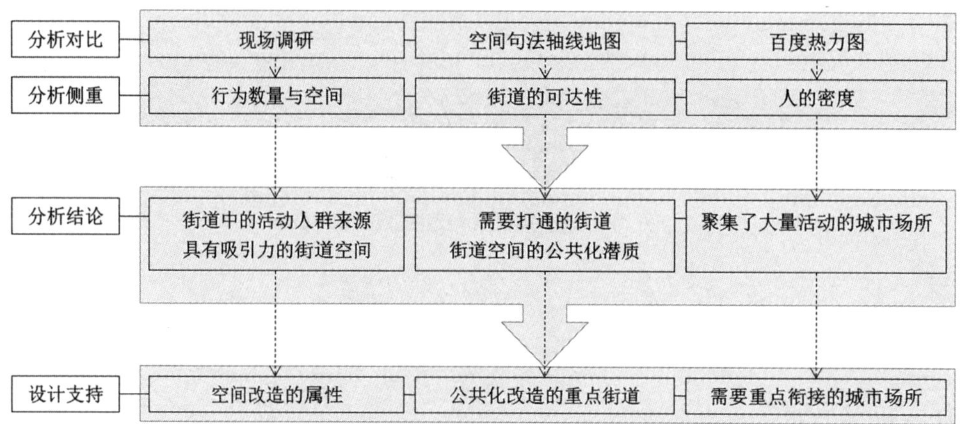

图表来源

图1、图3、图4、图5 、图6、图11、图12为自绘；

图2、图7、图8、图9、图10、图13、图14、图15由王志明、郭培建、胡岳峰、黄果绘制；

表1、表2为自绘。

参考文献

[1] Landry C. The Art of City Making[M]. London: Earthscan, 2007: 11.

[2] Imrie R, Lees L, Raco M. London’s regeneration[M]. Imrie R, Lees L, Raco M. Regenerating London. London: Routledge, 2009: 10.

[3] 杰拉尔德·迪克斯. 城市设计中的空间、秩序和建筑[J]. 建筑学报，1990(3):5-8.

[4] 翟宇佳，徐磊青. 城市设计品质量化模型综述[J]. 时代建筑，2016(02):133-139.

[5] 迈克尔·多宾斯. 奚雪松，黄仕伟，李海龙译. 城市设计与人[M]. 北京：电子工业出版社，2013：137.

[6] Savvides A. Regenerating Public Space: Urban Adaptive Reuse[J]. Architecture Research, 2015（4）: 107-112.

[7] Carr S, Francis M, Rivlin L G, et al. Needs in Public Space [M]. Carmona M, Tiesdell S. Urban Design Resder. Burlington: Architectural Press, 2007: 230-240.

[8] 贾新锋，王萌，蔡少坤. 空间句法轴线地图在中国一般城市应用中绘制方法的改进[J]. 现代城市研究，2014（08）: 38-42.

[9] 程明洋，陶伟，贺天慈. 空间句法理论与建筑空间的研究[J]. 地域研究与开发，2015，34（03）：45-52.

[10] 董世永，汪静怡. 基于空间句法的新区路网规划策略研究[J]. 建筑与文化，2015（02）：92-95.

[11] 邵润青. 空间句法轴线地图在方格路网城市应用中的空间单元分割方法改进[J]. 国际城市规划，2010，25（02）：62-67.

[12] 沈体雁，周麟，王利伟，吕永强. 服务业区位选择的交通网络指向研究——以北京城市中心区为例[J]. 地理科学进展，2015，34（08）：947-956.

[13] Yang T. Impacts of Large Scale Development: Does Space Make A Difference? Proceedings of the Fifth Space Syntax Symposium[D]. Delft: Technological University of Delft, 2005. Vol. 1.

[14] 窦强. 北京住区规划设计演变的空间句法解析[J]. 建筑学报，2010（S1）：28-32.

[15] 谭欣，黄大全，赵星烁，余颖，冷炳荣，冯雷. 基于百度热力图的职住平衡度量研究[J]. 北京师范大学学报（自然科学版），2016，52（05）：622-627、534.

[16] 冷炳荣，余颖，黄大全等. 大数据视野下的重庆主城区职住关系剖析[J]. 规划师，2015（5）：92 - 96.

[17] 吴志强，叶锺楠. 基于百度地图热力图的城市空间结构研究——以上海中心城区为例[J]. 城市规划，2016，40（04）：33-40.

[18] 李娟，李苗裔，龙瀛，党安荣. 基于百度热力图的中国多中心城市分析[J]. 上海城市规划，2016（03）：30-36.

[19] 汤坤，余珮珩，朱佩娟，李岚君，姚淳. 基于大数据方法的长沙市中心城区职住关系研究[J]. 经济研究导刊，2016（33）：119-121.

[20] 韩冬青. 实践中的城市设计[J]. 建筑与文化，2014（04）：11.

[21] Condon P M. Seven Rules for Sustainable Communities[M]. Washington DC: Island Press, 2010. 49.

[22] Tachieva G. Sprawl repair manual[M]. Washington DC: Island Press.

作者简介

黄晶，博士，郑州大学建筑学院副教授。电话：13803828861。地址：河南省郑州市科学大道100号郑州大学建筑学院，450001。邮箱：jingdraa@163.com；

贾新锋，博士，郑州大学建筑学院副教授。电话：13663810116。地址：河南省郑州市科学大道100号郑州大学建筑学院，450001。邮箱：jia69@126.com。

历史街区的公共空间与居民空间实践的关系探讨
——以上海山阴路周边街区为例

The Research on the Relationship between Public Space and Residents' Spatial Practice in Historical Districts: Taking the Districts Around Shanyin Road as Example

陈杰

摘要：当前我国中、微观尺度上对于人与空间的互动关系研究较少，随着存量更新的兴起，历史街区复杂的社会历史因素使得这一关系的探讨更具代表性和实验性。本文以上海山阴路周边街区为例，通过实地调研、图纸映射、对比分析等方法，从空间结构与构型、空间密度、人口异质化和社区管理四个方面研究公共空间与居民空间实践的关系，希望为历史街区的更新设计提供新的视角。

关键词：历史街区；公共空间；居民空间实践

Abstract: The research between the interaction relationship between human beings and space is few in China. With the rise of the stock land regeneration, the profound social and historical factors make the study more representative and experimental. By doing field investigation, mapping, comparison and analysis, the paper takes the districts around Shanyin Road as example and research into the relationship between public space and residents' spatial practice from 4 aspects, spatial structure, building coverage, human heterogeneity and community management. Hoping that the paper would provide a new perspective for the regeneration design of historical districts.

Keywords: Historical Districts; Public Space; Residents' Spatial Practice

1 背景与目的

高速城市化状态下，我国的城市设计项目尺度往往远超西方，较少涉及人体尺度的“微观”范畴。此外，相关理论框架尚未成熟，导致在实践中更多着眼于物质形态的终极呈现，对社会形态的关注大多只停留在“邻里关系”、“文化认同”等文字和情感层面上。随着城市更新逐渐升温，传统历史街区逐渐成为焦点。深刻的社会文化和复杂的居民需求对更新设计提出了新的挑战，若无法理解当时当地的人与空间的互动关系，“为形态而形态”的设计难免南辕北辙。

空间实践是指居民根据自己的经验、习惯、需求自发性地利用、改造甚至再造空间，正是在这种人与空间的关联中，邻里、社交、文化得以维系。笔者通过实地调研、图纸映射、对比分析，探讨山阴路周边街区公共空间与居民空间实践的关系，希望在为历史街区更新提供在地、本真研究资料的同时，为营造以人为本的公共空间、鼓励创造性的空间实践和保存历史街区的多样性做出贡献。

2 研究区域选择

本文的研究区域位于上海市12个市级历史文化风貌保护区之一的虹口区山阴路历史文化风貌区内。北临甜爱支路，南至溧阳路，西接四川北路，东达山阴路—吉祥路—保安路，占地约20公顷，涉及五个街区，三个社区（图1）。

该风貌区的主要特色为革命史记、花园和里弄住宅。研究区域处于风貌区核心位置，向周边新建区域做了部分延伸。选择这一区域的理由是历史文化遗迹保存较好，包含石库门、新里、花园别墅等多种建筑形式；四川北路周边街区正在进行新一轮的城市更新，新、老社区差异显著，有比较研究的价值；原住民多、社区活动和公共空间利用方式相对丰富，适于研究居民的空间实践。

3 公共空间系统与居民空间实践调研

3.1 肌理研究与公共空间界定

“传统城市的格局与现代建筑城市相反，已知两

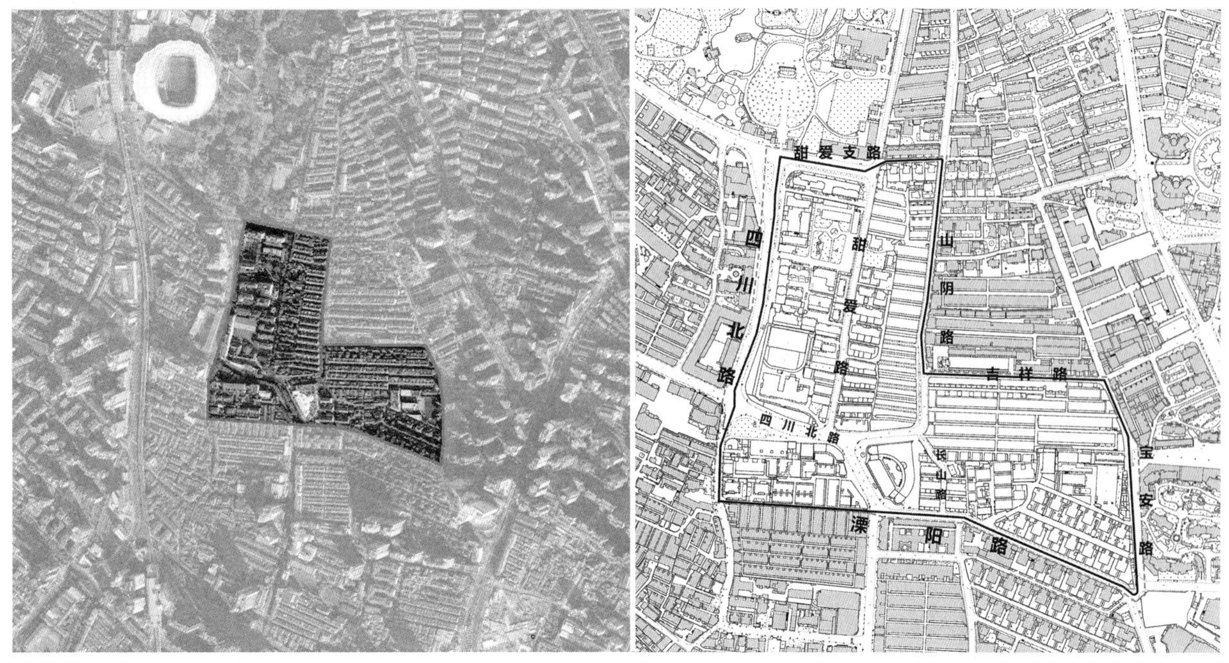

图1

者并置在一起，有时甚至可以用来作为说明图底现象变换的格式塔电脑规律的另一种读本……现代城市如果以这种方式继续（不仅是经验上的，而其也是社会寄生式的），距离这种支撑背景的最终消失，已经为时不远了。”①

城市肌理是历史文化的积淀，也是空间结构的直观反映。通过反转研究区域的建筑肌理，得到其基底——城市空间，受地块功能、管理和产权等因素的影响，该“空间”并不能反映实际的为公众所使用的公共空间。因此，去除军队用地、私人别墅等空间后，得到本次研究的“公共空间”。在此基础上，根据开放度的不同将其分为三个层级（图2）：

（1）完全开放的公共空间——街道、广场空间（含私人提供的公共空间，即“POPS”，因研究区域内的商场地块在施工，故不涉及）。

（2）受管理限制，但绝大部分人可进入的公共空间——社区公共空间。

（3）仅一部分人可以使用的公共空间——半公共空间。

3.2　居民的空间实践模型

调研发现居民的空间实践主要围绕“争取更多的空间”展开。极为有限的空间资源促使居民进行自发性的创造，形成三种空间实践模型，可归纳为占有、改造、半私有化（图3）。

（1）“占有”：指居民因室内面积过小而在院子里搭建简棚等临时建筑的做法，由此形成了一个半公共的极具有人情味的空间，从城市管理者、规划师或设计师的视角来看，既不美观也不安全，但这却反映了居民真实的诉求：首先它体现了历史街区过于拥挤的现状；第二，这种灰空间是人进入房屋前的心理过渡以及暗示，它使街坊空间具有了一个缓冲区域，增加了空间的层次；第三，它具有休闲功能，是街坊邻里的交流空间。

（2）“改造”：指居民因现有公共空间处于废弃或闲置状态，而自发地对其进行改造的行为，主要包括在自家院落和石库门前摆放绿植、搭设藤蔓植物架子以及局部立面、顶部改造等。通过这些措施，居民们把稍显沉闷的里弄空间经营得生机勃勃，绿意盎然。从中可以看出居民的“庭院情结”和对自然之美的追求。

（3）“半私有化”：指居民将公共空间一定程度私有化的行为，主要包括在小区公共活动场地上停放私家车、在宅前弄堂里停放自行车、在建筑南向支

① 引自《拼贴城市》。

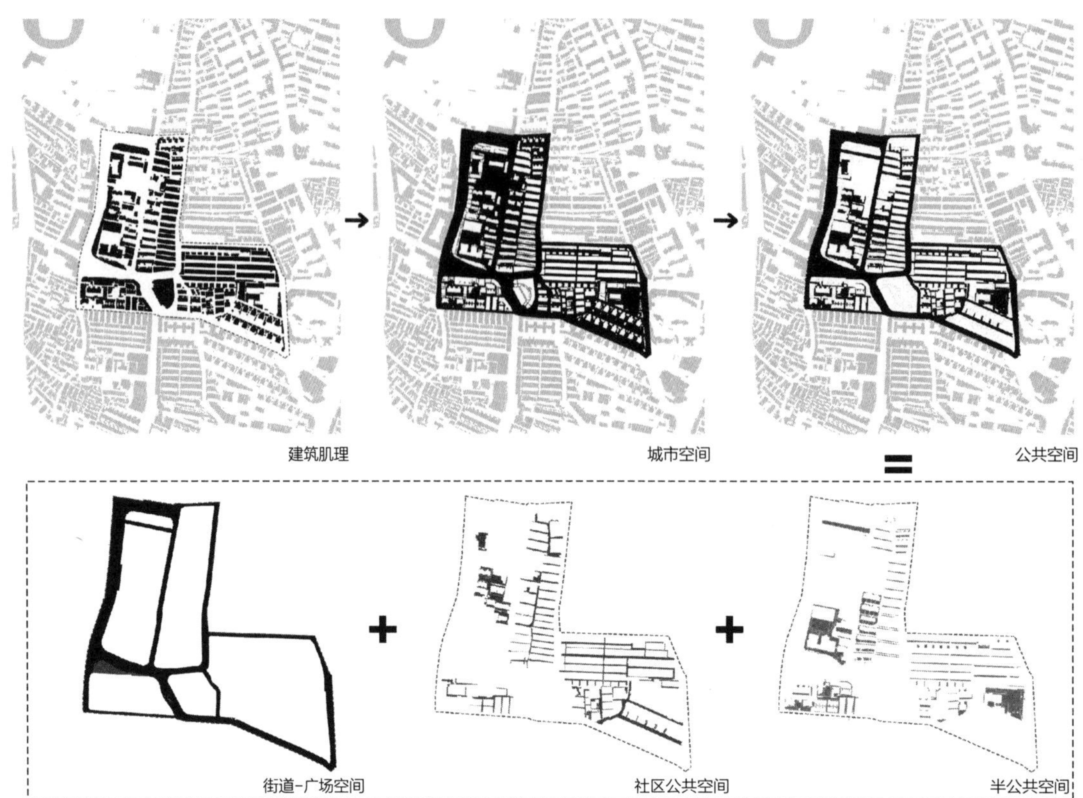

图 2

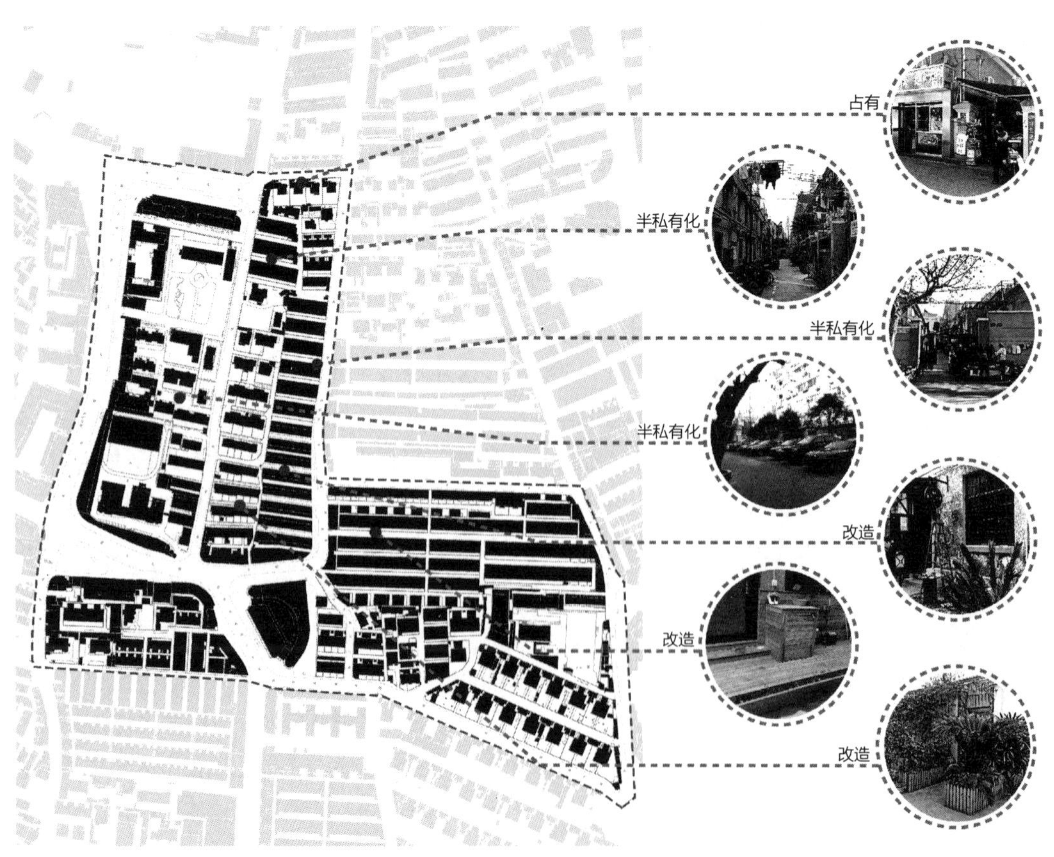

图 3

搭晾衣杆以及在小区门口摆放临时摊位等。这些行为或多或少会对居民的安全以及小区的整体风貌造成一定的影响，但归根结底是因为现有公共空间的某些性能的缺乏，如停车、晾衣等。

以上三种模型体现了街区居民根据自己的经验习惯和需求进行的自发性空间实践的多样性和规律性。这种介于正规和非正规之间的空间实践最终促成了一种复杂多变、功能含混的低层高密度传统生活空间。虽然其消极影响不容忽视，但由此产生的灵活利用空间的多样策略，对解决现代城市问题颇具启发意义。

4 公共空间与居民空间实践关系探讨

不同居民在不同的空间发起了多样化的实践活动，本文将影响居民空间实践的主要因素归纳为公共空间结构与构型、空间密度、人口异质化和社区空间管理。

4.1 公共空间结构、构型

1. 空间结构

学界普遍认为组织良好、层次清晰的空间结构组织有利于明确公共空间的方向性、层级性，引导不同人群于不同的空间层级上展开合宜的活动。以阿姆斯特丹传统住区为例，其空间结构呈同心圆状，大致分为五层：外部城市道路、建筑、私家花园、内部小径、社区公共绿地（图4）。居民自发、创造性地利用私家花园和社区绿地空间，或用于休憩放松，或植花种草，还有索性盖上屋顶，改造为使用空间的，在控制严格的外部街道上无法满足的需求，以多样、个性的方式呈现，居民在保持社区内部一定隐私的前提下，互相观赏、彼此学习，公共空间的层级性为实践带来可能，而空间实践在此重塑了公共空间形态，也构成了维系社区关系的纽带。

本节选取了三个典型组团（图5），分别为现代住区组团、旧里组团（石库门）、新里组团。调研结果印证了上述理论，相比之下，新里的空间结构层级最多，在旧里的基础上区分了户前和户后的半公共空间，形成了“开放（外部道）—社区公共（主、支弄和社区绿地）—半公共（户前后庭院）—私密（建筑）”的层级组织，有利于界定不同公共空间的使用者和实践可能性，强化居民的空间领域感。前文论述的三种空间实践模式在新里中出现最多，旧里则主要表现为半私有化和改造，略显趋同，而现代住区则几乎没有。

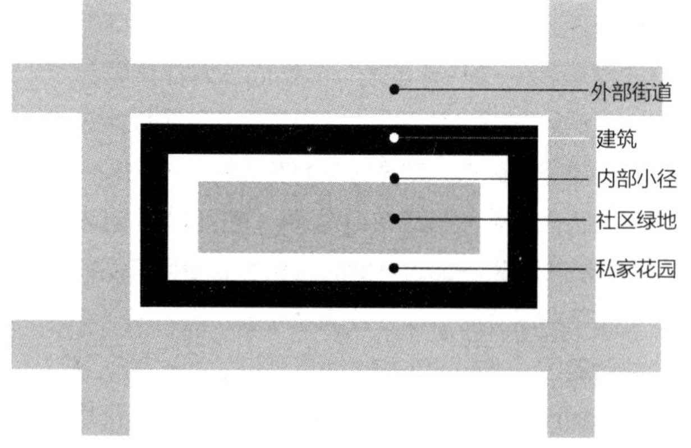

图4

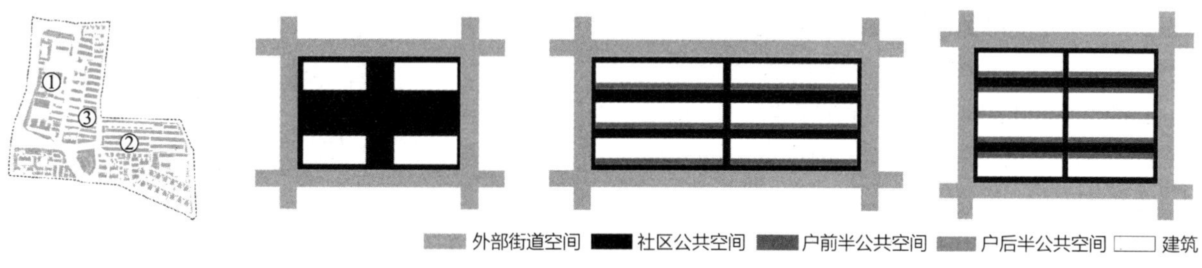

图5

2. 空间构型

因不同类型的公共空间中，居民空间实践差异较大，所以在讨论空间构型时分别研究城市街道空间和社区内部空间。

（1）城市街道空间

历史街区的街道布局和尺度直接影响了居民的空间使用方式，主要表现在三个方面：首先，街道的方向和尺度决定了空间中的光照和通行条件，从拥挤的社区外溢的晾衣活动往往会占据街道上部和宽阔的人行道部分（图6C、图6F）；其次，临近商业界面的街道易被私人占用，这种现象常常出现在人行道设计过窄或难以通行的部分，如图6A所示，山阴路东侧人行道仅1.2米，中间的行道树阻挡了行人通行，商店货摊便顺势占据了这一区段；此外，立体空间实践在街道中愈加普遍，随着商业社会的发展，历史街区中的破墙开店不仅局限于开放前院作为商业外摆（图6B），还表现为充分利用人行道上空，改造、加建凸窗、露台、展示橱窗等，增强商业吸引力（图6E）。

（2）社区内部空间

社区内部公共空间层级较多，其中半公共空间（即户前后庭院）的空间构型直接影响庭院内部和其他空间的居民实践内容和强度。当建筑前后均存在半公共空间且尺度较大时，因为充足的阳光，南院往往成为居民的“共享客厅”，他们在此休憩聊天、晾衣养花，将空间打理得井井有条；北院则被用来储物和停放非机动车，支弄的空间实践相应减少，主弄则常用于靠边停放机动车（图7A、图7D）。当半公共空间较小或只在建筑一侧时，居民对使用空间的诉求超越了共享庭院，半公共空间易被加盖屋顶，作为公共储藏区，非机动车和小型景观植被则被挤压到支弄上，居民甚至会将支弄作为社区客厅，在通行功能之外，谋求更多与人交往的空间（图7B）。值得一提的是，若前后排建筑的半公共空间紧邻同一条支弄且保持开放，这里将会出现大量创造性的空间利用方式，如搭建凉棚、植树养花、开辟菜地、室外休憩等，交通和停车则会被放置于背面的支弄，两个层级的空间融合而形成的共享“弄堂—前院”，为居民提供了更多的实践机会（图7C）。

虽然居民的空间实践存在不合理的情况，但不可否认诸如街道的立体空间利用和社区公共空

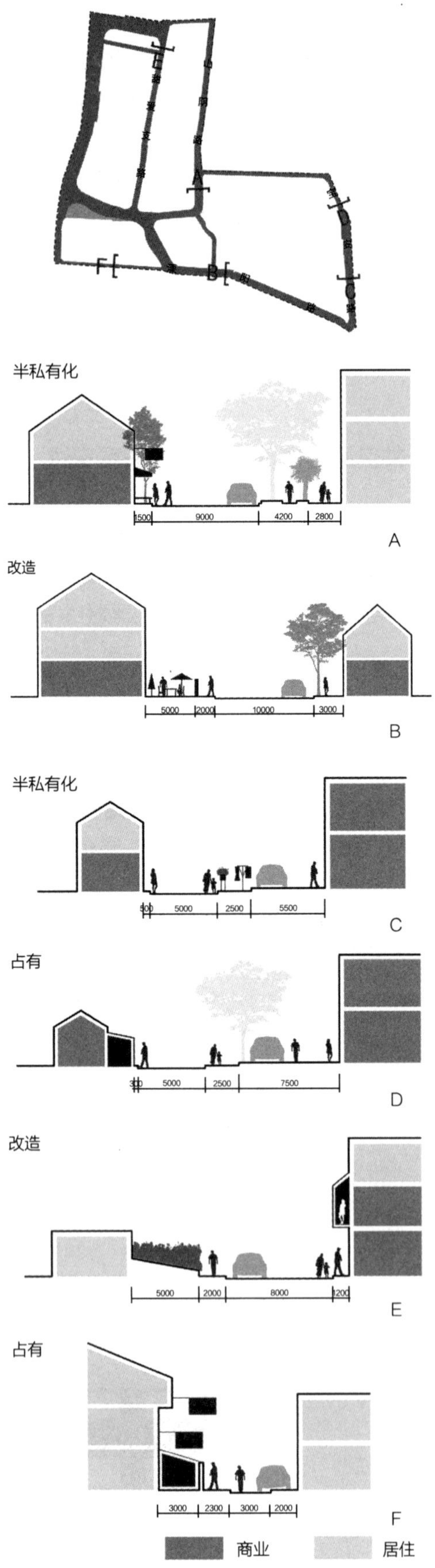

图6

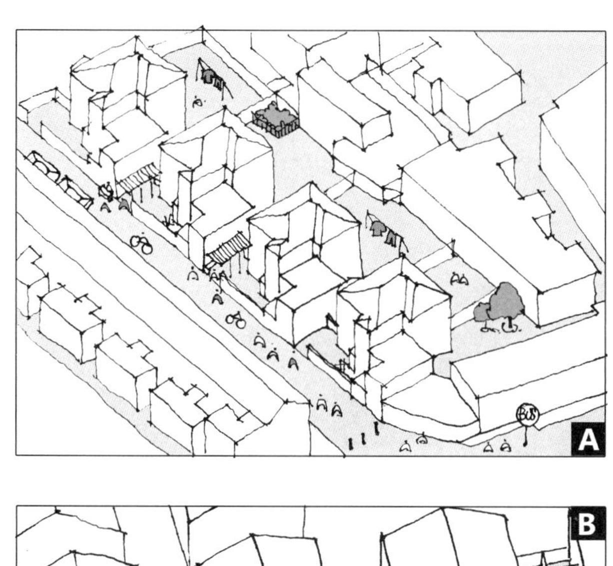

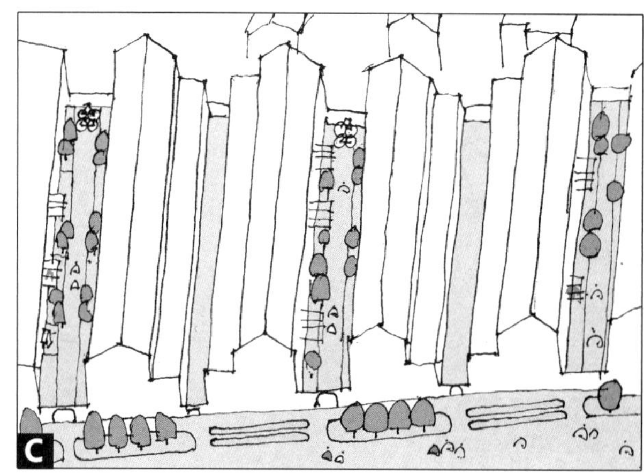

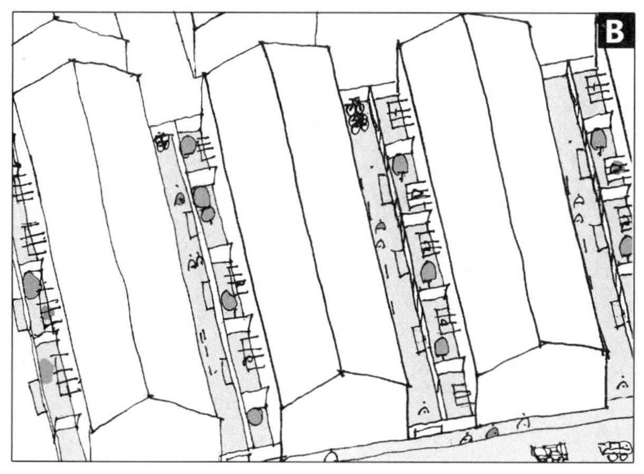

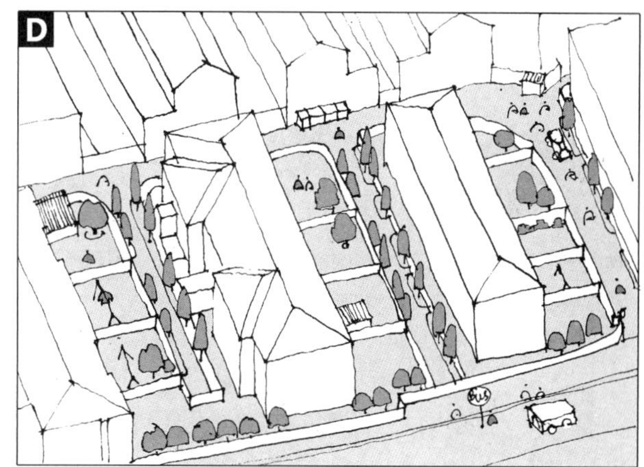

图7

间的创造性改造等行为，对原始空间构型形成了有益的补充和丰富，既满足了当代经济、生活需求，又不影响实际使用的街道空间，增添社区的丰富性。

4.2 空间密度

格哈德·库德斯、克利夫·芒福汀、芦原义信等学者均认为保持一定的正结构比例，有助于维持空间（负结构）的围合感和明确空间的方向性，至于“合理的数值”则需因地制宜的研究。建筑密度作为空间密度的互补概念，是直观、常用的分析数据，因此本节主要研究建筑密度与空间实践的关系。研究区域的建筑密度大致可分为图8所示的6类（只有广场区域<5%）。

调研发现，中高建筑密度（50%~65%）区域的居民空间实践最多，随着密度的降低，实践活动逐渐减少，当密度低于20%时，几乎消失。与建筑密度较小的现代住区相比，带前后院的“新里1”空间尺度宜人，方向限定明确，主弄宽6~8米，支弄宽2.5~5米，空间比例均在1：1~1.5之间，且界面围合感较好，有助于塑造亲切的邻里场所感，引导人体尺度上的空间实践。与密度最高的“新里2”、“新里3”相比，“新里1”的半公共空间满足了共享休憩、晾衣储物的基本需求，弄堂和小片绿地可以被改造为公共凉棚、娱乐休闲场地等，甚至会有居民自发将家中物件当公共小品放在空间中，供人观赏，而前两者的建筑布局过于拥挤，造成社区公共空间被居民外溢的生活需求占用（主要是被停车占用的支弄和被物品填满的入户庭院），不便于居民利用的同时，也存在安全隐患。此外，管控严格的街角绿地反而是空间实践最少的区域，除了偶尔停留的行人，这里几乎没有人与人的交流，遑论创造性的空间利用了。

可见，建筑密度小、公共空间多并不等于居民活动多、空间实践丰富，公共空间的“量”和“分布”，需要依据当时当地使用者的实际需求来定，而这需要实地

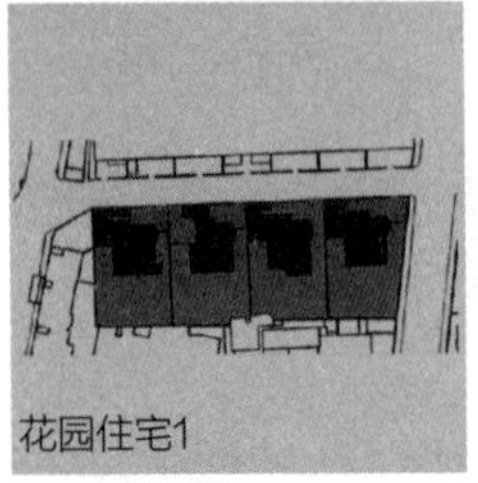

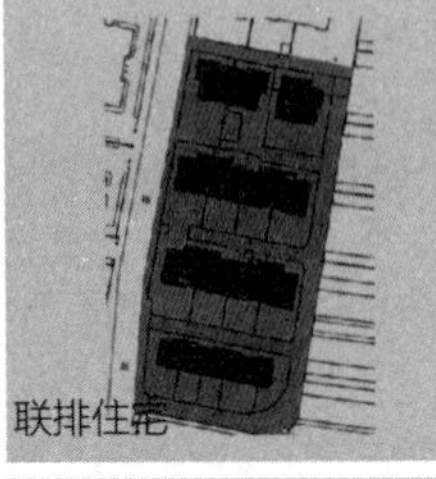

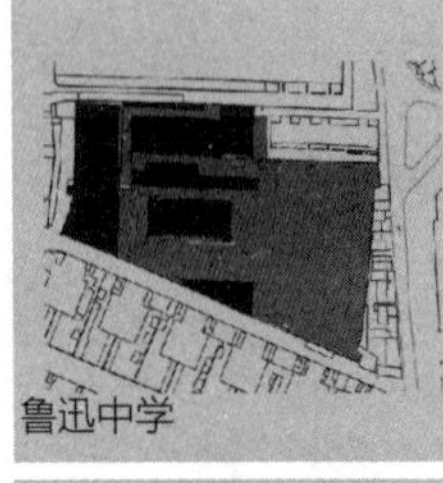

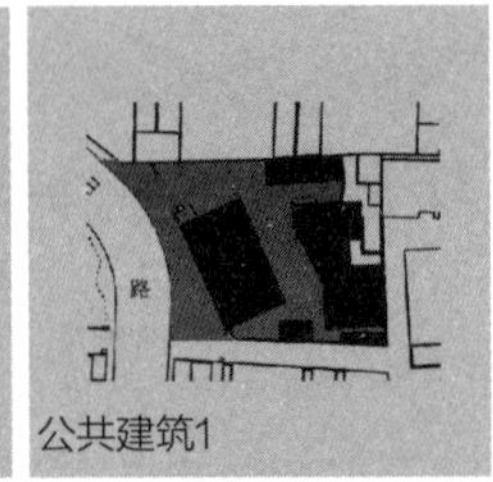

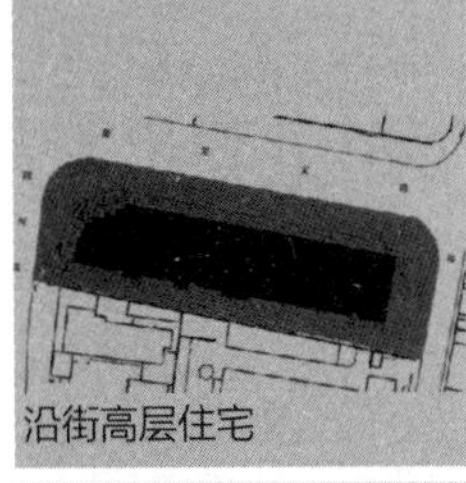

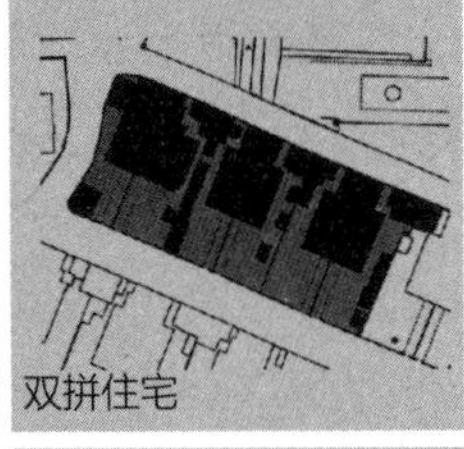

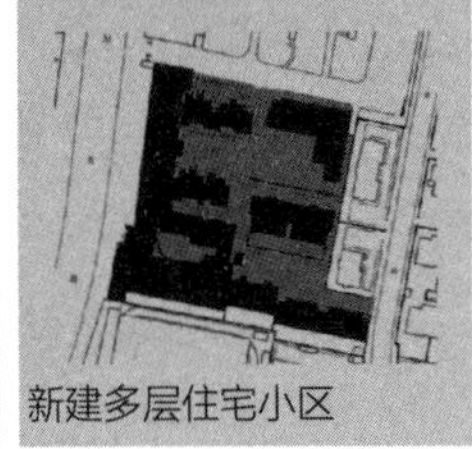

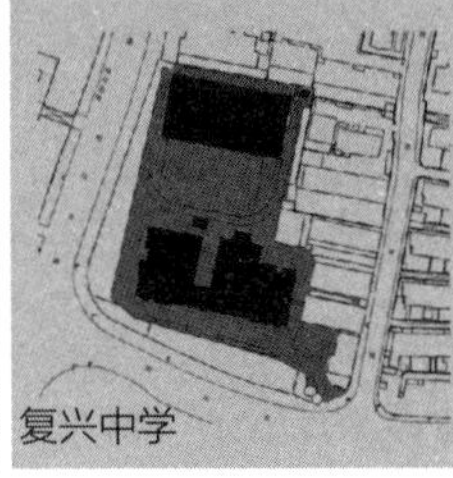

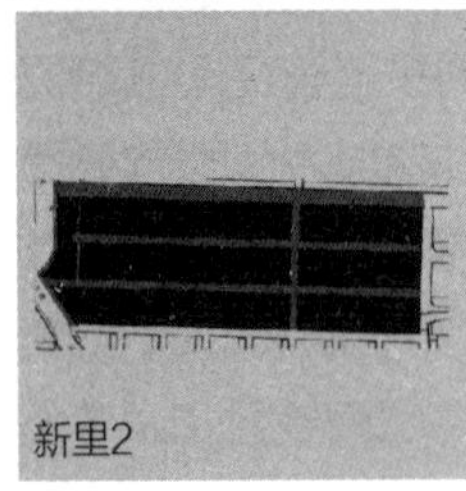

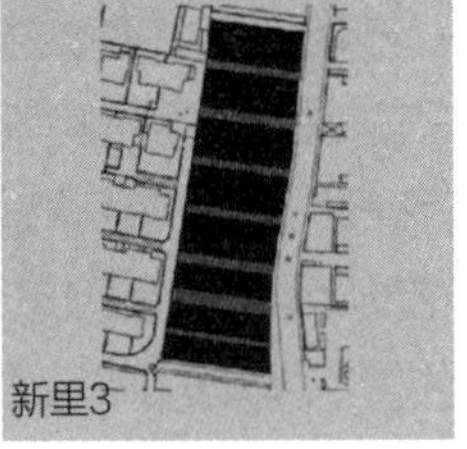

图8

的观察和深入的体验，尤其是在历史街区中（图8）。

4.3 人口异质化

历史的延续和社区异质性造成了现在的山阴路，本文主要从人群构成和租住率来讨论人口异质化。研究区域内三个社区的数据分析结果不尽相同，但整体趋势相近（图9A）。总的来说，外来租户虽然不多，但主要聚集在建筑质量、居住环境较好的新建社区中，常住人口中老年人居多，主要居住在石库门、新里等老社区中，其后代则多搬至新建小区。前者缺乏社区归属感，较少主动参与社区活动，后者是空间实践的主体，有着强烈的社区情感和丰富的空间需求。然而，随着老龄化的加剧，两者在空间和时间上的异化致使公共空间逐渐被淡化，这也成为了历史街普遍面临的问题。

4.4 社区空间管理

尽管图底关系中不同社区的公共空间之间似乎衔接顺畅，但实际上几乎每个社区均有自己的门禁管理体系，就这么一道“门”，对于居民的空间实践产生了重要影响（图10）。

在完全开放和分时段开放的社区入口的空间实践

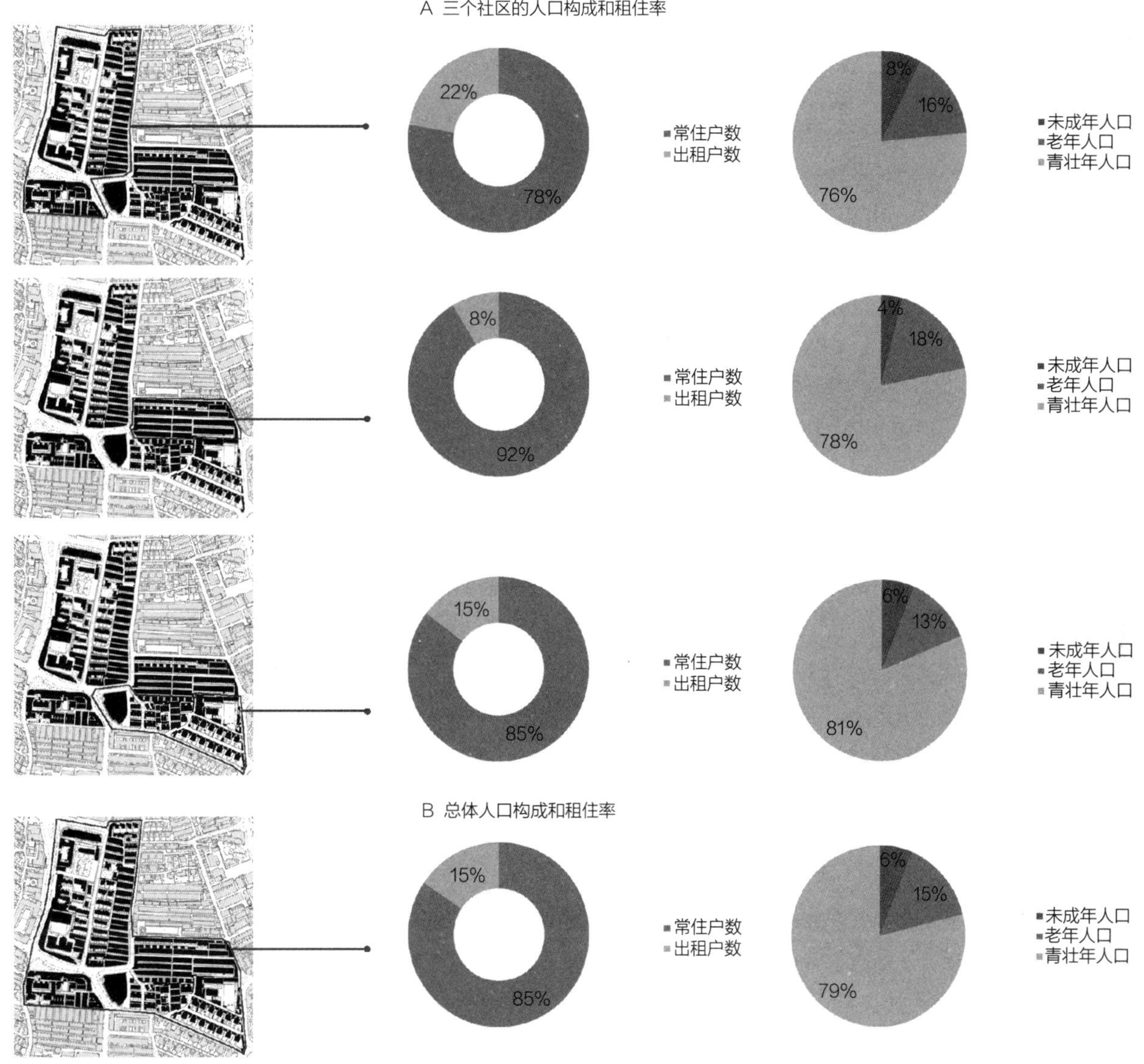

图9

较为丰富。有的变成了水果摊、小吃摊等小商业点，人群经常在此穿越、聚集，上部通常搭起简易屋盖，人们的改造为公共空间附加了新的功能，也产生了新的活力点（图10）。然而超过90%的社区都有着严格的管理，只有本社区居民才能无障碍出入，通行效率和活力大减。此外，围墙使得居民不得不挤在狭窄的人行道上，内部的绿地、球场无法共享，本就稀缺的空间资源利用很不充分（图11）。

5 结论

山阴路及其周边街区的居民以其智慧，通过自发性的空间实践使自身的生活空间不断适应城市、生活与文化的变化，这其中恰恰蕴含了山阴路周边空间重新整合与可持续发展的内在秩序，需要城市管理者、研究者以宽容的心态重新审视这些“非专业人士”的实践成果。通过上述分析，笔者提出一些建议，希望能为历史街区的更新设计提供帮助：

（1）组织层级丰富、界定清晰的空间结构，避免大而无当、缺乏限定的空间设计。

（2）设计微观空间时，优先考虑居民的实际生活需求和可能的利用方式，在此前提下留有改造、更新的余地，让居民有实践的机会。

（3）历史街区的更新应突破当前新建社区的密度控制，保持其独特的亲人尺度和围合感，局部置换时，应考虑置入社区公共功能，如结合院落做社区图

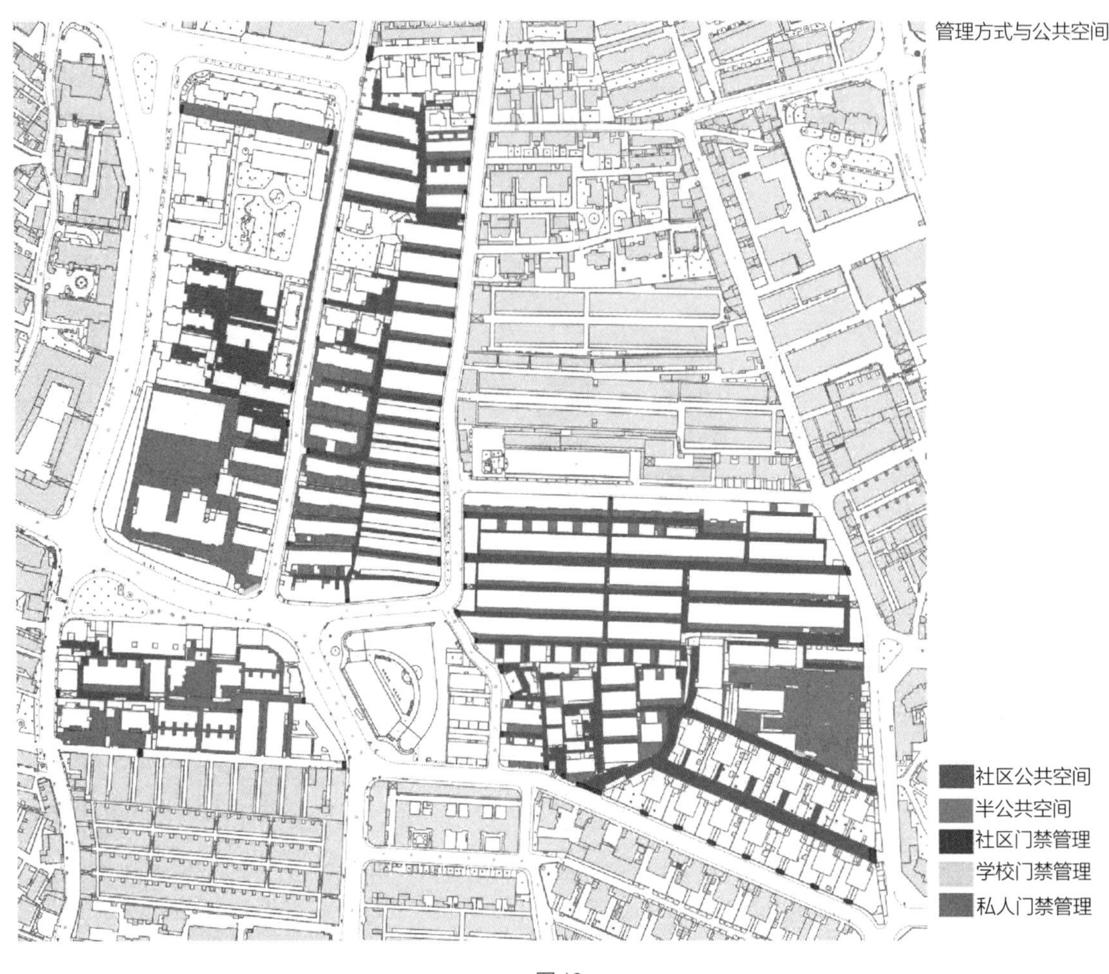

图10

面对街道开放的里弄入口与居民空间实践

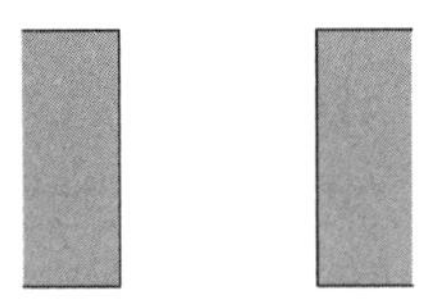

社区门禁系统的里弄入口与居民空间实践

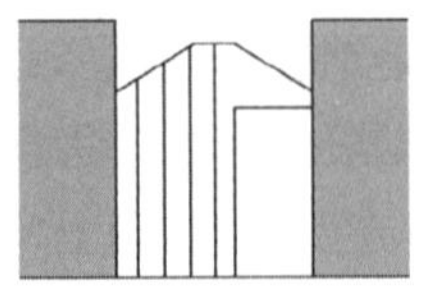

私人门禁系统与居民空间实践

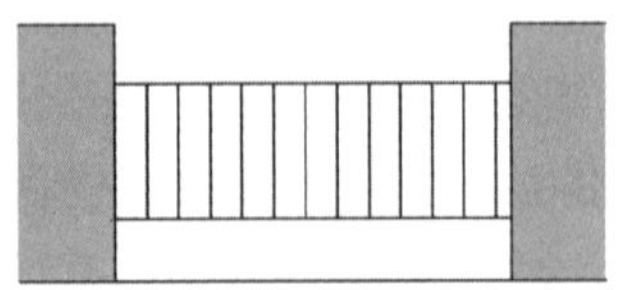

图11

书馆、幼托等，适度降低人口密度同时，提升公共生活品质。

（4）社区管理应保持一定的弹性和开放性，对于居民的私搭私建行为应具体讨论，向民间智慧学习社区空间的新利用方式。

（5）居民不仅需要物质空间，还需要社区公共生活，居委会应积极组织租户、常住人口共同参与社区活动，这是宝贵的社会资产，也是维系邻里关系、传承历史文化的重要渠道。

近年来，城市设计开始转向“人所能感受的城市公共空间”的营造，人-地、人-人的关系逐渐回归管理者和设计师的视野，建筑师王澍设计的垂直院宅，鼓励邻里在庭院中同享用、共改造；上海杨浦区、静安区发起的社区营造活动，不仅旨在活化社区公共空间，更意图强化社区邻里观念，重塑社会形态。不同尺度上的尝试展现了“设计回归生活”的趋势，历史街区作为城市记忆的凝结点、社会文化的瑰宝，需要更多、更在地的研究和设计。

参考文献

[1] 巴内翰. 城市街区的解体[M]. 北京：中国建筑工业出版社，2012.

[2] 陈佳澴. 城市历史风貌区保护规划中的建筑密度研究——以上海历史文化风貌区保护规划的实践为例[D]. 上海：同济大学建筑与城市规划学院，2005.

[3] 达奇珍. 百年山阴路（上）[J]. 档案春秋，2012（1）：53-60.

[4] 达奇珍. 百年山阴路（下）[J]. 档案春秋，2012.

[5] 柯林·罗. 拼贴城市[M]. 北京：中国建筑工业出版社，2003.

[6] 施澄. 基于拼贴城市的历史风貌保护区交通规划研究——以上海山阴路风貌保护区为例[J]. 上海城市规划，2014（06）.

作者简介

陈杰，同济大学建筑设计研究院（集团）有限公司。地址：上海市杨浦区四平路1230号，邮编：200092。联系方式：18800231801（电话），965466049@qq.com（邮箱）。

商邑翼翼　四方之极

古城复兴目标下历史城区控规与城市设计协同路径研究

Study on the Cooperative Path of Control Detail Planning and Urban Design of the Historic District Under the Goal of Ancient City Revival

王芳，马艳萍，姬向华，张波
（郑州市规划勘测设计研究院，450000）

摘要：历史城区是城市历史文化特色风貌最为集中的区域，在保护的同时面临如何促进发展的课题。分析历史城区面临的现实问题和以往规划困境，在古城复兴目标引导下，以规划实施为导向，统筹控规与城市设计双主体，通过规划协同，落实文化、社会、经济等多重目标。本文以郑州商都历史文化区综合规划为例，探索控规与城市设计在“平台、目标和成果”三方面协同路径，并通过成果转化面向实施，以实现历史城区复兴。

关键词：古城复兴；历史城区；控规与城市设计；协同路径

Abstract: The historical district is the area with the most concentrated historical and cultural features, and it faces the issue of how to promote development while protecting it. This paper analyzes the practical problems and planning difficulties faced by the historic district, and under the guidance of the ancient city revival goal, takes the planning and implementation as the guide, coordinates the control and control of the two main bodies of urban design, and implements multiple goals such as culture, society, and economy through planning and coordination. Taking the comprehensive planning of the historical and cultural district of Zhengzhou as an example, this paper explores the collaborative path between control and urban design in the three aspects of “platform, goal and achievement”, and aims to realize the revival of the historic city through the transformation of results.

Keywords: Ancient City Revival; Historical District; Control and Urban Design; Collaborative Path

随着我国社会经济进入转型发展的新时期，文化自信和特色意识逐步强化，城市规划建设进入追求空间品质、风貌特色和综合效益的发展阶段。在郑州迈向国家中心城市的进程中，以历史城区为核心的商都历史文化区成为实现文化传承、创新发展的核心载体。文化区是城市中新旧共存的特殊区域，问题复杂多元，规划如何能够适应新时期保护、传承、发展的需求，并能落地实施成为最核心的问题。

在我国现行城市规划体系中，控规是唯一衔接管理、引导开发建设的法定规划；城市设计这门学科在解决三维空间问题中发挥着重要作用，尤其是在历史城区新旧共生、传统与新建空间资源整合、风貌塑造中有了许多的实践探索。相关研究和实践表明，控规与城市设计有效协同，更有利于科学有效地引导和控制历史城区的更新与发展。通过规划实践，将古城复兴目标分解为文化、社会和经济三个维度，探索控规与城市设计在“平台、目标和成果”三方面的协同路径。

1　理论研究

历史城区作为历史文化名城的核心，一直以来是学界研究的重点。近年来，国内规划学界普遍认为，作为城市中特殊区域，历史城区面临的是如何在保护中求发展的问题，古城复兴[1]是一个综合性目标，意味着不但要保护和恢复历史文化遗产，更要复兴已经失去的经济和社会活力。关于历史城区控规与城市设计的相关理论研究主要包括：庄宇、卢济威[2]基于我国城市设计实践，提出在城市更新和特殊价值区域中，“空间绩效”导向的城市设计在整合空间，满足区域高效发展和活力营造中的重要意义；王卉、郑天以北京大栅栏为例，针对街区复兴的要求，对控规编制方法和指标体系进行分析与探讨，指出城市设计手法在控规中的具有重要意义；谢波、丁杨、张帆[3]探索在精细化管理背景下，控规层面城市设计编制融合、成果转换、实施互促的可行实施途径，同时为以台儿庄、杭州塘栖等为代表的古城、古镇复兴积累了丰富的实践经验。

目前的研究主要集中在两方面，一是以控规为主导，融入城市设计的研究方法；二是以城市设计为主体，反推控规，进而指导管理与实施。同步编制的控规与城市设计如何实现协同，内容、成果形式表达的创新方面仍然缺乏理论支撑和实践探索。

2 历史城区现状问题与规划困境

2.1 郑州历史城区与商都历史文化区

郑州是我国第三批历史文化名城，八大古都之一，历史悠久，文化灿烂辉煌。郑州历史城区由亳都内城垣围合（图1），面积约为3.8平方公里，自商汤建亳都，3600年延绵至今，城址不变。历经数千年历史积淀，历史城区范围内集中分布大量文化遗存和遗迹，包括商代都城城垣、宫殿区遗址，唐夕阳楼遗址、开元寺塔遗址，明清城隍庙、文庙及民居和街巷胡同（图2）等。

商都历史文化区以郑州历史城区为核心，是城市总体规划中的旧城区，城市设计导则中划定的历史文化特定意图区。文化区位于城市中心（图3），是郑州塑造特色空间的核心区域，承担着郑州建设国家中心城市进程中凸显历史文化的重要使命。

图1 商之都城

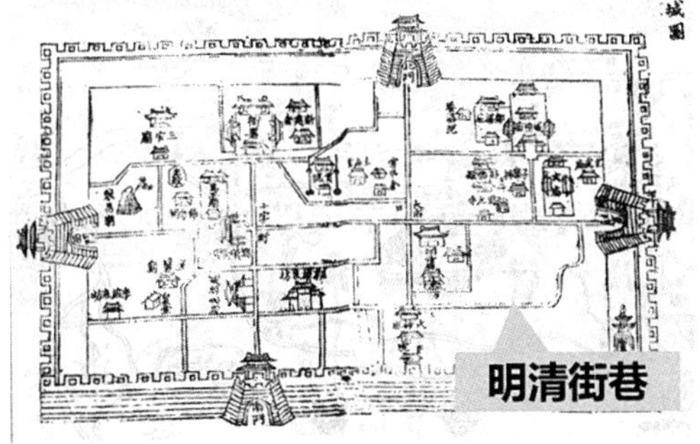

图2 明清古城

图3 城市核心

2.2 历史城区面临的现状问题

1. 历史文化保护现状：结构模糊、风貌丧失

和国内大多数名城一样，进入“后名城时代”[4]，快速城市化进程以及“拆旧建新”式的旧城更新，导致古城整体格局风貌遭到了较大程度的破坏，文化要素碎片化，城的意向模糊。

同时，传统保护重点为点状文物保护单位，对历史城区整体格局研究较少，由于城市建设管控失效，区域内新旧建筑混杂，古城特色不足，带有传统记忆的城市传统风貌区湮没在现代化建设中。

2. 片区发展现状：功能混杂、品质低下

作为郑州的老城区，该区域用地分布零散，功能混杂，现状用地权属复杂，权属主体用地犬牙交错、利益关系复杂，更新难度巨大；交通拥挤问题突出；公共服务和市政设施等严重滞后；绿地总量少，且分布不均匀，空间品质低下；现状产业业态低端，发展动力和创新能力不足，与城市中心区的区位优势不匹配；居民收入水平、人居环境及生活品质提升速度远远落后于外围新城。

2.3 以往规划的困境解析

由于历史城区的特殊性和独特的文化价值，2010年郑州市城市总体规划批复后，历年来以区域为规划对象，编制了各种类型的规划约二十余项，其中包括大遗址保护规划，片区层面的城市设计研究，片区控制性详细规划以及针对单一开发项目的项目控规等。由于各种规划单独编制，各自为政，缺乏上下传导和相互协同，很难解决历史城区面临的系统性问题，最终无法指导建设实施。

以往城市设计研究无法落地实施主要有两方面的原因：一是以物质空间结构重塑为主导，忽略现状的复杂性，导致蓝图过于理想化；二是城市设计缺乏法定化转化路径，导致目标与管理、建设之间严重脱节。

片区控制性详细规划同样面临着以土地利用为主体、编制历时长、无法解决空间品质和区域活力发展的问题。项目控规则只能解决局部地块的建设，缺乏对区域系统性思考（表1）。

历史城区以往编制规划分析　　表1

规划类型	控制性详细规划		城市设计	
	片区控规	项目控规	片区层面	单元层面
2010年以来编制数量	2项	13项	4项	3项
规划出发点	片区土地利用开发	单一项目开发建设	区域整体空间品质	局部区域品质提升和建设引导
实施情况	缺乏弹性，难以批复实施	较容易实施	缺乏法定化实施途径	缺乏法定化实施途径
面临困境	编制周期长，静态蓝图思维，缺乏对空间品质控制引导	缺乏系统整体考虑，很难保障公共利益	过于理想	系统性不足

2.4　协同成为制约实施的关键

综上所述，新时期历史城区是一个新旧共生、问题与机遇共存的复杂城市系统，传统各自为政的规划编制模式很难适应新形势要求。历史城区的规划工作需要多部门、多专业、多学科之间的协同。当前，控制性详细规划和城市设计相互协同，为解决历史城区面临的困境提供了一种新的思路，可以有效地推进历史城区从规划走向实施。

3　古城复兴导向下历史城区规划认知视角转变

随着相关研究的深入，历史城区规划的认知视角也在转变，以古城复兴为导向的规划更加注重文脉的传承、社会活力复兴和经济发展。

3.1　文化复兴：从关注“遗产本体”到“文化内涵”的转变

文化遗产保护和文化脉络传承是古城复兴的前提，面对结构模糊、风貌丧失的古城，历史文化保护的重点逐渐从“遗产本体”拓展到“文化内涵”的挖掘。通过时间、空间和文化价值三个维度的综合认知，推进历史城区整体性、系统化和精细化保护。

以文化为核心，通过文脉重构、空间重塑，统筹历史遗存保护与城市建设和谐共生。从静态保护点状文保单位，转向研究如何实现“新旧共生”，传统与当下、未来和谐共存。以文化为源动力，促进历史文化传承、古城保护和人文创新发展。

3.2　社会复兴：从“土地”到“人”的转变

实现以人民为中心的社会复兴是古城复兴的关键，规划转型方向是从关注二维的土地利用开发回归到关注人本身，切实满足人的需求与发展。

以人民为根本，建设景区和家园，针对服务人群进行细分，包括原住民、休闲以及旅游人口。保障原住民公服需求、为休闲人群提供品质化空间，以及吸引旅游人口的特色景点打造。以更新促进设施完善、解决老城发展面临的现实困境，营造更加宜居和特色显著的区域，保障持续发展。

3.3　经济复兴：从“空间形态”到“活力发展”的转变

经济复兴、活力发展是古城复兴的持续动力，面对新旧共存的历史城区，规划目标不仅限于专门单纯的物质空间形态和空间品质提升，更多的是在综合目标指引下关注区域活力重塑和持续发展。

以发展为导向，对接保护与产业发展，满足文商旅发展需求，完善配套设施。构建多元产业体系，激发区域活力。通过现有棚户区改造、工业功能疏解、空间景观提升，实现文化区功能重构和经济活力复兴。

4　规划实践和协同路径探索

郑州历史城区是商代都城遗址所在地，是城市历史繁荣辉煌的见证。古城复兴的核心是统筹商都历史文化区保护、更新、发展，重塑千年古城风貌，提升文化产业层次，实现古城复兴和永续发展，增强古城文化辐射力，以点带面带动整个城市转型发展。结合商都历史文化区综合规划，从平台、目标和成果三方面探索控规与城市设计协同路径。

4.1　平台协同：从背对背到面对面，解决多元问题，面向实施

国内相关实践表明，统一的规划平台，有利于统筹协同、数据共享、支撑决策，多部门“一张图”管理，进而有序推进、集约高效实现多元目标。最大的优势是解决复杂问题，改变以往背对背规划模式，在同一时间、同一平台、多学科交叉、多专业综合、引

导多部门共同决策，形成高度统一、相互协调的综合解决方案。

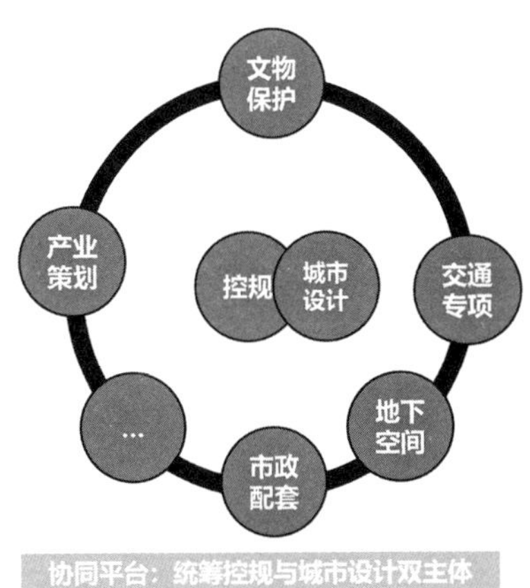

图 4 平台协同

商都历史文化区规划涉及市、区两级政府，文物、规划、国土、轨道交通以及实施主体多个部门，需要文物保护、控制性详细规划、城市设计、产业研究、交通、市政等多专业协作。在规划实践中，统筹控规与城市设计双主体（图4），搭建综合规划平台，进行多部门协作、多专业协同。

4.2 目标协同：从各自为政到协同提升

围绕共同目标是实现协同的重要前提，结合控规与城市设计学科特点和历史城区特征，将古城复兴目标分解为文化、社会和经济三个方面，以文化为核心，以人民为根本，以发展为导向，实现历史与现代的新旧共生、游客与居民的和谐共存、传承与发展的持续共赢。通过规划协同，真正解决历史城区面临的困境，实现古城复兴总目标。

4.3 成果协同：从二维到多维

成果协同是衔接管理、面向实施的关键，统筹整合文化保护、产业发展，从“平面走向立体”法定化。针对历史城区复兴要求，在现行一般地区控规编制基础上，从管理体系、指标体系和图则形式三个方面进行创新（图5）。控规中融入城市设计关于空间的控制要素，实现从“平面到立体”的转变，与此同时，在历史城区中重视时间维度，规划动态更新。

探索面向实施的协同路径，通过空间分层、要素分级、实施分期，从“片区到单元再到地块”衔接管理，兼顾实施的时序问题。空间上细分为三个层次，通过整体层面系统统筹、单元导则和地块图则，由大到小，逐步深化，以指标为核心纽带，刚柔并济，分区分时推进实施。

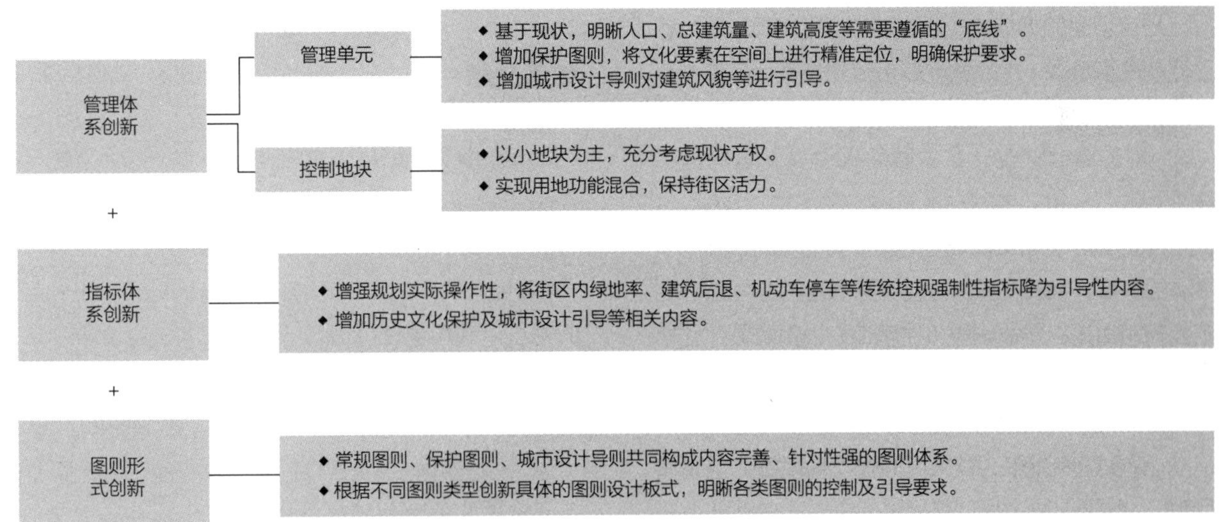

图 5 成果协同与创新

1. 片区层面：整体统筹与重点管控结合

片区整体统筹，通过城市设计与控规“双平台”，从城市和区域视角出发，确定片区定位、特色，明确功能布局、交通系统、公服配置等内容。坚守“底线思维”，在片区层面对文保要素、各类公益性服务设施、市政设施等进行刚性控制，划定“控制线”，向下传导，严格落实。同时，从空间品质提升角度，进行开发强度、高度、景观体系的整体控制。

重点聚焦与精细管控结合，从文化复兴视角出发，将外城环、内街环、两处历史文化街区和两处历史文化风貌区作为规划研究重点，协同大遗址和文物保护，进行精细化管控。

2. 单元层面：文化保护与空间特色塑造结合

（1）单元划定

结合风貌分区、现状用地权属，考虑完整的邻里规模，划定若干个管理单元。根据历史城区内文物资源分布特征，确定核心管理单元（即特殊意图区）。

（2）特定意图区“三导则”

针对特定意图区通过附加图则强化核心要素的刚性控制，建立由传统常规图则、保护图则和城市设计导则的“三导则”体系，丰富规划成果。保护图则，梳理片区文化内涵，总结核心价值，明确每个片区的保护要素（包括建筑、古树名木、街巷、历史环境等），提出保护要求，对历史建筑等核心要素采用坐标控制，在空间上精准定位进行严格保护。城市设计导则强化空间意向节点、色彩、风貌等统筹引导引导。

3. 地块层面：控制要素体系化与指标刚柔并济结合

地块层面的重点是规划图则中指标体系构建，针对近期重点地段，给定刚柔并济的规划设计条件，指导实施方案编制。

（1）指标分类：在古城复兴引导下构建指标体系

层层传导，通过地块图则创新实现从“二维到多维”的转变，增加保护类控制要素和塑造空间形态的重要控制指标，包括明确文保单位、历史建筑、环境要素的保护范围与保护措施；将街巷空间的贴线率、高宽比等纳入地块图则，强化空间风貌管控。

（2）控制分级：调整控制性、规定性、引导性指标

满足后期街区保护、发展要求，增强规划实际操作性，将街区内绿地率、建筑后退、机动车停车等传统控规强制性指标降为引导性内容，满足实施需求，在管理单元中进行绿地的平衡。

（3）城市设计法定化

充分发挥城市设计在延续文脉、营造历史场所中的作用，对图则中“开发强度、高度”等核心指标进行反馈，刚性与弹性引导结合，刚柔并济。

同时，在分析活力和特色的基础上，实现区域空间价值最大化和公益化。运用城市设计手法对多元空间，包括交通、绿地、文化、商业进行整合，实现活力共享，地块间联动发展。

5 结论与讨论

历史城区作为城市中新旧共存的特殊区域，古城复兴包含了文化传承、社会和经济发展等多元目标。在相关理论研究和实践探索基础上，构建“城市设计和控规”双主体，探索平台、目标和成果三方面的协同路径。结合商都历史文化区规划实践，应对现状问题和以往规划困境，建立协同机制，最大限度发挥两个规划的作用，满足规划面向实施的需要。

同时，随着文化区逐步进入实施阶段，相关规划协同效应也在不断深入，在目前大框架基础上，可以进一步在相关机制、法规、程序，尤其是管理体系方面完善提升，保障规划转化实施，这也是需要进一步深入研究的方面。

参考文献

[1] 卢济威，杨春侠，耿慧志. 新旧共生的水乡古镇复兴探索——以杭州塘栖城镇中心区城市设计为例[J]. 城市规划学刊，2013（4）.

[2] 卢济威，王一. 特色活力区建设——城市更新的一个重要策略[J].城市规划学刊，2016（6）：101-108.

[3] 谢波，丁杨，张帆.精细化管理下武汉市控规层面城市设计转型特征和实施途径 [J].规划师，2017（10）：10-16.

[4] 何依. 走向“后名城时代”——历史城区的建构性探索[J].建筑遗产，2017（3）：24-33.

[5] 邓巍，何依，胡海艳. 新时期历史城区整体性保护的探索[J]. 城市规划学刊. 2016（4）：87-93.

[6] 王建国. 从理性规划的视角看城市设计发展的四代范型[J].建筑设计管理，2018（1）：7-11.

[7] 郑州市规划勘测设计研究院. 郑州商都历史文化区综合规划 · 控制性详细规划. 2016年.

浅析老城中心区城市设计
——以郑州二七广场中心区为例

Analysis of the Urban Design of the Old City:
Taking the Central Area of Er Qi Square in Zhengzhou as an Example

原伟，刘建，朱兵司
（河南工业大学土木建筑学院建筑学系，450001）

摘要：在铁路与城市文化遗址等众因素制约下的有限地块内，通过存量型城市设计来塑造新的“城市名片”。为郑州市老城区空间环境的优化提供一定的方法依据和理论参考。

关键词：二七广场中心区；存量型城市设计；空间结构修补

Abstract: The purpose of the study is to create a new urban business card through urban design under the condition of the limited plots which is constrained by national railways and urban cultural sites. The new urban business card provides a certain method basis and theoretical reference for the optimization of the space environment in the old city of Zhengzhou.

郑州市是国家城市设计的第一批试点城市，以二七广场为核心的老城区是郑州城市内涵的所在，是曾经郑州的商业文化高地，然而随着郑东新区CBD高端商务城市核心区、国贸360等大型商业综合体中心的建成和郑州西郊常西湖新区的施工建设，二七广场中心区的“商城核心”地位在逐渐消解，留下了较为杂乱的商业业态和城市空间环境（图1）。同时二七广场中心区的二七纪念塔是独特的仿古联体双塔，是郑州最具代表的标志性文化纪念地，记载着“二七”京汉铁路工人大罢工悲壮的历史。如何在纪念场所与商业场所共处一地、互相遏制、互相削弱的环境中，塑造具有郑州特色的城市空间？如何在国家铁路与城市文化遗址等众因素制约下的有限地块内，通过在存量环境下的城市设计来塑造新的“城市名片”？关注二七广场中心区城市环境的提升以及城市特色精神的体现，并为老城区空间环境的优化提供一定的途径是本文的主要目的。

1 存量型城市设计

研究用地内及周边环境较为杂乱，包含商务、商业、居住以及重要的城市交通枢纽等多种城市功能，是较为典型的复杂密集存量环境，城市设计应充分考虑更新和新建项目对存量环境的优化、提升、补

图1 凌乱的商业和纪念性文化环境

充、协调。（本课题研究范围为郑州市二七广场以及周边商业片区，东以南下街、弓背路为界，北以前正兴街、西大街为界，西侧为福寿街、敦睦路，南侧菜市街，在文中的二七广场中心区均指此研究区域）。存量型城市设计是相对于城市空间扩张地区（即增量型空间）而言，针对城市建设成熟地区（即存量空间）开展的城市设计，国内对于其界定和定义尚无确切的概念和内涵界定。结合国内学者的理论探索及具体设计实践，课题小组归纳出存量型城市设计其基本目的是促进已有城区环境改善、空间品质提升及特色重塑，重点关注既有城区功能提升和老城区更新面临的历史文化传承、交通方式优化、公共环境提升、空间尺度变化、景观风貌重构等方面的问题，提出重塑和改善现存环境的设计策略及空间形态优化路径。当前，国内成熟的存量型城市设计的实践有老城环境综合整治、旧城区更新与改造、历史地段和工业遗产以及风貌保护、空间环境活力营造等类型的城市设计。

2 二七广场中心区的问题

城市快速量化的发展使二七广场中心区增量发展空间的可能性越来越小。激活本区域城市空间环境不能仅是追求土地价值的提升和区位价值的最优化，重要的是应契合转型发展背景下，发现二七广场中心区在增量发展背景下存在的问题——是什么造成了城市面貌的混乱以及公共空间环境活力的低下，进而造成城市特色的缺失。在二七广场中心区周围有郑州火车站、商城城墙遗址、新的商务中心（华润万象城等）等城市功能区域。因此我们不仅要重视对二七广场中心区自身的特色空间环境营造，而且还要关注与周边城市功能区块的有机融合。课题研究组划分不同城市问题研究小组，如城市结构职能组、城市交通绿化组、城市空间形态组、建筑风貌等四大组。通过对二七广场中心区的专项化（即某个小组负责具体专题内容进行实地问题的分析、思考以及解决方法的提出等）调研考察，对二七广场中心区不同社会阶层人员、既有历史文化遗址、研究范围内及周边到达的交通和绿化环境、公共节点空间环境活力，以及建筑风格品质进行对象访谈、一定时间段内的视频影像分析、动态车流量分析和实际步行体验、主要街巷空间尺度和典型建筑风格的测绘研究等途径。对研究范围内的及周边环境进行问题分析（图2、图3），发现主要的问题症结并形成后续城市设计修补、微改造的依据而非增量式的大拆大建；并结合国内各大设计研究机构对于该区域的研究或对于类似地块问题的研究（如上海静安寺广场城市设计）等方面的综合考量，进而得出问题解决的优先权重关系和一定的实现方法。通过分析我们发现二七广场中心区最主要矛盾在于商业环境自身的混乱以及与文化纪念性场所的严重冲突，造成城市特色的不明确。

2.1 城市空间结构模糊

在二七广场中心区，因城市要素构成的杂乱和不明确，造成了二七广场中心区城市空间结构模糊，并由于纪念性建筑场所与商业环境的并置加剧了此区域城市特色的缺失。首先，二七广场中心区内功能构成复杂，有居住区域（延陵街与南下街之间且居住环境较差）、业态多元的商业区、小商品批发区域以及部分文化历史区域。这些区域间没有明晰的组织脉络，甚至某一类型的功能区域之间的联系较弱，如临近福寿街和火车站的万博等小商品类批发区和位于敦睦路、钱塘商业街一带的鞋包等小商品批发类区域分隔较远，造成了货流对城市车流的二次“冲突”等。这些功能层面组织结构的缺失，造成了本区域建筑界面与形态的模糊和杂糅、人流类型的繁杂和空间环境的凌乱。其次，研究范围内二七大罢工纪念塔和二七纪念堂分别位于整个地块的南北两端，两个文化场所之间由百年德化街、钱塘商业街来“勉强”联系，且二七纪念塔和二七纪念堂自身节点主题性空间环境的营造不够，体现在纪念性场所氛围不足与周边环境缺少有机过渡和融合；再次，二七广场中心区没能和周边的其他城市功能形成关联，如没能形成对郑州火车站区域的“对景”，对于商城城墙遗址的文化因素也没有和本区域内的文化因素形成一定的整合等。这对于郑州这个国家铁路城市、商代古都等特色因素的体现都是不完善的。这些本身内部的结构因素以及与外部功能区块的薄弱衔接，造就了本区域商业环境的凌乱、文化因素与商业环境的冲突，甚至于周边城市功能区域之间不能形成一定的结构关系或呼应关系。

课题背景与目标 Project Background And Goal

>>都市生活现状

都市生活两点一线，单调忙碌，生存空间狭小。

强调功能复合，形成就近工作的休闲购物交友空间

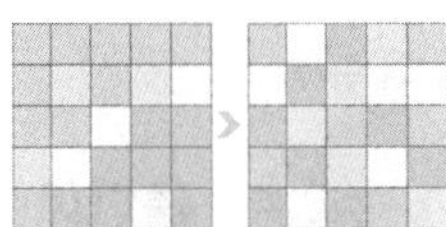

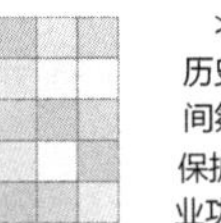

>>历史文脉传承

历史文化建筑孤立无依，其建筑群整体空间氛围被商业不断蚕食，文脉几乎断裂。

保护文化的整体氛围而非单栋建筑，与商业功能相溶以实现人文规划。

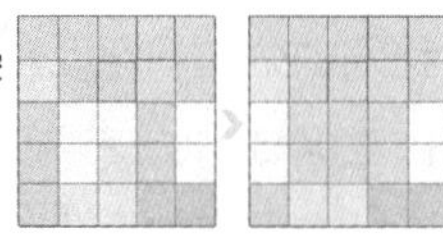

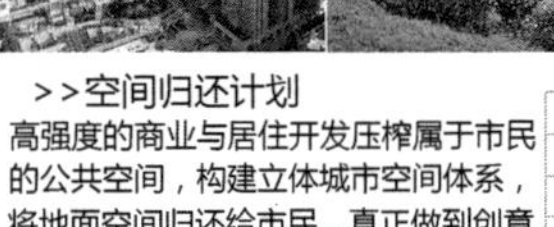

>>空间归还计划

高强度的商业与居住开发压榨属于市民的公共空间，构建立体城市空间体系，将地面空间归还给市民，真正做到创意转型

>>老旧建筑改造

城市是不断发展、活动的,城市个性是在对历史不断诠释的基础上建立的，这包括城市和社区环境不断更新和适应，也包括保护

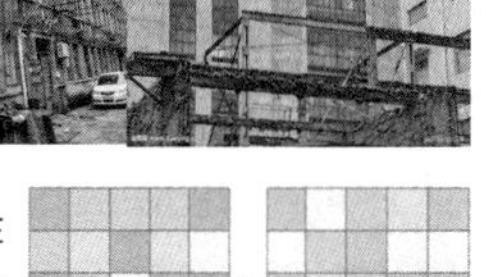

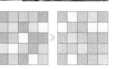

>>地段价值提升

地段本身便具有整合多重资源的综合价值，明明拥有城市中许多不可复制的资源和别具一格的文化价值，却没有成分利用。

>>城市风貌规划

现代城市越来越相似，逐渐丧失了自身的特色，城市风貌规划是指以提升城市品质和创造城市特色为目的，对城市风貌的构成要素进行整体的设计

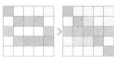

图2 问题分析切入点图解

景观绿化分布图

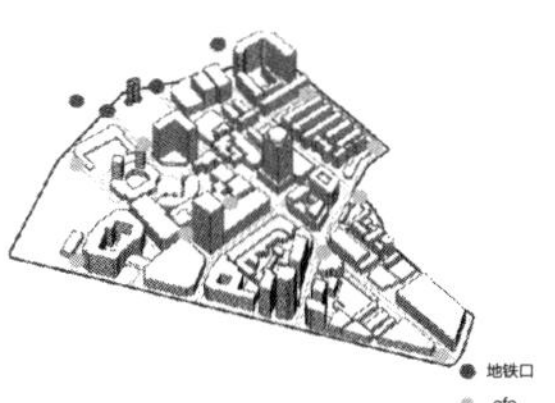

共享单车停放分布图

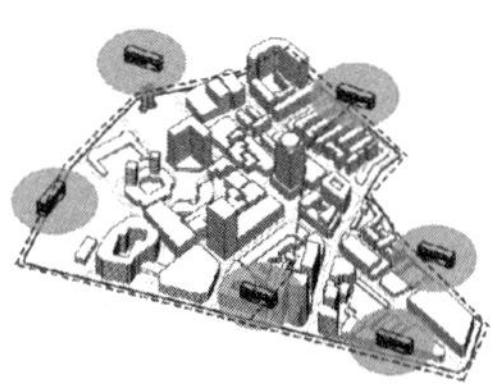

公交站路分布图

公共空间分布图

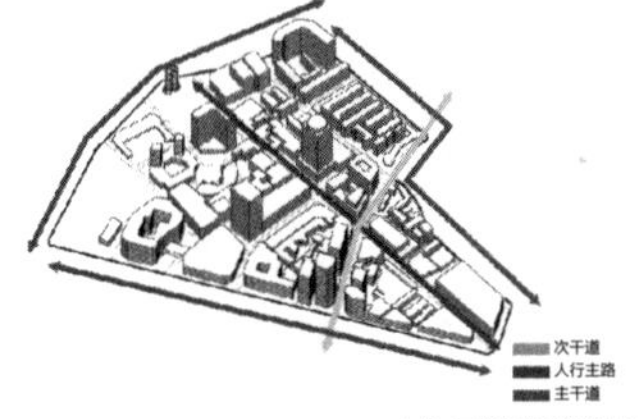

城市道路等级图

购物人群流线图

批发人群流线图

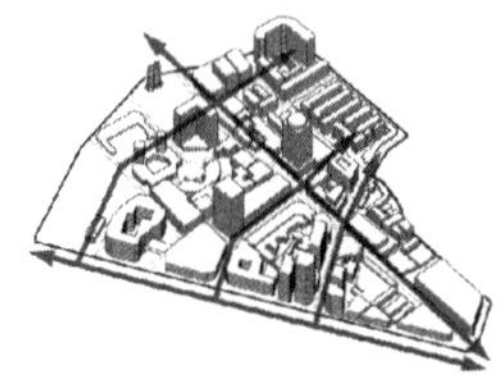

旅游人群流线图

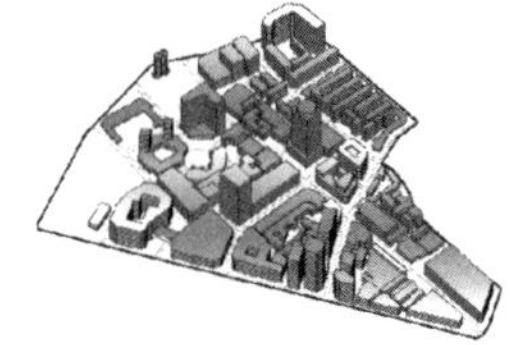

建筑密度分布图

建筑基底关系图

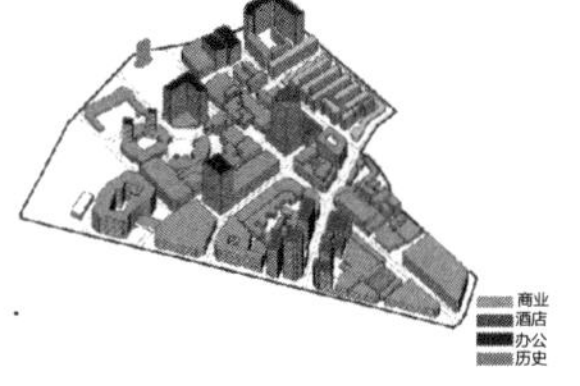

建筑类型分布图

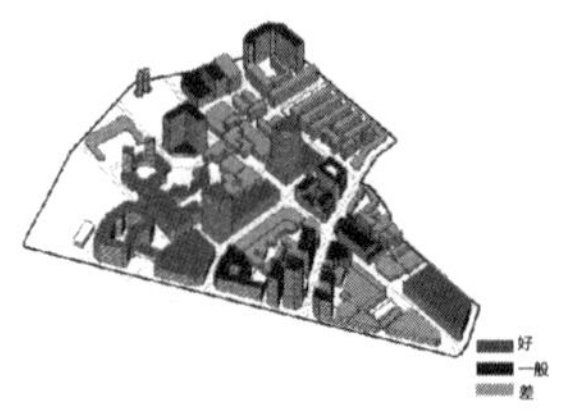

建筑质量分布图

图3 城市现状问题分析

2.2 交通环境便捷性缺失

二七广场中心区由于地处与老城区核心地带，因此一般认为本区域交通可达性强，周边人流、车流到达和离开本区域较为便捷。然而研究发现，因本区域内交通路网的分布问题以及周边交通站点的设置问题，实际上本区域内的交通便捷性较差。究其原因在于大量城市公交设施均设置在正兴街、西大街这些可以使人流方便进入二七广场中心区的道路上，地铁1号线站点也临近二七纪念塔；而在福寿街、敦睦路、大同路、南下街一带主要是城市内部“路过性”的交通，使得达到此区域的便捷性降低；同时本区域内部从二七塔德化街开始到钱塘商业街、菜市街结束的步行路段长达800多米，横穿地块近似东西向大同路长达450多米，但交通站点和车次较少。因此人们一旦到达本区域，在内部的活动主要靠步行，由于距离问题和交通设施设置原因。造成了人群大量集中在二七塔附近，而二七纪念堂附近因临近小商品批发市场和郑州火车站，故在商品物、货流和疏解外来旅客车流的作用下，本区域人流的到达性和离开的便捷性大大降低。整个区域内部呈现步行环境较差，且离开到达均在地块中近二七纪念塔一带，而在二七纪念堂一带的便捷性较低。

2.3 节点空间活力缺失

人们对于某个空间环境的良好认知，在一定程度上取决于其公共空间的活力。如上海静安寺广场通过将地上与地下空间、园林绿化与广场的整合形成了一个复合空间的环境，使宗教文化场所、商业环境、城市广场、城市交通等城市功能有机融合而成为一个活力场所。简·雅各布斯在《美国大城市的生与死》中指出，在街道的边界区域引入其他功能会激发街道的活力。在二七广场中心区中，较典型的节点空间为点状的二七纪念塔广场、二七纪念堂广场，带状的德化步行街、钱塘商业步行街，以及德化风情购物公园的下场广场。在这些空间中，德化街、钱塘商业步行街由于缺乏设计的前瞻性，仅仅是对街道两边商业集散空间的反映，而缺少对特色街道主题性的营造，加上街道空间内一二次界面凌乱、建筑高度层次不齐，使得人们在这些空间中只有简单的购物行为，而没有购物之外的娱乐休憩等其他层次体验，进而使得空间环境的特色性、体验性降低。在二七纪念堂、二七纪念塔空间环境中，缺少商业空间环境、文化纪念环境之间的有机过渡和纪念性场所自身的空间氛围或序列环境的营造，使得现在二七广场中心区中二七纪念塔、二七纪念堂孤独且局促地矗立在一堆凌乱的商业建筑中。

2.4 建筑风貌严重“混搭”

良好的城市空间环境中，建筑风貌和群体建筑间形成的界面、城市天际线等要素是城市特色环境的具体体现。而在二七广场中心区中，因以往增量式的城市发展和城市结构脉络的缺失。使得本区域建筑质量层次不齐，风貌特征不明显，城市天际线没有良好的形态特征，最为典型的是德化街一次界面和二次界面的混乱和缺少秩序感，由于建筑界面本身毫无秩序感，再加上对广告牌等二次界面在设置高度、风格、色彩等方面规划的缺失，使得百年德化街的主题性和特色街巷空间氛围不足。二七大罢工纪念塔和二七纪念堂是20世纪六、七十年代的建筑，其周边的商业建筑设计缺乏基本的城市设计意识，造成群体商业建筑风格自身杂乱和对纪念性建筑场所的孤立。

3 特色城市空间环境实现的途径

合理的城市布局能够凸显城市空间环境的独特内涵。在二七广场中心区的城市设计中，首先应完善商业空间环境与纪念文化空间环境结构的完整，形成主题区域空间特征鲜明而又能很好过度衔接；其次是二七广场中心区空间结构应能与郑州火车站区域以及商城城墙遗址区域产生必要的空间关联。在城市设计要素层面，将既有城市功能区块进行归类、迁移，形成合理的功能区块分布，完善纪念性场所周边环境的氛围营造，合理设置节点场所，完善城市交通环境的路网密度以及达到的便捷性。

3.1 城市空间结构的修补

营造“两轴＋一带＋四节点”的空间结构关系（图4）。两轴指将德化步行街和钱塘商业街进行整合处理，形成地块内南北向明确的文化脉络轴线，在街道两边设置高度和风格较为统一的建筑，形成完善的街道界面；通过两端的二七纪念塔和二七纪念堂场所环境的引导，实现人流南北向的融通和摒除小商品类流线的杂糅；风情购物轴线是自二七塔广场开始，平行于兴盛路，穿过德化风情购物公园交于苑陵街，平行于福寿街向南延伸而至于二七纪念堂的文化广场，形成一种起始与文化场所的现代商业空间。一带指从郑州车站区域体验郑州城市商务的空间形态，以及对商城遗址的提示作用，拓宽整合苑陵街、汉川路交会至东段大同路，形成重要的城市形象干道，并能增加地块内的路网密度，并在风情购物轴线以东，苑陵街、汉川街以南，大同路以北，粤海大厦的西南区域设置高密度、高容积率、绿色生态化的高层商务办公区，并通过整合的道路关系将商城城墙遗址纳入到地块的对景中来，形成当代——历史延续的城市功能关联带。四节点指二七纪念塔和二七纪念堂及其开放广场区域，是形成地块场地的文化性特色的标志；其余两节点是德化风情购物公园下沉广场和高密度、容积率商务办公区的城市广场，通过对空间结构关系的梳理，使老城区空间环境的逻辑性、特色性体现出来。在完善空间结构的过程中，对于部分商业功能空

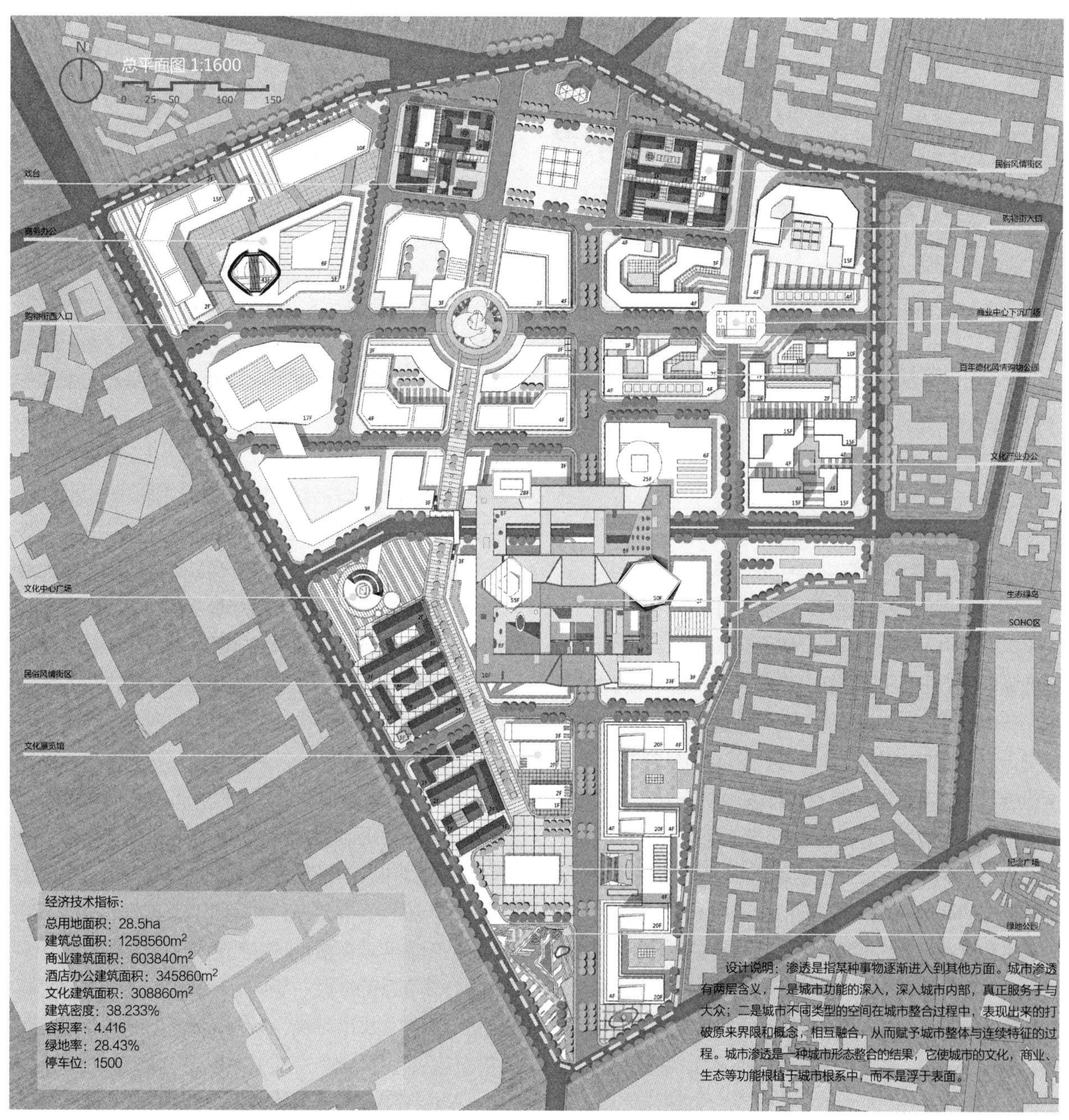

图4 “概念性”城市设计总图

间的损失，可以通过商务区的高密度、高容积率来进行平衡。

3.2 特色城市空间的营造

通过前述已知，德化商业街、钱塘风情街、二七纪念塔和二七纪念堂周边广场、商务办公区的城市广场是二七广场中心区特色性空间营造的重点。在德化街和钱塘商业步行街中，首先应统一建筑的高度和建筑风格，第二应设置统一的广告牌位置和颜色，使街道两边呈现统一的文化格调，在街道空间内可以沿街设置主题性文化雕塑景观和休憩小环境，如重庆三峡广场中设置三峡微缩景观带（图5），可以为人群营造良好的文化氛围；也可自北向南设置动态有轨小火车，既可以体现郑州火车城市的特色，给人一种独特的购物体验，类似于北京前门大街通过有轨电车获得对于城市历史文化的体验；在二七纪念塔和二七纪念堂周边，应设置必要的景观文化广场，形成一定场域的纪念场所。其次，在相邻地块通过对已有建筑风格与纪念建筑风格的协调，以取得强化纪念文化场所和对与商业空间环境的有机过渡。

图5 重庆三峡广场

3.3 城市交通到达的多元化

现有的公交、地铁均集中分布在正兴街、西大街，周边福寿街、敦睦路、大同路、南下街上的交通对于本区域内人流到达与离开作用不够充分。二七纪念塔北临城市的三条主要干道，造成了在一定时间内（周末、节假日等）地块人流的激增。而地块南北向较长，使得人流在区域内纵深分布不均。同时人们离开时最为便捷的区域就是地块北端，或者去郑州火车站广场周边的城市公共交通站点。城市公交分布的不均衡，影响了人们出行的便捷性，在一定程度上使人们对于良好城市空间形态的认知大大打了“折扣”。为此我们提出增加内部机动交通路网的策略，具体指强化苑陵街、汉川路交汇至东段大同路的道路等级，使之形成联系地块东西的必要城市干道，在其周边设置必要的城市公共交通系统，分担正兴街、西大街的城市交通压力，激活研究区域内人们的可达性；取消地块内兴盛街与福寿街的机动交通，保留大同路的城市交通角色；设置共享单车交通系统以及合理的站点分布；可在两个轴线空间及三个节点空间中，规划景观休憩环境“步行广场—共享单车车道”为一体的复合型广场。并在商务广场区域、二七纪念塔、纪念堂等开放性节点区域设置单车站点，通过路网的增加和多元化参观路径的设置来提高本区域内交通环境的便捷性。

4 结语

城市特色已成为城市“名片”的重要内涵。存量地区是城市转型发展的重要空间载体，针对存量地区的城市设计，需要充分利用现有基础和资源进行整合、创新，实现存量地区的巧妙转化。对郑州二七广场中心区问题的发掘、研判，明确了二七广场中心区应进行存量型城市设计，并对二七广场中心区的空间结构关系、特色城市空间营造以及交通环境的优化提出一些优化和完善的实践途径，以期为郑州市老城区城市设计理论的建设和设计实践添砖加瓦。

参考文献

[1] 王建国. 21世纪初中国城市设计发展再探[J]. 城市规划学刊，2012（1）：1-8.

[2] 简 · 雅各布斯著. 金衡山译. 美国大城市的死与生[M]. 南京：译林出版社，2005.

[3] 陈沧杰，王承华，宋金萍. 存量型城市设计路径探索：宏大场景VS平民叙事——以南京市鼓楼区河西片区城市设计为例[J]. 规划师，2013（5）：29-35.

[4] 邹兵. 增量规划、存量规划与政策规划[J]. 城市规划，2013（2）：35-37.

[5] 卢济威. 广场与城市环境整合[C]. 建筑与地域文化国际研讨会暨中国建筑学会2001年学术年会论文集，2001：143-148.

[6] 杨春侠，耿慧志. 郑州二七广场地区概念性城市设计[J]. 规划师，2003（8）：46-49.

[7] 王建国. 特大城市中心区城市设计的思考——以郑州二七中心区为例[J]. 建筑学报，2009（12）：1-6.

[8] 邹 兵. 存量发展模式的实践、成效与挑战——深圳城市更新实施的评估及延伸思考[J]. 城市规划，2017（1）：89-93.

城市街道风貌整治规划的探索与思考
——以白银市北京路街道风貌整治规划设计为例

吕鑫源
（长安大学建筑学院）

摘要：本文以甘肃省白银市北京路街道风貌整治规划为例，从地域特点、人文特征、街道风貌现状出发，结合实地调查与研究，对建筑立面色彩、广告店招管理、街道风貌整治提出控制引导建议，并进一步阐述对城市街道风貌整治规划设计的若干思考。

关键词：城市街道；风貌整治

Abstract: This paper, taking the planning of the street and features of Beijing road in Baiyin, Gansu Province as an example, sets out from the geographical features, humanistic features and the current situation of street style, combining with the field investigation and research, and puts forward some suggestions on the control and guidance of building facade color, advertising store management and street style regulation. And further elaborated on urban street style planning design considerations.

Keywords: Avenue;Scene Renovation

1 导言

街道，是一个城市中人们最为熟悉的场所，它就像城市的血管，串联起了城市的各种功能，人们在这里生活、工作、娱乐、成长，它作为一个城市的舞台，展现着一个城市的风貌，散发着一个城市的魅力。近些年来，在我国高速发展的城市化进程中，由于城市缺乏对街道风貌的规划和设计，我们生活的街道存在着混乱、无序、破败等问题，本文通过甘肃省白银市北京路街道的风貌整治项目，对城市街道风貌整治规划的方法展开初步探讨。

2 项目规划背景及现状问题分析

2.1 项目背景

白银市是古丝绸之路上的一颗明珠，连接着西南西北的主要交通枢纽，是甘肃省的重点经济转型区。白银市区（白银区）与兰州主城、兰州新区形成三角协同发展态势。白银市为积极主动对接融入“一带一路”建设，积极开展生态环境综合治理、塑造城市、体现城市地域文化、特色场所精神、提升城市竞争力。

白银市城市因企设市，具有资源、区位优势。近年来白银城市建设用地高速扩展，城市风貌面临更新提升，北京路作为城市东西发展主干道，沿线聚集了政府机关、大型购物中心、居住小区、家属区等。北京路街道风貌整治规划范围包含北京路全段，西起诚信大道转盘，南北向道路（上海路、工农路）与北京路交叉口南北200米，东到万盛公园（图1）。

规划通过对城市街道风貌整治规划，打造体现城市风采，充满都市活力的花街。建设后的北京路将成为白银城区一道“简洁大气、绿色浑厚、繁花似锦、生态节约”的绿色景观走廊。

2.2 现状问题分析

1. 立面颜色杂乱，风格材质多样

北京路沿街建筑风格混杂，包含现代风格、简欧风、20世纪90年代欧陆风、中式风格，整条街50%以上建筑为无任何明确风格或风格杂乱的建筑形式。东部为老城区，建筑年代多为20世纪80～90年代，中部为居住区，年代多为20世纪90年代～2000年，西部为新区，建筑年代多为2000年后。建筑材质包括干挂石材、铝板、涂料、白瓷片、面砖等，色彩大多以浅黄、灰色为主，也有部分饱和度过高、颜色过于艳丽的材质出现，如红色面砖、亮黄涂料、绿色高反光玻璃幕墙等，影响整体的和谐感（图2）。

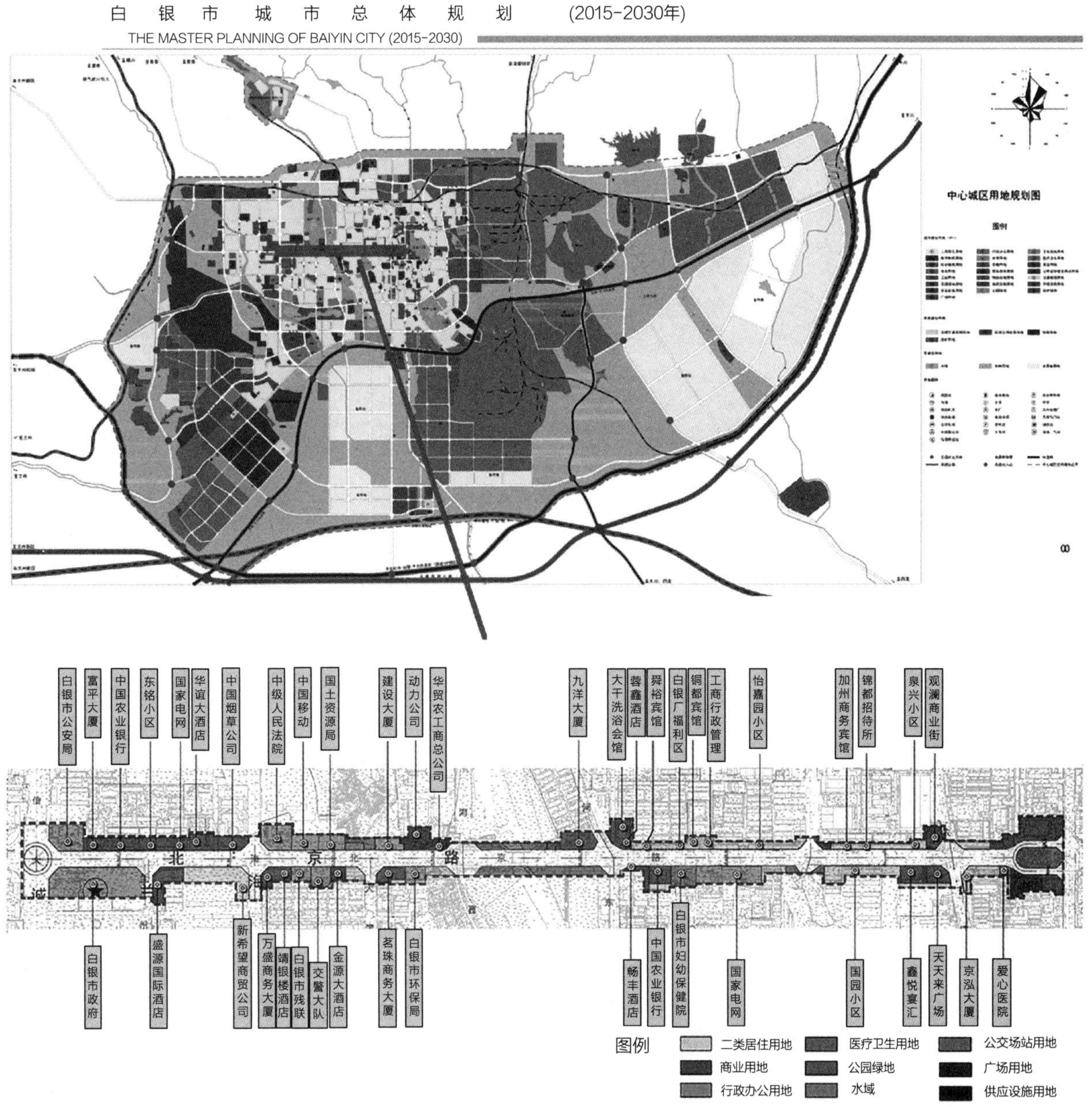

图1　白银市区北京路规划范围位图

2. 广告牌乱摆乱放，店招形式各异

广告牌位置不当，建筑顶部招牌过大，高度失控，影响建筑形态，使得建筑严重变形。部分广告遮挡外墙，甚至改变原有建筑形式，有些商家一味地强调店面的广告宣传和自身形象，忽略对公共形象的影响。底商店招不统一、设置方式混乱，由于历史原因，建筑缺乏统一的规划和设计，檐口以下的广告店招没有很好地与建筑形态结合。并且，店招广告形式初级，多为大型喷绘广告，缺少多媒体大屏幕、声光电结合的高新技术展示（图3）。

3. 公共空间，人性化空间特色不足

街头公园空间不丰富，景观单一，缺少地域及人文特征。公园所处位置重要，但与周边环境联系较弱，开放性不足。政府及企业办公楼外围所设围墙隔断联系，一方面视觉效果较差，另一方面阻碍了行人到达建筑的便利性。因场地起伏变化较大，存在高差，但处理不当，交接生硬，材质杂乱，造成交通流线不连贯、视觉效果差等问题。并且北京路作为白银市主街，人流活动密集，但街道缺少座椅、移动花坛等公共服务设施，形象呆板，缺乏生活气息（图4）。

立面颜色杂乱，风格材质多样

居民住宅(东部) 居民住宅(中部) 市公安局(西部)

金源大酒店(红面砖) 银都大厦(白瓷片) 健身中心(涂料)

环保局(现代) 国芳百货(简欧) 中国烟草大厦(欧式)

图2 北京路沿街建筑立面现状

广告牌乱摆乱放，店招形式各异

图3 北京路沿街广告店招现状

3 规划思路与目标

3.1 规划目标

规划首先确定了北京路整体色彩为淡雅明快的暖色系为主，局部地区辅助以深暖色系和深灰色系，形成“中高明度、中低彩度”的色彩基调，要与白银市山体厚重、古朴的浅暖灰色基调协调。通过对道路两侧建筑外立面色彩、广告店招、标志标识色彩、公共设施色彩、街头小品色彩的控制引导，对重点地段、节点、标志性小品雕塑进行重塑及改

公共空间，人性化空间特色不足

图4 北京路沿街公共空间现状

造，打造一条集中展现白银形象的城市主街。通过对道路两侧公共空间、半私密空间和私密空间的营造，打造一条空间丰富多样的生活活力街区。通过对道路及两侧建筑进行垂直绿化、箱体绿化、屋顶绿化以及节点绿化，打造一条具有地域文化风貌的魅力色彩花街，形成精致优雅、充满绿色的生态花街（图5~图7）。

3.2 规划思路

1. 分段分析

规划将北京路分为三段，分别设定主题。其中西部为行政商务区：现代和简欧风，体现简洁、雅致、雄浑大气的建筑风貌，功能上以行政办公、酒店、商务服务为主。中部为居住活力区：从欧陆风过度至现代风格，体现现代工业城市的活力、生态，以居住和小型商业为主。东部为动感商业区，推广商业街区形式，积极扩展街道功能的广度，风格以现代商业街区风格为主，东部万盛公园节点500米内建筑进行局部沿口改造，打造新中式风。

同时根据每一段特点及重要性，将风貌整治的程度分为三类：重点控制区——具有重要地位，其风貌对全城具有战略性和结构性影响的区域；一般控制区——具有较重要地位，其风貌控制对城市区片或次级结构具有重要影响的区域；风貌协调区——风貌控制区之外的普遍区域，与风貌控制区形成背景与主导的关系。

图5　北京路沿街立面及平面现状图

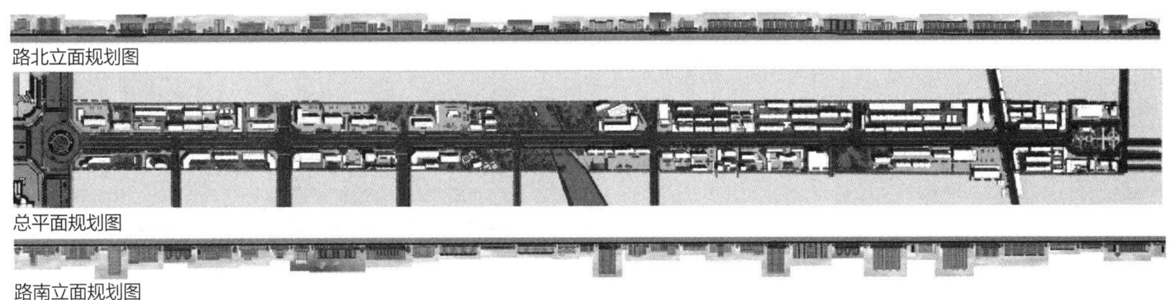

图6　北京路沿街立面及平面规划图

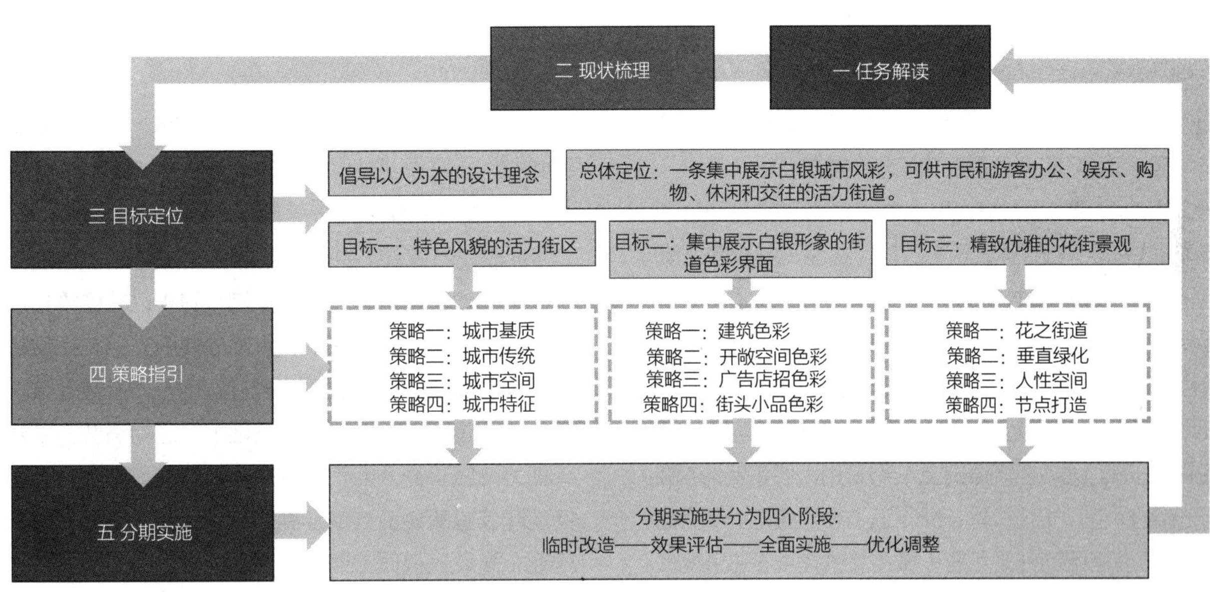

图7　规划技术路线

2. 分级整治

将北京路沿街建筑根据建筑的年代、材质、质量进行分级，从而根据不同的级别制定相应的整治方案。其中一级建筑定义为质量较好的新建建筑，立面材质以干挂石材、仿石漆为主，玻璃幕墙的色彩较为协调。一级建筑的主要政治措施为整治广告牌、清洗立面、增加立体绿化、箱体绿化等。二级建筑定义为质量一般的建筑，主要建于20世纪90年代后的建筑，立面材质多为瓷片、涂料，立面色彩及风貌较为不协调。该级建筑立面色彩及风貌整治措施主要是更改墙面材质、广告牌规整、增加立体绿化、箱体绿化等。三级建筑定义为质量差的老建筑，主要建于20世纪70年代后，立面贴瓷片、涂料，临建的建筑整改措施以建议拆除为主。

3. 分类控制

根据上文所述，以量化方式对北京路三段整体进行统筹规划，分别对广告店招形式、立面色彩、围墙形式、绿化方式、公共设施的设置形式进行控制规定，使得规划在宏观层面得以进行。再针对具体某一建筑，根据其实际特征，提出具体的整改措施，以白银市东铭小区1号楼为例（图8），该建筑位于西部行政区，建筑材质为蓝色涂料，与周围环境及整体氛围不协调，墙体广告多且杂乱，遮盖建筑本身的形式，底商招牌高度大小不统一，并跨越分区。针对其问题特点，分类分项提出改造措施，如1、2层底商材质改为咖啡色花岗岩（RGB色号97/77/60），3～7层材质改为暖黄色真石漆（RGB色号45/70/99），去除3～7层所有店招，统一底商店招高度、大小，要求广告不得跨越分区或遮盖建筑立面细部，并规划底商檐口上部加花带、台阶加花池等内容。

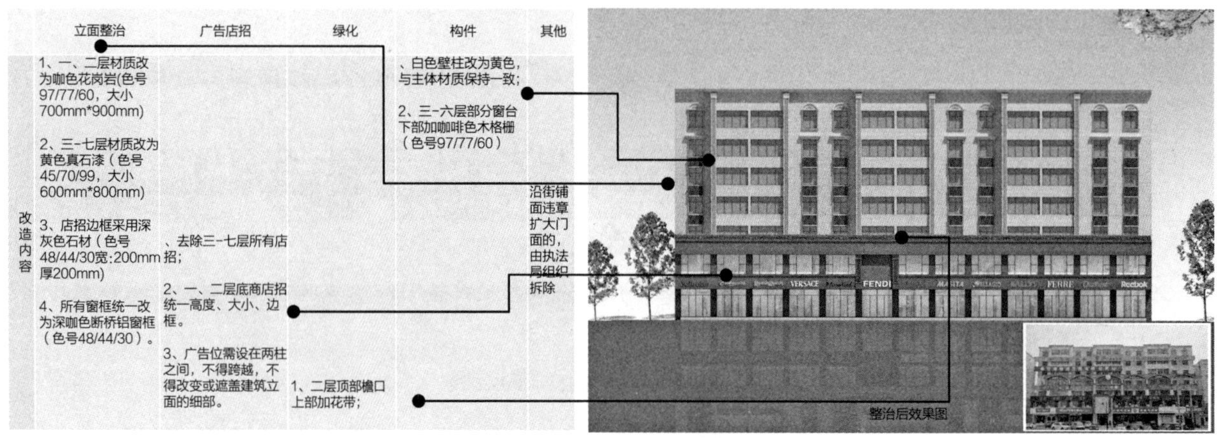

图8 东铭小区1号楼改造方案

4 设计策略

4.1 立面整治改造策略

1. 立面色彩控制

北京路道路立面的色调根据推荐色谱进行选择设计（图9）。严格控制北京路沿街立面建筑外墙和屋顶色调，要求建筑主立面色彩进行多种色彩搭配方案进行比选。建筑色调原则上不得采用大面积高彩度的原色和深色，如红、黑、绿、蓝、橙、黄灯，更不允许高彩度搭配的外观色彩（城市特殊需要警戒和标识的构筑物外）。

规划根据北京路街道沿街建筑（包括建筑附属的围墙）的主色与辅色进行分析与归纳（图10），从而作为设定沿街建筑基色的依据。基色是沿街道两侧或者一侧的沿街建筑的总体色调。沿街建筑的色彩基色是体现街道风貌的重要因素，确定为“米黄色”、“灰黄色”、“灰白”三种基色，以“红褐色”为辅色，并采用路段基色色谱的方法对沿街建筑色彩进行引导，某一基色色谱中的任何一种色彩均可谓该种基色路段上的建筑所采用。通过对北京路街道基色的确定和引导，以达到“明快、大方、温暖、和谐”的街道特征。

2. 立面材质整治

严格控制沿街立面建筑外墙材料，对于新的或者即将建设的建筑必须严格控制，对于以往建筑材质不合规定的需要着手整改，拆除违建阳光房、活动板房等临时建筑。建筑立面材质及颜色若与基色保持一致，在保留原有材质颜色的基础上，定期清洗。公建（如办公楼、商业街等）宜采用石材或真石漆。居住建筑建议宜采用真石漆及高级涂料。杜绝高反光材质门窗，高反光材质（如在立面出现占里面面积三分之一以上玻璃材料，以及高反光金属材质门窗框、门板饰面）严重影响接到景观效果，酌情减少玻璃面积或更换为亚光材质，并严禁防盗窗出挑。

4.2 广告店招控制策略

1. 三段式管理

通过将建筑分为底层、墙身、顶层三段，进行三段式管理，要求拆除建筑顶层广告，清理大部分墙身立面广告，规范商业裙房广告位置，提倡集中展示，多媒体展示。底层墙面仅限于平行于建筑物外墙及围

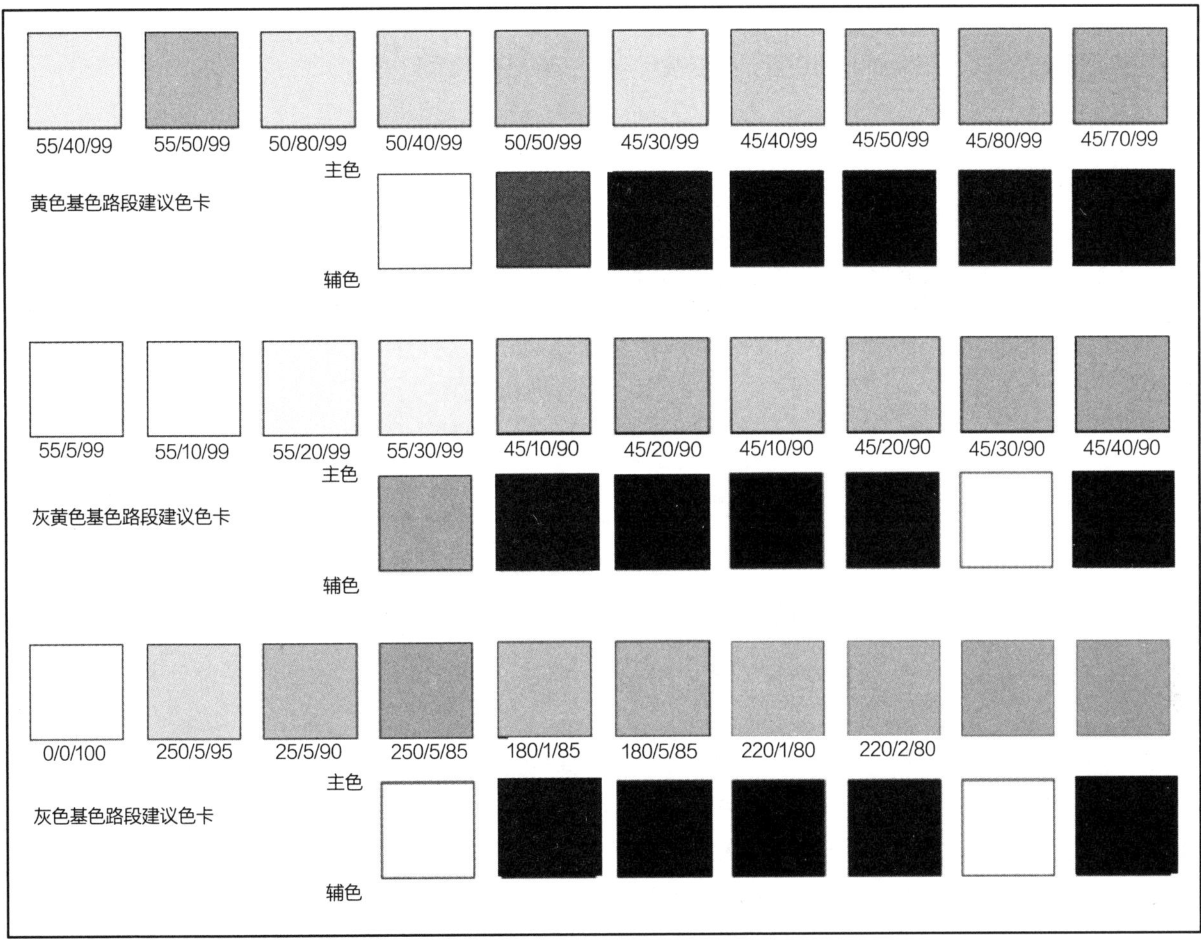

图 9 推荐色谱表

路段		色调现状			推荐主色调		
		Ⅰ	Ⅱ	Ⅲ	Ⅰ	Ⅱ	Ⅲ
诚信大道——上海路	路北						
	路南						
上海路——滨河西路	路北						
	路南						
滨河西路——万盛公园（西段）	路北						
	路南						
滨河西路——万盛公园（东段）	路北						
	路南						
北京路整体							

图 10 北京路街道色彩分析

墙的广告设施类型。店招字体不宜过大，同一建筑广告设置必须有延续性。所有墙面广告设置，在遵循尺度的情况下，必须坚持在同一建筑内的统一、整体、连续性的原则（图11）。

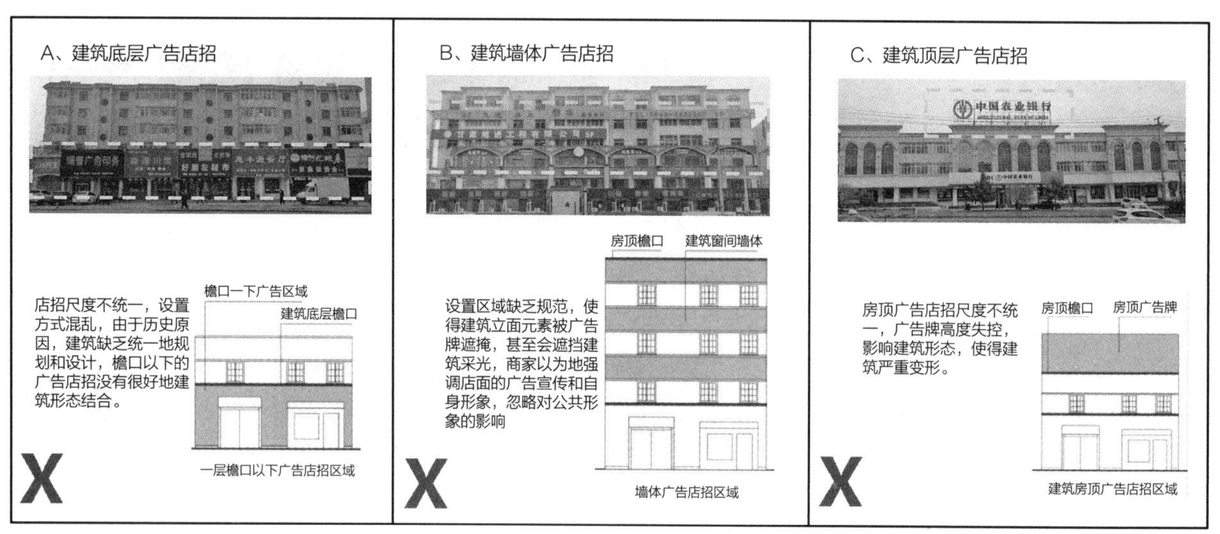

图11 广告店招三段式管理

2. 店招统一

字体、颜色、大小、位置需符合规划要求，一栋建筑或一段街区的广告必须统一。北京路街道店招宜采用的店招风格包括：镂空店招、牌匾店招、金属材质店招牌、透明材质店招、木材质店招、布材质店招以及其他新材质店招。

3. 功能优化

增加街景地图，优化街道指示牌、灯箱，采用新能源、LED大屏幕、多媒体声光电展示方式。鼓励在大型商场及居住底商处设置滚动式电子屏以及立杆式、立牌式、柱式多种广告招牌方式代替传统广告招牌。

4.3 绿化小品设置策略

规划对围墙、城市雕塑、绿化等都做了相应的要求，例如围墙应与建筑立面共同围合构成连续、整体的街道界面；同一段街道上所有围墙色彩、材质与形式应协调；材质宜采用涂料、水刷石和拉毛石；城市雕塑设置应达到强化街道空间特性、增强可识别性、丰富街道景观的效果，宜设置在街道交叉口、人性街道交汇点、公共活动广场、入口广场等开放空间中，宜反映本土风貌街区的历史文化内涵，尺度应与所处的空间环境尺度相和谐。鼓励各类商业、餐饮、文化、娱乐和商务办公街道两侧设置各种形式的悬挂绿化；鼓励各种沿街建筑设置建筑窗台绿化。

根据当地气候环境特点，绿植可采用海棠、迎春、樱花、桧柏等，行道树如国槐等，绿篱如水蜡、金叶女针等，同样可植月季、牵牛花、菊花等花卉，以及云南黄藤、紫藤、常春藤等藤蔓。

5 探索与思考

5.1 城市街道风貌整治的价值

1. 街道与环境的和谐

和谐是街道风貌整治的关键和核心。和谐要求城市街道在变化中统一，它要求街道与建筑、街道与环境、建筑与环境三者相互协调。想要达到这种和谐的关系，就需要街道的美化、建筑色彩的统一、环境的融合共同作用。比如滨海城市青岛，“红瓦绿树碧海蓝天”，建筑的红瓦，街道的绿化，以及自然的蓝天，将建筑、街道与自然融为一体，实现了人与自然的和谐统一。

2. 发掘和延续历史文脉

城市街道风貌一旦有历史积淀，便成为城市的文脉。所以应尽量保持其传统的色调，以显示其历史的真实性和延续性，也不要一味否定过去，大拆大建，各个时期的历史特点不同，所产生的不同建筑形式也正显示了历史的连续性，反映了城市的发展轨迹，我们应有针对性地对其加以改造和提升。我国迅速的城市化过程中，很多城市正逐渐失去其特点，割裂了历史文脉，城市空间混乱失控，我们在规划中应重视发掘和延续历史文脉，通过色彩、形式的控制，从规划的视角去解决这些问题。

3. 体现城市功能性质

城市街道风貌也展现了城市的功能属性。一条商业街道与一条休闲街道，其风貌特点应该是有所区别的，一条大尺度街道与小尺度街道其风貌特点也应是有所区别的。从功能划分来看，行政区风貌应凝重一些，色彩应偏冷色，街道尺度相对较大，绿化也应更为丰富；商业区可以活泼一些，商业气息浓重一些，色彩可大胆选用暖色，街道尺度应相对宜人，绿化也相应减少，增加人的公共活动空间；居住区应素雅一些，要较为柔和，以提高人们的生活品质。

5.2 城市街道风貌整治规划的意义

现代城市在高速发展中，城市风貌因缺乏控制，大多依靠单体建筑设计，或自发性建设，导致街道缺乏整体性、延续性。而随着城市建筑体量的不断增大，人们视觉中建筑所占比例增大，自然环境被人工环境逐渐替代，没有经过规划和设计的建筑整体风貌与周边环境没有联系，难以达到和谐的美感。因此，从城市设计的角度进行街道风貌整治就显得尤为重要。

6 结语

城市街道风貌是塑造城市特色的关键环节之一，也是城市人文精神反映的重要场所之一。因此，城市街道风貌要科学规划与人文创造有机结合，要深入实地发现存在的问题，系统性、有层次地提出解决方法。不同的城市及相同城市的不同街道在风貌规划的侧重点都有不同，这就要求我们规划师及建筑师从城市设计的角度出发，结合城市街道本身拥有的自然资源和历史文化特点，综合考虑现状、因地制宜地加以利用，科学地编制城市风貌整治规划。

本文通过所参与的实际项目，探讨项目编织过程中的一些心得，希望为我国城市风貌规划的进一步发展起到抛砖引玉的作用。

参考文献

[1] 王立. 城镇街道风貌的再塑——以重庆市永川区街道风貌整治为例[J]. 华中建筑，2014，32（09）：103-109.

[2] 张健. 南京市上海路街道风貌综合整治对策研究[D]. 南京：南京工业大学，2014.

[3] 罗鸣天. 周至县中心街街道景观更新改造设计研究[D]. 西安：西安建筑科技大学，2013.

[4] 吴迪. 小城市道路景观风貌综合整治研究[D]. 重庆：重庆大学，2013.

基于空间句法下城市历史街区改造的空间结构研究
——以成都太古里为例

张攀
（西南交通大学，611756）

摘要： 本文使用了空间句法理论与方法，对成都大慈寺历史片区改造前后的空间结构变化进行量化分析。对比空间结构变化的差异，揭示出变化差异造成的行为影响。验证了空间句法理论在城市设计层面对揭示空间规律的量化作用，也分析了太古里商业街区的空间结构特征及其行为影响。探讨了空间句法理论在城市历史街区改造和更新中的实践和运用的可行性，为城市设计发展提供新的思路。

关键词： 空间句法；空间结构；大慈寺；太古里

Abstract: Using the space syntax theory and method, the author quantitatively analyzes the spatial structure changes of Daci Temple's historical areas before and after their renovation. By comparing the differences of spatial structure changes, this paper reveals the behavioral effects of these changes. This paper verifies the quantitative effects of space syntax theory on revealing spatial laws in terms of the urban design, and also analyzes the spatial structure characteristics and behavioral effects of TaiGuLi commercial blocks. This paper discusses the feasibility of the practice and application of space syntax theory in the renovation and renewal of urban historic blocks, and provides new thoughts for the development of the urban design.

Keywords: Space Syntax; Space Structure; Da Ci temple; TaiGuLi

1 引言

《史记·五帝本纪》中载：“一年而所居成聚，二年成邑，三年成都。”这是“成都”一名最早的由来。这段话很好地诠释了“城市”生长的关系，“市”即为社会活动，这种以人为主角的行为活动，发生在我们的空间里，并反映着独特的社会关系。空间是具有社会属性的，在具体社会属性下，人们的行为创造了特有的空间关系，这种空间关系反复作用，并对人们的行为产生反馈和影响，最终形成特定的空间结构。

我们可以认为社会、人类和空间，三者在相互影响，物质化的空间结构形成了社会结构和社会特征的外在表现。这意味着透过对生活场所的分析可以揭示出空间场所其原本的社会状态，这种状态是我们对建筑的保护当中所忽视的。

成都市于1984年成为中国首批历史文化名城，其2300年的历史沉淀是这座现代化都市最厚重的财富。目前成都市三环市区范围内分布了众多历史文化片区，这些片区由众多反应不同时代文化的建筑群体构成。现阶段成都三环内历史片区改造较为成功的案例有宽窄巷子、武侯祠锦里、文殊院、水井坊等，本文研究的对象大慈寺历史片区也是近年来备受关注的案例——远洋太古里（图1、图2）。

图1 远洋太古里实景鸟瞰

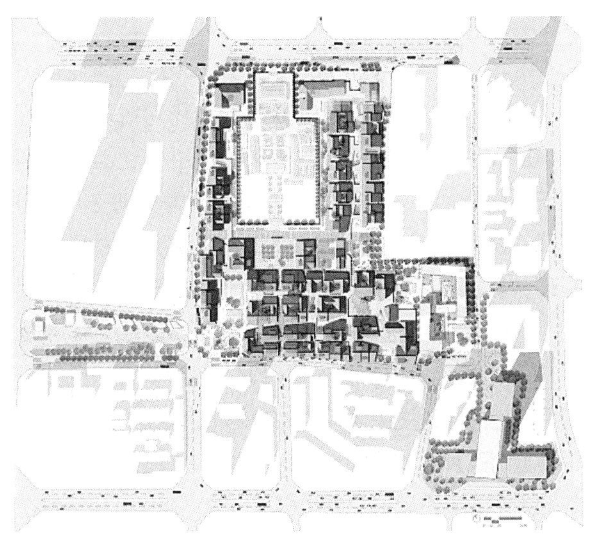

图2 远洋太古里方案总平面图

2 背景

目前对于城市历史街区的改造多基于定性层面，这种定性层面在对空间的具体描述方面存在着相当大的主观性，常使用运用类型化手法，对原有的城市肌理进行复制或延伸。基于此类方式的历史片区更新，其改造和保护最终落实到的是具体的历史建筑构造还原和非历史建筑的表皮复制。因此造成的是历史街区空间结构的颠覆和对城市空间结构把控的失调。

由此我们可以推想，当我们思考的重点归结到具体建筑群的空间形式后，那由建筑群所形成的新街道空间又应该如何考虑呢，新街道空间与旧街道空间的关系是怎样的，这种关系会让我们对空间的认识产生何种影响？笔者认为相对于具体的老旧历史建筑，这些建筑外围的街道空间结构关系是值得我们保护和研究的。

2.1 大慈寺历史片区概况

大慈寺历史街区地处成都市商业核心区，紧邻传统商业街区春熙路，北至蜀都大道，南至东大街，西至红星路三段，东至天仙桥北路的街区，占地约26.64平方千米。

大慈寺是该历史片区的主要建筑群（图3）。大慈寺始建于魏晋年间，印度僧人宝掌禅师“人蜀礼普贤，留大慈”，始建大慈寺。公元618年大唐三藏法师玄奘入蜀，学习佛教经论。次年取道荆州至长安，实现他赴西天取经之壮举。后无相禅师重建大圣慈寺，公元756年，唐玄宗避难成都，为大慈僧人

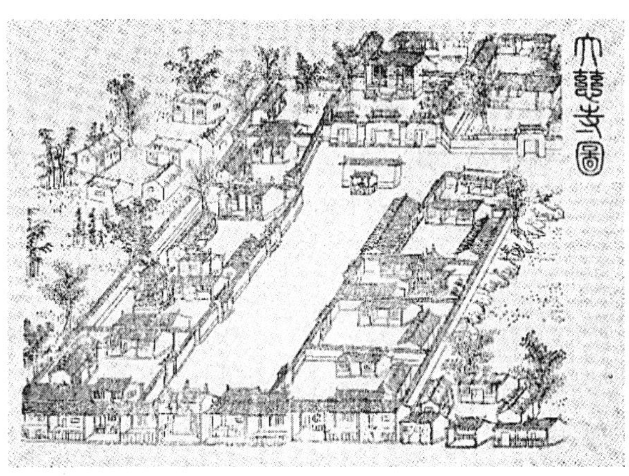

图3 《华阳国志》载大圣慈寺

英干敕书“大圣慈寺”匾额，并赐田千亩，故兴盛于唐。明宣德十年，大慈寺毁于火灾，明末复毁。清顺治间重修，知府冀应熊为书“大慈寺”匾额。清同治六年，再次重修，保留至今。改造前已形成以大慈寺为核心的近20万平方米的川西民居历史建筑群（图4）。

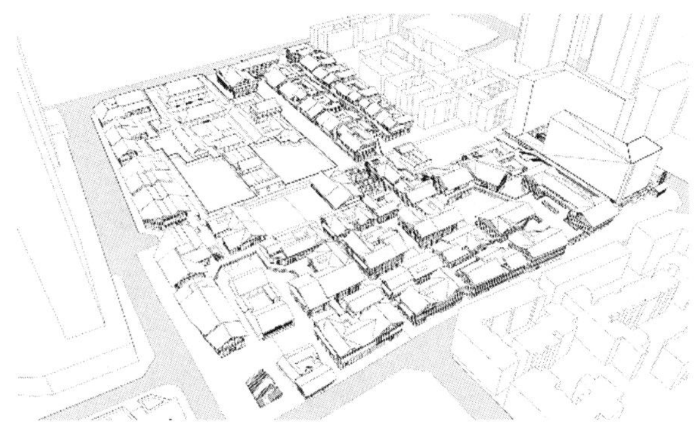

图4 远洋太古里方案文本模型

2.2 大慈寺历史片区改造现状

大慈寺历史片区早已纳入成都市城市总体规划（1995-2020年）中，明确要求按保护区和环境协调区采取两级保护（图5）。远洋太古里就是出落于环境协调区，项目规划净用地面积57147.88平方米，规划总建筑面积215070.38平方米（其中地上计容面积84578平方米），容积率1.48，建筑密度56.52%。太古里整体风貌为川西民居风格，采用深灰色坡屋面，体量均为两层，建筑立面通透而复古，很好地将商业的现代和历史的厚重相结合，是成都乃至中国西部少有的低密度商业核心区（图6）。

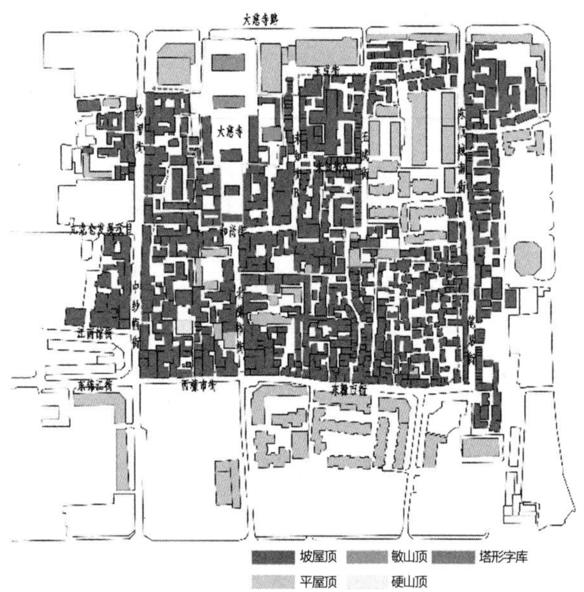

图5 改造前大慈寺片区现状图

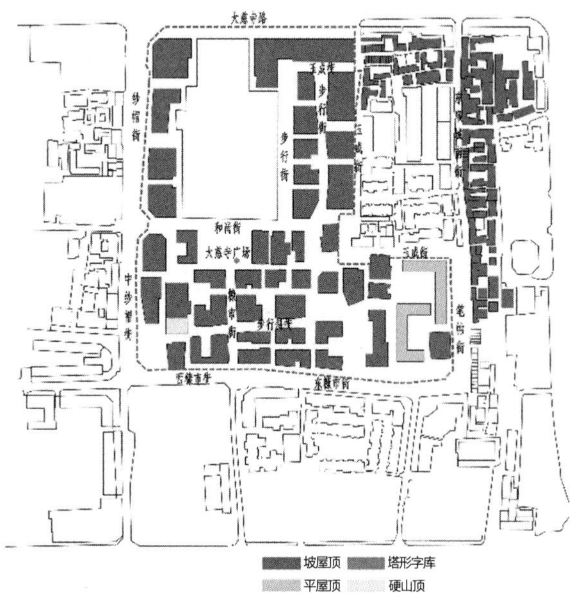

图6 改造后太古里片区图

3 空间句法

空间句法理论的创始人比尔·希列尔认为空间自有其规律性和自组织性，即我们可以在特定的环境当中去营造空间，形成了特定的空间关系，空间也会对人类持续的行为活动产生影响。空间句法构建了重新理解空间与社会互动的社会关系，理论认为人的行为在一定程度上除了受到特定的事物功能的影响，其行为本身源自空间的组构关系。

3.1 句法理论概况

空间句法从量化的角度揭示了我们对城市空间认识的深度，即空间结构对人在空间中行为运动起着系统性的作用。人在既定空间下的行为受到空间自身规律的约束，其中潜在的规律反映是特定功能因素的呈现，其相互作用是可以在一定程度上进行相互解释的，这就是空间句法对空间认识的基本逻辑。

透过量化分析，我们可以对比大慈寺片区的改造前后，空间结构发生了何种的变化，这种变化又在多大程度上对改片区的空间结构产生影响。并在此基础对目前的大慈寺太古里的空间结构进行量化描述，解析其在空间塑造上所产生的空间结构特征和对行为的影响。

3.2 句法模型和量化分析

对比改造前后的空间结构，改造前整个片区空间结构相对复杂，巷道穿插密集，整体结构关系可以识别但不可把握，空间尺度较小，受到高密度建筑群的限制（图7）。整体空间结构以北部大慈寺院为核心延伸，东西向的和尚街和南北向的北糠市街相互垂直呈“T”形。并且有数道南北向的街道和最底部的东糠市街垂直，延伸到片区内部，与各个院落空间相接。在大慈寺右部，东西向的玉成街、未知街A和南北向的玉成街和未知街B相互垂直，最外部的玉成街与右部的多层住宅区相邻。

改造后的片区已经打造成依托大慈寺的太古里商业购物街区，整体空间结构有一定程度的变化（图

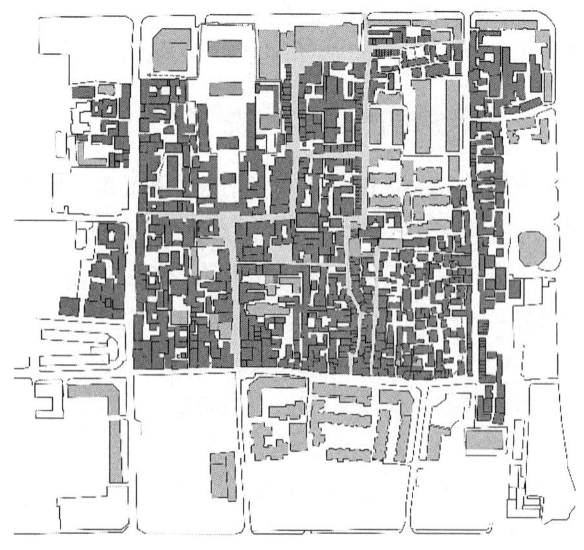

图7 改造前大慈寺片区空间结构图

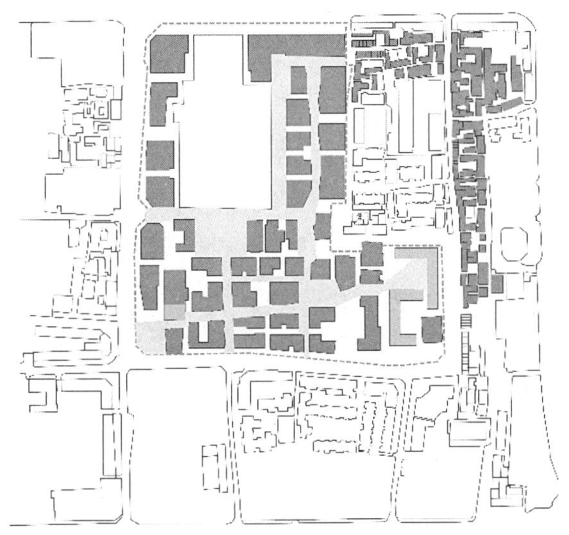

图 8 改造后太古里片区空间结构图

8）。大慈寺门前的“T”型的街道保留，但是空间尺度拓宽，并在此基础上形成扩大广场。东西向增设一条斜向步行街，贯穿太古里西南角至东部酒店处。大慈寺右部，南北向的街道方式保留，但是位置和尺度都发生了变化，仅保留了最北部的一条东西向街道，玉成街成为太古里和右部居民区的道路界限。我们对比发现改造前后的空间结构有变化也有保留，但是这种空间结构的改变是否影响了整个片区的空间关系和行为，需要在空间句法中量化分析。

1. 句法模型

在这里，本文主要使用轴线分析法和线段分析法对大慈寺太古里的空间结构进行量化分析，因为该片区整体空间结构为步行空间，仅在外围区域有车行流量，且实际步行截面范围明确，所以计算区域为纱帽街-东/西糠市街-东顺城南街（改造前）/玉成街（改造后）-大慈寺路限定范围内。使用空间句法的整合度（Integration）、选择度（Choice）和标准化角度选择度（Normalized Angular Choice，记为NACH穿行度）计算，对空间结构和行为关系进行分析。整合度考察系统中一个空间轴线在限定范围内（拓扑半径为R，记为Rn）与其他所有轴线的相对中心性，其衡量了一个空间吸引到达交通的潜力；选择度考察一个空间出现轴线模型上，最短拓扑路径上的次数；穿行度考察系统中一个空间轴线在限定范围内（米制半径为Metric，记为M）处在最短距离上的次数，描述了被穿越性，其衡量了一个空间的通过性潜力。通过两者的比较可以量化空间结构中空间轴线所处中心性的关系，对局部和整体进行描述分析。散点图中的拟合优度值R^2表达对比数据的相关度，$0<R^2<0.5$表示相关度较低，$0.5<R^2<0.7$表示相关度较高，$0.7<R^2<1$表示相关度极高（图9、图10）。

2. 量化分析

（1）轴线分析

对比句法模型，大慈寺片区改造前轴线数量众多，有可辨的骨架结构，也有无序的分支脉络。根据图11可知，可理解度（Intelligibility）的拟合优度值$R^2=0.375026<0.5$，但是空间的协同度

图 9 改造前空间句法轴线模型

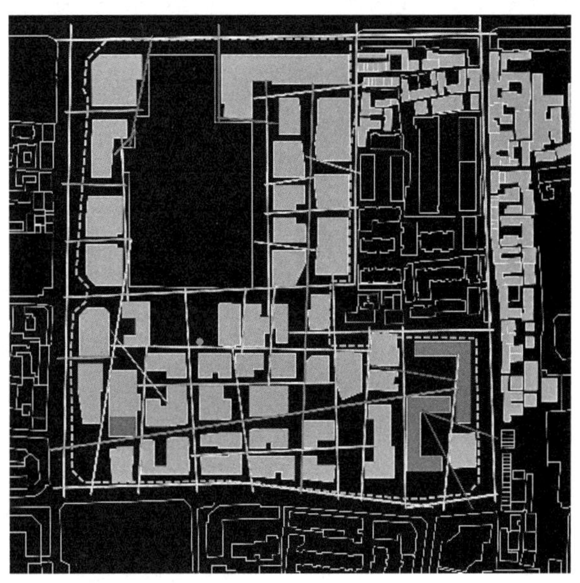

图 10 改造后空间句法轴线模型

	line	connectivity	integration R3	integration Rn	choice R3	choice Rn
before	251	2.54183	1.29905	0.990427	29.7928	1434.09
after	43	4.69767	2.01906	1.815	43.3023	79.9302
R^2	intelligibility Con/Rn		integration/choice Rn		synergy R3/Rn	
before	0.375026		0.411311		0.720458	
after	0.809626		0.660153		0.946669	

图11 改造前后空间句法轴线模型数据表

（Synergy）为0.720458>0.5，两者关系达到1：2的比例，说明局部的空间认识都和整体之间存在较大差异。在R3范围内，高整合度空间集中于大慈寺、和尚街的“T”型街道和玉成街，高选择度空间仅有玉成街一条。整体空间结构层面，R^2（Integration/choice Rn）=0.411311<0.5，空间体系并没有明确的中心性，全局整合度高的空间多集中于外围的东/西糠市街、东顺城南街和纱帽街。句法模型中冷色调分布的区域多集中于广东会馆区域、东南角沿笔帖街区域和东面沿东顺城南街的多层居民区，暖色调的高整合度结构多分布于外围的纱帽街、东顺城南街和东/西糠市街范围。局部层面中心空间少，整体层面中心处于外围，说明空间内外结构体系有着较强的壁垒阻隔，空间整体的可理解度较低。

导致该片区可理解较低的原因有三点。一是空间结构大量存在的巷道、备弄、院落和尽头路，影响了对整体空间的理解；二是空间结构高理解度的区域都集中于外围，内部仅有少量的两三条街道可以整合，数量太少；三是，杂乱的民居聚居使得这些区域的空间封闭性较大，且相对孤立于主体空间结构，导致对该片区整体空间结构理解度降低。因此改造前的大慈寺片区的整体空间结构的可认识度存在明显的层级差异，外围和主干层级可以认识，但枝干和末端结构难以感知，空间开放度低，封闭性强。

改造后的大慈寺片区形成了大慈寺和太古里组合成的低密度购物中心。空间结构体系的轴线数量减少，且在实际建成后，太古里从交通和空间上与原大慈寺片区的右部居民区进行了隔离，形成较为独立的空间体系，所以对改造后的模型进行了调整。太古里空间系统的连接度上升，可理解度的拟合优度值R^2=0.809626>0.5，但是空间的协同度为0.946669>0.5，两者关系接近于1：1。在空间结构分布上，在和尚街和糠市街基础上，原本的未知街A和未知街B被改造成了多条纵横关系的步行街，并与玉成街相接，全局空间R^2（integration/choice Rn）=0.660153>0.5，形成了明确的空间核心区。这说明整个太古里空间结构体系可达性和可理解度都较高，空间结构的高整合度结构不再是在片区外围，而是转入了内部的斜向步行街、和尚街和糠市街区域，可理解度高的结构呈现出由外转内的现象。

通过分析可以知道，太古里减少了明显的空间层级认识区分的产生，对整体空间认识的差异较小，这种具有开放式空间结构的状态基于的原因有两点。一是高整合度的空间结构由外转内，且其轴线占比提升；二是玉成街和笔帖街形成的新空间界面，阻隔了与东顺城南街的联系，使封闭性较强的多层住宅区减小了对太古里的空间整合度的影响。

通过基于拓扑结构的句法模型比对我们可以分析出，大慈寺片区改造后，空间结构确实发生了变化，这种变化在和尚街、糠市街较小，但是在斜向步行街、玉成街、未知街A、未知街B和笔帖、广东会馆等区域变化较大。而且空间结构的变化对空间连接度和整合度产生了影响，这种影响反应到了对空间的协同度和可理解度上。那么这种空间结构改变所产生的影响及其隐藏的内在规律是怎样映射的，需要对空间结构和人的行为关系进行分析（图11）。

（2）线段分析

大慈寺片区整体空间结构的交通关系可分为机动车车行、自行车车行和步行三种，其中机动车行和自行车行仅在片区外围边缘，片区内部结构均为步行交通。因此空间系统中的速度和方式差异对行为流量影响较小，空间结构可以反映一定程度上对行为关系的影响。通过对句法模型中米制距离下，不同半径的下标准化角度选择度（Normalized Angular Choice，即穿行度）的数据对比，改造前R50～R250范围内，空间穿行度最高的区域在外围的东顺城南街、东糠市街和内部的玉成街、糠市街，还有东南角混杂的居民区的部分巷道空间结构对穿行度的影响较为稳定。在R250～R750范围内，空间结构对穿行度的影响，拟合优度值有陡升，并在R1000后稳定，R^2=0.43<0.5（图12），说明整体空间结构对人步行行为的影响在这半公里范围内发生了改变，且空间结构的中心性没有和穿行性相吻合，穿行度高的空间全部集中于外围的东顺城南街、东/西糠市街、笔帖街，内部仅有一条糠市街。0.25公里范围内人流量较低，且多分布于空间体系内部，当大于0.75公里流量增加，人流多集中于外部，那么该片区需要加入到城市整体的行为活动时，人流将以步行的方式拓展到0.75公里以外。

DATA	TIME	R50	R100	R150	R200	R250	R500	R750	R1000	R1500	R2000
NACH	before	0.59483	0.761341	0.791775	0.795857	0.79308	0.780379	0.773536	0.763112	0.761907	0.761907
	after	0.221388	0.826014	0.972665	1.01453	1.02711	1.04743	1.04163	1.04488	1.04639	1.04639
INTE	before	10.556	16.2293	22.4637	29.8759	38.7095	73.9881	90.9145	93.1143	93.2448	93.2448
	after	11.7442	20.4642	32.6231	44.466	55.2906	78.9763	82.8334	83.028	83.0311	83.0311
NACH/INTE R^2	before	0.297952	0.314506	0.309806	0.306709	0.296801	0.342023	0.435369	0.432	0.431466	0.431466
	after	0.231371	0.500217	0.447137	0.466192	0.475647	0.572188	0.60549	0.601158	0.602879	0.602879

图12 线段模型中不同半径下穿行度、整合度数据对比

改造后的太古里空间，穿行度整体有所提升，在R50～R150时有明显增长趋势，当半径范围在R250后，穿行性趋于稳定。空间穿行度最高的区域在内部的糠市街、和尚街、斜向步行街和纵向步行街，外围仅东/西糠市街穿行度较高（图13）。在整合度和穿行度的空间结构中心性分析中，在R100出现了峰值R^2=0.500217，在R100～R500出现波动后，稳定于R750以后，R^2=0.6>0.5。说明短距离步行100米范围内，太古里就能达到较好的穿行性，且空间结构的高理解都所产生的开放性也提升了整体空间结构的通行流量，空间中心性和穿行性是吻合的，改造后空间结构对行为的影响在0.05～0.15公里范围内发生改变，并在0.5公里后再次改变。结合线段模型的NACH分布情况看，和尚街、斜向步行街和糠市街这三条街是人流量最为集中的区域，且在R100～R500半径范围内的主要人流吸引区域，当拓展到0.75公里半径外，太古里整体空间结构才与城市系统接合（图14、图15）。

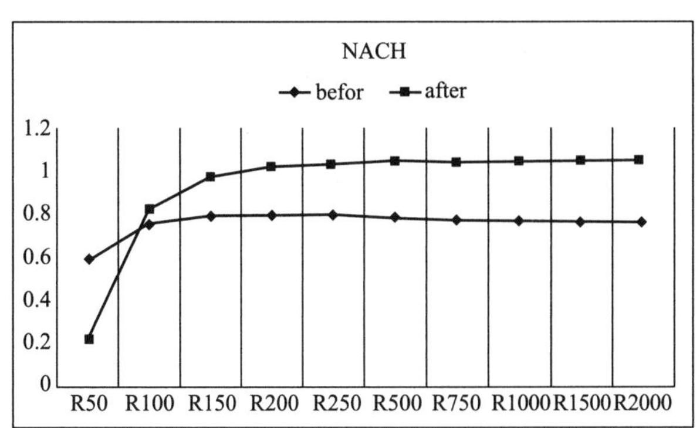

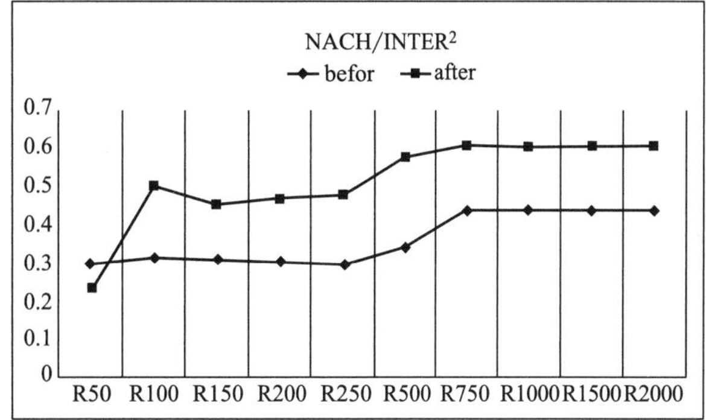

图13 改造前后线段模型中不同半径下空间穿行度和中心性折线图

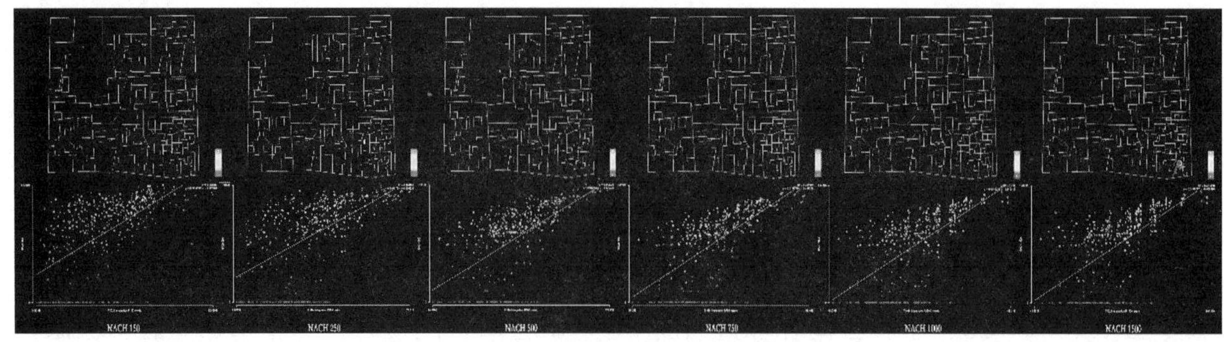

图 14 改造前大慈寺片区线段模型穿行度 / 整合度散点图

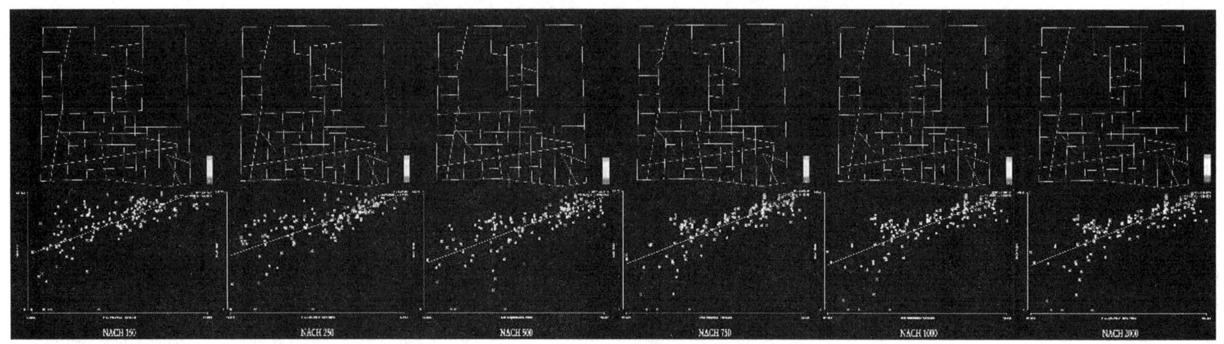

图 15 改造后太古里片区线段模型穿行度 / 整合度散点图

对比分析改造前后的穿行数据与空间整合关系，可以明确改造前的行为活动短距离范围集中于片区内部，在行为外导过程中有一定的距离，空间体系具有相对封闭性和隔离性；改造后的太古里开放度较高，引导和置换了行为状态，空间结构对人流行为进行了重新定义，形成了易进出，能留人的空间结构状态。改造后空间结构对人行行为的影响明显高于改造前，并较以前增强了50%，但是两者都在相同半径范围内趋于稳定。说明大慈寺片区的商业化改造在空间结构方面变化较大，这种改变重塑了原本空间系统的变化，对其中人的行为产生了较大的影响。

4 讨论和总结

本文从大慈寺历史片区的整体空间结构入手分析了城市老旧历史片区，在保护更新背后对其空间结构的影响，以及这种影响与人们行为的关系。不仅验证了空间句法理论在城市设计层面对揭示空间结构规律的量化作用，也分析了太古里商业街区的空间结构特征及其行为影响的规律。

通过前后对比我们可以发现，对城市老旧历史街区的改造当中，传统定性方式的空间保护，仅能对少数且明显的空间干道进行划定，但是多更为复杂的空间结构未能客观清晰地明确划分。空间句法的量化抓住了对空间与空间的连接关系的角度，揭示了原本空间存在的客观规律，并在此基础上将规律数据化，为以后的更新改造提供可据参考。远洋太古里在空间结构的改变较大，这种改变在历史文化保护层面是有待商榷的，但是在对城市空间人行行为改变方面却是值得研究和探讨的。

成都大慈寺历史片区案例的研究对我们在以后的城市历史街区商业化改造中有一定的启发意义。让我们明确了对待历史空间不仅仅是落位于具体的建筑或建筑群，其反映社会状态的空间结构也是值得我们去重视的。在空间结构中隐藏的行为规律应当以合理的方式去保护、引导、延续和置换，这也更加符合建筑学对人类社会认识的思考。

参考文献

[1] 袁歆. Ouroboros的生命延续——重塑成都大慈寺片区风貌的探索[J]. 中外建筑，2016（01）.

[2] 刘毅. 基于触媒理论的成都大慈寺历史街区演变发展研究[J]. 中外建筑，2016（08）.

[3] 段金，比尔 · 希列尔. 空间研究3：空间句法与城市规划[M]. 南京：东南大学出版社，2007.

[4] 陈泳，霓丽鸿. 基于空间句法的江南古镇步行空间结构解析——以同里为例[J]. 建筑师，162期.

[5] 张愚，王建国. 再论“空间句法”[J]. 建筑师，2004（6）.

[6] 周榕. 向互联网学习城市“成都远洋太古里”设计底层逻辑探析[J].建筑学报，2016（5）.

[7] 郝琳. 未来的传统——成都远洋太古里的都市与建筑设计[J]. 建筑学报，2016（5）.

[8] 王浩锋. 空间隔离与社会异化——丽江古城变迁的深层结构研究[J]. 城市规划，2014（38）.

上海城市有机更新实践探索与策略思考

Thoughts on Shanghai Urban Regeneration Practice and Strategies

葛岩

摘要：随着上海2035总规的正式批复以及“建设用地负增长”规划目标的明确，上海正式进入存量发展阶段。为了探索符合自身特色的城市更新模式，上海近几年推出了一系列城市更新政策和城市更新试点项目。文章在剖析上海城市有机更新的理念内涵基础上，通过对政策和实践两个层面的反思，同时借鉴香港、中国台湾和深圳的相关经验，提出对上海城市更新体系构建、政策完善、规划编制及实施路径几个层面的思考与策略建议。

关键词：上海；城市有机更新；政策创新；策略

Abstract: With the formal approval of Shanghai Master Plan 2035 and the clear goal of "negative growth of construction land" planning, Shanghai officially entered the stage of regeneration development. In order to explore the urban regeneration model that meets its own characteristics, Shanghai has launched a series of urban regeneration policies and projects in recent years. On the basis of analyzing the connotation of the concept of organic regeneration in Shanghai, this paper, through the reflection of policy and practice, draws on the relevant experiences of Hong Kong, Taiwan and Shenzhen. This paper puts forward some suggestions on the urban regeneration system construction, policy improvement, planning and implementation of Shanghai.

Keywords: Shanghai; Urban Regeneration; Policy Innovation; Strategy

1 引言

作为中国的经济中心城市，上海的城市发展面临新的机遇，但在土地资源、发展动力、城市环境和设施等方面都也遇到新的瓶颈。有限的土地资源从根本上限制了上海城市空间的扩张，与此同时，土地利用结构不够合理，工业用地比重过大，存量工业用地减量化任务较重。而公共设施、绿地、交通运输用地作为衡量宜居生活环境的重要指标，在比例上均低于国际同等大都市。面对诸多瓶颈，传统规划和建设模式中粗放型的板块式功能布局已不适应新时代下上海的发展需求，终将被精细化的交互式、嵌入式功能布局替代，对城市更新的需求更是呼之欲出，这不仅有助于上海优化存量资源，提升城市功能，重组资源要素，增加公共空间，改善环境质量，还能够为上海新一轮发展提供重要的战略空间资源，促进城市睿智转型。

2 上海城市更新历程演进与内涵演变

2.1 更新历程演进

上海城市更新历程开始于1978年改革开放后，主要经历了20世纪80年代以提高人民居住水平为目标的住房改造阶段，90年代到20世纪初期全面改善城市面貌的大规模旧区改造，世博期间完善城市功能形象的有序更新阶段，以及世博后资源紧约束背景下的有机更新探索四个阶段。

2.2 更新内涵演变

虽然关于城市更新的概念各有不同，但回顾国内外城市更新的内涵演变与发展历程，都体现了如下几个方面的变化。在理念上，更新已经从常规化重建活动转为社会多样性的有机延续；更新对象上，也从关注物质空间环境的综合整治转为社会经济的整体振兴；规划手段上也从单纯的物质环境改善转为社会、经济和物质环境相结合的综合规划，转向小规模的、谨慎的渐进式改善；更新主体也从单纯的政府主导到政府、市场、公众多方参与。这些都体现了一个趋势，当今的城市更新需要关注整体性、可持续性、动态性，真正使得城市成为一个有机体。

3 推进有机更新的现实困境与挑战

3.1 政策缺少顶层设计且适用对象不完整

在梳理研究上海历年城市更新政策中发现，各类政策主要存在以下几方面的不足：一是顶层设计缺失。目前上海的城市更新在顶层设计上存在明显欠缺，管理上没有法定的统筹机构，也缺少统一的法定依据，各部门主导的城市更新总体处于各条线各自为战的局面。二是适用对象不够完整。一方面，从上海目前的情况来看，无论是政策层面还是操作层面，基本上都是以旧居住区和旧工业区为主，对于商业、办公旧区少有考虑。另一方面，零星地块的更新缺乏参考准则，如在已有的工业用地更新实践中，较大地块的区域整体转型升级以控规编制或调整为主，如桃浦地区，其发展经历了由“市级老工业区—都市型工业区—生产性服务业功能区”的三次转变，通过控规编制，桃浦完成用地的整合、功能的置换和整体形象的提升。但零散工业用地的更新缺乏有效的途径，急需建立完善的城市更新政策体系，形成与现有体系的相互补充。

3.2 规划与政策及实施机制的联动不足

从更新规划方面来看，现有城市规划体系尚未和更新实施、政策建立有效的联动互补机制。目前的城市更新实质上是通过各层次城市规划的编制来推动区域的转型和项目的实施。更新的范围有大有小，大范围的城市更新通过政府引导，区局组织编制规划方案，以总体规划和整单元控规修编的形式来进行操作；小范围的城市更新多是个体项目的推动，需要在容积率、建筑高度等方面进行细节推敲，通过控规调整和实施深化的手段进行操作。虽然通过控规编制，更新地区完成了用地的整合、功能的置换和整体形象的提升，但由于缺乏与实施机制、政策之间的联动，使得更新地区的推进出现问题。同时，在目前上位城市更新规划缺失的情况下，改造大多是以单种模式单个项目的方式进行，即便是成片拆建的项目，也容易缺乏与周边区域的统筹性、整合性，导致更新质量的下降。因此，亟需设定适应更新项目应用的城市更新规划编制体系，与现有的城市规划体系建立有效的联动互补机制。

3.3 多元主体在空间治理中的话语权缺失

近年来，城市社会治理模式发生了重大改变，一方面，从社会发展的趋势和必然性看，由于产权的多元化，社会生活中的各个群体越来越多地要求对社会资源公平公正的分配协调，使得参与社会治理的主体日益向多元化的趋势发展。同时，法律保障的增强为政府、企业、社会等多方合作的城市更新方式提供了有利条件。另一方面，在增量转存量的时代，忽视多元主体在社会资源分配和空间治理中的话语权，一味自上而下的精英式规划在城市空间发展治理的过程中已经暴露出很多弊端。在过去的上海城市更新历程中政府是主要的组织方、责任方、实施方、利益方，然而随着更新对象和需求的不断扩大，越来越多隐藏在表象之下细节的更新需求不断涌现，而以往自上而下的方式很难发现问题，更难以解决问题。目前上海的旧区改造尽管多强调“居民/企业自愿”的原则，但从项目的计划、启动到实施，全过程基本由政府主导，原权利主体主动提出更新申请，自主更新的权利还缺少法规上的依据。而“社区自治”和“企业自治”是一个全新的解决更新问题的途径，政府不再是这类更新问题的参与者，而是以坚持公益优先为原则制定更新原则，由“政府主导”逐渐转变为“市民参议、政府配合”的新模式。因此，重视多元主体在空间治理中可以发挥的作用，推进空间共治，是现行发展阶段下，城市更新实施机制创新必须转型的方向。

4 推进有机更新的政策创新与实践探索

4.1 放开自主更新路径并给予政策激励

近年，政府陆续出台了更多以鼓励存量用地更新和扶持原权利主体进行更新的相关政策。首先，从2014年存量工业用地的政策开始，探索了存量补地价和全生命周期管理的土地补偿与管理方式，为原权利主体的更新提供了重要的前置条件，既打开了通道也保证了管理和持续性。其次，存量用地的土地政策适用对象，由存量工业用地向产业园区拓展，同时在《更新办法》中拓展至全口径的城市建成区。同时针对不同的适用对象，规划管控的要求也有所不同，存量工业用地（尤其是成片）主要以现行控规技术准则为基础，确保10%的底线公共空间和设施。而城市建成区内的情况更为复杂，通过公共要素清单和政策奖励手段的捆绑，为现有权利人提供了实施路径。可见，规划管控方式更加精细化，也更有针对性。同时，规土政策也更加关注与相关政策的配合。尤其是今年出台的风貌保护区的政策，参考借鉴了诸多相关领域政策的优势，形成政策合力，推进风貌区内的有机更新。

新政通过明确鼓励政策，激发各类主体的更新意愿。根据《更新办法》，此次部分规划政策和土地政策进行了一定调整。为了激发既有产权主体提供更多的公共设施或公共空间，在规划用地、性质转变、高度提高、容量增加、用地界线调整、地价补缴等方面设定适度奖励。容量调整方面，既有鼓励和引导公益优先的容量激励，也考虑对单纯增容冲动的抑制。从四个维度设置容量增加的权利与义务对应关系，分类设定不同的奖励幅度：提供公共开放空间优于提供公共设施；提供产权优于不提供产权；规划要求配置的优于自主额外配置；中心城优于郊区新城、新市镇。用地性质转变方面，鼓励用地混合和复合，规定了公共设施用地混合、住宅用地转换为公共设施或公共租赁房、商业和办公用地性质相互转换等情形。更新单元内符合风貌保护需要的更新项目，新增要求保护保留的建构筑物，可全部或部分不计入容积率。针对历史文化风貌区（含风貌保护街坊）内更新项目，允许参照旧区改造享受房屋征收、土地出让、财税减免等优惠政策。土地管理方面，适度放宽物业持有比例、市区收入分成等要求，并针对空中廊道特别增加了经营使用和物业持有要求。

4.2 开展更新区域评估及更新实施计划

在更新规划编制方面，新政策通过规范更新行为，明确评估标准和管理流程。依托现有控详规划编制流程，增加存量更新的相关要求，形成《城市更新规划管理操作规程》，加强风险防控措施，如区政府集体决策与广泛开展公众参与等，确保规划调整程序依法合规。根据《实施办法》和《实施细则》，更新流程分为区域评估和实施计划两个环节，其中区域评估包括基础准备、编制区域评估报告、审批三步；实施计划包括编制更新项目意向性方案、编制更新单元建设方案、形成实施计划、报批实施计划四步。上海城市更新规划编制以“城市更新区域评估、实施计划、全生命周期管理”为核心，发挥规划的引领作用，落实城市品质提升和公共要素补缺要求。通过城市更新区域评估，明确“缺什么”、“补什么”。通过编制城市更新实施计划，明确“怎么补”。通过全生命周期管理，确保项目主体履行建设管理责任。

以市民需求和社区问题为导向，对更新地区进行综合评估，重点关注社区公共开放空间、公共服务设施、住房保障、产业功能、历史风貌保护、生态环境、慢行系统、城市基础设施和社区安全等方面内容，提供更加宜人的社区生活方式。更新项目主体编制形成更新单元建设方案，落实公共要素的规模、布局、管理要求等，并与组织实施机构签订项目协议，明晰各方权益，并将公共要素建设义务、项目开发时序、资金安排等内容纳入土地出让合同。在黄浦江两岸、张江科学城等核心节点与重要公共活动地区，形成“规划导则+控详规划图则+建设实施方案”组合成果，进一步引导地区整体发展、落实地区规划指标、明确后续建设要求，确保高水平规划、高水平建设的城市精细化管理。最终通过落实全生命周期管理，确保要素落地。在土地合同管理方面，形成针对既有物业权利人在持有比例、持有年限、项目开发时序等方面的管理要求。在建设工程管理方面，强调整体报送建设工程设计方案，并一次取得建设工程规划许可证和竣工规划验收合格证。在权籍登记管理方面，强调将土地使用的限制性条款在房地产登记簿中予以注记，确保公共要素同步落实。

4.3 力推众筹共治的更新规划及实施行动

2015年5月，《上海市城市更新实施办法》由市人民政府发布实施，与三份配套文件一起指导城市更新试点项目的具体推进。在试点项目的实践操作中，政府探索通过城市更新试点项目、“四大行动计划”、城市设计挑战赛、主题沙龙等多种形式的具体行动，拓展众筹共治的有效途径。针对城市发展的主要短板和市民关注焦点，开展“共享社区、创新园区、魅力风貌、休闲网络”的四大更新行动计划，并落实在具体试点项目中。通过发放公众宣传册、开展市民论坛、主题展览、专家沙龙等多种形式，开启一场全社会共同参与的城市更新实践运动。通过“上海城市设计挑战赛”，探索搭建基于互联网、大数据和公众参与的规划众筹平台。针对本市城市更新的热点难点问题，进行全球范围内的方案征集，参赛者不限国界，没有专业门槛，鼓励跨界合作、万众创新，全面提升城市研究与治理的能力，促进规划理念、管理方法、编制技术、服务民生的进一步转变。

上海目前正在探索“政府—市场—市民—社团”四方协同的工作机制，以便有效保障更新项目顺利开展，促进城市共享发展。通过与设计引逼结合的推进机制，保障更新目标实现。探索在更新意向性方案基础上，由组织实施机构牵头搭建沟通平台，统筹多家业主单位更新意愿，通过容量奖励、平台公司联合开发与产业准入标准等引逼机制，推动企业达成转型意愿，实现地区整体功能升级、路网与公共服务设施增加、绿地与公共空间品质提升的更新目标。同时建立公众和社区参与机制，注重发挥市民的主体作用，注重包括规划者、建设者、运行者、管理者和需求者在内的社会多元协同，构建和谐有序、共建、共治、共享的社会关系。强调低影响与微治理，注重以“小规模、低影响、渐进式、适应性”为特征，推动城市的内涵式创新发展。

5 上海城市有机更新的策略思考

5.1 更新体系构建与更新政策完善

更新体系的构建方面，在案例借鉴、专题研究以及广泛征询的基础上，上海制定形成并发布了一系列政策文件，如《上海市城市更新实施办法》、《关于本市盘活存量工业用地的实施办法》以及《上海市城市更新规划土地实施细则》、《上海市城市更新规划管理操作规程》、《上海市城市更新区域评估报告成果规范》等配套文件和技术标准，用于指导城市更新工作。逐渐构建了“政策法规—技术标准—操作规程”的政策框架体系。

在后续工作中，应继续深入研究东京、中国台湾、广州、深圳等国内外城市与地区成功经验，剖析国外城市更新成功案例，研究各城市发展历程和更新思路，总结规划策略、行动方法、实施机制、配套政策、管理要求等各方面经验，为上海城市更新的总体框架设计提供参考。参考深圳、中国台湾等城市的经验，通常都有总体性的更新规划作为统筹整个城市更新工作的依据，这些总体层面的更新规划在实践中也起到了较好的效果。上海目前也在研究构建与现有规划体系相衔接的更新规划技术体系，逐步构建从全市更新专项规划、区县更新专项规划、区域评估到实施计划的完整的城市更新规划编制体系。总体层面对接现行规划体系，目前已开展了系列更新专题研究，如《资源紧约束背景下城市更新和城市土地使用方式研究》、《上海城市更新专项规划研究》，以解决各区诉求为出发点，开展各区更新专项规划，如《徐汇区城市更新实施策略规划研究》《黄浦区城市更新专项规划》等，后续需要进一步研究市级、区级更新规划编制的技术方法。详细层面重点完善了实施层面的区域评估与实施计划，《更新办法》及其《细则》、《操作规程》等相关文件中设计了完整的更新流程及更新计划。

在城市更新的奖励政策方面，与日本、中国台湾等较为成熟的国家和地区相比，上海的政策仍然处在探索的初期，如容积率转移政策，上海有几个成功转移的案例目前仍处在完成规划调整还未实施的阶段，转移区域仍然局限在区内，未突破容积率的跨区转移，而像黄浦区这类老城区面临着无处可转的尴尬境地，未来应探索突破跨区转移的瓶颈。而相比规划土地政策，财税金融政策也是更新能否成功的关键，如台湾在都市更新事业计划的推动及市政共享方面，除了采取容积率奖励、容积率转移等政策之外，还辅以税捐减免、投资抵减、城市更新信托基金、指定用途公司债等财税金融政策，其经验值得上海学习借鉴。

5.2 更新规划编制与更新路径拓展

现行的更新规划大多是反映愿景的“蓝图规划”，未来应该逐步向“协商规划”转型。传统的城市更新是以政府为主导“自上而下”的终极蓝图式运作和管理模式，有利于在大区域范围内提升城市功能、激发都市活力，但由于市场和公众的参与度有限，因而对于各方的需求考虑不够全面。而单一由市场和公众诉求发起的“自下而上”的城市更新更多的是“就事论事”，存在其天然的局限性，缺乏从宏观、中观尺度来解决部分实质性问题。更新规划需要容纳利益博弈的动态变化和市场运作的弹性空间，因此更新规划必须向“协商规划”转型。同时建议上海城市更新规划中引入社会规划，主要考虑城市更新对地域内居民的工作和生活的负面影响，并从社会发展和社会公平角度予以适当补偿。作为目前规划内容的补充完善，将“人”和“社会性”纳入规划中，可以增强城市更新的受惠公平。

随着城市更新项目的逐步实施，难度较低的单一主体城市更新项目将越来越少，将会有越来越多难度大、产权主体复杂的城市更新项目留存，等待更为宽松的政策及实施路径。更新路径应由单一方式向多元方式转变，以适应不同更新需求。而当前上海城市城市更新实施的土地路径仍然比较单一，即土地使用权延续，产权人实施更新（存量盘活），或者土地使用权重构，受让人实施更新（土地收储），而以往的毛地出让、三个不变的路径通道均被叫停，也没有类似中国台湾市地重划的实施路径。对于多元主体类型的城市更新，现在的模式不能够满足需求而导致许多更新项目无推进路径。台湾城市更新中多元实施手段的权利变换经验值得借鉴。此外，中国台湾的民间自办类更新经验也值得上海借鉴，即可由地主委托城市更新事业机构（建设公司）或是地主自组更新团体（更新会）实施。目前上海的城市更新仍然没有放开自组更新团体的城市更新路径，即必须委托一家公司，即代建主体开展城市更新，而对于具备城市更新能力的主体来说，增加了更新的资金投入，降低了主体更新过程中的获利空间，未来应探索放开自主更新的操作路径。

6 结语

过去30年是我国城市快速建设发展的时期，作为推动城市快速发展的城市更新，以往以追求经济效益或者体现地方政绩为主要目的，规划主要是描绘体现政府意志和促进地方经济发展的规划蓝图。然而随着社会经济的转型以及城市发展阶段的变化，各类型规划项目都出现了新的需求，规划编制的技术与方法也需要进行适时调整。上海已经迈入了存量更新的新阶段，上海未来的城市更新应该更加强调以人为本，激发城市活力，注重区域的统筹，调动社会主体的积极性，推动地区功能升级，以及公共服务设施的完善。通过多方的协同与治理以及更新策略的不断完善，城市更新必将助推上海迈向卓越的全球城市，实现城市发展的新飞跃。

参考文献

[1] 城市有机更新——上海在行动2015，上海市规划和国土资源管理局，上海市城市规划设计研究院主编，2015.

[2] 阳建强. 西欧城市更新[M]. 南京：东南大学出版社，2012.

[3] 葛岩，关烨，聂梦遥. 上海城市更新的政策演进特征与创新探讨[J]. 上海城市规划，2017（5）：23-28.

[4] 关烨，葛岩. 新一轮总规背景下上海城市更新规划工作方法借鉴与探索[J]. 上海城市规划，2015（3）.

[5] 郑德高，卢弘旻. 上海工业用地的制度变迁与经济逻辑[J]. 上海城市规划，2015（3）：25-32.

[6] 张京祥，胡毅. 基于社会空间正义的转型期中国城市更新批判[J]. 规划师，2012（6）：5-9.

[7] 曹康，王晖. 从工具理性到交往理性——现代城市规划思想内核与理论的变迁[J]. 城市规划，2009（9）：44-51.

[8] 罗坤，苏蓉蓉，程荣. 上海城市有机更新实施路径研究，2017中国城市规划年会论文集.

[9] 王世福. 规划师角色中理性偏差的认识与思考，理性规划，中国城市规划学会学术工作委员会编，中国城市规划学会学术成果，中国建筑工业出版社，2017.

作者简介

葛岩，上海市城市规划设计研究院城市设计研究中心总工程师，高级工程师，注册规划师，中国建筑学会城市设计分会理事。同济大学城市规划本科，同济大学/德国魏玛包豪斯大学城市规划硕士，同济大学城市规划在读博士研究生。

文脉重塑下名城滨水地区特色空间体系构建
——以登封市书院河沿线区域城市设计为例

Reconstruction of Characteristic Space System in Waterfront Area of Historical and Cultural City Under Cultural Vein Reshaping: A Dengfeng Case

张波，王芳
（郑州市规划勘测设计研究院，450000）

摘要： 随着城市发展和建设观念的转变，城市风貌塑造和有机更新成为内涵发展与品质提升的方向，城市设计在提升城市空间品质中的作用逐渐凸显。本文重点研究城市设计在历史文化名城滨水地区中以文脉重塑为目标，通过特色空间识别、公共空间活力提升、历史场景再现等方式提升场所认知，承载城市全系历史图景中的探索。并以登封市书院河为例，将文化导向的城市设计规划策略付诸实施。

关键词： 文脉重塑；滨水地区；特色空间；城市设计

Abstract: With the change of the concept in urban development and construction, urban style and organic renewal have become the direction of improving the quality of connotation, and the role of urban design in improving urban spatial quality has gradually become prominent. This article focuses on the study of urban design in the historical and cultural city in the context of the reconstruction of the vein as the goal, through the characteristics of space identification, public space vitality promotion, historical scene reproduction and other ways to improve the place cognition, carrying the historical landscape of the city.

Keywords: Cultural Vein Reshaping; Waterfront Area; Characteristic Space; Urban Design

1　名城滨水地区的独特价值

在城市发展的历程中，滨水地区是城市文明的起源，也往往是城市发展的重要依托。滨水空间的空间特征和环境质量等，也都是人们判断一座城市是否有魅力的重要标准。不同城市滨水地带的格局都有其自身的历史背景与地域特色，从而赋予城市独特的空间特征[1]。

同时，滨水空间也是城市认知的重要界面，是展示城市文化内涵的形象窗口。对于历史文化名城来说，在其滨水地带的城市设计中，滨水空间与城市整体结构的结合是成功的关键。重视整体性和连续性的城市滨水空间设计，将有助于地方特色的形成，并可促进城市滨水地带的和谐发展[2]。

很多城市的滨水区都位于城市空间的中心地段，因而，城市滨水地区的再开发在世界范围内都是一个重要的研究课题。其中，名城的滨水地区可以称得上是城市中最具底蕴的场所，是城市多元文化的融合区域，也是城市中兼具自然因素与历史因素的复合区域，发展的成功与否对于城市的意义尤为重要。

目前，随着我国经历了快速城镇化阶段，城市面貌出现日趋雷同的问题，“千城一面”的现象成为当今城市建设的普遍现状。而与此同时，城市滨水地区的空间特色也呈现出文化特色缺失的现象，很多城市的城市空间塑造与历史文脉与地域特征渐行渐远。在这种形势下，如何通过城市滨水地区的特色空间塑造实现其文脉重塑的目标，已经成为城市内涵发展和品质提升的重要课题。

2　名城滨水地区的研究策略

2.1　滨水区文脉重塑的研究现状

近些年来，国内学者对于名城滨水区的规划建设也进行了相关的研究。如吕志鹏、王建国对纽约南街港历史街区的改造研究，提出滨水区作为城市的一个有机组成部分，需在功能安排、公共活动组织、交通系统等方面与城市总体布局和规划协调一致，并有效地促进其空间结构的调整与改造[3]。张环宙、沈旭炜、吴茂英以杭州湖滨街区为案例，探讨了城市滨水历史街区空间更新，提出从空间形态规划角度考虑滨水历史街区文脉的可持续发展[4]。

金剑波、周海蓉提出只能挖掘滨水历史街区的核心原形空间，才能明确保护城市历史文脉、复兴商贸街区、增添城市活力的规划实践。保护与发展，正是历史文化街区开放性的维护和激活[5]。赵晓璐、陈孟曦、曹珊通过对社旗县滨水区乃至全县的城市建设，提出必须要充分把握历史与文化的独特性，打造独具中原特色的魅力城市[6]。

综合来看，目前已有的研究主要是对名城滨水区的功能更新与空间品质提升，以及历史与文化的独特性研究，但对于如何通过特色空间体系构建来实现名城滨水区的文脉重塑仍较为薄弱。

2.2 滨水区文脉重塑的实践经验

美国、欧洲和日本等国家和地区，由于快速城镇化进程较早，已经经历过了滨水地区的更新，也积累了一些成功经验，如英国的伦敦和利物浦滨水区，美国的波士顿、西雅图和旧金山，这些城市的滨水改造可追溯到20世纪50年代末，具体的开发则在20世纪60年代开始。

例如在波士顿的滨水区改造中，通过对马萨诸塞会展中心和波士顿旧客货运码头的改造，注入了城市新的服务功能。通过海上国家公园建设，将30个海岛确定为国家公园，改善了城市的景观环境品质。通过水上交通枢纽的建设，将波士顿码头发展成为快速、便捷的水上交通枢纽，进一步激发了滨水区的活力。

而在日本北海道的小樽运河的改造中，将小樽运河从货物运输功能进行了全面的转型，制定了《历史建筑物群及景观地区保全条例》，使小樽运河与沿岸街道得以保存下来，并且为这座城市带来无数的观光客与财源，而广大市民对传统文化的热爱和自豪是小樽运河广场得以延续的重要力量。

在新加坡河滨水区改造中，保留有重要历史价值的建筑遗产，有控制地开发新建筑，塑造了区域新的风貌特点，合理利用新加坡河这一有利的城市自然资源，兼以配置娱乐和文化设施，通过功能置换、交通整合、景观优化等规划策略，将新加坡河由传统运输河道转变为集商业、休闲、娱乐为一体的历史街区[7]。

2.3 滨水区文脉重塑的研究策略

通过特色空间体系构建来实现文脉重塑是当前名城滨水地区建设的重要课题。一方面名城滨水地区具有不同于城市其他地区的个性特征，包括独特的历史背景、丰富的文化内涵和鲜明的城市风貌。只有确立名城滨水区的城市特征价值，研究滨水区体现城市历史文化和地域特征的核心元素，进而挖掘名城滨水地区的文化内涵，才能明确重塑城市文脉、提升城市功能、激发城市活力的发展方向，这样名城的滨水地区才会不在城市发展中丧失自身的文化特色。

为了实现名城滨水区的文脉重塑，必须从城市的文化发展脉落与特色文化内涵出发，通过特色空间识别、公共空间活力提升、历史场景再现等方式提升场所认知。名城滨水地区要获得生机与活力，要得益于城市文脉的挖掘。同时，名城的滨水地区应该是一个开放性系统，通过开放保证其生机与活力。促进现代化与历史文脉的有机结合，才能实现名城滨水地区的可持续发展。

3 书院河沿线城市设计中的文脉重塑实践

3.1 书院河沿线区域现状特征

1. 区位与规划范围

登封市位于郑州市区的西南方，距郑州70公里，距洛阳75公里，是联系中原城市群两大中心城市的重要纽带，也是郑汴洛旅游走廊上的重要节点。规划范围位于登封市中心城区老城区内，是登封历史文化的发源地（图1）。具体是以以书院河与为中心，在两侧按照1～2个街坊划定的区域，北至太室路，南至郑少洛高速，面积约3.89平方公里（图2）。

2. 现状突出问题

登封市书院河沿线区域主要为现状建设成区，由于在建设过程中，缺少对于自身文化资源的保护以及城市建设的控制，产业了一系列的问题。在文化特色方面，城市空间文化符号凌乱，历史文化内涵彰显不足；山体视线方面，现状建设与山体结合不足，重要视线通廊的控制缺乏；在滨河的景观带中，滨水绿带连续性不足，景观节点布局不完善；城市功能方面，滨河服务功能层次不高，城市空间公共活力

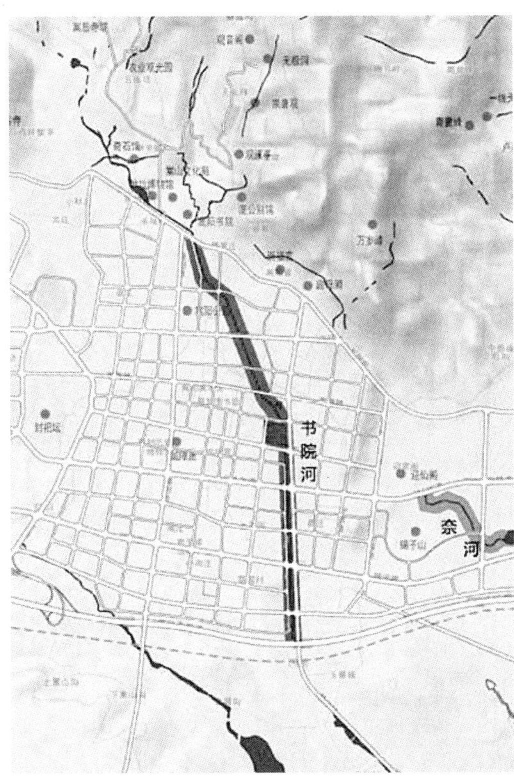

图1　书院河在登封市区的位置

图2　书院河城市设计的范围

不足。

3. 自身独特优势

书院河沿线区域具有优越的区位优势、文化优势和景观优势。区位方面，书院河位于中城区中部，南北贯通中心城区，周边有市政府、人民法院、市民文化中心等机关单位，有完善的商业、文化、医疗等综合服务设施。文化方面，规划范围北侧紧邻嵩阳书院景区，沿线地区及向北延伸至太室山景区，沿线分布有嵩阳书院、汉崇高城城墙、城隍庙等，拥有丰富的文化底蕴。景观方面，规划范围北为嵩山景区，书院河周边有迎仙阁、嵩阳公园、棋盘山公园等多个综合性公园。书院河南北向穿过中城区，是中城区唯一的河流。

3.2　书院河沿线区域规划定位

在登封市国际旅游城市建设目标下，书院河承担着三大作用：

1. 山水景观层面：山水绿脉

基于城市山水空间格局的需求，书院河沿线景观带的塑造可以连通北部山体风景区与南部沿颍河河谷田园风光景观带。

2. 历史文化层面：文旅金带

基于城区旅游体系构建的需求，书院河本身是儒家文化等的展示带，沿线承担着联系周边众多历史文化旅游节点。

3. 城市功能层面：活力彩廊

基于城区生活环境提升的需求，书院河沿线区域是引领中心城区发展转型、功能提升、与城市更新的滨水宜居区。

3.3　书院河沿线区域文脉重塑策略

1. 视廊保障策略

现状书院河沿线建筑缺少开放空间与廊道控制，造成滨河建筑对背景山体遮挡严重，为保障滨水空间的视线廊道，需梳理书院河沿线重要节点与山体的对景关系。以太室山和少室山为重要观景目标，考虑与封祀坛、迎仙阁、嵩阳书院、市民中心的对景关系，在书院河沿线规划六处观景节点，打通中心城区五条重要观景眺望视廊。

2. 风貌引导策略

结合沿线区域的城市空间特色，划分为三类城市风貌区域，包括风貌控制区，要求建筑风格应以传统建筑为主，推行灰色坡屋顶建筑。严格控制嵩阳书院周边区域建筑风格，保持古城风貌，重塑历史街巷风貌与当地民居院落。对传统风貌核心区风貌有较大影响的现有建筑，应有组织地进行改造和整治。风貌引导区以传统中式建筑风格为主。注意建筑高度和体量控制，保证主要景观视线走廊的通畅。风貌协调区中，以现代中式建筑风格为主。注重与传统建筑区的协调，形成对传统风貌区历史文化风貌的延续。

3. 文化彰显策略

结合书院河沿线区域的文化资源特色，通过空间展示、人文再现等方式，实现文化主题彰显。通过文化资源注入，将文化元素融入城市空间设计中。体现书院河作为文化展示带的特色定位，同时将独特的历史文化资源融入城市空间（表1）。

书院河沿线区域文化资源注入方式　　表1

文化类型	文化注入途径	文化景点实例
历史遗迹	根据历史文化遗迹的特色空间意向，设计文化景观节点	嵩岳寺塔、崇福宫、流杯渠遗址、泛觞亭遗址
名人典故	结合名人名事的故事，设计景观场景，展现典故中的意境	程颢的程门立雪、耿介的书院兴盛、郭守敬的科技文化
民俗文化	在滨水公共空间的设计中，充分地考虑地域民俗活动的场地	中岳庙庙会、传统手工艺、卢崖瀑布泼水节

4. 景观修补策略

整体景观分区，按照“点-线-面”相结合的原则，完善绿地景观体系。依托沿线城市主要道路，构建绿地网络，提升滨河节点景观，完善河道沿线的绿地布局，塑造向河道渗透的开放空间体系。结合相关规划要求，在书院河沿线区域确定了四处城市公园、两处防护绿地和四处广场绿地，形成以书院河为蓝脉，以公共绿地网络为绿脉的蓝绿交织生态网络。

3.4 书院河沿线区域分区城市设计

1. 文化创意段

大禹路以北区域为文化创意段（图3），主要功能有文化创意、文化教育、滨河商业、生态休闲居住、公园绿地等，在嵩山路与书院河路交叉口形成文化创意核心，沿书院河滨河景观带形成文化商业服务带（图4）。在景观廊道方面，沿太室山脚形成环山

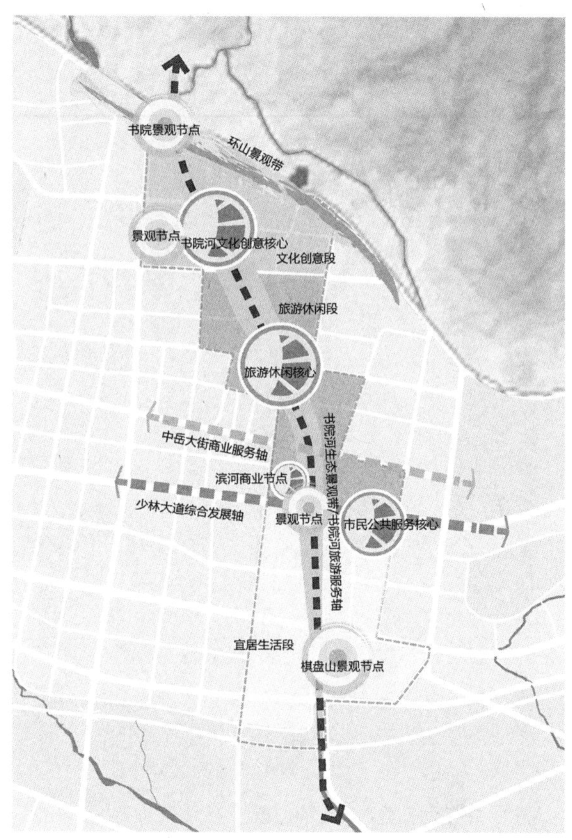

图3　书院河城市设计的功能分区

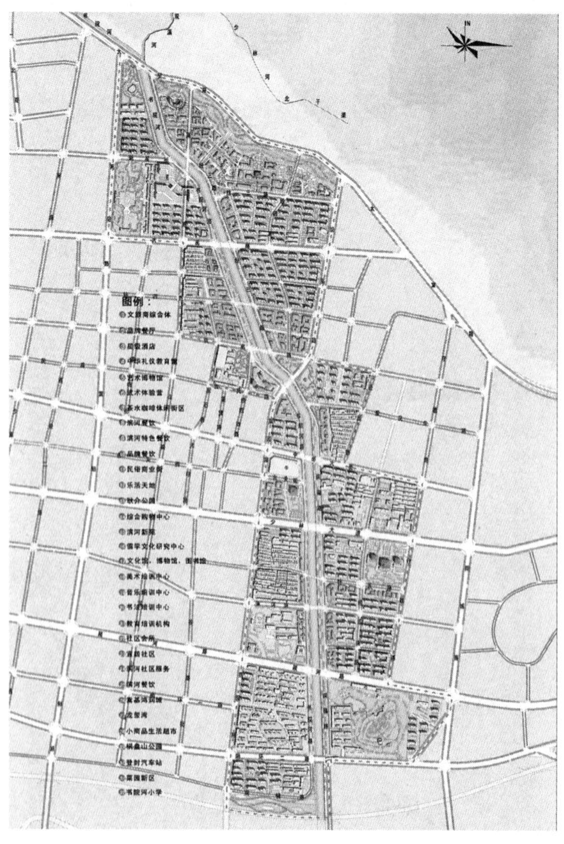

图4　书院河城市设计总平面图

景观带。联系太室山与书院河形成多条生态景观视廊，注重山体景观与水体景观向城市功能区的景观渗透（图5）。

图5 书院河城市设计的整体效果图

功能策划方面，结合嵩阳书院打造文化创意街区，特别策划以青少年创意、书院教育、儿童启育为主题的体验活动，有利于提升书院河片区功能多样性，成为片区亮点。在太室山脚书院河旁，以旅游休闲为导向进行土地综合开发，以互动发展的度假酒店集群、文化体验、会议培训、综合休闲项目为核心功能，整体服务高品质的旅游休闲聚集区（图6）。

图6 文化创意综合体效果图

2. 旅游服务段

在大禹路至少林大道之间为旅游服务段，主要功能有旅游休闲、滨河商业、生态休闲居住、市民公共服务等，在耿介公园及周边商业区形成旅游休闲核心，在少林大道与书院河交叉口形成滨河综合商业节点。景观廊道方面，注重书院河景观、公园景观向两侧城市功能区的景观渗透，以及沿书院河滨河景观带连续的滨河商业服务界面。旅游休闲功能方面，结合耿介公园、书院河设置旅游民俗商业街区，通过民俗活动、民俗体验提升片区吸引力，提供不同类型住宿满足各类人群需求。餐饮娱乐功能方面，在滨河景观休闲带沿线形成地方特色餐饮、品牌餐饮、娱乐、茶水咖啡等类型丰富的餐饮娱乐活动地区，吸引游客及本地居民。

3. 宜居生活段

少林大道以南片区以生活居住为主，依托三馆文化氛围周边发展文化教育培训，临河布置社区生活服务功能，服务于周边生活社区。整个区域构建“一心一廊一带多节点”的整体结构。其公共服务中心是以少林大道为界，北侧为行政中心，南侧为文化中心。文化生活廊道以步行廊道串连市政府、市文化馆、社区景观与棋盘山公园，形成片区重要景观廊道。滨河社区服务带以商业与社区服务功能为主，服务于生活居民。景观节点渗透滨河景观，在社区中心形成景观节点，形成视线相通、步行相连的景观体系。

3.5 书院河沿线区域特色体系

1. 特色商业服务体系：三街五坊

结合登封地方特色丰富业态，将特色商业体验与空间环境结合，将线型商业与面状商业相结合，通过打造“三街五坊”，形成融文化特色于一体的特色商业服务体系。其中，休闲商业街为线性商业空间，包括休闲茶艺街、特色小吃街、养生美食街。主题商业坊是面状商业空间，包括文化创意坊、太室民宿坊、民俗体验坊、珍宝工艺坊、山水霓裳坊。

2. 特色文化服务体系：一体两院

市民服务中心作为登封市“三级三类”市级公共文化中心，为本市居民提供文化生活服务的同时也对外来游客参观游览等服务。主要功能包括博物馆、图书馆、文化馆；文旅综合体主要功能为会议会展、旅游休闲、特色美食、文化演出、特色酒店。儒学研究院主要功能为文化研究、文化传承，嵩阳国学院主要功能为国史研究、国文研究、古典文学研究。

3. 文化活动策划

构建游、食、乐、学、宿五大系列主题活动。围绕游于书院河主题，在书院河两侧营造连续滨河景观，通过慢行系统联络区域自然景观、人文景观，使人流连于书院河。围绕食于书院河，在书院河两侧布局登封特色餐饮、品牌餐饮、多样小吃、茶酒咖啡等多元饮食，服务游客和居民。围绕乐于书院河，在沿线分布康体休闲、书吧、手工艺、特色表演、民俗体验等休闲娱乐项目，使人们在活动中找到乐趣。围绕学于书院河，发展国学文化、中华传统礼仪教育、教育培训、创意文化、儿童启智、武术教育等项目，使人们乐于学。围绕宿于书院河，提供星级酒店、主题酒店、快捷酒店、特色客栈等不同住宿类型，满足各类旅游人群需求。

4 结语

本文结合当前国内外名城滨水区的相关研究基础上，结合成功案例的经验，提出了名城滨水区文脉重塑的主要思路，并从登封市书院河沿线区域河本着手，在对其沿岸的文化资源进行综合评价，针对存在的问题，探讨了名城滨水区文脉重塑的基本原则，阐述了文脉重塑的规划策略和主要途径。

结合书院河沿线区域的城市设计实践，提出了视廊保障、风貌引导、文化彰显和景观修补四项规划策略。同时以特色商业服务、特色文化服务、特色活动策略，提升对名城滨水区的文化脉络体验与感知。不能仅局限眼前城市开发的利益或局部区域的经济效益，要有整体的城市设计来保障文脉特色。

同时，历史文化名城的滨水区域在城市中具有重要的空间优势和景观特色，作为城市历史文化和彰显与传承的重要区域，其城市设计应重视城市空间的整体性、连续性和独特性[8]，着重突出地方文化特色，延续区域历史文脉，并在此基础上，合理地协调城市建设开发活动，实现名城滨水区的有序发展。

参考文献

[1] 仇保兴. 城市水系的保护与治理——在首届城市水景观建设和水环境治理国际研讨会上的演讲[J]. 城镇供水，2005（4）：4-8.

[2] 张春华. 城市滨水空间景观研究——江苏历史古城护城河的保护与利用的意义[J]. 泰州职业技术学院学报，2001（1）：18-21.

[3] 吕志鹏，王建国. 纽约南街港滨水历史街区再开发研究[J]. 国外城市规划，2002（2）：34-36.

[4] 张环宙，沈旭炜，吴茂英.城市滨水历史街区空间更新与业态更替研究[J]. 浙江外国语学院学报，2013（1）：90－95.

[5] 金剑波，周海蓉."传承和复兴"滨水历史商业街区的规划实践——以台州路桥为例[J]. 现代城市研究，2005（8）：50－56.

[6] 赵晓璐，陈孟曦，曹珊. 基于文化景观视野下的社旗潘河、赵河滨水城市设计研究[J]. 景观园林，2017（12）：154－155.

[7] 邓艳. 基于历史文脉的滨水旧工业区改造和利用——新加坡河区域的更新策略研究[J]. 现代城市研究，2008（8）：25-32.

[8] 陆学红. 摆脱对立，走向和谐——滨水历史地带城市设计的理性思考[J]. 福建建筑，2010（1）：40-42.

作者简介

张波，男，郑州市规划勘测设计研究院，高级工程师。联系电话：15838004069。邮箱：piecewave@163.com。

微更新下上海老旧水系街区场域景观重构策略探究①

韩贵红
（上海应用技术大学，同济大学上海国际设计创新研究院，200234）

摘要：文章基于城市双修的时代坐标下，关注未纳入历史保护而又切实关系着城市整体环境品质的老旧水系街区的复兴重构。结合上海漕河泾街区改造，通过场地图解构型、城市意向、PSPL、POE 等场地活性研究方法，聚焦街区场域解析，以期梳理景观重构的策略框架。

关键词：微更新；街区场域；场域叙事；景观重构

1 引言

目前我国治理“城市病”、改善人居环境的城市双修政策，标志着我国城市转变发展方式的重要里程碑。其中城市微更新作为微小修复、修补的一种新的城市更新方式，越来越引起社会及业内的广泛关注。

上海作为中国首位城市，位于城市更新与景观重构的前哨。基于提升城市品质，打造城市品牌，上海提出了“让街道可漫步、建筑可阅读，让城市更有温度”。而研究和实践还很滞后，特别是类似量大面广且未纳入历史保护街区，而又切实关系着城市整体环境品质的老旧水系街区的场域复兴与景观重构的探讨急待研究。

2 城市更新背景与上海微更新的概念解读

2.1 城市更新背景

2017年3月，国家下发了《住房城乡建设部关于加强生态修复城市修补工作的指导意见》，提出生态修复城市修补（简称城市双修），生态修复是指保护城市中一流的自然生境，并以“再生态”的理念恢复已被破坏的自然环境，实现人与自然的和谐相处。城市修补主要解决城市功能的不足，针对交通网络、功能网络、文化网络进行修补，最终实现完善的城市基础设施，提升人居环境品质的美好愿望。

从城市双修的研究范围和实践可以看出，研究重心是老城区城市形象提升和基础设计完善，其意义是注重城市自更新，避免大拆大建，促进城市发展模式和治理方式的转变。

2.2 上海微更新概念解读

上海面对国际化大都市的建设目标和土地资源紧张的矛盾，早在2015年上海规土局就出台了《上海市更新实施办法》，开始探索城市更新的各种路径。其中一条主题思路是在不涉及用地性质、容积率等指标调整的前提下，以老旧社区的公共空间、公共服务设施为对象，摸索出一个切实改善居民日常生活、易操作易实施的“微更新”方法，以实现城市修补和空间重构。最终实现空间品质提升、生活方式转变、城市活力提高、凝聚城市品牌魅力。

而城市修补对于城市具有典型意义的公共空间——城市街区的核心意义即是街区场域的景观重构，包括街区形象、街区空间功能、基础设施、交通网络、城市文化。

3 老旧水系街区的困境

3.1 原有景观资源沉寂落寞，丧失历史文脉特征

漕河泾镇傍漕河泾港两岸。漕河泾港位于上海西南部（图1），东通黄浦江，西接蒲汇塘，由西向东贯镇而过，全镇面积0.636平方公里。早在明中叶

① 上海市设计学Ⅳ类高峰学科资助项目，项目名称：设计战略与理论研究大师工作室，项目批准号：DC17021。

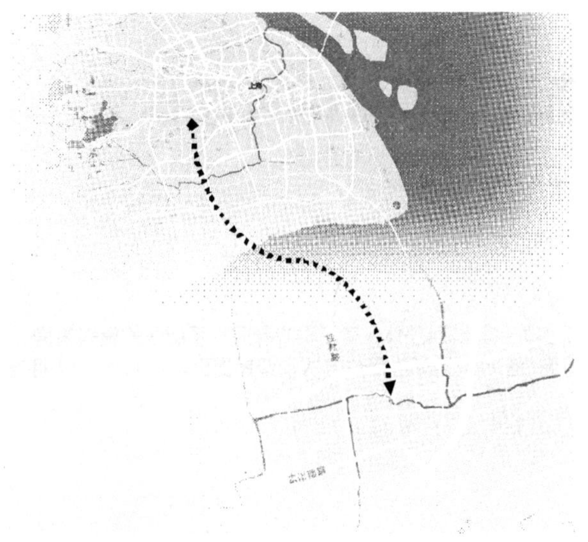

图1 场地区位

是松江府粮棉经蒲汇塘入漕河泾集散，渐聚成市。明末清初建镇，后成为上海县五大建制镇之一。历经战火焚毁、商业兴衰，伴随功能变迁、拓展与积聚、行政辖属的变迁，以及经历粗放型物质性改造建设，原有历史痕迹渐渐丧失，具400年历史的漕河泾老街便渐渐湮没在历史的长河中了。无论是文脉资源、自然资源均未得到应有的挖掘重视甚为遗憾，成为普遍现象。

3.2 街区环境空间要素缺乏活力，街区功能急需整合

街区改造已成为时下微更新重要的研究课题。漕河泾淹没在历史长河中的社区老街，更多展现出业态功能特色迷失、街区场域空间缺乏活力、环境恶劣；呈现多元并存、杂乱纷呈的现状，特别是具有特征意义的桂林路钦州路段亟待改变现状。

3.3 社区层面的滨水公共空间活力缺失

基于街区界定下的社区休闲空间的研究普遍匮乏，导致社区层面的水系街区是滨水空间研究严重缺失的层级。普遍呈现出水系景观资源浪费、街区功能单调、空间乏味、环境恶化等问题。

4 水系街区场域特征解析

所谓场域具有位置属性，涉及区位场地、环境与人的关联因素，是具有内在关联、内在生机、内在逻辑的，是具有潜在活性关系的场所。显然，街区场域特征研究解析直接关系着街区的景观重构与活力复兴。

4.1 场地研究重点是场地两维特征图解与构型分析

场地图解与构型是基于两维的城市结构整体性关照，纳入到城市结构的物化框架进行宏观界定研究，是场域复兴研究的基础。

1. 场地图底关系与肌理分析

对于图底关系研究有利于认知场地空间结构、研究场地空间环境，即由图底关系图关注街区空间结构组成关系，从而通过增加、减少或增强和变更格局的形构来链接空间的种种联系，以构建完型格式塔场地构型。其中场地肌理是认知场地的重要特征，传递出特定场域内在关联特征及其与城市的沟通与渗透关系，建筑、广场、绿化、水系、道路等场地要素的内在连续性是肌理织补修复策略的关键。

首先，从图1、图2城市区位、场地图底关系反映出基地位于城市区级次中心，格网空间结构相对规

图2 GIS图底关系图

则，拥有较好的与城市沟通渗透的交通网络。其次，场地要素的研究引入生态学千层饼分析技术，进行场地要素解析，并运用数理思维，关注要素的量化占比，重点关注建筑类别占比、绿化、公共空间占比等。从中可以发现场地区域内多元化比较集中，劳动力素质高，劳动力具有明显竞争力，对于街区空间品质诉求也会较高。还有，公共绿地、公共空间则相对集中于自然形态的公园及水系沿岸。公园与水系沿岸公共空间节点的布点与活性承载力，也直接关系着场地的内在连续性与构型，关系着场地的景观重构。

2. 场地基本构型

借助格式塔完型心理学并图底转换，旨在场地整体中去抽象提炼出被人忽视，却能带动场域活力效应的空间"图形"，即公共地带（图3）。即基本构型：网格构架体系+自然曲轴贯穿；场地活性核心：以"带状水系+公园"为核心的多节点网络。

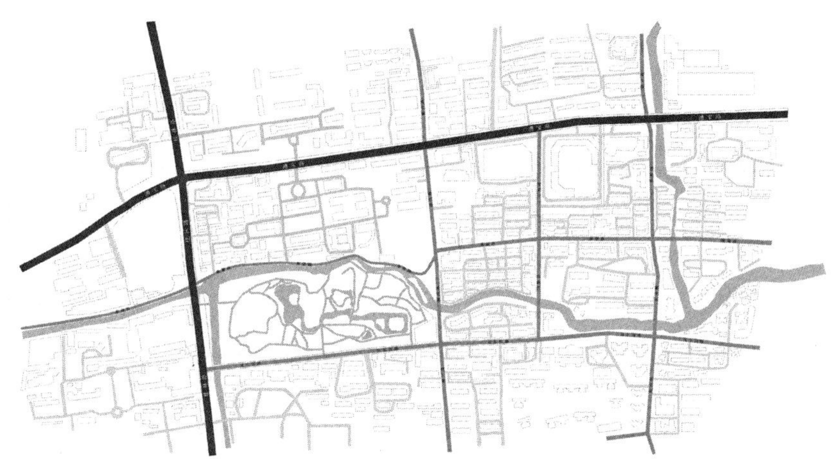

图 3 场地构型提炼

4.2 街区场域特征及功能层级定位

区位特征：从城市空间结构角度，街区贴近徐汇商圈辐射地段。因此关联城市功能互补，关注功能层级差位修补。重点在公园层级、水系休闲慢步空间的层级定位等，以体现城市发展可持续理念。从差位修补策略可定位为社区层级，主要服务对象以社区居民为主，兼顾周边教育科研机构、商业会展人群等多元构成。

微更新的核心：锁定公园及水系，也是研究场地活化复兴的重点。相对公园作为"面状"要素，而建筑可阅读城市的温度，城市意向有着一种连续性的需求。而"带状"水系慢行空间，在城市尺度中环境意向的素材恰恰呈现出一个连续的线性领域。

5 场域复兴与景观重构策略

5.1 构建格式塔完型意义的场域基底——景观叙事的背景框架

运用生态思维，纳入景观生态格局理念，构建场域基底。关注街区"有机更新"、自我代谢生长，激活整片区域的活力。

1. 重构生态基底框架

水道街区沿水系自然水源充沛、滨水公园绿地植被丰富，是天然的湿地资源，拥有形成城市绿肺的优越条件。整体街区绿量可适度在路网交叉口退界区散点增设，增强街区整体绿化布局，形成以带状水系+面状公园的公共空间为核心的多节点网络（图4）。

以公共区域为核心主要采用低影响的微更新模式，以此建立街区整体性的生态链接与生态背景，修

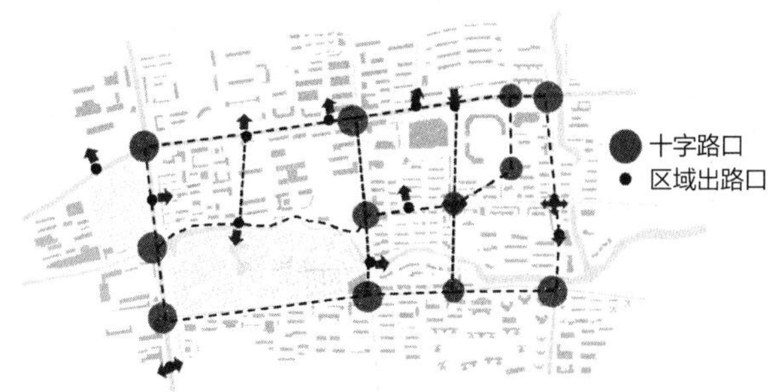

图 4 多节点网络

复和营造场域整体性的生态景观。基于现状地形，保持诸多原有树木，增加种植多种多年生水生植被、色叶树种等；并依据地形，沿河适当架设木栈道，修建条石、跳石等亲水景观，设置展示娱乐互动装置，通过对滨水步道及周边植物的提升，增加河、湖、湿地、水生态层次，增加社区居民与自然生态的互动，进一步提升和满足人们愿意驻足的心理。通过重构生态景观对保护和修复生物多样性和调节城市气候也起到了一定推动作用。

2. 完善可达性慢行系统

漕河泾水系街区现状较为完整的“井”字形网格状道路系统主要是基于机动车道路交通，路网结构与水系走向不甚叠合、连通性不强。而滨水公共空间之于特定社区却具有强大的集聚性，一方面通过贯通滨水空间，完善和营建带状滨水慢行空间；同时构建水系沿岸形成连续性节点的线性开敞空间，以加强滨水空间与城市的沟通性，强化城市与河流的渗透性。构建街区滨水空间特有的组织形态，完善与弥补城市慢行交通系统，为承载响应社区功能提供了良好的铺垫。

城市是生成的，是一个连续动态的渐进决定过程，应充分尊重城市肌理、空间格局、绿化等的有机延伸。由格式塔完型概念，进行图底对换，沿岸建筑外空间、广场、绿地被感知为图形，即转换“背景”为能活跃街区环境的“图形”。如此基地中的图形越丰富越能在原本平淡无奇的街区空间中体验慢行、休闲等的生活乐趣，如左段对于端部口袋公园节点、公园入口小广场、中部大学校门入口空间、道路拓宽部位、驳岸亲水空间等的线性织补，将会极大提升生活品质，从而织补场域背景，活化完型意义的基底框架。

5.2 建立景观重构的叙事模式——景观叙事主题结点与线索编织

1. 唤醒场所记忆的地域性、标识性

上海水系众多，水源与城市的发展密不可分，城市水道更是承载城市记忆的主要载体。“千街一貌”是目前城市微更新面临的一大困惑，因此唤醒历史记忆，体现场所的地域识别性，成为水系街区场所景观叙事的重点之一。

在此借用凯文林奇（Lynch.K）的城市意象要素，转换概念引申景观意向为街区的道路、边界、界面、节点、标志物，特别是界面、标志物。对于地域固有的特征标识意义显著。街区微更新的关键要进行细致深入落地的现场调研工作，沿水系沿岸体验感知并进行详细记录，同时耦合场地构型分析中场地活性与布局分析方案意向。

意向的活性节点缺失，据考察体验提出建议，如增设地域标志物、活性空间节点。

街区活性不足的影响因素，源于界面无特色、道路（端部）无标识性，还是边界缺乏设计处理。

对于拥有历史遗存的场所，适合保留保护策略，以一定的如建筑界面、场所特征的标志物、边界栏杆、小品等方式展示和呈现，或完整保留或保留局部有价值部分，以进行历史再现。这些要素形成人们对于街区场域感知的重要源泉，也是点拨场域主题的链接点，使得街区景观有了联结和连续的关系，从而在心理积聚和视觉编织上呈现特有的场域意象（图5）。

反之，则需适当采取抽象隐喻，或概念设定、点

图5 拥有历史遗存的场所

题铺叙等手法，展开对场所的历史追忆。城市固有的传统文化不会随城市的变迁而消逝，漕河泾街区其集体记忆如漕运文化、仓储集散等，依旧留存在传统街区，需要研究挖掘和凝练。

2. 转换街区功能的范式，营造“休闲+”场域叙事

依据马斯洛的需求层次理论，可看到所谓城市双修、生态修复、城市修补终极目标就是在上海微更新过程中关注人们的高级需求。因此面对上海提出塑造城市文化品牌——让街道可漫步、城市有温度，大量老旧水系街区的复兴重构，急需要转换街区功能范式。营造“休闲+”场域叙事是一种积极的应对策略。

社区型居住为主的多元水系街区景观重构，以社区休闲为脉络，融入文化娱乐、运动健身、展示教育、生态游憩等功能，以编织场域叙事，其实现路径需通过将场地调研与修补策略的耦合匹配。其一“休闲+”文化娱乐是最为主要的一种叙事线索。其场域叙事的构建主要依托水系沿岸空间节点的活性及承载活动的集聚性。需要通过PSPL、POE调研量化数据统计，一方面关注反应公众空间使用与行为特征，特别是典型时段适用人群及其行为，驻足停留的频率趋势及空间节点互动参与性量化统计，也包括被误用的环境如栏杆、草坪、石桌、垃圾桶、景观石；另一方面分析环境满意度——聚焦于可达性集聚性分析， 从而精准设计对策，提出耦合修补策略。

在此可达性的魅力在于：通过满足行为、视觉、心理可达性，实现让人身处其中，产生归属感、领域感。其目标是公众的互动与参与性，实现场所集聚效应，从而复兴活化场所空间。其一行为可达性，涉及交通路径的便捷程度，以及在道路交叉口、结点出入口等步行交通密集区域，适时设置公共地图、介绍标识、导向标识等。其二视觉可达性，关注街道活力的边界、界面。包括功能复合，为各种活动的发生提供可能性；同时形成开放、连续的室内外活动空间，形成一种生机勃勃的具有自我代谢功能的弹性空间，既是城市街道的视景同时也是观景点。强化街道的地域识别性，在街道线性空间设置当代公共艺术型视景，并鼓励居民参与相应空间环境设计，强化社区认同。其三心理可达性，公共空间应设置娱乐休憩节点，包括公共座椅及各种休闲服务设施，形成尺度宜人的系列交流场所，打造社区休闲空间叙事，鼓励行人驻留。街道空间分配宜留有弹性，满足周末和工作日形成不同的空间分配和使用方式（图6、图7）。

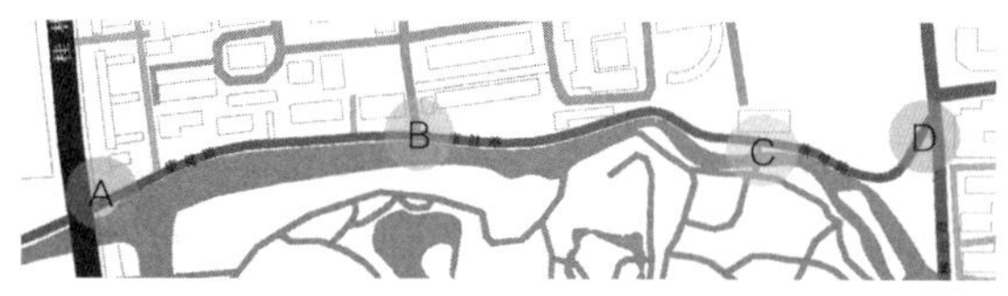

这里选择了四个调研地点：A、B、C、D。A点为桂林路与康健路交叉路口；B点为上海应用技术大学后面入口及附近小区入口；C点为康健公园在康健路上的入口处；D点为康健路与柳州路交叉路口。

图6 研究地点图示

图7 空间使用与行为

另外“休闲+”健身运动。梳理滨水空间，打造低线滨水慢步道与跑道，并提供相应路径指引设施与小型驿站式服务设施。充分尊重原有河网水系，形成丰富多样的街道线性。空间沿线宜设置相应微型广场绿地，形成休憩节点，丰富空间体验。

第三“休闲+”宣传教育展示。关注自然景观可视化，恢复人们对于自然的意识、关心及想象力，如河流、植物、湿地等自然要素，关注生态补偿及多元自然空间等。特别对于原生河流的水流形态、湿地自净、立体绿化等，展示自然的“过程－形式”。

5.3 景观重构模式语言——景观叙事的要素层级框架

从景观重构叙事背景、叙事线索可见，场域景观重构涉及范畴内容广泛而庞杂。而抽离剥茧离不开重构景观的各种基本要素。因此对其有针对性地梳理分级，有助于深化景观重构的理论框架，提升理论的辐射意义，更具可持续内涵。

亚历山大的建筑模式语言思维给予我们有效的启发和借鉴，将景观重构的关键要素按照属性分级梳

理，能更好把握景观重构的整体框架，本文分为景观重构的三级框架。

一般层级要素是景观重构不可或缺的基本要素组成。关注客观意象层面的景观要素——道路交通、标志物、边界、界面、节点，以及水体、植被。

场域层级要素是景观重构聚焦的核心要素组成。

街区意象——尺度、识别性与视觉质感，边界连续性，视景，可达性，聚落性，叠加复合性，弹性与时空梯度——空间延性、空间层次、空间序列，场域复杂性等模式节点（“空间秩序”、“逆空间”、“积极空间与消极空间”和“加法空间与减法空间”）。

生态能级要素，体现可持续理念的景观要素组成。空间格局，生态过程，河岸生长、粗糙度、段落等概念。

有待增加的概念：形成老旧水系街区改造微更新格局构架，在城市微更新层面建构起上海老旧水系街区提升在地性环境品质的景观模式弹性框架——分层级景观要素集合。

6 结语

基于当今中国城市景观重构的重要历史时期，“城市微更新”是微小修复、修补的一种新的城市更新方式。特别是文中“休闲+”是多方位、多层次的，是一种新的街区景观范式，边界可以无限拓展的弹性模式，有着平台的内涵，极具当代性，还隐约着分享经济的特质。而景观重构模式语言的层级框架及遴选重组，亦渗透着可持续生态设计的弹性思维。

整个场域复兴与景观重构的延性策略，贯穿着城市生态思想，通过景观的手段来开启老旧水系街区场地的构建匹配过程。构建可变的、弹性的、粘性的、人工化的城市生态秩序，改善人类的生活品质，为公众提供最佳的生活体验、更高的幸福指数，让群众在“城市双修”中有更多获得感。因此对于漕河泾老旧水系街区的场域景观重构有着时代性与使命感，并对于相关理论与实践有着积极的辐射与参考意义。

参考文献

[1] 约翰·O·西蒙兹. 景观设计学[M]. 北京：中国建筑工业出版社，2013：301-304.

[2] 全面开展“城市双修” 推动城市转型发展——住房城乡建设部印发《关于加强生态修复城市修补工作的指导意见》.

[3] 阳建强. 中国城市更新的现况、特征及趋向[J]. 城市规划，2000，24（4）.

[4]（丹）扬·盖尔. 交往与空间（第四版）. 何人可译 [M]. 北京：中国建筑工业出版社，2002.

[5] 俞孔坚，李迪华. 城市景观之路：与市长们交流[M]. 北京：中国建筑工业出版社，2003：136.

作者简介

韩贵红，女，上海应用技术大学副教授，环境景观研究所所长。

城市历史遗产保护背景下的城市设计编制方法探索
——以郑州商都历史文化区为例

宋亚亭

摘要：城市历史遗产保护是较为复杂的城市历史和规划设计研究工作，也是“文化复兴”、“城市双修”工作的重要内容；城市设计未在我国城乡规划法规体系之中，其编制内容、编制成果具有较为灵活的特征。本文以郑州市商都历史文化区为例，探讨以文化遗产认知和价值挖掘为基础，整合文化遗产保护、城市设计和开发控制等方面的内容，探索城市历史遗产保护和城市发展相协调的城市设计编制方法。

关键词：历史遗产保护；城市设计；协调

Abstract: The protection of urban historical heritage is a more complex work about urban history and urban design research. It is also an important work of "cultural revival" and "urban double repair". Urban design is not in the system of urban and rural planning in China, and its compilation content and results have more vivid characteristics. Taking the historical and cultural area of the Shang Dynasty in Zhengzhou as an example, this paper probes into the content of cultural heritage protection, urban design and Construction control on the basis of cultural heritage cognition and inner value, to explore the urban design formulation method for the coordination of urban historical heritage protection and urban development.

1 研究背景

2015年12月20日，中国城市工作会议在北京召开，会议指出，要加强城市设计，提倡城市修补，加强控制性详细规划的公开性和强制性。要加强对城市的空间立体性、平面协调性、风貌整体性、文脉延续性等方面的规划和管控，留住城市特有的地域环境、文化特色、建筑风格等“基因”。可见，随着我国进入了城市时代，城市文化特色、文脉等将成为城市工作研究的重点，也是“文化复兴”、“城市双修”工作的重要内容。

2 城市设计的一般特征概述

2.1 城市设计的多学科特点

城市设计虽然未在我国法定的城乡规划体系当中，但是却贯穿城市规划建设全过程。城市设计涉及多方面的内容，这些内容通过城市设计将各方面内容落实到法定规划当中。城市设计涉及多个学科、多个领域的相关内容，在城市总体规划、控制性详细规划和修建性详细规划等各个阶段都有相应的城市设计内容，不同的城市设计内容有不同的侧重点。

2.2 城市设计编制的灵活性

考虑要素的复杂性、设计理念的多元性、具体问题的特殊性，导致城市设计编制成果呈现出了灵活性和多样性的特点。东南大学的段进教授主持编制的《城市设计技术导则》，旨在明确各类型、层次城市设计的编制内容、要点和成果深度。但城市设计技术导则不是一个编制办法，而是在城市设计编制的多样性和灵活性的基础上进行规范性的引导。

3 城市历史遗产保护背景下的城市设计特征分析

3.1 以城市历史遗产保护相关要求为前提

从《全国重点文物保护单位保护规划编制要求（修订稿）》、《历史文化名城名镇名村保护规划编制要求（试行）》、《历史文化名城保护规划规范》等法规中，可以寻找到历史遗产保护的规划推演过程。城市历史遗产保护首先强调应对历史遗产有正确的认知和理解，由点串线，挖掘遗产价值，进而提出保护合理的保护和利用思路。而城市设计则统筹考虑各方面的利益诉求和空间资源，进行空间资源的统筹设计和安排。

城市历史遗产保护背景下的城市设计，首先对历史遗产的文化认知和价值挖掘为前提，在城市历史遗产保护相关要求为前提下进行空间资源的统筹设计和安排。

3.2 协调历史遗产保护相关要求与城市建设的关系

历史遗产保护规划兼具历史学、考古学等学科特点，强调历史研究的科学性的严谨性，允许大量未知存在，对于未知部分规划中强调维持现状，以尽可能减少对文物本体的干预，确保文物本体的真实性。特别是在考古学界，对于历史文化遗产认知清晰特别是大遗址这种类型的文化遗产，需要几十年甚至数百年的时间周期；而城市设计作为城市建设引导控制的主要手段，其设计周期相比较而言较短，且设计过程中对于历史文化遗产的确定性、可观赏性等要求较高。随着城镇化质量的不断提高，城乡规划势必由“大而全”向“特色化”、“专业化”转变，由“蓝图式”控制向“过程式”控制转变。可见，在城市历史遗产保护背景下的城市设计，必须考虑到历史遗产的不确定性、周期较长的特点，需要深入认知历史文化遗产，挖掘其价值和文化内涵，统筹考虑城市空间资源，协调好历史遗产保护相关要求与城市建设的关系。

4 城市历史遗产保护下的城市设计方法

4.1 文脉认知、价值挖掘是基础

城镇化发展是由量向质转变的时代，城市建设速度放缓，城市发展的质量提高。要求我们能够理清现状城市建设的独有问题或者特定问题，从而能够有的放矢地提出规划设计措施。城乡历史遗产保护背景下，文脉梳理则成为这种类型规划设计的最主要问题，如何对其有正确的理解则成为关键要素和要点。城市设计的成果和编制方法的灵活性，也决定了城市设计与总体规划、控制性详细规划和修建性详细规划的编制重点有较大的差异，其程序性和规定性的要求大量减少，这也决定了其易于与城乡历史遗产保护的要求相衔接。

4.2 合理利用、彰显价值是途径

无论是城乡规划、城市设计还是建筑设计，正如1999年的《北京宪章》所说：“广义建筑学不是要建筑师成为万事俱通的专家，而是倡导广义的、综合的观念和整体的思维，在广阔天地里寻找新的专业结合点，解决问题，发展理论。”城乡历史遗产的博物馆式保护、被动式保护成为时下很多人诟病的主要原因，但是城市历史遗产如何合理利用？这些问题都是城市历史遗产保护研究值得关注的主要问题。城市设计灵活的表达和其非法定性地位，决定了其能够基于城市历史遗产保护为基础，讨论城市历史遗产的合理利用，提出彰显其核心价值和社会价值的重要手段和措施，探索城市历史遗产的运营和经营思路。这些都能够基于城市设计进行整合梳理，从而解决城市历史遗产的保护和利用相协调的问题。

只有城市历史遗产保护和合理利用有了较好地衔接和统一，通过合理利用的有效途径，整合了各方对城市历史遗产及其保护的统一认识和行动纲领，才能够较好地将城市历史遗产保护与城市建设较好地协调。

4.3 多元深入的管控体系是根本

导则作为城市设计成果的重要内容，也是城市设计内容法定化的重要手段，其具体内容除了在历史遗产保护区划基础上的控制引导以外，应充分考虑遗产价值及遗产原生环境，考虑遗产合理利用思路，从而提出更加细化的控制要素和控制内容。不同类型、不同区位、不同环境的城市文化遗产，其保护区划的划定及控制重点都有不同，其合理利用的思路更是丰富多样，作为统筹和整合城市历史文化遗产保护要素的城市设计，更应该将其管理控制体系进行细化。

城市设计作为物质空间载体控制引导的主要手段，落实空间效果和空间模式是根本。物质空间载体则是在充分理解文化遗产的脉络、厘清展示利用目标基础上，才能够有较成为巧妙的设计。笔者有幸参与了《郑州商都历史文化区产业规划》、《郑州商代都城遗址环境整治总体方案》的方案编制当中，分别用城市设计的方法，从郑州商代都城遗址保护和展示利用两个角度去探索城市历史遗产保护与城市发展的关系，下文将案例当中的思考做简要介绍。

5 案例：郑州商都历史文化区城市设计

5.1 郑州商都历史文化区概述

商都历史文化区位于郑州都市区老城中心，西望郑西新区，东瞻郑东新区。东起城东路，西到德化街、二七路，南起陇海路，北至金水路，面积约6平方千米。郑州商都历史文化区规划区遗迹数量多、种类丰富、覆盖面广。各种文化遗产资源共27处包括商城遗址、郑州城隍庙、郑州文庙、北大清真寺、明清建筑群、历史文化街区和名人纪念地等，其中全国重点文物保护单位4处6项。

5.2 郑州商都历史文化区历史资源特征

郑州商都历史文化区拥有最民享的城市区位。同时，具有绵延存续的时空特征：自商汤建都亳于此，经历了周之管国、汉之管城、明清之郑县，直至今日之郑州。3600年，城市一直在此绵延存续，同时商都历史文化区一直位于城市中心。

1. “纺锤形”的时间维度特征

（1）商代资源价值大

3600年的延续，郑州商城核心价值较大，经周代管国及后期州治、县治等，其影响力逐渐变小。郑州商城遗址是中国考古学的重要发现之一，是中华文明史最重要的早期大型城址之一，也是我国重要的大遗址之一，具有重大的历史文化价值。郑州商城遗址的面积广大、类型完整、遗存丰富，特别是城垣遗址、宫殿区遗址以及大量商代青铜重器的发现，证明了郑州商城是商代前期的商王都邑。

（2）明清资源数量多

郑州明清老城格局保留较好，历史文化资源也较为丰富，包含郑州城隍庙、文庙、北大清真寺、天中书院、书院街古民居群等历史文化资源，同时保留了东西大街、北大街、南大街、头道胡同等一批历史街巷。

2. “双城”的空间维度特征

商代，郑州商城形成了“宫城一体、内城外郭”的王都格局，现仍遗存有宫殿区、内城城垣、手工业作坊、墓葬和窖藏坑等遗址。明清时期，依托郑州商城南部，形成四门丁字大街的城市格局，东西大街、北大街、南大街、书院街等街巷格局延续至今。郑州商城宫城一体的王都格局与明清郑州四门丁字大街的城市格局构成了商都历史文化区资源的“双城”空间维度特征。

5.3 郑州商都历史文化区的文化价值

1. 华夏文明鼎新世界文明的重要佐证

郑州商城所展现的商文化成就显示出华夏文明已经走向成熟并相对稳定的阶段，华夏文明的形态已经逐步清晰，商文明奠定了这一位于东方的文明体系在以后的发展基础——在商以后的文明发展过程中，商文化的痕迹已经难以磨灭并体现出强烈的文化传承关系。在同时代的世界范围看，无论是两河流域的巴比伦城、亚述城，印度河流域的摩享佐达罗城、哈拉巴城，尼罗河流域的埃及城，郑州商城是世界范围内同时期规模最大的城池之一。

2. 王都典制国家文明开创的重要见证

郑州依托以郑州商城为代表的众多历史资源，位居“八大古都”之列。郑州以商城为代表的古都群体，是华夏文化的重要源头，是中华民族的重要发祥地和中华文明探源的核心地区之一；同时也是我国八大古都早期古都典制的典型代表。

3. 古代城市文明开启的重要史证

在所有商代城池中，郑州商城是唯一拥有真正意义上的外城、内城、宫城三重城格局的都城。郑州商城内宫殿区、作坊区、祭祀区等功能布局科学明晰，是我国迄今发现的第一座具有一定规划布局的都城遗址；考古发现的郑州商城内城有大型壕沟、蓄水池、排水管道、大型夯土水井等，供水系统严密科学，与当今城市供水系统的构造原理基本相同，首开城市供水系统的先河（图1、图2）。

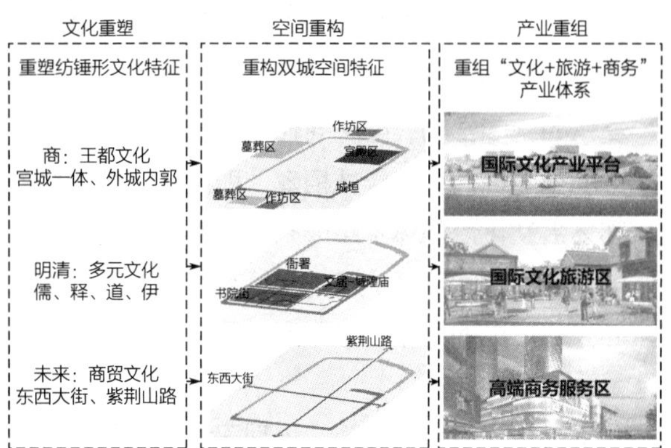

图1 基于文脉重塑的城市设计策略

图2 城市设计效果图

5.4 郑州商都历史文化区活化利用策略

文化产业将成为以商都历史文化区为核心的郑州历史文化名城第三产业发展的重要方向。郑州商都历史文化区以文化商都、魅力商都、商务商都作为未来发展的目标。构建以文化旅游业为引领，高端商务服务业为提升，生活服务业为配套的复合型商都产业体系，建构商都历史文化区产业生态圈。构筑文化产业、旅游产业、高端商务服务业三大主导产业；以文化商都构建文化产业体系，以魅力商都构建旅游产业体系，以商务商都构建商务服务业产业体系。文化产业以文博展览、文化演艺、文创产品为主；旅游产业以文化景点、传统街区、主题公园为主；高端商务服务业以企业总部、商贸洽谈、高端商业为主（图3）。

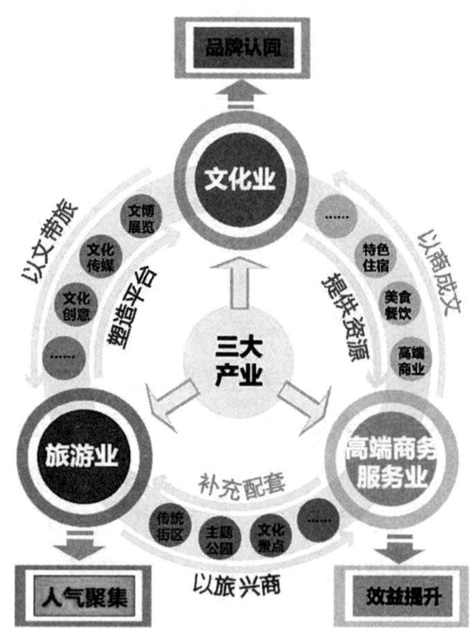

图3 活化利用体系构建

5.5 郑州商都历史文化区空间改造策略

郑州商都历史文化区建构“双城相套，十字相交”的空间结构，强化商代、明清以及未来时空对应的空间格局。“双城相套”即商代都城形成的亳都怀古文化商都体系和以明清管城形成的管纳百俗魅力商都空间体系。“十字相交”即紫荆山路和东西大街形成的“十字形”万象更新商务商都空间体系。

亳都怀古，文化商都，再现王都恢弘气象。建构“一带、两区、多点”的商代都城格局，形成商代城垣休闲带，宫殿区遗址公园片区、两院片区、外围作坊窖藏坑博物馆群，并以商代宫殿基址展示、宗教文化展示、园囿展示、青铜文化展示、铸铜体验、虚拟体验等形成亳都怀古游览流线。管纳百俗，魅力商都，容纳多元民俗风情。构建以衙署文化片区、城隍庙文庙民俗文化片区、书院街雅文化片区为主的管城历史格局。并以城隍庙、文庙、天中书院、衙署、传统民居等节点形成管纳百俗游览流线。万象更新，商务商都，引领未来商务发展。构建以紫荆山路、东西大街城市高端商务集聚轴。

5.6 郑州商都历史文化区风貌控制策略

郑州商都历史文化区作为大遗址的典范，其周边风貌控制主要考虑视线通廊控制、街巷要素控制、建筑要素控制和环境要素控制等内容。

整体风貌控制要素基于遗址类型和保护区划进行控制分区，总体分为重点风貌控制区和一般风貌控制区。重点风貌控制区包括城垣与宫殿遗址区、衙署片区、文庙城隍庙片区、书院街片区、两院片区；一般风貌控制区指除重点风貌控制区以外的其他区域。街巷空间分三类进行控制，分别为都市生活道路、文化商业道路和传统历史街巷；传统历史街巷是街巷控制的重点，基本延续现状道路宽度，保持系统完整延续性，主要承担文化休闲职能及文化商业职能，重点促进历史文化传播与发扬。建筑要素的控制主要是建筑高度、色彩、建筑形制（门窗、墙体、屋顶及细部的传统性）等细部特征的细化控制。

6 结语

城市设计是存量规划时代，是提升城市品质的主要途径，更是“多规合一”趋势下，将文化遗产保护规划的理念与城市规划相协调的重要手段。通过对这一类型城市设计方法的探索，有助于搭建遗址保护与城市发展沟通协同平台。

参考文献

[1] 王建国. 城市设计[M]. 北京：中国建筑工业出版社，2015.

[2] 金广君. 图解城市设计[M]. 北京：中国建筑工业出版社，2010.

[3] 吴强. 文化遗产历史空间保护与城市设计——以安徽东至尧渡老街历史街区保护规划与城市设计研究为例[J]. 城市规划，2007（5）：93-96.

个人简介

宋亚亭，华北水利水电大学建筑学院讲师，北京建筑大学博士研究生。

郑州二砂工业遗产保护与利用问题研究

The Study on the Protection and Utilization of Ersha Industrial Heritage in Zhengzhou

姜莳蓓，肖雪莲，张慧娟

摘要： 20 世纪 50 年代，郑州西区开启了郑州工业化建设的序章，二砂作为郑州工业发展的源头，引领着郑州制造业的发展，承载着郑州城市的发展记忆，见证着郑州制造在新中国成立以来的历史辉煌。现今在郑州“建设国家中心城市，推进四大文化片区建设”的背景下，对二砂工业遗产的保护与利用显得尤为迫切。本文针对二砂工业遗产的保护和利用在规划设计中所遇到的主要问题进行梳理，并提出规划解决策略，以期对其他类似工业遗产建筑的保护和利用具有借鉴作用。

关键词： 工业遗产；保护利用；文化创意

Abstract: In the 1950s, the western part of Zhengzhou opened the prelude to Zhengzhou's industrialization construction. As the source of Zhengzhou's industrial development, Ersha led the development of Zhengzhou's manufacturing industry, bearing the development memories of Zhengzhou and witnessing the brilliant history of manufacture in Zhengzhou since the founding of New China. Nowadays, in the background of Zhengzhou “building a national central city and promoting the construction of four cultural districts”, the protection and utilization of the industrial heritage of Ersha is particularly urgent. This paper sorts out the main problems which will encounter in the planning and design for the protection and utilization of the industrial heritage of Ersha, and proposes solving strategies, in order to draw reference for the protection and utilization of industrial heritage buildings like this.

Keywords: Industrial Heritage; Protection and Utilization; Cultural Creativity

1　二砂概况与研究意义

郑州第二砂轮厂是在我国第一个五年计划时期由德意志民主共和国（简称东德）于1953年援建，1964年建成投入生产，厂区内生产建筑格局严整，铺设铁路专线，运输便利，花坛棋布，绿树成荫，素有“花园工厂”之称。1980年二砂工业总产值达到8508.5万元，创历史最好水平，并开始向国外出口产品，成为当时全国最大、最重要的综合性磨料磨具生产企业。20世纪50年代，郑州市区西部同时期建设的一系列工业组群带动了郑州市西部的发展，二砂厂作为其重要的组成部分之一，在随后几十年的发展中为国家做出了巨大贡献。可以说，第二砂轮厂代表着郑州工业的发展源头，引领着郑州制造业的发展，承载着郑州城市的发展记忆，见证着郑州制造在新中国成立以来的历史辉煌。

随着我国市场经济条件的成熟，各行业与国际接轨步伐加快，受城市产业结构调整和城市社会经济结构变革的影响，郑州市西部的工业组群面临着升级改造和城区更新的突出问题。在离二砂不远处已进行的郑州国棉纺织厂的改造中，全部采用推倒重建的快速开发模式，工业建筑遗产与那段辉煌历史印记在房地产市场的角逐中明显低于土地的开发利用价值，导致随着用地的不断更新改造，原有的工业历史印记几乎荡然无存。因此，对二砂厂区的更新改造，在促进城市更新与产业升级的基础上，对城市工业遗产的保护更显得尤为重要。

2　现状与历史价值

二砂位于西三环与中原路交叉口东南部，处于郑州市城市向西发展轴线上，具有良好的发展潜力。厂区现状建筑多为建厂初期所建，遗留下大量20世纪五六十年代由东德工程师担纲设计的工业厂房、办公建筑等，具有较高的历史价值，现状多数保存完好。墙体以红砖为主，辅以深灰铝合金板和灰色混凝土，建筑色彩特色鲜明。其中最具代表性的弧形锯齿式屋顶的包豪斯风格建筑——陶瓷砂轮制造车间，单层建筑面积7.5万平方米，在国内极其罕见。

现状厂区空间格局与厂区建设之初格局基本相同，厂部办公大楼、前广场和中央景观大道形成的厂区中轴线保存完好，厂区内现状遗留下的主要工业建筑所形成的空间能够较好地反映当时的历史特征和环境特征。

由于第二砂轮厂内有着丰富的工业遗产资源，具有高度稀缺性和历史文化意义，在2013年郑州市政府即确定保留二砂厂区内优秀近现代工业建筑，并结合二砂厂区独特的建筑风貌和历史意义，打造承载郑州工业发展的历史印记和市民回忆的特色文化创意产业园。为避免商业化开发对确定保留的工业建筑带来的推倒重建性影响，郑州市人民政府协同市文物局组织文物保护专家对二砂厂区进行现场调研、文物鉴定及文保单位申报等系列工作。在2016年初，河南省政府将郑州第二砂轮厂旧址列为河南省第七批文物保护单位，是近现代工业遗产的重要代表。同时现状厂区内陶瓷砂轮制造车间、金刚砂仓库及结合剂处理车间、耐火物原料及结合剂加工车间、备件工具及润滑油仓库、砂轮成品库及发送间、橡胶砂轮制造车间、厂部办公大楼七栋建筑已被郑州市列入优秀近现代建筑保护名录（图1）。

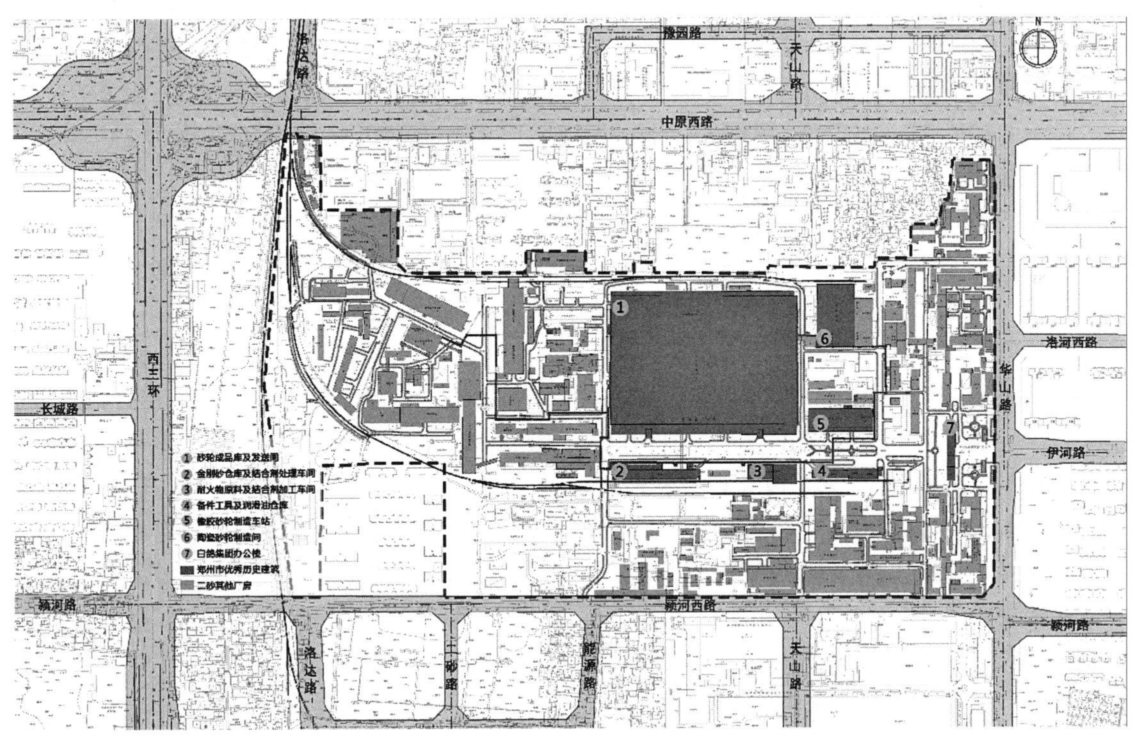

图1 二砂工业建筑现状图

3 工业遗产保护和利用方式研究

纵观国内外对工业遗产建筑的保护和开发利用，成功的案例通常有三个再开发方向：文化创意产业、住宅或商业地产以及公园。例如澳大利亚的悉尼歌剧院是由原有的铁路车站遗址改建而成，西班牙毕尔巴鄂市是将工业荒地改造为了博物馆，北京798艺术区是由原718电子元件联合厂改造而成。这些对工业遗产保护与开发利用的成功案例，都是积极利用工业遗址本身的工业文化资本，通过文化产业和功能植入，丰富原工业基地的内涵，为工业衰落的区域注入活力。

在快速城市化发展和市场经济的背景下，郑州市近二十年取得了飞跃性的发展。城市人口规模不断集聚，一方面促进了城市范围的扩张，一方面也推动着老城区内棚户区与工业用地的更新改造。“退二进三”是城市老工业用地改造的主要方式，经济利益是资本投资的主要目的，往往在寸土寸金的城市中心区内，占用大量土地和空间的工业遗址，更多的是被用来开发住宅、商业设施或混合用途开发。推倒重建对优秀的工业遗产建筑是毁灭性的破坏，一味地保护起来也并不利于文化和城市发展的需要。基于二砂对郑州市尤其是西郊一带的历史价值，利用二砂工业遗址结合文化创意产业进行保护与开发利用，是郑州市城市发展进程的必然选择。为切实加强对二砂历史保护与开发利用工作，以建设二砂文化创意产业园为载体，尽可能地保留厂区原有建筑的风貌、空间特征和它所携带的历史信息，充分发挥二砂工业遗产在传承文明、建设郑州国家中心城市发展中的重要作用，不断丰富郑州市历史文化名城的文物史迹，打造二砂文化创意产业园成为郑州国家中心城市的一张文化名片。

4 现实问题与策略

建设二砂文化创意产业园的目标战略提出以来，郑州市人民政府就非常重视规划设计与招商合作等各项工作，并确定二砂文化创意产业园为郑州市四大文化片区之一，通过招投标确定由国内知名的城市设计专家——中国城市规划学会城市设计学术委员会副主任卢济威教授带领的同济大学与上海建筑设计研究院团队联合开展。卢教授城市设计团队提出了建构城市特色活力区和新旧共生的设计理念，分别对交通组织、历史保护、区域公共服务中心等几个方面做了重点研究，规划了五个功能分区，给出了改造利用历史建筑、保护厂区风貌的方案和意向，对内部交通进行了梳理和设计，对地下空间开发作出了安排，并对建筑高度、色彩提出了控制要求，给出了个地块建设指标，对二砂文化创意产业园的发展指明了方向。

但是目前郑州市已有的规划管理方面的政策法规都是针对新建建筑的，对工业遗产建筑的保护与结合文化发展的创意产业园的规划用地性质、使用功能、土地运作方式、后续验收和批后管理等方面尚缺乏明确的规定。二砂文化创意产业园的城市设计在落地建设的过程中也存在一些突出的问题。

4.1 单一工业用地性质向混合功能用地的转变

二砂文化创意园旨在通过文化创意产业的引领，将创意、科技、时尚、艺术、生活乃至城市记忆集约式融合发展，以建设成为区域公共服务中心。原厂区为划拨工业用地性质，并且现在又是省文保单位，在规划中二砂工业遗产地块用地性质如何确定是个难点问题。

在保留原有工业用地性质的情况下，按照国土资源部文件（国土资发〔2008〕24号）《关于发布和实施工业用地项目建设控制指标的通知》：工业项目所需行政办公及生活服务设施用地面积不得超过工业项目总用地面积的7%。发展文创产业所需新建的商业和服务用房，受到上述文件的限制。由于工业用地置换的极高交易成本，国内其他城市的做法，常常在暂时不更换土地用途和使用权人的前提下，通过对用地上工业及其附属建筑的改建或重建，发展创意产业、设计研发、商业商务等服务业功能，实现用地业态的实际转换。部分城市出台了针对性的政策来解决相关问题，例如深圳市明确设置新兴产业用地（M0），天津市增加科技研发类用地（M4），南京则允许土地混合利用。

结合二砂文化创意产业园的发展需要，规划对厂区范围内工业用地性质按改造后的实际用途进行划分与分类。对工业遗产保护建筑地块的用地性质按照郑州市人民政府的政策①，保留工业用地性质，允许建设最多为总建筑面积10%的配套服务设施；对需要进行住宅及商业开发的地块，按实际用途分为居住用地、商务用地、商业用地等性质，并允许兼容一种或两种其他性质用地。在二砂厂区改造范围内，充分考虑公共绿地、教育设施用地及社会停车场用地等，兼顾公共利益。

4.2 城市道路与工业遗址保护的冲突

二砂厂区面积约845亩，且位于郑州市三环内城市中心区，对厂区范围内道路交通组织一方面要满足内部新增交通量的需求，一方面要与周边现有道路和已规划道路进行良好的衔接。郑州市总体规划的路网未充分考虑厂区内历史建筑保护的问题，原有规划城市道路穿越厂区会对片区历史风貌有一定影响，特别是上位规划中城市次干道天山路，与七座郑州市优秀近现代建筑之一的陶瓷砂轮制造车间相冲突。根据省住房和城乡建设厅、文物管理局的有关要求②，结合卢济威教授的方案设计，规划天山路在二砂园区段采

① 2018年4月郑州市人民政府发布《关于印发郑州市加快文化产业发展若干政策的通知》（郑政文〔2018〕83号），该通知提出：发展文化产业的工业厂房、仓储用房、可利用的传统院落、传统商业街和历史文化保护街区等，经市文化体制改革和发展工作领导小组确认并报市政府批准，在不变更房屋主体结构和用地性质的情况下，可以建设最多为总建筑面积10%的配套服务设施。

② 2009年，省住房和城乡建设厅、文物管理局制定的《加强城乡优秀近现代建筑保护工作方案》提出：实施有效的保护措施，防止城乡优秀近现代建筑被损坏或拆除。

用地下隧道的方式，既保证了优秀历史建筑不被损坏，也满足交通通行的需求。同时下穿道路与园区内地下车库相连通，解决了一部分外部车辆进出园区与停放的需求。此外为保证厂区内部交通安全和厂区风貌，对园区内城市支路采取交通管制的措施，控制园区机动车通行时间及通行速度。在对园区内道路断面设计的时候，也考虑尽可能多地保留特色工业建筑，进行灵活的断面设计。如在道路与建筑相交有冲突的地方，结合建筑自身的空间架构，在道路穿过该保留建筑时，通过控制车道宽度在不破坏建筑结构的情况下，道路从柱子间穿过去，形成良好的道路与建筑空间的呼应（图2）。

图2　《二砂文化创意广场城市设计》效果图

4.3　工业遗产建筑保护和利用的平衡

郑州第二砂轮厂旧址作为现代工业发展时期的重要见证，风格独特的二砂厂区内保存有大量老厂房等工业遗存，规划除了七栋历史建筑之外，考虑园区整体工业环境风貌，还保留了12栋原有工业建筑，进行更新改造和功能置换。

其中，二砂厂区内部最具有特色、体量最大的陶瓷砂轮制作车间，建筑面积74376.8平方米，规划用作艺术品市场、展览和商场等功能，此类功能人流较为集中，必须对建筑进行改造才能满足消防要求。作为二砂工业遗址内部重要建筑、郑州市近现代历史建筑，缺乏法律依据来确定能否对其进行改造。工业遗产的保护，不应该是“福尔马林”式的被动保护，而应遵循工业建筑遗产保护的特点，在保护的前提下通过功能转换，进行适应性再利用。通过对工业遗址建筑进行的更新改造是为了创新其使用功能，重现场地活力，能够将文化和记忆延续下去。规划鼓励对厂区老旧建筑进行更新改造，引入新的功能，使其焕发活力，但是要保证保护建筑本体不被破坏，保持建筑的原有风貌不被改变。

5　结语

二砂工业遗产建筑的保护和再利用对郑州市城市发展来说具有创新引领作用。本文探讨的只是其中工业遗产建筑保护所遇到的主要问题，针对二砂厂区内的开发建设还面临着人防、地震、教育设施配建等规划问题，以及政策扶持、项目审批、招商引资等实施问题。美国著名建筑师卡罗尔·贝伦斯认为，无论工业遗址再开发利用的开发商（驱动者）是谁，公共部门都有必要通过规划、资金支持、特定的就业和产业扶持政策，来协助获得了公众支持的再开发项目走向成功。二砂文化创意产业园的开发与实施也是如此，在已进行的文物保护、城市设计、控规编制等规划技术层面的研究基础之上，还需进一步深化公众参与、政策创新及规划实施保障等方面的内容与实践，以期使二砂文化创意产业园的城市设计方案能够成为现实，从而更好地实现二砂工业遗产建筑的保护和开发利用，成为郑州市新的文化名片。

参考文献

[1] 单霁翔. 关注新型文化遗产——工业遗产的保护[J]. 中国文化遗产，2006（04）.

[2] 俞孔坚，方琬丽. 中国工业遗产初探[J]. 建筑学报，2006（08）.

[3] 徐苏斌. 从工业遗产到城市遗产[J]. 城市文化发展研究，2015（8）：112-117.

[4] 陈基伟. 上海工业用地二次开发模式研究[J]. 科学发展，2013（10）：9-20.

[5] 王西京，陈洋，金鑫. 西安工业建筑遗产保护与再利用研究[M]. 北京：中国建筑工业出版社，2011.

[6] 刘旎. 上海工业遗产建筑再利用基本模式研究[D]. 上海：上海交通大学，2010.

作者简介

姜莳蓓，中国城市建设研究院有限公司，规划所总工；

肖雪莲，中国城市建设研究院有限公司，助理工程师；

张慧娟，中国城市建设研究院有限公司，常务副院长。

3 人居环境与生态、绿色、健康城市

Habitat Environment and Ecological, Green, Healthy City

2018 ZZ Urban Design

基于韧性城市理论的高校冗余空间生态性构建与利用
——以青岛理工大学教学环境为例

Ecological Construction and Utilization of Redundant Space in Colleges and Universities Based on the Theory of Resilient City: A Case Study of Teaching Environment of Qingdao University of Technology

钱城，窦梦溪
（青岛理工大学建筑与城乡规划学院，266033）

摘要：韧性城市理论为城市空间多样性的融合提出了新的思路，而高校环境通过挖掘利用冗余空间、满足学生的各种需求、对学生的心智发展是非常重要的。本文以青岛理工大学为例，探讨韧性城市理论下的高校冗余空间的构建与利用，通过对校园空间的硬性、软性设置，满足多功能性空间和边角空间的利用要求，发挥适宜的冗余作用，使校园充满多样性活力，促进学生应对机遇和挑战能力的培养。

关键词：韧性城市；冗余空间；多样性；高校环境；生态性构建与利用

Abstract: The theory of Resilient Cities proposes new ideas for the combination of urban spatial diversity. In order to meet the needs of the students, the colleges and universities should fully utilize the resilient space, which can also be very helpful for the growing up of students' minds. In this paper, we take Qingdao University of Technology as an example and discuss the construction and utilization of redundant space using the theory of resilient cities. Through the hard and soft setting of campus space, it can meet the requirements of multifunctional spaces and edge spaces, play the role of appropriate redundancy, make the campus full of vivid life and character, and promote the students' ability of coping with opportunities and challenges.

Keywords: Resilient City; Redundant Space; Diversity; University Environment; Ecological Construction And Utilization

1 引言

高校可以看作是一座微缩的城市，良好的高校空间可以为学生提供良好的学习娱乐环境，有利于学生身心健康的发展。如今的高校建设存在很多走向问题，一直是业界和学界关注研究的热点，而韧性城市概念的提出和应用，可以为高校环境的建设提供一些有益的指导。

2 韧性城市和冗余空间的概念延伸

2.1 韧性城市的核心价值体现

“韧性”的概念最早是由ICLEI（倡导地区可持续发展国际理事会）于2002年在联合国可持续发展全球峰会上提出，随后很快被应用于建筑设计和城市规划的理念当中。在韧性城市这一知识体系内，冗余空间的概念是最能体现韧性城市价值的存在[1]、[2]。冗余空间具有多样性特征，这种多样性是生态性的重构和叠加，不是浪费和过剩，而是一种利好的积累；它也不是各行其是的功能区分和堆砌，而是一种包容性更强的空间，其优越性对整体发展作用积其重要。

2.2 生态系统多样性的冗余空间延伸

以生态系统多样性为例：生命有机体的冗余促进了其总体功能向多样化方向进化，增强稳定性，以提高适应不利环境波动的能力[3]。

例如湿地生态系统因其肥沃充足的水土和水源、微生物和动植物资源丰富，成为初级生产力较简单自然的开发方式。但是过牧过伐使草木种类减少，造成草原退化，动植物与微生物多样性特征被严重破坏，生态系统脆弱不堪。所以自然界要靠这种“多样性”特征，包括生产方式、模式的转变转型，在很大程度上提高弥补生物群落缺失功能的冗余补偿能力。因此，加强生态调节韧性，才能维持生物圈系统的平衡与稳定。

同样的道理，将韧性城市理论作为指导思想，构建优质的高校环境，可以营造出多样化的校园冗余空间，以期实现开放而又多元的教学环境，为学生的学习生活提供良好的基础氛围。

3 高校构建良好冗余空间的具体措施

高校在构建冗余空间上，需要兼顾两个方面：一是建筑空间营建之初的硬性设计条件，二是后期使用冗余空间利用的软性输出条件。

3.1 硬性条件

高校环境为学生的学习和生活服务，考虑到学生的使用需求，应有“预留”和“富余”，呈现多样性的冗余空间，让“功能”和“空间”促成一个良性循环，而不是就功能而功能、就空间而空间，无法变通和延伸空间的冗余。

在满足空间需求的同时，应尽量让高校冗余空间的建筑物理环境质量，如声、光、热等达到舒适性。例如，处于盛夏炎热天气时校园能否及时开启空调或通风，天然采光和人工照明能否满足阅览要求，噪声是否不超标等。

3.2 软性条件

冗余空间作为高校环境的一部分，对学生而言应当是舒适的场所，具有新鲜感和调节作用，能够让他们建立一种使用的情感，这样才能积极引导学生正确使用冗余空间，更好地发挥其作用。

为此，校方应提供多样化的配置，如可移动桌椅或其他设备，因地制宜，提高场地的实用性和使用效率。组织多样化的各类集体活动，统筹兼顾，将冗余空间加以充分利用，真正发挥其价值。也正如诺伯舒兹在《场所精神》中所说：“环境对人的影响，意味着建筑的目的超越了早期机能主义所给予的定义[4]”。它从枯燥的“机能性”到具体的“实用性”转变，再延伸至“情感主义寄托”的存在，是冗余空间利用最核心的价值体现。校方通过这种软性的积极引导工作，可以培养学生对冗余空间的“认同感”和“归属感”，加快学生融入冗余空间。

4 以青岛理工大学为例的冗余空间利用

对于高校校园环境，由于其面积有限，所以一般情况下，冗余空间只能是在原有的基础上营建。本文探索了“功能叠加”、“边角利用”和“空间延伸”几种具体方式，并以青岛理工大学校园为例，通过实地调研观察，分析总结出冗余空间利用的几种生成方式，从师生参与的视角阐述“多样化”和“冗余”的积极意义。

4.1“一场多用”的冗余空间多功能性

1. 中庭场地的冗余空间应用

青岛理工大学南苑建筑馆三层有一处100平方米见方的中庭空间，是一个过渡、缓冲、疏散、交通作用的公共空间。师生在这里举行“模型搭建”交流活动，使其变为一个建筑模型展示交流场所（图1）。该空间宽敞且明亮，通高20米左右，顶部为通透的玻璃材质平天窗，阳光从顶端倾泻而下，洒在中庭空间内，不耀眼夺目，更趋近温和的宣泄，柔性的光为这些形状各异的模型带来光影，充盈立体，也为学生的素描作品镀上淡淡的一抹金色（图2）。中庭非封

图1 模型搭建交流会

图2 素描作品展览活动

闭，为半开放性空间，更能促进师生的互动交流。活动举办之前，在中庭前张贴海报，避免产生同一冗余空间使用上的冲突，整场活动下来，流畅自然，师生在这样的场所内走动自如，体验感良好。

2. 室外开放场地的冗余空间应用

位于青岛理工大学北苑宿舍区域的篮球场地，是学生日常运动娱乐的地方。除此之外，这里还经常举办艺术学院学生组织参与的绘画大赛活动。学生运用画笔和颜料惬意地描绘着团体协作精神下的绘画设计作品，炫丽缤纷，为原本枯燥的篮球场地增添了别样色彩，填补了空白，更好地展示了有文有体、文体一家的氛围。南苑西侧的空旷草坪，室外光照充足，视线明亮，视野宽阔，更加适合展览活动，学校将学生的模型作品放置于该草坪，作为展览区（图3）。其对侧的青岛理工科技广场，也常举办大型的学生成果展示会。这种展览活动，由于展台摆放的间距富余，不影响学生在科技广场中的交通人流穿行，且同时成为学生闲暇时间以及自由阅览交流的好去处（图4）。

图 3 结构模型展览活动

图 4 学生成果展览活动

这种将原本固定单一的运动、交通使用功能通过其他多样性的集体活动转化为不同功能的空间感受，使得“冗余空间”概念在这里被转化为具体的“冗余功能”作用，充分体现了“韧性空间”的优势，可变而又灵活[5]，在满足学生精神需求的同时，充分发挥了冗余空间“多样性”的价值。

以上举例都是在原有空间基础之上，叠加其他使用功能而形成的冗余空间。多样性的使用功能在同一空间覆盖重叠，是最基本的冗余功能体现。不足之处是有时在同一时间内，开展活动和适用人群比较单一，排斥性强而包容性弱。

4.2 “边角空间”的冗余空间韧性

边角空间的概念在城市规划中就有明显的界定，是指城市中各种主体空间的边缘与角落地带，这种空间同时是两个相邻的不同空间的过渡[6]。实质上，“边角空间”是城市空间的一部分，但并不独立成为构成城市空间的要素之一。而将该定义延伸至高校冗余空间中，可以用城市规划的设计思路去指导高校冗余空间的建设，做到高校“边角空间”的充分利用。

青岛理工大学一号教学楼的三楼大厅内，摆放着连体桌椅，将大厅内东南边角不常用的灰空间利用起来，提供给学生们一个自习休息的场所（图5）。学生课余活动时间可以利用这些桌椅进行自主学习和交流活动，空间位置适当，不会对上下课穿行过厅的学生造成影响，且靠近暖气，方便学生冬天对该

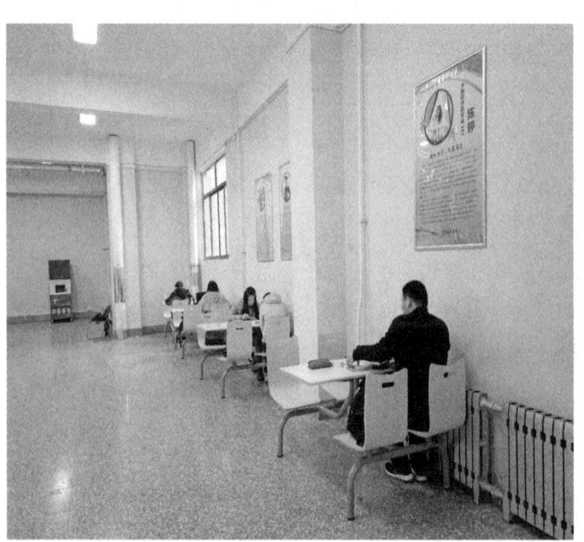

图 5 过厅边角空间利用

空间的使用。但该区域的照明存在一定的问题，白天有天然采光，而到了夜晚，大厅内的顶灯距离学生桌椅位置较远，照度较低，不能满足学生的学习活动要求，该区域得不到有效的利用，出现闲置状态。可考虑增加局部照明以提高这部分边角空间的利用率。

青岛理工建筑馆东侧大厅内，靠近中庭空间的一侧，原为宽2米左右的长廊空间，放置了人工草皮用以装饰作用。因校园空间的整体修葺，该空间现地面铺设轻质木地板，放置活动桌凳，成为学生们课余时间学习娱乐的场所（图6）。由于位置临次入口，不靠近教学楼的主要通道，进出师生较少，相对来说更加安静，且靠近中庭，采光充足，视线明亮，而东侧又有柱子遮挡，通透又兼顾私密，学生之间的交流讨论更加自如，而备受青睐。但因为顶部和侧壁均为玻璃隔断，透光性过强，很容易引起眩光，影响学生正常的阅读和学习，而且太阳辐射使得室内空间温度升高，光环境和热工环境不尽人意，特别是上午11点到下午2点左右这段时间内，学生鲜有来此处进行学习娱乐活动。因此该空间的冗余利用稍显瑕疵。可考虑将部分平板玻璃换成扩散性透光材料，并安装风扇以改善冗余空间的环境质量。

图6 中庭自主学习区

由此可见，相较于“一场多用”的冗余空间应用，这种碎片化的边角营造出的小而精的冗余空间使用起来更加自由，它不拘泥于时间、场地和使用对象的限制，更能体现冗余空间的韧性特征，相对于前者使用效率更高。同样，在利用该冗余空间时，要注意完善和保障各种物理环境设施，如通风、供暖、采光和照明等，以期为学生提供舒适的学习娱乐场所，真正提高冗余空间的利用效率。

4.3 空间的“纵向拉伸”应用

冗余空间作为一种空间形式，不单单只有平面空间的概念，还可以延伸至其他维度上，例如竖向空间的冗余应用，实际上是将平面空间为主的冗余在纵向上拉伸叠加，如张贴画报、悬挂绿植、展示学生作品等。

中庭长廊下方悬挂吊兰等绿植，中和了从外界直射进来的太阳光线，使得中庭空间使用感更加舒适清新自然。

长廊以及过厅的墙壁，张贴着学术讲座的宣传海报和学术成果展览看板。除去海报色彩的装饰功能，其丰富的信息量充实了学生的课外生活，充分发挥着竖向冗余空间的作用。

4.4 避免冗余空间的消极诱导

在发掘高校冗余空间的过程中，有时候因为空间配置欠缺，可能产生消极诱导，使得空间利用不当，造成负面作用，给空间的正向发展带来不利影响。

例如青岛理工大学建筑馆一楼的过厅，本应为疏散通道和出入口的走廊，由于附近没有修筑自行车棚，囤积着学生们的废旧自行车（图7），交通空间被占据，影响室内人员的疏散和撤离，如有突发情况，后果不堪设想。另外，多余的物品设施既遮挡了师生进出教学楼的道路，同时也影响了其美观整洁的视觉效果。

为了迎合青岛上合峰会，学校进行了校园环境

图7 废旧自行车囤积阻碍正常交通

整治，将囤积的废旧自行车处理掉，还原了建筑馆过厅宽敞、通透、明亮的面貌（图8）。冗余空间成为建筑的自然属性，刺激着潜在的新功能产生。但从根本上还应完善空间配置，避免冗余的消极诱导和误用。

图8　环境修葺后的走廊冗余空间

由此可见，冗余空间有很多种利用方式。如何正确使用，是当今高校空间生态性构建中亟待解决的问题，我们应当从对象、功能、特点、环境融合、物理舒适性等方面精心设计构建冗余空间，通过正向改造和使用行为，引导学生产生归属感，并认同它的存在，积极有效地加以利用，让其更好地服务于学生的学习生活，促进其心智健康发展。

5　结语

韧性城市理论下的冗余空间有其存在的必然价值，它的存在、发展最终成为城市空间演变的自然属性，将高校环境视为微缩的城市环境，用韧性城市的概念指导高校冗余空间的生态构建，能够体现其多样性特征，充分发挥冗余空间的优势，使校园环境释放更多的正向活力，感染和鼓励学生面向健康积极的心智发展，激发学生的创新意识，培养和提高他们未来应对机遇和挑战的能力，实现韧性城市的理论价值。

参考文献

[1] 邵亦文，徐江. 城市韧性：基于国际文献综述的概念解析[J]. 国际城市规划，2015，30（02）：48-54.

[2] 庄慎，华霞虹. 空间冗余[J]. 时代建筑，2015（05）：108-111.

[3] 张荣，孙国钧，李凤民. 冗余概念的界定与冗余产生的生态学机制[J]. 西北植物学报，2003（05）：844-851.

[4]（挪）诺伯舒兹. 场所精神：迈向建筑现象学[M]. 武汉：华中科技大学出版社，2010.

[5] 丁一. 建筑设计中的冗余空间——以重庆某综合楼设计为例[J]. 室内设计，2011（6）：14-16.

[6] 贾子达. 城市“边角空间”利用的研究[D]. 保定：河北农业大学，2008.

既有住区建筑外环境功能提升与复合化设计研究①

Research on the Functional Improvement and Compounded Design of the External Environment of Existing Residential Areas

许哲，范悦

摘要：良好的住区环境需要有基本的功能要素，如一定的绿化率、容积率、建筑密度和设施等，而老旧住区在功能要素上存在不足或缺失。由于设计标准和空间等因素的限制，既有住区外环境无法做到品质的全面提升，因此采用复合化多要素集约体系成为提升其品质的必然选择。本文通过调研代表性小区外环境，并研究分析相关要素，得出相关问题和限制。研究国内外相关案例，笔者试图设计出具有适应性的功能模块，有效提升既有住区外环境品质。

关键词：既有住区；建筑外环境；功能提升；复合化

Abstract: In the ideal residential areas, some basic functional elements are necessary, such as enough greening rate, plot ratio, building density, and facilities, while the old residential areas have far-reaching gaps in corresponding functional elements. Due to the limitation of design standards and space, the overall improvement of the external environment quality cannot be achieved. A composite and multi-element intensive system becomes an inevitable choice in order to improve the external environmental quality of residential areas. This paper examines the external environment of representative residential areas and analyzes the current situation of the functional elements to get related problems and restrictions on the external environment of residential areas. By studying the relevant foreign cases, author try to design adaptive functional modules to provide solutions to improve the existing environment outside the residential area.

Keywords: Existing Residential Areas; External Environment; Functional Promotion; Compounded System

1 背景

居住区建筑外环境作为居民日常活动的主要场所，需要满足居民的交通、绿地、活动场地和附属设施等方面的需求。20世纪末期由于政策的推动，大规模的农村居民转变为城市人口，因此在20世纪80～90年代，住宅被大规模新建。由于建设年代较早，其整体品质大多出现了劣化，随着居民具体需求根据生活水平的提高，居住区品质无法满足居民的使用需求。本文以20世纪70～90年代的既有住区建筑外环境为研究对象，对其建筑外环境的劣化问题进行研究，并结合当前的现状提出解决思路。

目前政府主导的住区更新的案例项目中，其关注重点主要是建筑主体的更新改造，包括添加保温层、立面整修以及加设电梯等项目。在资金投入方面，建筑外环境的更新也仅占资金的一小部分。以辽宁省大连市为例，2013～2015年大连市政府在既有住区改造中投资了23亿元人民币，其中建筑外环境资金占比仅不到10%。而居民在实际使用中却出现了诸多不便，在进行其他项目整治及调研时，许多居民也表达出了对建筑外环境问题的关心，希望这些问题得到妥善的治理。

2 既有住区实态调研

笔者调研了大连市20世纪70～90年代典型的既有住区发现，从整体上来说，既有住区建筑环境多存在着道路、铺地、绿地等基础设施劣化，既有居住区功能无法满足新出现功能的问题。部分社区经过政府的“暖房子”工程，建筑外立面出现较大改观，但是建筑环境仍然以清理为主，没有系统的进行品质提升，常见的问题如图1所示。

本文讨论的住区建筑外环境，为狭义上建筑外环境，即住区内建筑周围及建筑之间所围合的环境，是由住宅单体及配建单体在空间分布上所围合界定的环境，如宅前屋后的庭院、道路、广场、游园、绿地、场地等为人们提供居住活动场地的室外建筑空间[1]。

① 国家自然科学重点基金资助（项目编号：51638003）。

图1 既有住区建筑外环境问题示意图

笔者选取大连20世纪70～90年代三个典型的住区，分别是铁路局小区、转山小区和东麓小区进行了分析。调研及数据分析采用层级化的方法，通过层级化的方法，将住区分为住区级、组团级和住栋级三个层级，并按照层级将每个层级划分出四个要素。组团级的建筑外环境为核心区域，所以本文主要针对组团级的建筑外环境，并以功能性要素为中心进行论述。

2.1 现状调研分析

组团层级一共包括四个要素，分别为交通、场地、绿化及生活设施，调研分别对每个要素再细分要点进行记录和统计。

调研住区的交通要素中，由于住区规划设计时代较早，设计标准缺乏前瞻性的指导，导致住区停车空间存在不足，停车侵占道路场地现象较为突出，铁路局小区中心广场也被占用作为停车空间使用。

调研住区中活动场地多数为楼间空地，采用硬质铺装，缺乏灵活的设计，夏季处于太阳直射区域，使用度极低，居民集中活动地点多集中于楼侧面或者树荫下阴影区域；生活性场地，如晾晒空间，存在较大缺失，居民自行搭接现象明显；此外，居民对于种植的需求在设计中未给予回应，因此三个住区中都存在不同程度的居民侵占绿地空间的现象。

绿地空间作为住区主要景观元素，除了景观作用也起到提供树荫、提升场地活力的作用。大部分既有住区绿化率都低于现行相关规范中最低要求，即绿化率大于等于30%。绿化设计手法也较为呆板，与其他空间联系较弱，单独作为景观性的元素，其功能性的作用较弱。大部分植物为后期加种，由于资金和管理的缺乏，较多住区内高大乔木缺乏。

调研住区中除了基础设施之外，体育设施和休闲设施以及垃圾分类、自行车停车及快递柜等新兴设施缺少，总体上生活设施现状条件较差，未得到相应重视。

2.2 功能提升限制因素

除了前文提到资金投入的不足之外，既有住区建筑外环境的功能提升仍然受到现状问题的限制。

调研住区基本指标 表1

指标	铁路局小区	转山小区	东麓小区
容积率	2.17	0.8	1.14
建筑密度	38%	17%	16%
绿化率	13%	27%	24%

首先，既有住区建筑外环境的功能提升受到原有场地空间的限制。调研的三个住区中，铁路局住区地形高差变化较小，东麓小区和转山小区地形高差较大，因此在建筑指标上（表1）也得到体现。地形高差较小的铁路局小区，建筑密度和容积率较高，绿化植被较少，楼栋之间的距离较小，更新和添加设施可

利用空间较小。转山小区和东麓小区，由于地形高差较大，虽然从指标上看外环境空间较大，但是部分空间为地形变化较大区域，难以利用，主要可利用空间同样以楼栋之间的空间为主。总体来说，既有住区外环境的功能提升需要解决有限空间和较多的功能要素之间的矛盾。

既有住区建筑外环境的功能提升还受到不同住区需求特点的限制。在调研过程中，通过对住区内活动人群的观察可以发现，三个住区因为建设年代不同和建筑的区位等因素，在居民年龄结构上存在差异，因此在建筑外环境更新的要素重点选择上存在差异性。针对用户群体的不同，更新改造的重点也应作出相应调整。

3　复合化生活设施应用

既有住区建筑外环境功能提升受到资金、空间及需求等因素的限制，所以为了满足在有限空间内，多要素、造价低的需求，复合化的功能设施是一种有效的解决方案。复合化的设施或复合化的理念在一些改造和更新案例中也经常应用。

西班牙马德里“可移动办公室”案例，是一个街道再生的设计项目，项目包含一个钢结构的玻璃房间，加上两组可拆分的绿化阶梯座椅，可以通过自由组合围合出公共性活动空间，太阳能电池板提供设施所需能源，减少对其他设施的依赖（图2）。该装置可提供绿化空间和室内活动空间，可以通过模块化体系，组成不同功能的组合。通过这些组合式构件和可更换的模块大大增强了装置的拓展性和适应性，通过可以移动的构件对周围空间的自由利用，也增强了空间的可变性，对于日常多样化使用提供了可能。

图2　移动办公室实景图[2]

除了这种多种功能的集约化改造，在国内外的许多住区中也出现了大量的自行车立体停车、汽车立体停车、多功能洗衣房等高效率使用空间的功能设施，在住区外环境及设施更新中具有较好表现，也是集约化改造策略的一种表现。

4　复合化功能提升策略

既有住区外环境的功能提升，由于资金和现状限制，品质提升的过程是存在不同层次的，对于不同的住区可以根据不同的阶段和资金预算选取不同的模块进行适应性的改造。复合化功能模块和原有要素改造，大致分为基础功能性改造和高品质提升改造两个阶段。

4.1　复合化功能模块

既有住区建筑外环境更新的限制条件下，复合化的功能模块是一种有效的低成本的解决方案，通过传统要素维修与附属模块的组合可以满足多样化的品质提升需求。根据不同阶段及用户群体的差异，可以选取不同的更新策略对外环境进行功能提升，如表2所示，具体改造方案可以根据相关要求进行加减。

不同层次住区外环境功能提升策略　　表2

要素类型	基础功能性改造	品质提升改造
交通	自行车停车附件……	立体停车模块……
活动场地	铺地维修、功能划分……	健身运动模块……
绿地	绿地整修、花箱、绿化种植附件……	绿化看台附件、立体绿化附件……
设施	垃圾分类、宣传栏、设施维修……	洗衣晾晒模块、运动健身模块、休闲便民模块……

通过多层次的改造策略可以满足在不同现状和改造阶段的品质提升需求，满足不同人群对住区外环境的诉求。笔者初步设计了几种模块，如图3～图8所示，再具体改造中，可以根据需求的不同设计出更多模块，如在国外住区内的烧烤模块等。此外，通过使用复合化功能模块的使用，实现了功能的高效集中，节约了住区内的空间，可以部分缓解住区内的空间短缺问题，提升居民的居住生活体验。

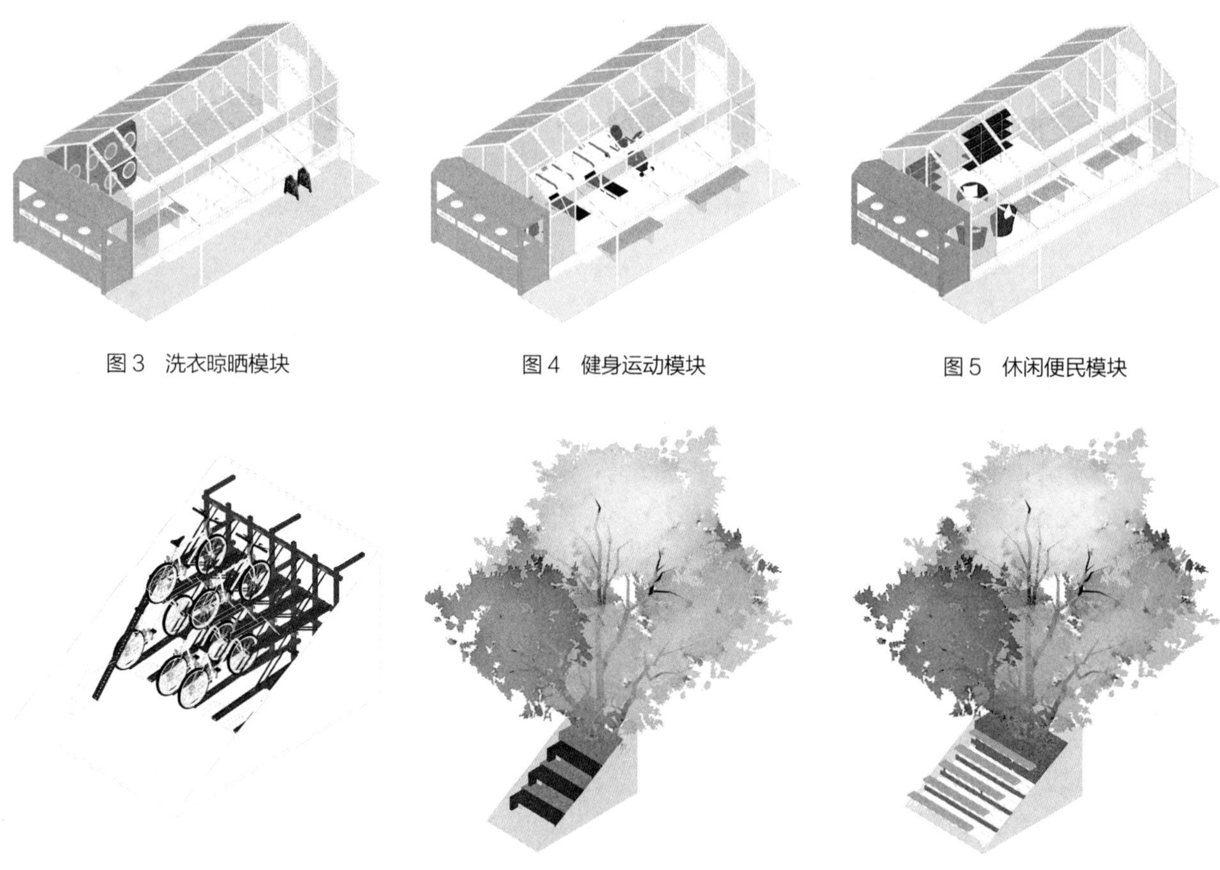

图 3 洗衣晾晒模块　图 4 健身运动模块　图 5 休闲便民模块

图 6 自行车停车附件　图 7 绿化种植附件　图 8 绿化看台附件

4.2 前景展望

既有住区建筑外环境的功能提升在住区更新中是不可或缺的重要部分，人们生活方式的变化无时无刻不影响生活环境的改变，当生活环境不能满足人们需要时，就需要予以更新。因此，环境更新是一种连续性的工作过程[3]。通过不同阶段的传统更新手段，结合复合化功能模块的使用（图9），可以提供丰富多样的选择，适应不同人群和住区，通过模块的不断添加和更新可以实现动态灵活地提高既有住区的居住体验的目的。

图 9 功能模块使用示意图

参考文献

[1] 刘永德，三村翰弘等. 建筑外环境设计[M]. 北京：中国建筑工业出版社，1996.

[2] 可移动办公室“Montaña en la Luna”，重构马德里街头生活方式[EB/OL]. https://www.archdaily.cn/cn/890906/montana-en-la-luna-enorme-studio,2018-03-20/2018-07-05.

[3] 赵健. 关于城市旧住区环境更新设计的理论思考[J]. 城市发展研究. 1997（02）：37-42.

作者简介

许哲，大连理工大学建筑与艺术学院研究生；

范悦，大连理工大学建筑与艺术学院教授。

健康社会背景下寒地大众体育设施网络构建策略

Network Construction Strategy of General Public Sports Facilities in Cold Region under Healthy Social Policy

郭旗，梅洪元
（哈尔滨工业大学建筑学院）

摘要：健康社会要求大众体育设施在促进体育运动的基础上，塑造和谐的社会关系，构建积极的社会环境，设施的健康网络构建是构建健康社会的基础。本文基于“点轴理论”，探讨寒地大众体育设施的网络构建的交叉覆盖原则、建设同时原则、多级发展原则，并提出点状依附的碎片化空间、带形发展的生态路径、偏心布置的综合场馆的策略，为大众体育设施资源的公平分配及不同等级的大众体育设施设计提供借鉴。

关键词：大众体育设施；网络构建；经济地理学；健康社会

Abstract: Healthy society requires the general public sports facilities to build a harmonious social relationship and build a positive social environment on the basis of promoting sports, and building a healthy network of facilities is the basis for the construction of healthy social relations and social environment. Based on the theory of economic geography, the paper promote the principle of cross coverage, simultaneous construction and multi-level development, and promote the strategy of the fragmented space of punctuate attachment, the ecological path of belt development, and the comprehensive gymnasium with eccentric layout, hoping which can be used for the reference of the fair distribution of public sports facilities and the design strategies of public sports facilities in different grades.

大众体育设施是城市物质空间中与健康联系最紧密的一部分，也促进了社会关系的健康性。2016年国务院颁布了《“健康中国2030”规划纲要》，明确提出把健康摆在优先发展的战略地位[1]，并提倡社会发展模式以人的健康为根本出发点与落脚点[2]，对大众体育设施提出了新的要求。寒地体育设施发展不均衡，室内建筑面积远远少于室外场地面积[3]，全年对外开放的仅为50.22%，且供给结构单一，出现严重的供给偏差，无法满足寒地大众体育的需求（图1）。现有以千人指标为原则的规范宜陷入追求数量而忽视使用效率的误区，无法回应寒地的特殊需求，对体育设施网络构建策略的研究从城市资源分配角度[4]及环境塑造角度[5]出发较多，政策性强而操作性差，设计策略与手法的关注较少，因此从设施健康性设计出发，探索构建健康生活的设施网络构建策略，对提升人们的健康水平，推动我国健康社会的建设具有重要意义。本文通过梳理健康社会的内涵，总结寒地大众体育设施的现存问题及规划误区，根据“点轴理论”，提出大众体育设施网络构建策略及不同层级设施的设计策略。

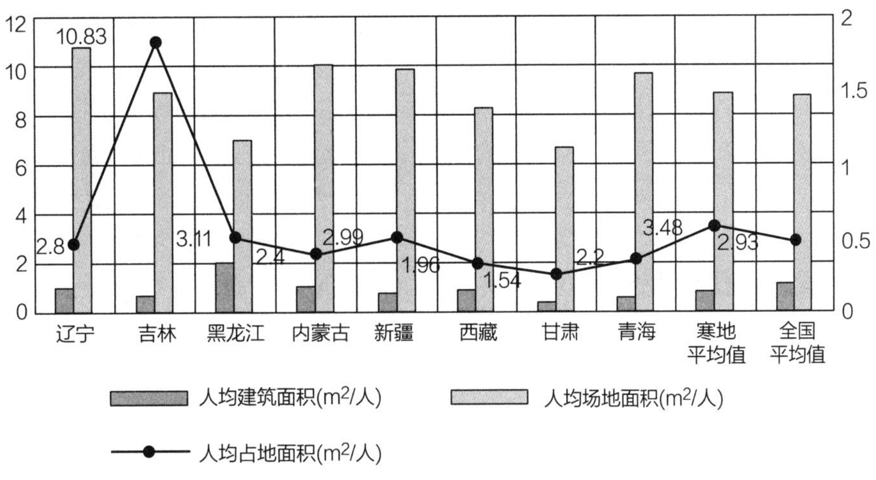

图1 寒地体育设施人均面积统计

1 经济地理引导下的网络构建

面对现有寒地大众体育设施的现存问题及规划误区，健康社会的新要求为大众体育设施设计提供了一条新的出路，首先促进设施的地域公平及社会公平，其次为促进积极的社会关系，保障区域发展与体育设施建设相适应，做到社会资源的有效利用，从而形成可循环的社会生产方式。体育设施的均等布局是保障区域发展及社会资源公平分配的重要途径，根据经济地理学“点轴系统”理论模型形成机理的分析得出，高层级体育中心之间将形成发展轴，使得发展轴影响范围内的公共体育设施获得重点发展，从而产生次级体育中心，以此类推，将形成不同规模的体育中心与发展轴连接而成的体育设施网络[6]。

体育设施网络构建应遵循一定规则。①交叉覆盖性原则。根据中心性理论，体育设施的服务范围与其规模成正比，即大型体育设施的服务范围理论上大于社区体育中心，但在实际出行选择过程中，由于寒地气候的限制、时间地理的限制，大众选择体育设施时地理距离是最重要的影响因素，因此在构建网络时，应以社区体育中心为基质，首先满足区域服务，与城市级、区级体育设施进行交叉覆盖。②建设同时性原则。在区域体育设施建设过程中，大型体育中心与社区体育设施同等重要，社区体育设施是体育服务保障的基础，大型体育中心是体育服务质量提升的途径，因此，大型体育设施与社区体育设施的建设应同时进行，多级发展。③多级发展性原则。体育设施的网络应以发展性眼光进行构建，我国构建以全民健身中心、全民健身场地、全面健身路径为表现，社区体育中心为基础的体育圈层布局，但在暂时实施过程中，不可避免地要利用现有的大型公共体育设施，因此以社区体育中心的依附性设计为基础，充分利用现有大型体育设施构建多级设施联系，进行网络增值[7]（图2）。

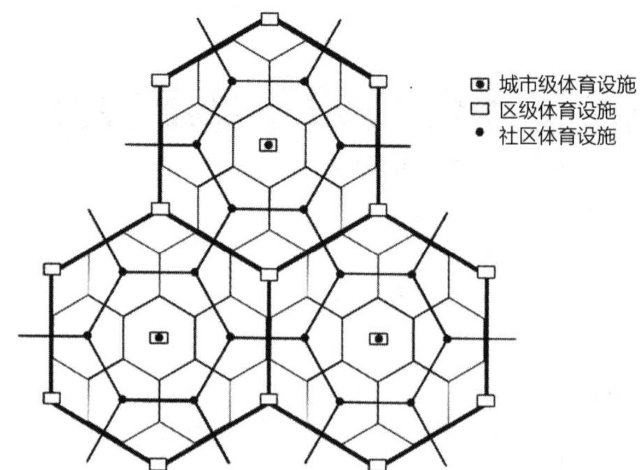

图2 网络构建示意图

2 不同层级体育设施的设计策略

2.1 点状依附的碎片化空间

社区健身中心以居住区为载体或依托而规划，且基于《城市居住区规划设计规范》对体育服务空间规定，形成一种“依附”发展模式。“依附”结构逐渐发展为中心集中、外围分散的“中心—边缘式”结构[8]，使得社区体育设施在辐射过程中服务能力逐渐降低，出现了局部不均衡。例如城市中心城区居住密度较高，但由于土地寸土寸金，且规划预留不足，缺少必须的体育健身场地，导致大量居民需要到较远的体育中心或绿地进行锻炼。表现为城市中心城区居住密度较高，但由于土地寸土寸金，规划预留不足，从而缺少必须的体育健身场地及健身中心，导致大量居民需要到较远的体育中心或公园绿地进行锻炼。因此，在居住区内“见缝插针”，保留必要的社区体育中心功能，尽量做到体育中心的小型化、分散化是依附性社区体育中心的布局改善方式。在设施进行小型化过程中，需要进行设施的小型化抽象，即抽象体育功能的基本使用方式，从而缩小运动场地，如篮球场基本使用方式为围绕篮球框的半场空间、羽毛球场为网两侧的对称空间、足球场为对称空间，因此可将标准体育场通过面积减半、规则空间变开放空间、规则空间的不规则适应等方式进行小型化抽象（图3）。可整合现有的绿地及广场空间，进行体育设施的设计性改造。如泰国曼谷空堤县，由于人口密集、体育设施极度匮乏，设计师利用房子“挤出”的空地，改造不规则足球场地，形成社区体育活动中心[9]（图4）。

2.2 带形发展的生态路径

体育中心之间将形成发展轴，原有的体育中心发展轴为各级道路，但随着发展轴两侧资源的聚集，发展轴形成发展带，即形成带形体育设施及带状分布的

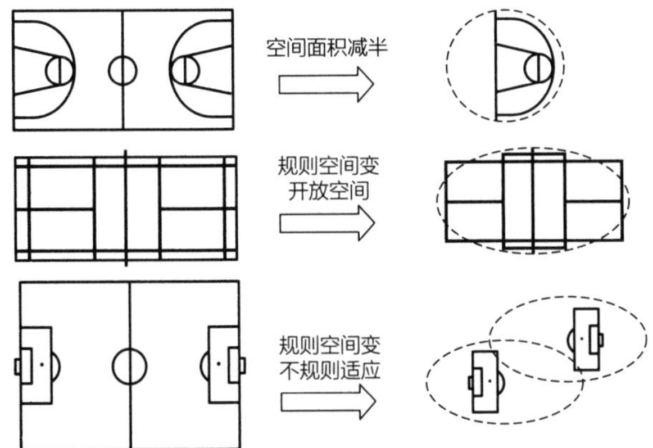

图 3 体育场地的小型化路径

图 4 泰国曼谷空堤县社区足球场改造

体育设施点状资源，这对于中心边缘式的社区体育中心是有益的资源补充，可进一步提升体育设施资源分布的地理公平。

根据2014年国家体育总局调查统计的参加体育锻炼项目的占比数据中得知，健身走及跑步得到全年龄体育人口的青睐（图5），健身走及慢跑所需的带型运动空间与发展轴形成空间适配，为充分利用发展轴并提升体育服务水平，带型体育设施应以健身走及跑步为演变基础，从生态街道向生态公园、生态体育公园的路径进行发展，进而串联开放体育场地及体育场馆，形成带型的体育设施（图6）。

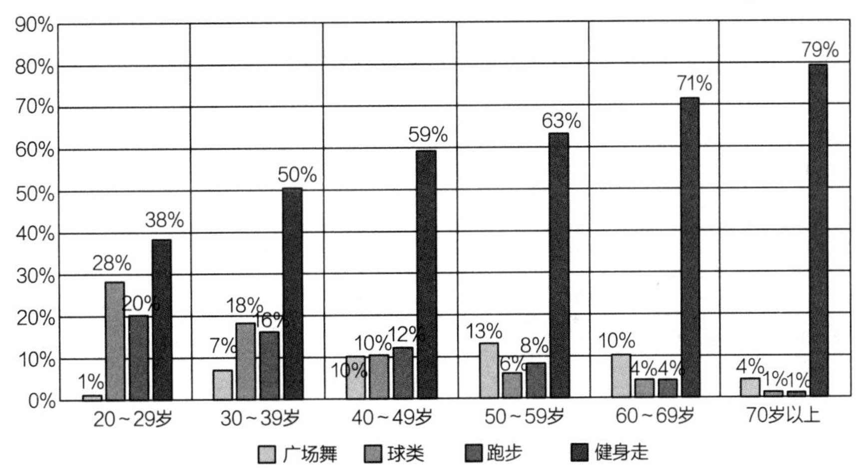

图 5 2014 年 20 岁及以上各年龄组参加各种体育锻炼项目的人数百分比 [10]

同时应充分考虑全年使用时长，利用树木及构筑物等进行冬季防风，并设置充足的室内卫生间、更衣室等服务空间，保障健身路径的全年使用。如烟台御龙山带形运动场，通过健身路径串联多样的轮滑、散步、康体、攀岩等体育器材，同时利用周边绿化，形成小型生态体育公园，利用周边商服设置服务房间，在满足不同人群需要的同时，考虑冬季防风，丰富原有的体育发展轴，形成了带型的大众体育的生态路径（图7）。

2.3 偏心布置的综合场馆

社区体育中心及带形体育设施能够满足“有无”问题，但对于大众体育设施的个性化、高层次和多样性问题难以回应，且发展全民健身产业需要大型全民赛事的辅助支撑，因此需要城市级的大型体育设施及专业性体育场馆对全民健身网络进行补充。城

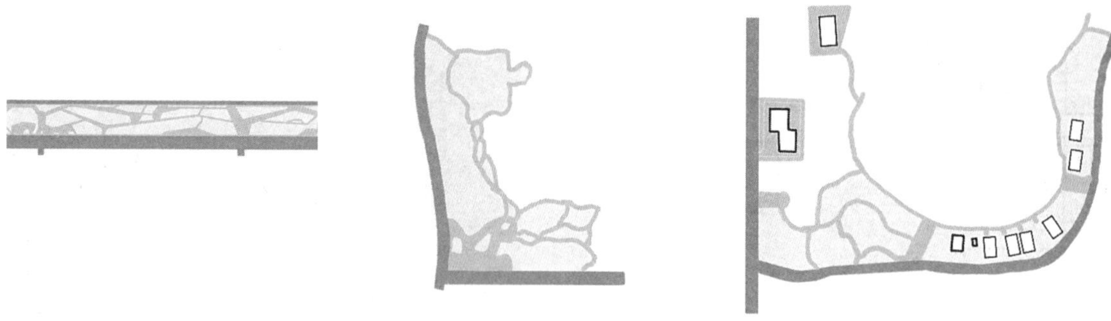

图6 生态路径的发展形势

图7 烟台御龙山带形运动场地[11]

市级的大型体育设施对于日常健身的辅助作用不及带型体育设施及社区依附的点状设施，其主要功能为节假日健身、群众赛事的举办及体育设施服务档次的提升，因此城市级大型体育设施的服务范围较大，根据研究可得节假日健身圈一般在30分钟范围左右[12]。

然而大型体育场馆由于需要较大的建设场地，且其规划目的多为带动区域发展，因此常常设置于城市新区或城市边缘，以承办大型赛事及大型文艺演出为建设目的，全民健身功能仅为兼顾，且城市新区刚刚开发，居住人数较少，大型体育中心的分布与人口分布多不匹配，城市中心居民需经过长时间驾车或公交方能到达，远远超过30分钟城市圈层，考虑寒地冬季出行的难度，这种城市圈层将会更小，因此对于其定位的全民赛事及专业场地的供给问题解决能力有限，对于城市级大型体育中心的利用需随着城市扩展及发展同时进行。

因此，为解决现有的大众体育设施个性化、高层次和多样性问题，需要在市级体育设施外另辟蹊径，而在人口较为密集的区域，建立占地面积较小的层叠式全民健身中心及体育综合体，与人口规模进行匹配的偏心布置，是一种较好的解决方式。如位于上海浦东区的上海万国体育中心，为商业体育综合体，提供羽毛球馆、篮球馆、室内五人足球场地、室内滑雪、轮滑、击剑等综合性场地，关注小众体育项目如冲浪、潜水、高尔夫、赛车等。将场地数量减少，类型增多，空间质量及附属房间质量提升，在有限的空间内进行场地的层叠布置与碎片化整合，减小室内场地跨度的同时增加了室内空间的趣味性与丰富性，为群众健身提供多样性选择。将群众健身与群众赛事、商业、餐饮、电影娱乐等功能综合设置，利用有限的场地，完成了大众体育的产业性转变（图8）。

图8 上海万国体育中心[13]

3 结语

寒地大众体育设施的网络构建需要恰当的认知当地经济发展现状及城市设施基础，并能够引导和顺应城市的空间来发展体育中心规划，以人群健康为根本目的的体育设施网络构建需满足人群的体育设施需求、适应体育设施的地域公平并实现体育设施资源的有效利用，本文利用“点轴”理论，梳理体育设施网络构建的策略方法，并提出不同层级下体育设施的设计策略，为我国未来体育设施的健康布局提供借鉴。

参考文献

[1] 中共中央，国务院．“健康中国2030”[N]．新华社，2016.10.

[2] 黄钢，金春林．中国城市健康生活报告（2016）[M]．北京：科学出版社，2016.

[3] 国家体育总局．第六次全国体育场地普查数据汇编[M]．国家体育总局体育经济司，2015.

[4] 唐子来，顾姝．上海市中心城区公共绿地分布的社会绩效评价：从地域公平到社会公平[J]．城市规划学刊，2015.02：48-57.

[5] Marijke Jansen, Carlijn B. M. Kamphuis, Frank H. Pierik, Dick F. Ettema and Martin J. Dijst. Neighborhood-based PA and its environmental correlates: a GIS- and GPS based cross-sectional study in the Netherlands [J].

BMC Public Health，2018（18）：233.

[6] 毕红星.“点-轴系统”理论与城市公共体育设施建设布局[J]. 上海体育学院学报，2012，36（6）：29-34.

[7] 尤世梁. 我国城市体育设施建设布局研究文献分析[J]. 西安体育大学学报，2014，32（2）：158-165.

[8] 蔡玉军，邵斌，魏磊等. 城市公共体育空间结构现状模式研究——以上海市中心城区为例[J]. 体育科学，2012，32（7）：9-17.

[9] http://bbs.co188.com/thread-9314307-1-1.html.

[10] 2014年全民健身活动状况调查公报[R]. 国家体育总局，2015.

[11] 烟台万科设计部.

[12] 朱晓东，颜景昕，卢青，张松敏. 上海市日常体育生活圈的公共体育设施配置研究[J]. 人文地理，2015（01）：84-90.

[13] https://www.sohu.com/a/121623676_505515.

“蜂窝式”高层建筑：与传统高层建筑相比，空中庭院公寓的造价大幅降低

Mazlin Bin Ghazali

摘要：与低层住宅相比，高层建筑的成本更高，但社会可接受度却较低。绿色的“空中”社区空间，以空中庭院或屋顶花园的形式引入，以克服高层建筑的社会缺陷。但是这会产生昂贵的额外成本，使公寓不那么经济适用。

这项研究展示了一种新的“蜂窝式”布局，其中每间公寓均通过一个至少三层高的空中庭院进入，并在每户门前设有一个私人前院花园和一个公共庭院空间。然而，与具有相同净可售面积的传统公寓相比，这种布局所需的总建筑面积较小，住宅楼层较少，停车位和电梯也较少。对传统布局和“蜂窝式”布局替代项目进行的比较研究表明，“蜂窝式”布局大幅降低了25%的成本。这项研究表明，为了促进更好的邻里环境，在每户门前提供一个私家花园和一个公共庭院空间也可以降低建筑成本，从而使更多人能够负担得起。

关键词：高层住房；社区；经济适用房

1 高层住宅的长期社会问题

2007年一个对超过56年的129个高层建筑进行的人类体验回顾研究[1]，论文得出的结论认为：

- 大多数居住在高层住宅的人觉得比起其他住房类型，高层建筑更不令人满意；
- 高层住房比其他住房类型中的社会关系更个人，互助行为也更少；
- 犯罪和对罪案的恐惧也更多；
- 生活在其中的人可能也必须独自面对一些类似自杀这样的问题；
- 证据表明高层住宅并不适合有孩子的家庭。

让高层住宅更能为人接受的其中一个办法就是提供更多的绿化和社会空间。

在新加坡，围绕着公寓提供了大片的公共绿化区。自1950年至今，仍能看到这种设计结构的公屋。近来，“空中绿化区”被推广至公寓较上面的楼层。除了顶楼的屋顶花园和多层停车场，空中庭院也出现在了中间楼层[2]。今天，新加坡的新项目如翠城新景（大都会建筑事务所）、晴宇（萨夫迪建筑）、女皇镇杜生庄（SCDA建筑设计事务所）和杜生阁（WOHA建筑事务所）都包括了大片的空中绿化区，占据了大幅的建筑杂志版面。

可是，为每户提供一个私人花园成本过高，构建包括空中绿化带的空中庭院意味着将会增加相当大的楼面面积及额外的开支，使得空中庭院公寓既不经济也不太可能被开发商所采用。

高层公寓类型学中，在临街的这一层公共空间为每户提供通道进入大楼的上面楼层是必要的，这些空间——电梯、楼梯、大堂和走廊，既不是公共场所，也不是私人空间。

有人建议高层住宅的不足主要来自于在街道和公寓之间的“中间空间”社会质量贫乏，并称之为“奇怪的无名空间……既不公开也不私人”[3]。

事实上，高层住宅需要在临街的这一层为每户提供通道进入大楼的上面楼层。不仅需要电梯和楼梯，还包括从楼梯和电梯通往每个公寓的大堂和走廊。

也许，通过纳入一个半私人领域重新设计家门外公共街道和公寓之间的中间空间，可以改善高层住宅类型[4]。如果不通过走廊提供进入公寓的通道，而是通过不仅包括一个公共花园还有一个私人前院的空中庭院作为一个半私人领域？当然，这样的设计超越了现在的“空中绿地”概念，成本太高。

令人惊讶的是，我们的“蜂窝式”公寓设计最终在几个方面具有成本效益。在两个已发表的研究中，与现有公寓类型相比，我们的研究表明这种新设计效率极高[5]、[6]。“蜂窝式公寓”概念中，每一家居民一出门就进入自家前院、一个园景庭院，或者是一个带有花园围墙的“空中庭院”。

2　“蜂窝式”高层建筑

这个“空中社区”中的所有公寓都有大门通往一个三层高，包括私人花园和共享花园的空中庭院（图1）。因此，我们可以在每三层标高看到空中庭院（图2、图3）。

图 1　蜂窝式空中庭院视图

图 2　蜂窝式公寓视图

图 3　入口视图——停车场隐藏在第二层的斜坡后面

这是一对公寓（图4）的平面图。按照蜂窝式公寓的排列，庭院花园层的单位不是下楼梯进入楼下的卧室，就是上楼梯进入楼上的卧室。最典型的是一个复式公寓单位，在庭院层设有客厅、餐厅和厨房，在上层或下层设有三间卧室、两间浴室，一个杂物空间和一个晾衣区。

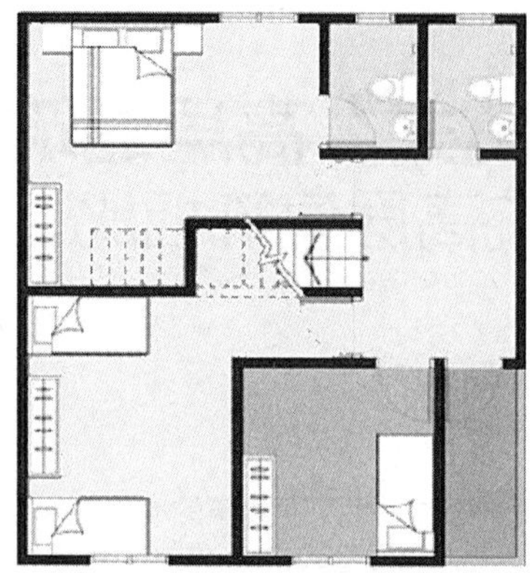

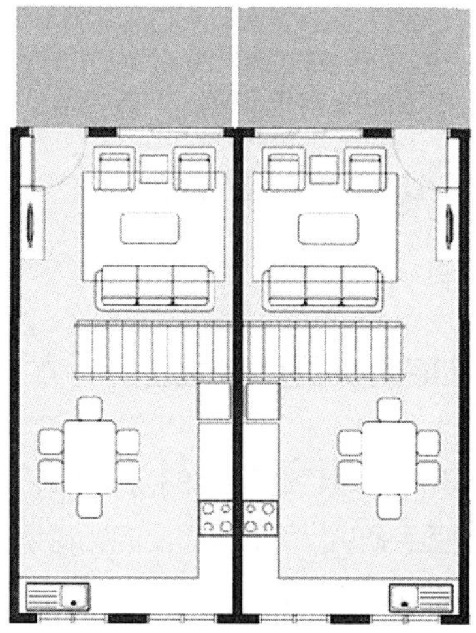

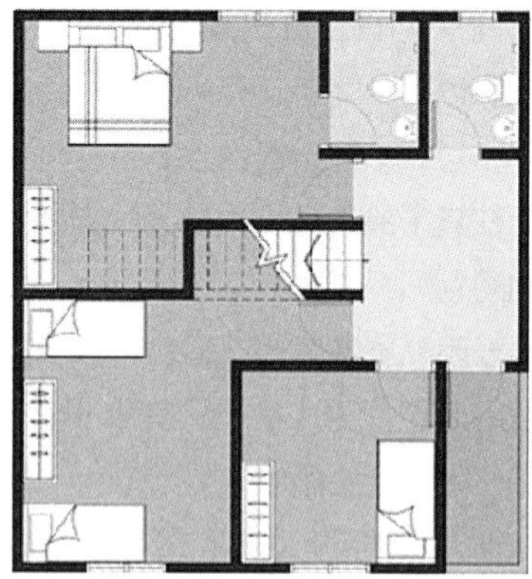

图 4　一对三层楼的公寓

以下的图5显示了一对入户门在庭院层的公寓。将这对公寓放置在另一对公寓的顶部，形成一个三层高的空中庭院（图6）。这里的居民享受着蜂窝式社区的好处，他们与其他少数家庭共享一个公共庭院，让邻居之间更容易了解和互相交流。家外面有足够的空间和光线照进花园。

有许多双“眼睛”望向空中庭院，再加上其他安全措施，如空中庭院的花园围栏和战略地点的儿童防

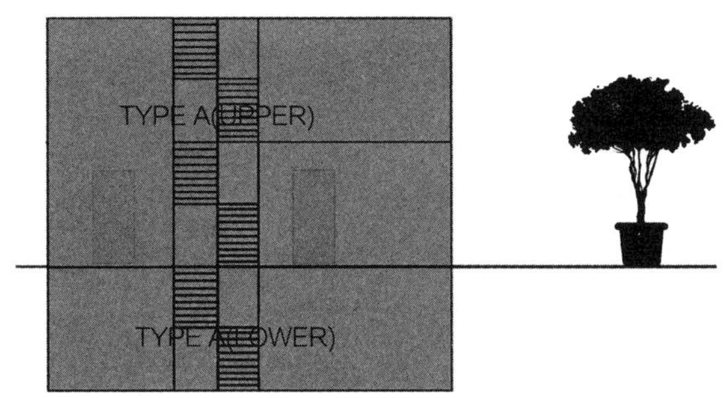

图 5 一对公寓立面示意图

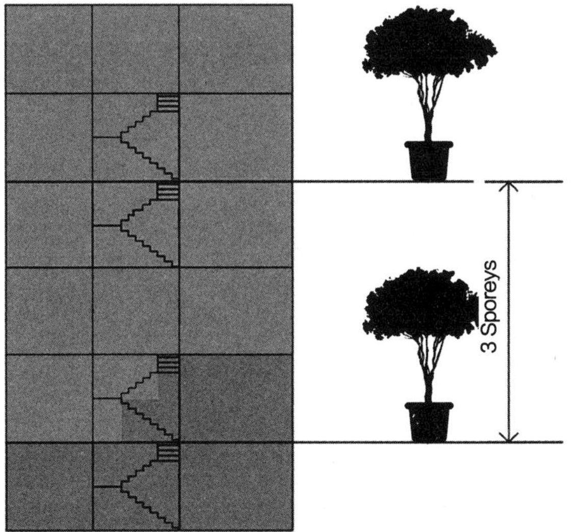

图 6 一对叠加在另一对上的公寓

一个四联式典型庭院的八个公寓的平面图，大约8米×16米，9米高。四个四联式形成一栋。其中两个在每个庭院层通过一座桥相连。

居民和访客通过一楼的公共街道举步进入二楼的一个庭院。可是，汽车可以直接进入一楼或地下的停车场。中层蜂窝式公寓的典型平面图如图8～图14所示。

第二层（图8）中的平台层主要包括复式单位，也有小部分单层公寓。这些单层公寓只在第二层。复式单位连接楼上的卧室、浴室、杂物间和晾衣区（平

护栏，空中庭院对儿童来说很安全。孩子们可以安心在庭院里玩耍，因此这种公寓特别适合家庭。

标准的楼宇平面图每层楼上都有四个由一个电梯大堂连接的空中庭院（图7）。

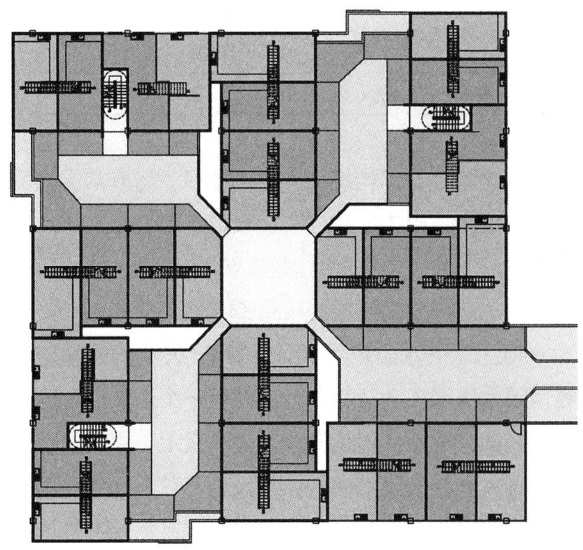

图 7 标准楼宇平面图

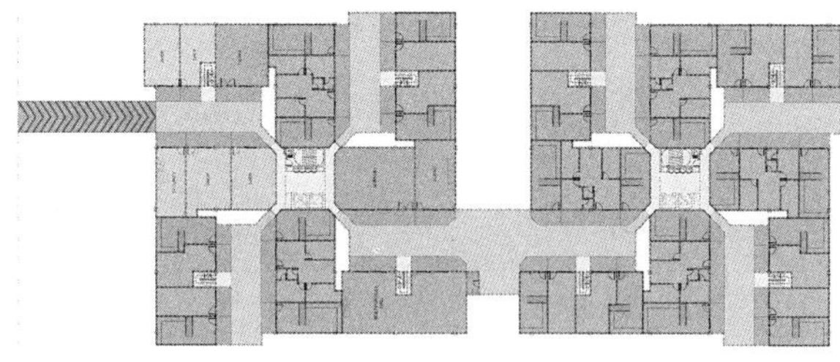

图 8 第二层楼上的平台层

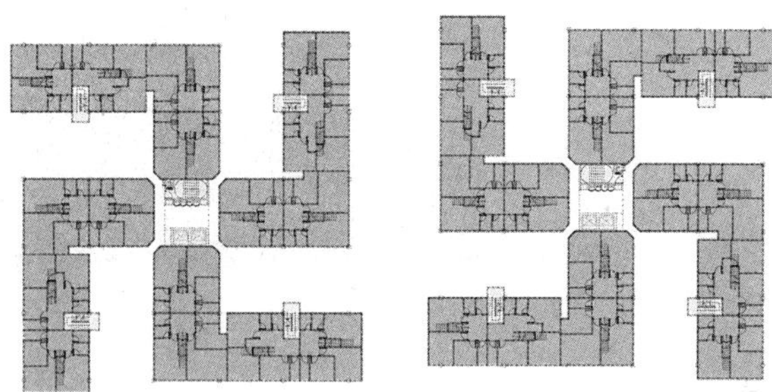

图 9 第三层楼上的平台 +1 层

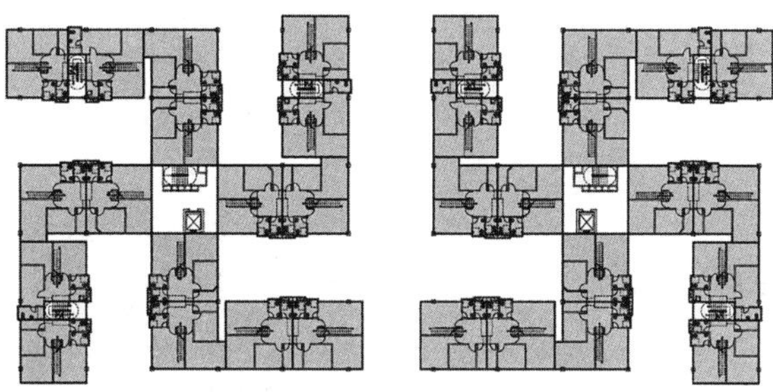

图 10 第四层楼上的庭院 -1 层

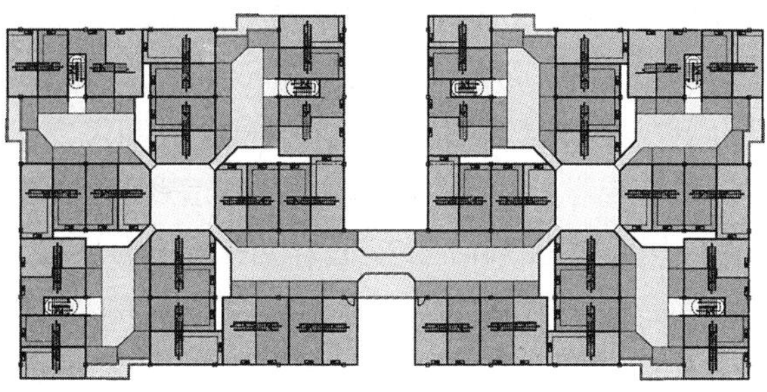

图 11 第五层楼上的庭院层

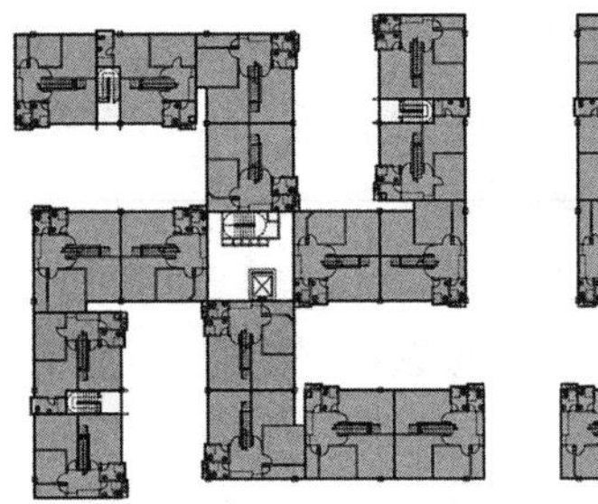
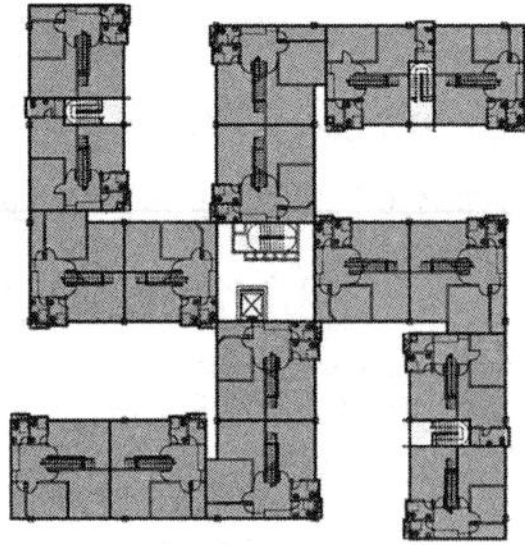

图12 第六层楼上的庭院+1层

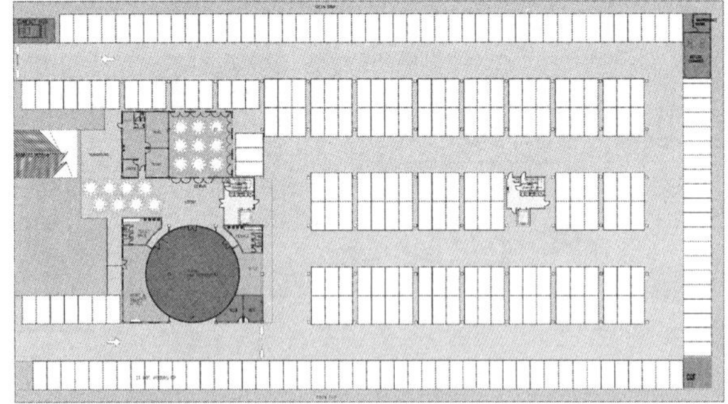

图13 地面层上的一楼

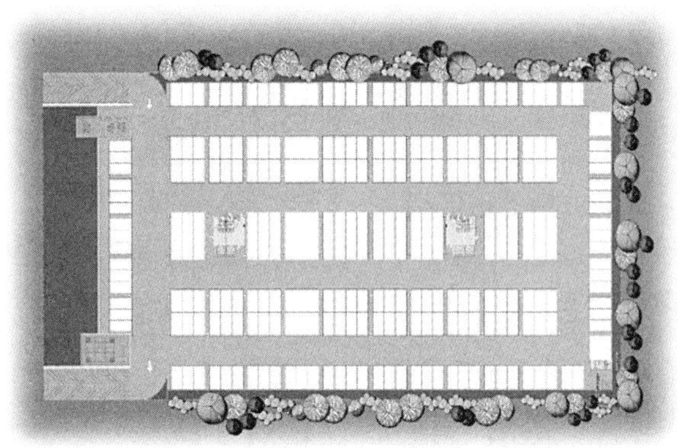

图14 半地下层的停车场

台层+1，图9）。

此外，如图10所示，在“庭院-1楼”，是相同的一套公寓房，从平台庭院层上面的庭院进入。图11中的“庭院层”显示了一个典型的庭院层公寓，这层楼的一半单位与刚才图10提到的“庭院-1“楼层相连，而另一半则连接到图12所示的”庭院+1“楼层。如图15所示，上方楼层重复这三层楼上的布置一直到屋顶。

在庭院层，每个公寓都有一个四米宽和两米深的前院，居民可以照料自己的花园。也在路过的居民和前门之间提供了一个缓冲区，为客厅提供了一定的隐私保护，并能让屋里的人看到空中庭院。通过用防爬栅栏固定边缘，并确保可以进出电梯大堂和逃生楼梯，庭院更适合小孩子在父母和邻居的看守下玩耍。

图15 庭院每三层重复布置一次

在地面层，入口通过楼梯连接到公共街道，并可上到一个斜坡花园，遮住后面的停车场。第一层的停车场从外面是看不见的。居民设施如幼儿园、祈祷室和多功能厅也位于第一层（图13）。

这种蜂窝式公寓设计，为每个家庭提供了一个前院花园和一个公共花园，邻居彼此认识，孩子可自由跑动。但普通百姓能买得起吗?

2.1 走廊被空中庭院取代

蜂窝式设计中，走廊已被淘汰，由空中庭院取代。通过分析由庭院层进入的住户层楼面面积，发现流通空间非常低，为4.1%，如表1所示。

由庭院层进入的住户层楼面面积分析 表1

	公寓面积					
	室内	花园	庭院	服务	流通	总面积
占比（%）	82.4	6.6	6.7	0.3	4.1	100

这比其他任何传统公寓都低很多。与最常见类型的例子相比，单边走廊公寓、双边走廊公寓，可从大堂直接进入公寓的塔楼，以及从中央电梯为核心分散出去的一对对公寓的楼群布局（图16）。

相比之下，如表2所示，蜂窝式设计的效率非常高，因为通过扩大让每个公寓都有一个园景庭院这一优势，让公寓设计更具吸引力。事实上，引入庭院是关键。大多数公寓都会为公共设施和花园划分一些拨备，这些通常都会在第一层平台或建筑物周围的地面层，有的甚至在屋顶上。

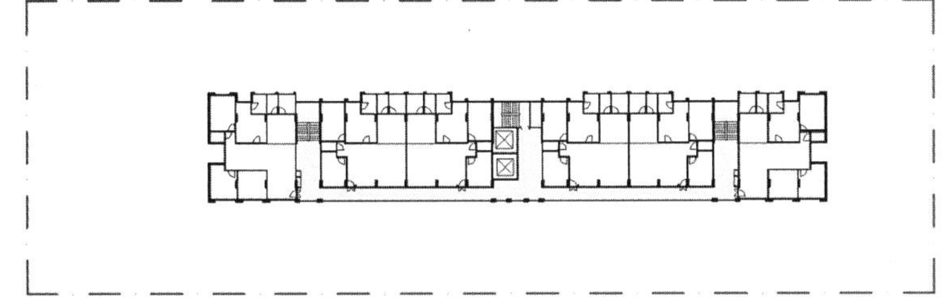

外部走廊
18.8% 流通空间
6 单位 / 楼层
18.1 单位 / 楼层 / 公顷
净容积率 = 0.186

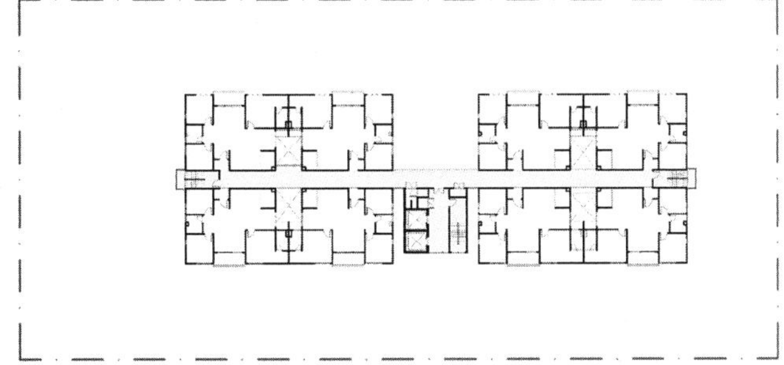

中央走廊
16.03% 流通空间
8 流通空间
22.9 单位 / 楼层 / 公顷
净容积率 = 0.225

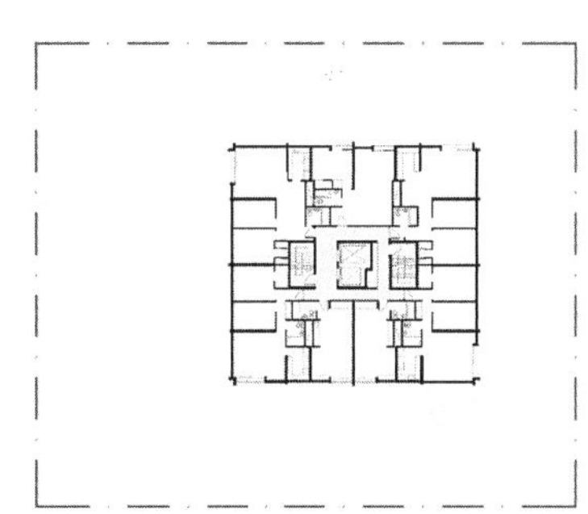

中央大堂
11.9% 流通空间
4 流通空间中央大堂
19.1 单位 / 楼层 / 公顷
净容积率 = 0.204

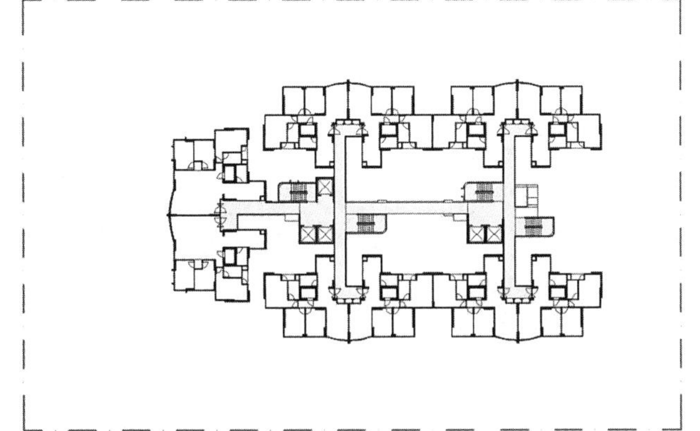

群楼
13.43% 流通空间
10 流通空间中央大堂
21.1 单位 / 楼层 / 公顷
净容积率 = 0.173

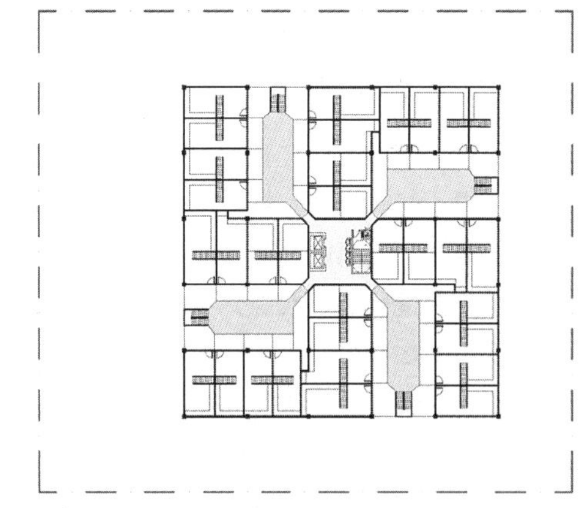

高层蜂窝式
4.4% 流通空间
（11.1 公用设施 + 流通空间）
10.7 流通空间
26.5 单位 / 楼层 / 公顷
净容积率 = 0.278

图 16　流通空间中密度 / 楼层 / 公顷和净容积率 / 楼层的占比比较

蜂窝式设计中，将设施和公共花园的空间重新定位在每个公寓门前。事实上，这是公寓居民最容易享受休闲空间和公共设施的地方。这也具有益处，这种布置中，走廊被剔除了。

将目前被归类为设施空间的空中庭院面积当作流通空间是可行的。不过，这样做会违背建筑规划中对流通空间的传统分类。走廊是一个单功能空间，其目的是允许从一个区域移动到另一个区域，通常没有其

流通空间的比较 表2

公寓走道类型	每层楼流通和服务面积		每层楼公寓的可销售建筑面积	
外部走廊或阳台走道	18.80%		81.20%	
中央走廊	16.03%		83.97%	
中央大堂	11.90%		88.10%	
群楼				
蜂窝式设计例子	4.4%	11.1%	82.4%	89%
			内部面积	
	6.75%		6.6%	
	公共庭院		前院花园	

他用途，并可以明确地分类为流通空间。另一方面，任何空间或房间内都会有一些流通空间。例如，一个客厅里面有一部分可以走动的地方，但是按照惯例，我们简单地称之为客厅，当测量和显示其面积时，并没有减去房间内的流通空间。以同样的方式，与公认的惯例一致，即测量和显示庭院区域时，也不会按单独分类扣除内部的流通空间。进一步认为流通空间只是有效减少可销售面积的几类空间之一是有可能的。人们可以认为，庭院的公共部分应该与流通空间同类，并减少了公寓的可销售面积。

的确是这样的。然而，当我们将设计效率与可销售总建筑面积进行百分比比较时，蜂窝式设计仍然是最有效的。

2.2 楼层更少而密度更高

目前的高层建筑一般很狭窄：具有单边走廊的板楼由单边公寓组成，具有双边走廊的板楼是双边布置，而塔楼、公寓则围绕排列。

住房方面，我们想让几乎每个房间都有自然光线和通风。不能像办公室那样，远离建筑物边上窗户的中间部分用电气系统人造通风和采光。典型的马来西亚公寓至少在客厅和主卧室建筑外墙上有窗户，而不太重要的房间则面向空气井。从外墙测量公寓单位深度约为8米，中间有一个2米长的走廊，这个双边公寓，双边走廊楼布局的总宽度不超过16米。只有一排单边公寓的单边走廊宽度大约是一半。公寓呈圆形排列的塔楼可以更宽，每侧通常为20米。

与这些现有类型相反，蜂窝式设计的深度超过40米。这个深度设计产生了一个比起较窄的常规平面设计涵盖更多可用土地的住宅平面设计。 更有效地利用可用土地，可以在每一层建造更多的单位，因此密度可以更高，而楼层却不用更高。就如深度设计办公室，更容易实现高容积率。

作个比较，我们采用不同的平面图，前面采用18米建筑退缩尺度，侧面和后面7.62米建筑退缩尺度，形成每个例子的最低工地面积边界。我们测量这个面积，并将其除以一个典型楼层的公寓单位数量，以显示需要多大的面积来容纳一个单位。我们也可以计算出一公顷土地上每层能容纳的单位数量。 与其他例子相比，蜂窝式设计是最有效的，因为它占用的土地最少。密度达到每公顷26.44个单位，相比之下，单边走廊的例子是每公顷18.03个单位，双边走廊是22.98。

同一个比较例子基础上，六层楼的蜂窝式设计将产生每公顷158个单位的公寓，而单边走廊例子则需要差不多九个楼层来达到这个数量，双边走廊需要近七个楼层（表3）。

工地覆盖面积比较：一栋楼所占用的土地面积 表3

	每层单位数量	工地面积（平方米）	工地面积/每栋（平方米）	每层单位数量/公顷
Woodlands, 新加坡 单边走廊	6	3321	553.5	18.1
Blues Point Tower 悉尼 塔楼	4	2096	524.1	19.1
Membina Court, 新加坡 群楼	10	4731	473.1	21.1
Binapuri Tower, 雪兰莪 双边走廊	8	3490	436.3	22.9
蜂窝式设计	10.67	4021	376.8	26.5

然而，即使粗略的研究也会发现现有高层建筑设计的每层密度更低。这是因为该工地不仅要容下住宅区块，还有停车场区块。这是我们要谈的下一个主题。

2.3 降低电梯成本

降低成本的另一个因素是电梯。这个蜂窝式设计模型中的电梯只需要在每三层楼庭院层停。从庭院层每个公寓的入口处，居民可直接走进他们的客厅、餐厅和厨房，上一楼或下一楼到卧室。

在这个16层楼的例子中，14层公寓只需要停五站，停车场楼层则需要两站。我们使用了Kone提供的设计原型在线计算器。当我们在14个住宅楼层和停车场楼层的每一个楼层输入电梯站时，计算器估计需要三部电梯。然而，当我们输入实际电梯所停次数，庭院五站，停车场仍然停两站，计算器估计只需要两部电梯。

比较KONE“Quick Traffic”电梯要求　表4

建筑信息		
乘客信息		
种类	住宅	
用途	私人行业	
区域信息		
所停站数量	5	12
区域运行(米)	36	36
区域人口	480	480
采用的参数		
高峰处理容量 (人口% / 5 分钟)	7.5	
加速率(米/秒)	1	
间隔 (秒)	70	
运行时间(秒)	32	
系统参数		
加速	正常	
速度(米/秒)		
预计	1.1	
实际	1	
电梯大小(人数)		
预计	10.5	
实际	9	
所需电梯数量（个）		
按间隔	1.74	1.83
按容量	1.98	2.1
实际所需	2	3

停的站数越少，电梯就能以更高的平均速度运行，就像快线公车可以比其他公车运行得快，乘客等待时间更短，电梯可以服务更多乘客。在某些情况下，如上所示，需要的电梯将更少。使用Kone在线计算器与我们使用的比较器相同的建筑设计，并输入不同数量的楼层，将建筑内人群数量增加到250人，在任何情况下，比起传统高层，我们发现蜂窝式高层建筑需要更少或更小的电梯（表4）。

2.4 更有效的停车场布局

蜂窝式的停车场设计友好，间距为8米的网格。停车场循环系统也整齐地配置在五层网格内，建筑物足迹内的两条道路为两边的停车位服务。围绕建筑外面有一条道路，也为两边的停车位服务。

仅在一个楼层，这个设计就已经非常有效，每公顷高达336个停车位。如果停车场规定是每个公寓2.2个停车位，仅这一层就足以支持每公顷148个单位的住宅密度；如果每个公寓规定1.65个停车位，即每公顷222个单位；如果规定是每个公寓1.1个车位，每公顷就是296个公寓。

有可能达到更高密度吗？除了传统的多层平台停车场是否还有其他选择？答案是将一楼停车场布局在其下方复制。事实上，住宅开发项目一般不考虑地下停车场，因为造价昂贵，需要临时支柱和永久性防水挡土墙。可维护成本也很高，需要一个机械系统吸入新鲜空气并排出烟雾，并需要一个烟雾泄漏系统以防火灾。然而，离边界2.1米或更远的半地下楼层不需要临时支柱或昂贵的防水挡土墙。在边界有一个2.4米的挡土墙就足够了，这样就形成了一个自然通风、采光的空气带和退缩间距以满足当前的规划要求(图17)。

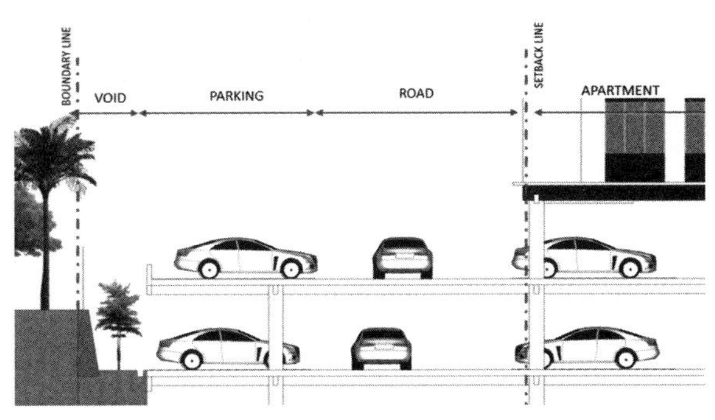

图17　停车场只在第一层和半地下层

2.5 降低住房成本

下面的表5显示了典型公寓的价格细分，并建议上述每项节省如何降低整体价格。

• 减少流通空间会降低总开发面积，从而降低建筑工程、结构和子结构的成本。

• 蜂窝式高层建筑的宽维可以使每层楼容纳更多的单位，因此可用更少的楼层实现高密度建筑。构成一部分费用的起重机成本也因此变得更便宜。较低的建筑物也可以更快地完成从而降低利息成本。

• 一个更高效的停车场布局克服了对多层平台停车场的需求。

• 电梯服务较少的楼层，每三层只停一次，有助于降低机械和电力成本。

蜂窝式高层建筑概念直接影响图表中显示的几乎所有类别的成本。

减少构成公寓售价的所有成本因素　　表5

较低的总楼面面积	较小的停车场	较少的电梯	较少的楼层	增加更多的单位
公用事业	公用事业	公用事业	公用事业	公用事业
市场营销	市场营销	市场营销	市场营销	市场营销
工地费用	工地费用	工地费用	工地费用	工地费用
子结构	子结构	子结构	子结构	子结构
搭桥贷款	搭桥贷款	搭桥贷款	搭桥贷款	搭桥贷款
顾问费	顾问费	顾问费	顾问费	顾问费
基础设施	基础设施	基础设施	基础设施	基础设施
结构	结构	结构	结构	结构
机械&电气	机械&电气	机械&电气	机械&电气	机械&电气
停车场	停车场	停车场	停车场	停车场
利润	利润	利润	利润	利润
建筑师工作	建筑师工作	建筑师工作	建筑师工作	建筑师工作
土地成本	土地成本	土地成本	土地成本	土地成本

3 与一个进行中的项目的比较

我们已经做了几项研究，包括一个实际项目与在同一工地上的假设的蜂窝式设计进行比较。为实际项目准备工程量清单的项目工料测量师继续使用，我们作为建筑师以及我们的结构和机械&电气工程师所提供的信息来为虚拟设计计算成本（图18~图22）。

图18　使用常规设计的正在进行的项目

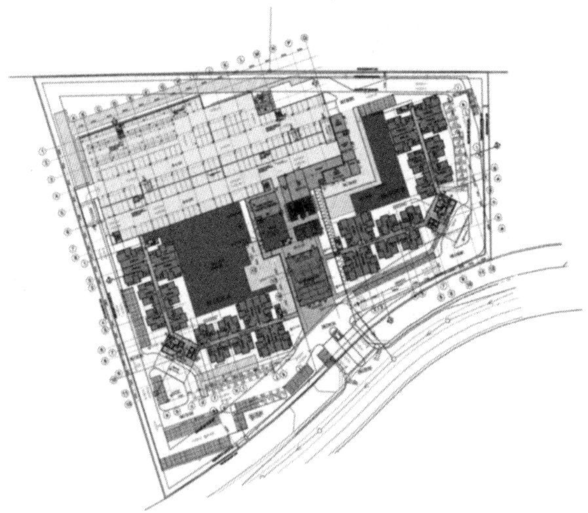

图19　使用常规设计的正在进行的项目的平面图

图20　蜂窝式设计第一层的平面图

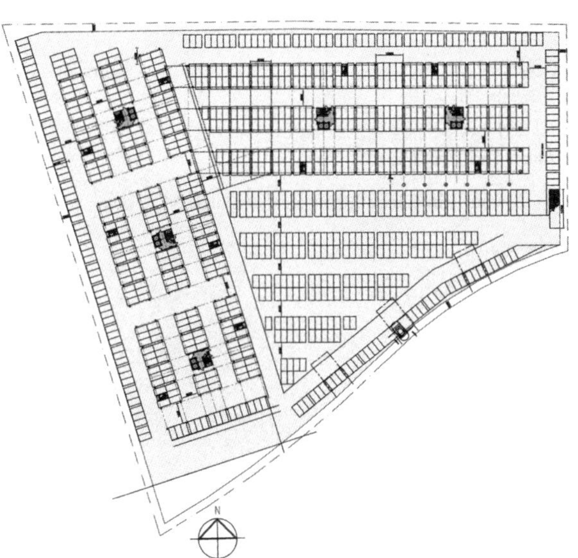

图 21 蜂窝式设计中所有停车场所在的第一层的平面图

图 22 蜂窝式设计视图

详细比较显示，总建筑面积的每平方米成本由RM1280降至RM1173，减少约8%。但由于蜂窝式布局效率更高，净可售面积的每平方米成本从RM2603降至RM1958，大幅降低了25%（表6）。

进行中的项目和蜂窝式设计的成本比较　表6

工地资料	PR1MA现有项目	高层蜂窝式
工地	边界不规则的实际项目工地	同一个工地
说明	两栋15层高的公寓和一个独立的六层高的，有便利和基本设施的停车场	五栋九层高的联接式蜂窝式公寓，一栋楼的二楼设有基本设施和入口，所有停车位都在一楼
面积	2.72 公顷 每平方米RM861	2.72 公顷每平方米RM861
关键成本矩阵		
总建筑面积 / 单位(m^2)	179.48	177.95
净可售面积 / 单位(m^2)	88.11	106.75
效率	49%	60%
公寓楼高	15层	6层
停车场楼层	6层（独立）	1层
电梯所停数量	停15站	停4站
密度	173单位/公顷	153单位/公顷
净容积率	1.52	1.56
成本/总建筑面积(RM/平方米)	1280.44	1172.84
成本/净可售面积（ RM/平方米)	2603.92	1958.32（减少25%）

4 总结

通过为每户提供一个私人前院和一个公共空间，我们可以大幅改善高层住宅的社会和环境质量，建造成本也低得多。与具有相同净销售面积的传统公寓相比，蜂窝式高层建筑的总建筑面积更小，住宅和停车场楼层更少，电梯也更少，因此建筑成本也会降低25%。

更重要的是，如果我们能够利用蜂窝式公寓的社会质量来合理化更高的密度，那么我们还可以进一步降低每个公寓的土地成本，蜂窝式高层住宅解决方案确实可持续且价格可负担。

参考文献

[1] GIFFORD R. (2007). The Consequences of Living in High-Rise Buildings, Architectural Science Review. 50(1) : 2-17.

[2] TAN P. Y. (2013). Vertical Garden City Singapore. Straits Times Press : 48.

[3] DALZIEL R., QURESHI S. A House in the City, Home Truths in Urban Architecture. RIBA Publishing，2012.

[4] MODI S.（2014）. Improving the Social

Sustainability of High Rises, CTBUH Journal 2014（1）: 24-30.

[5] GHAZALI M., BAJUNID A.F., DAVIS M.P. (2014). Sky Neighbourhoods, CTBUH Journal 2014（2）: 40-47.

[6] GHAZALI M., TAREEF H.K. 用空中庭院代替走廊打造既经济实惠又受各界欢迎的高层住宅. 从城市到巨型城市 CTBUH 2016 国际会议 收集论文,第1卷，第593-603页.

About the Author

Mazlin Bin Ghazali, Principal, Arkitek M Ghazali, mazlin@mghazali.net.

基于 GIS 的中加严寒地区医疗机构空间分布比较研究

Comparative Study on the Spatial Distribution of Medical Institutions in Severe Cold Regions of China and Canada Based on GIS

贺俊，张姗姗
（哈尔滨工业大学建筑学院，150006）

摘要： 城市医疗机构空间的均衡分布对打造人人平等的健康服务、提升城市功能品质具有重大影响。我国对医疗资源建设的投入逐年增加，西方发达国家在医疗资源配置方面也早已积累了多年的经验。本文借助 GIS 软件和开源地图，以中国和加拿大严寒地区省会城市哈尔滨和温尼伯为研究对象，通过对医疗机构空间分布的数据进行处理分析和比较研究，探寻医疗机构空间分布的差异。最后就中国现状，提出哈尔滨城市医疗机构空间分布优化的发展策略。

关键词： GIS；医疗机构；空间分布；可达性

Abstract: The balanced distribution of urban medical institutions has a significant impact on building equal health services for all and improving the quality of urban functions. China' s investment in the construction of medical resources has been increasing year by year, and western developed countries have already accumulated years of experience in the allocation of medical resources. With the help of GIS software and open source map, this paper takes Harbin and Winnipeg, the capital cities of severe cold regions of China and Canada as research objects. By processing and analyzing the data of the spatial distribution of medical institutions, this paper explores the differences between the different spatial distribution of medical institutions. Finally, based on the current situation of China, the development strategy of spatial distribution optimization of medical institutions in Harbin city is proposed.

Keywords: GIS; Medical Institution; Spatial Distribution; Accessibility

1 引言

我国经济社会转型中居民生活方式的快速变化，使慢性病成为主要疾病负担[1]。预计到2020年我国人口规模将超过14亿人，随着医疗保障制度逐步完善，保障水平不断提高，医疗服务需求将进一步释放，医疗卫生资源供给约束与卫生需求不断增长之间的矛盾将持续存在。由于缺乏科学系统的理论方法指导，我国相当一部分医疗资源建设的过程具有一定的盲目性，造成了建设效率低下、医疗资源配置不合理等诸多问题，即使是同一座城市，由于社会经济、文化的发展，医疗资源的分布也具有很大的不均衡性，甚至存在医疗资源的空白区。城市医疗卫生机构布局规划的实施，推动了一大批社区卫生服务中心的新建，而在“城市一社区”的二级医疗机构体系中预期的双向转诊、合理分流患者的设想，却没得到实现，反而产生了“看病在医院，配药到社区”的现象[2]。

国外的医疗建筑发展也曾出现了很多建设方面的问题，但是不同于中国的发展程度，国外医疗类建筑设计已然有了很多方面的转变，例如密度的减少、高层向多层的转变、场所建设的人性化、网络信息的健全建设、新技术的综合应用、以及细致入微的人文关怀设计理念。本研究旨在采用更广阔的视角研究医疗机构的空间分布，尤其是通过对比加拿大温尼伯市医疗机构规划建设发展和现状的研究，来对比探讨中国同纬度城市哈尔滨市发展现状所存在的问题。参考发达国家的先进经验，立足于中国现状，提出适合哈尔滨市医疗机构空间分布优化的发展策略。

2 研究范围的限定

2.1 地理空间范围界定与概况

本文研究对象选取为纬度相近、气候相似、面积相仿的中国黑龙江省哈尔滨市研究区和加拿大曼尼托巴省温尼伯市研究区，对两地医疗机的空间分布做比较研究。

其中哈尔滨市位于中国北部，是中国东北地区中心城市，也是黑龙江省省会，是东北北部地区的政治、文化、经济、交通中心。温尼伯市位于加拿大草原三省东缘，是加拿大第八大城市，也是曼尼托巴省的省会，是运输、经济、制造业、农业和教育的重镇。研究对象详细情况如下（表1、图1、图2）：

国内外研究对象概况　　表1

	中国黑龙江省哈尔滨市研究区	加拿大曼尼托巴省温尼伯市研究区
纬度	45° 64′ N-45° 86′ N	49° 71′ N-49° 99′ N
经度	126° 48′ E-126° 84′ E	96° 96′ W-97° 35′ W
气候特征	温带大陆性气候	温带大陆性气候
总面积	591km²	475km²
人口数量	395. 91万人	61. 91万人
研究范围	环城公路以内	市区边界以内

图1　哈尔滨市研究区概况

图2　温尼伯市研究区概况

2.2　医疗机构范围限定与概况

医疗机构，是指依法定程序设立的从事疾病诊断、治疗活动的卫生机构的总称。一般来说，在城市范围中，“城市—社区”的二级医疗卫生服务体系构成了城市医疗卫生体系中的主体部分，其中的医疗卫生机构的类型主要是综合医院和基层医疗卫生机构，而专科医院则是作为综合医院的补充，不独立构成一个层级。

本文基于国内外不同的社会背景和不同的医疗卫生服务体系，为了科学的分析得出结论，故此次概念界定国内医疗机构为三级、二级综合医院（共计36所）和社区卫生服务中心（共计75所），相对应加拿大医疗机构则是综合医院（General Hospital，共计7所）和诊所（Medical Center、Medical Clinic、Walk-in Clinic、Doctor，共计117所）。

3　医疗机构空间分布比较结果及分析

3.1　均质背景下的医疗机构服务域比较结果及分析

首先建立起中加两地的地理数据库，通过ArcGIS 10.4的缓冲区功能，对哈尔滨市的三级、二级综合医院和基层医疗卫生机构分别建立5km、3.5km和2km的缓冲区，对温尼伯市的综合医院和基层医疗卫生机构建立5km和2km的缓冲区。然后再通过泰森多边形功能，与相应的缓冲区进行相交处理，对两地的医疗机构进行服务域测算，对比两地医疗机构在服务域上的差异和不同（图3～图6）。

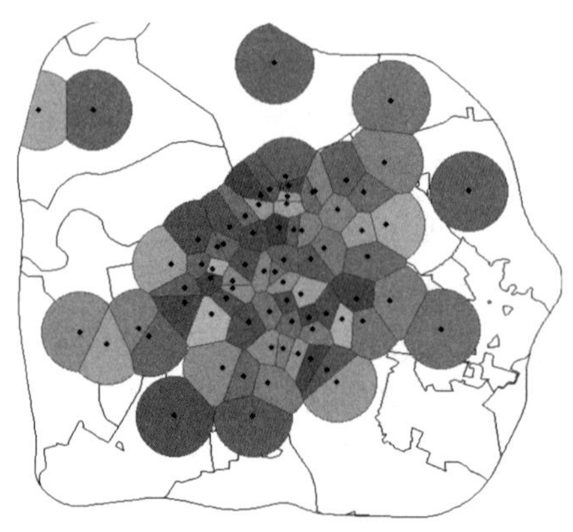

图3　哈尔滨市基层医疗机构服务域

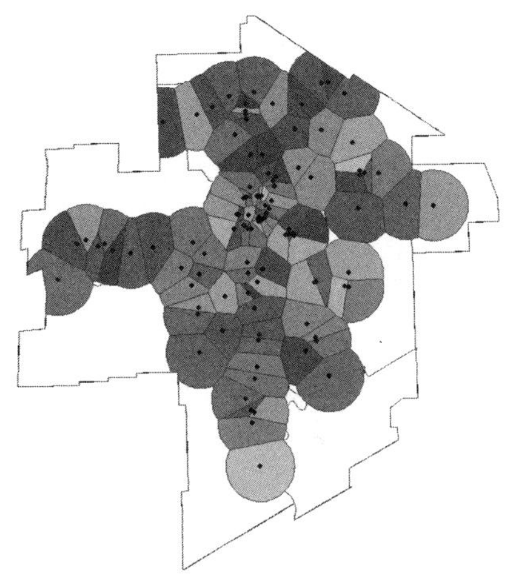

图 4 温尼伯市基层医疗机构服务域

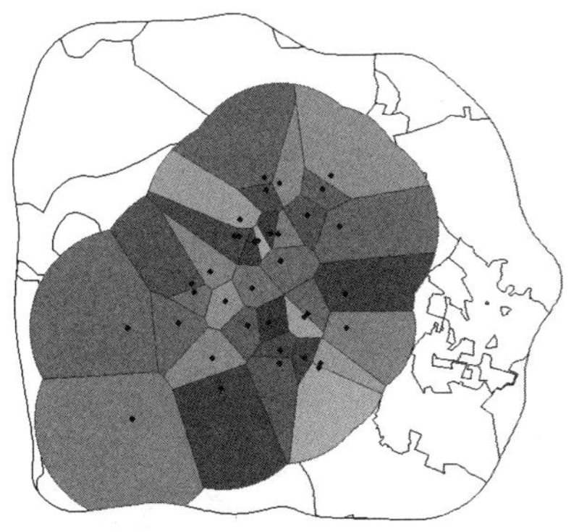

图 5 哈尔滨市综合医院服务域

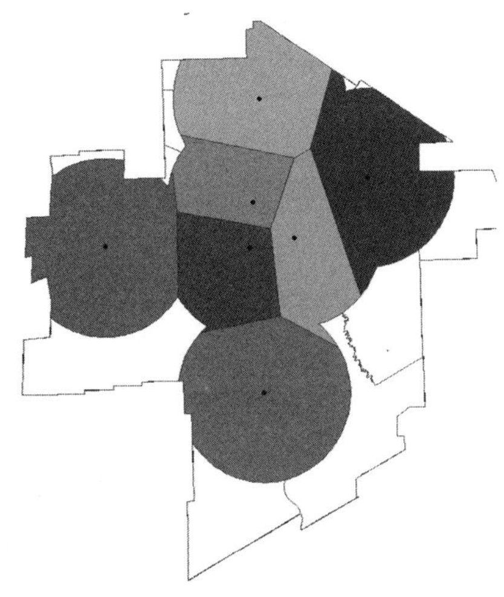

图 6 温尼伯市综合医院服务域

哈尔滨市的医疗机构空间分布呈中心向外扩散状分布，城市中心区域医疗机构布局相对密集，而外围地区医疗机构数量较少，松花江以南的医疗机构明显多于江北的医疗机构数量。综合医院的服务域能覆盖大部分的基层医疗机构，可以形成有效的二次转诊。城市中心区域的基层医疗机构服务域基本可以覆盖每个街道行政区，但是城市外围地区的街道行政区面积较大，基层医疗机构的数量和覆盖面积远远达不到使用需求的量。

温尼伯市的医疗机构空间分布呈南北向和东西向分布，在城区内空间分布较为均匀，并且大部分的医疗机构都是沿交通主干道进行布局，以此来做到较好的空间可达性。虽然城区内只有七所综合医院，但是服务域几乎可以覆盖所有的基层医疗机构。并且基层医疗机构通过合理有效的规划，也几乎可以覆盖大部分区域，有效的为附近居民的就医提供了便利。

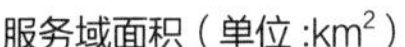

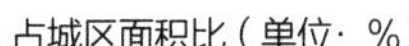

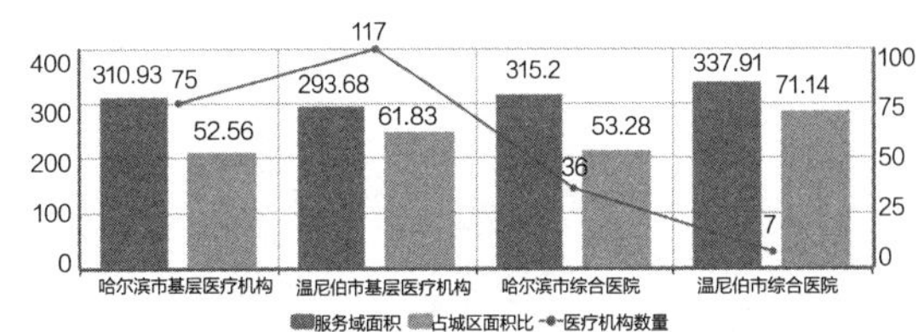

图 7 医疗机构服务域比较

通过对两地医疗机构服务域的测算可以看出，不论是哈尔滨市还是温尼伯市的医疗机构均能够覆盖城区大部分面积。但是通过数据的统计和计算发现，在两地医疗机构总数相近的情况下，哈尔滨市的基层医疗机构比温尼伯市少42所，服务域所占城区的比例少9.27%，而综合医院比温尼伯市多29所，服务域所占城区比例却比温尼伯市少17.86%。反观对服务域的测算发现，温尼伯市的综合医院服务域重合范围较小，尽可能地扩大了每一所综合医院的服务域，减少了医疗资源的浪费，从而做到在有限的医疗资源的情况下为更多的人进行服务（图7）。

3.2 基于矢量数据网络的空间可达性比较结果及分析

对研究区的交通网络进行梳理构建，将不同等级的道路进行分类，并将构建好的交通道路网在地理数据库中创建道路网络数据集，创建OD成本矩阵，分别测算到达最近基层医疗机构和最近综合医院所花费的时间（道路长度/相应道路等级的车速）。对测得的矢量数据网络图进行街道行政区的统计，计算出每个街道行政区的平均可达性，再对其进行标准化处理，采用相等间隔的分类方法对医疗机构的可达性进行空间的分类，得出结果（图8～图11）。

对哈尔滨市的基层医疗机构和综合医院而言，可达性最好的是二环以内的城市中心区域，且松花江以南的医疗机构可达性明显优于江北。通过对可达性的测算可以看出，哈尔滨市基层医疗机构和综合医院的可达性有很大程度上的相似性，很多区域有较高程度的重合。主要原因是我国就医途径和去向还是以大型综合医院为主，而基层医疗卫生机构的使用率相对较低，没有充分发挥其规划使用功效。

图8 哈尔滨市基层医疗机构可达性

图9 温尼伯市基层医疗机构可达性

图10 哈尔滨市综合医院可达性

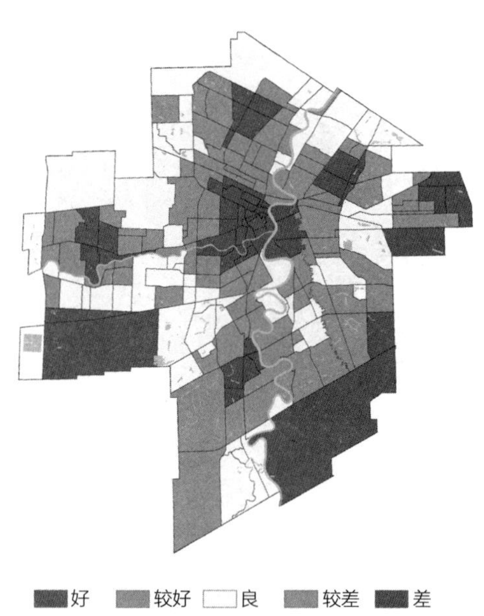

图11 温尼伯市综合医院可达性

而对温尼伯市的基层医疗机构和综合医院而言可达性都较为平均，并且覆盖的总体范围相似。但在综合医院可达性中可以看出，温尼伯市明显有五个分区，分别位于城市的不同位置，服务于不同的地区，这同加拿大实行的二次转诊制度有关。这种高效的转诊制度，不仅可以有效解决市区内部居民对综合医院就医的需求，而且可以减少医疗资源的重合和浪费，极大地提高了二级诊疗的功效。

通过对空间可达性的测算可以看出不仅是基层医疗机构还是综合医院的可达性，哈尔滨市各街道行政区的可达性变化幅度较强，区域之间有较大差异，而温尼伯市各街道行政区的可达性变化幅度较弱，区域之间差异较小（图12、图13）。

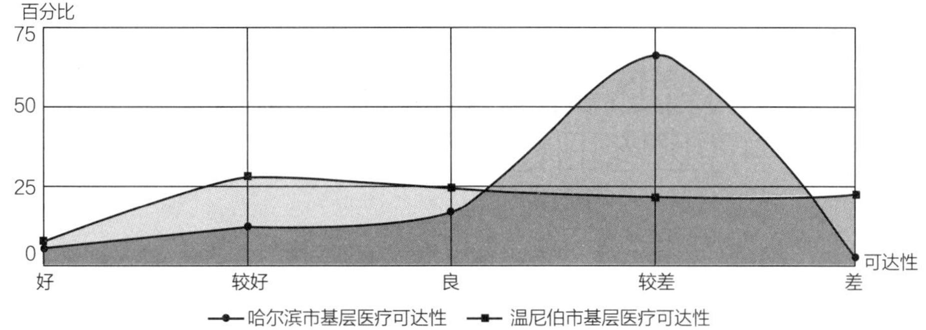

图12 基层医疗可达性比较

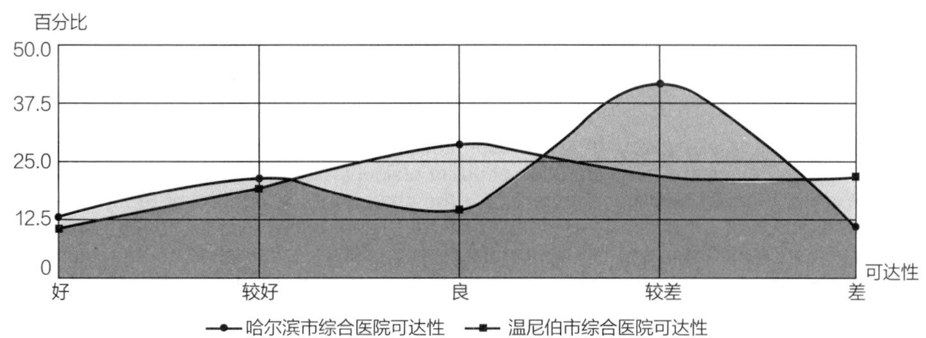

图13 综合医院可达性比较

4 哈尔滨城市医疗机构空间分布优化策略

4.1 基于可达性和服务域的基层医疗机构布局

社区卫生服务中心主要是为附近的居民服务，原则上按一个街道或者3~10万居民设置一个[3]。哈尔滨市社区卫生服务中心主要在中心城区分布较为密集，而城区外围地区则分布较为稀疏，在实际使用过程中往往无法达到预期的效果，无法对居民周边居民提供充分的医疗卫生服务。建议使用基于GIS平台的时间成本模型，对现状和即将规划的社区卫生服务中心进行空间可达性的测算和评估，重点解决城市外围地区社区卫生服务中心数量不足和规划不合理的问题。

4.2 基于城市建设总体规划的综合医院布局

综合医院一般是以政府投入为主，是提供公共卫生服务的重要基础设施。综合医院除了应该完成自身医疗卫生服务工作，还应承担对周边地区的医疗机构的服务指导，充分发挥自身技术上的优势，带动周边医疗质量和服务效率的提升。所以，在对其进行规划布局时应与城市总体规划相一致，在中心城区综合医院接近饱和的情况下，可以考虑在城市中心外围区域进行“土地置换”，以城市中心的小地块换取外围的大地块和资金，或者建立大型医院分院等，既可以有效提升城市外围地区的综合医院空间可达性和医疗服务水平，又可以缩小医疗服务水平差距，促进医疗服务均等化。

参考文献

[1] 国务院办公厅关于印发全国医疗卫生服务体系规划纲要（2015-2020年）的通知[J].中华人民共和国国务院公报，2015(10):25 - 39.

[2] 郑卫,刘兆文,徐剑锋.城市医疗卫生设施布局规划失效探析[J].建筑与文化,2017(03):135-137.

[3] 余珂,刘云亚,易晓峰,李晓晖.城市医疗卫生设施布局规划编制研究——以广州市为例[J].规划师,2010,26(06):35-39.

作者简介

贺俊（1993- ），男，汉族，山东青岛人，建筑学硕士，主要研究方向为医疗建筑设计，E-mail：hejun13208@163.com。

基于公众诉求的社区更新治理路径研究
——以郑州市中原区老旧社区为例

陈浩，许丽君，李文竹，刘孟阳

摘要： 随着当前城市经济、社会、生态全方面的隐形危机进入显性化阶段，以及城市居民对居住环境有着强烈的功能提升和功能改造诉求，老旧社区成为当前城市更新治理的重点和难点。同时由于城市发展语境和城市规划师的角色的转变，以社会建设与政治体制改革为主攻方向的改革新思维，促使老旧社区更新治理模式发生转变。本文以郑州市中原区老旧社区为例，充分尊重公众诉求和共同改造意愿，提出基于社区权属的老旧社区分类，探讨公众诉求下社区更新治理路径。

关键词： 老旧社区；城市更新；中原区；公众诉求

Abstract: With the stealth crisis in all aspects of urban economy, society and ecology into the dominant stage, and the strong functional upgrading and functional transformation of urban residents, the old community has become the focus and difficulty of the current urban renewal and management.With the change of the context of urban development, the new thinking of reform in the direction of social construction and political system reform has led to the transformation of the old community renewal governance model.Taking the old communities in the Central Plains as an example, the paper puts forward the old community classification based on the community power, and discusses the path of community renewal governance under the public appeal.

Keywords: Old Community; Urban Renewal;ZhongYuan District;Public Demand

我国正处于转型升级的关键阶段，实现老百姓基本生活形态的转型升级是社会转型升级的重要一环。老旧社区是最能反映国泰民生的重要载体，但老旧社区往往位于城市中心区，不在市政动迁或旧改范畴之内，缺乏经济利益的二次开发驱动，成为城市更新中容易被忽视的对象，也是城市更新的痛点。这些小区普遍存在着基础设施老化、建筑年久失修、生命通道堵塞、交通组织不畅、停车矛盾突出、小区环境差、物业管理欠缺等诸多问题，严重影响了居民最基本的日常生活，成为基层社区治理中的难点。老旧社区的更新整治是改善民生的重要定位，居民的诉求能否真正有效而合理地解决，是摆在管理者和规划师面前的难题[1]。

1 城市更新治理新语境

1.1 增长主义发展模式必将终结

近年来，我国城镇化的思路与路径发生了新的变化，从改革开放以来以扩张为主的发展模式正在演变为内涵式增长为主要路径的发展模式。

这个变化，引起了城市规划学者的广泛关注。有学者指出，改革开放40年以来，在经济指标增长的利益引诱下，地方政府以超前消费空间为代价换取城市的发展，使增长主义在城市空间上表现出城市工业用地与经营性用地同步扩张的基本空间表征。而在增长主义终结之后，中国的城市规划将面临一个重要而艰巨的时代使命：消化、整合、修复增长主义时期所遗留下来的各种被割裂的城市空间——融合城市整体空间肌理，推动资源要素均衡配置，重塑完整的生态[2]。

1.2 “城市双修”取得阶段性成果

关于指导城市发展的国家政策也发生了相应变化。2014年3月《国家新型城镇化规划（2014-2020年）》正式发布提出“管住总量、严控增量、盘活存量”的新型城镇化原则。从2017年开始的“城市双修”（生态修复、城市修补）工作，已经在国内多个城市实践，并取得阶段性成果。

社区是城市社会体系的重要组成部分，是政府服务、经济组织运行、不同阶层居民生活等多方面交织的区域性共同体。在城市修补或者城市更新的工作中，社区的更新治理，直接关系到城市居民的生活品质，理应包含环境更新与社区复兴双重目标。“人们为了活着，聚集于城市；人们为了活得更好，居留于城市。”2000多年前，古希腊哲学家亚里士多德已经诠释城市需要满足人的生存、生活、生产需要。

但是，过去的社区更新中侧重于经济发展而忽视社区人文的做法引起了普遍的关注和反思。当前城市历史社区的衰退在很大程度上是社区精神的衰退，其主要原因在于由于人们生活方式的变化，社区使用者之间不再那么依赖，缺少密切交往的社区精神。因为社区精神的衰退，引发了注入社区原有的生活形态断裂，社区特有的文化和品格不复存在，社区使用者之间缺少信任，社区治安变差等一系列问题[2]。

1.3 公众诉求不断提高和规划者角色转变

在目前的社区更新工作中，对所在地的居民要更加关注，已经成为城市规划者的共识。“增长不等于发展，富裕不等于幸福。城市规划需要充分考虑到人的幸福感，以及精神方面的追求。”[3]相应地，城市规划者在城市更新中的角色和思路也发生了改变，从一个技术工作者向社会利益的协调者转变。这个转变，在西方社会20世纪六七十年代已经发生。该时期在西方城市向后工业化转型和内城衰落背景下，引起了市民阶层的觉醒和一系列的社会冲突。“倡导型规划”、“协作式规划”、“沟通性规划”等一些理念把城市规划师从工程师推向了社会工作者。彼得·豪儿描述：“1955年，典型的刚毕业的规划师是坐在绘图板前面的，为所需要的土地利用绘制方案；1965年，他或她正在分析计算机输出的交通模式；1975年，同样的人正在与社区群体交谈到深夜，试图阻止起来对付外部世界的敌对势力”[4]。

角色的转变，对于中国规划师而言也势在必行。在外延式的城市扩展中，对于新区建设，公众常常是缺席的。但是，对于当下“内涵式”增长的新的语境，城市规划工作者经常要面对一群群具体的人。城市为人服务是有具体对象，而不是假象的人群。尤其是在城市社区更新的工作实践中，过去做项目，主要听取政府部门或投资方的意见，沟通渠道比较单一。而社区的这些项目规模虽小，但参与者广泛。居民关注项目的实施，项目本身自带人气，而市民也在关心项目进展的同时，拥有了社区责任感[5]。已经有学者指出，在“新常态”发展模式下，城市更新应实现综合目标，兼顾各相关利益，需要结合项目所在社会与经济环境，建立与之相匹配的治理模式，实现有效的集体行动[6]。

本文以郑州市中原区老旧社区改造为实例，依靠实地访谈调研，从居民需求出发，结合政府工作安排，探索了社区更新的新路径。

2 郑州市中原区老旧社区项目概况

2.1 项目背景

中原区是郑州的老工业基地，位于郑州市西部（图1），始建于我国“一五”、“二五”时期，一度是郑州乃至河南工业的重要功能载体，是现存老旧社区最集中、存量最大的行政区。在这一区域云集郑州棉纺、郑州二砂、郑州电缆厂等大型国有骨干企业，为方便生产沿厂区周边建住区，形成了一批以“工厂+居住”的生产生活配套模式。进入新世纪，随着基地内大企业或改革或破产，或外迁，单位制的社区老化失修，面临衰败。

2.2 基地区位与规模

项目范围覆盖中原区建设路街道办辖区管理范围（图2），研究范围四至：建设路以南、伏牛路以东、工人路以西、中原路以北，面积1.02平方公里，常住人口约为4.3万人。辖区内共有道路、街、巷14条，列入经常管理的公共单位27个，其中包括省纺织机关服务中心在内的党政机关5个，各类学校8所，医疗卫生机构4个，金融机构11家，大型企业3家，集贸（商品）市场2个，是文教、科教、金融、商业、医疗卫生机构集中地段之一。

此次社区更新研究旨在此1.02平方公里范围内，探讨如何基于居民诉求下的社区更新整治路径，通过织补空间、延续记忆和功能改造，促使老旧社区成为容纳未来多样化生活的重要载体。

图1 中原区区位

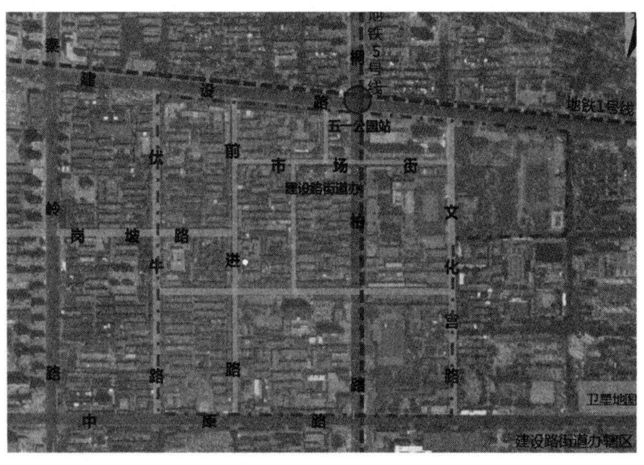

图2 研究区范围

2.3 现存问题总结

单位制的老旧社区依然承担重要居住功能，但伴随着市场经济发展，原有的老厂区单位或进行改制，或未能承受重创倒闭，权属问题渐渐浮上水面，不同程度地导致了单位制、社区的衰落。旧社区复杂的权属问题使社区改造面临着以下几点问题和矛盾：

（1）对经济效益的过度注重和对社会效益的忽视；

（2）改造的具体项目与居民的真正诉求不一致；

（3）缺乏有效的后期运营及管理机制，公众参与薄弱；

（4）历史风貌及社区景观特色丧失。

社区更新和维护管理的资金渠道枯竭、管理功能退化，导致老旧社区新住宅小区形成日渐强烈的反差，以上问题也是多数老旧社区面临的共性问题。

3 郑州市中原区老旧小区改造公众诉求

由于老旧社区类型多样、现实问题复杂细微，社区规划整治有必要从居住者的角度，从居民的诉求出发来探讨更新整治路径。原先基于地方的更新治理模式往往合理化了巨额的财政支出，而这些治理费用最大的受益者是土地所有者而不是社区居民。其次在老旧社区更新整治中，规划师、设计师、研究人员一起涌入社区，想要对社区进行一场效果显著的大改造时，很容易忽略了社区居民的真实想法，因而诞生了不少“具有设计感”，却缺乏实用性的社区装置[7]。老旧社区更新整治，不仅是更新设施、提供服务，更是社区成员如何参与社区建设的过程。

老旧社区的改造诉求从两个途径进行分析与落实，一是社区研究者深入扎根社区，通过参与式观察的方法，进行问题导向的在地研究，进行老旧社区画像；二是基于调研问卷，对老旧住区的居民进行访谈调研，充分了解社区居民的生活经历和改造诉求，跳出研究者和设计者的主观偏见，形成关于老旧社区更新整治的公众诉求。

3.1 社区问题的在地研究

社区现象是空间—行为—心理的交互影响结果，老旧社区的更新整治需要扎根社区，通过研究下沉近距离地贴近社区生活，进行准确的观测、调查、分析和探索，形成社区感知。

1. 老旧社区画像

中原区的老旧社区问题的在地研究，社区研究员通过深入社区，了解原生观点和在地知识，形成中原区老旧社区画像（图3）。

2. 老旧社区主要问题认知

老龄化、设施陈旧是老旧小区普遍存在的问题。通过对1000名为中原区老旧社区的住民进行访谈，对其居住时间、年龄情况、职业情况、出行方式、日常活动、基础设施、邻里关系和居住方式进行统计得出（图4）：①中原区老旧社区的老龄化严重，40～49岁的老龄人占据42%，未来10～20年，中原区老龄化将达到最高点。②老旧

老旧社区画像一：人去楼空、断壁残垣。

拆，是必然要拆了，还有几家“钉子户”做最后的“坚守”。三轮车还在，座椅还是干净的，住在这里，夜晚来临的时候的绝壁上可能会有几点亮光。

老旧社区画像二：窗是破了的世界。

所有的空间和格局都保持一种相互观望的表情。乱七八糟的走线证明这个地方还有人住，阳台上衣服是这个地方最流动的色彩。

老旧社区画像三：30 年前的自动化厂的家属院，人是老了，厂要倒了。

横亘的暖气管是供暖覆盖不全的，电动车常常会丢的，没有路灯，没有门卫，一栋楼里住的都是多年的职工。访问的老太太的心态是极好的，说住了三十年的房子不觉得差，觉得差的都搬走了，只是年轻人越来越少了。

老旧社区画像四：“不经许可请不要乱拿别人的物品，此处有监控”——此地无银三百两。

到了中午 11 点半是一个比较尴尬的时间，大家走得又累又饿，家家户户飘出香味，人与人之间的戒备心很强，推门讨口饭吃是不可能的，连去发调查问卷感觉就像搞推销的。

老旧社区画像五：又快端午节了，去年的艾草还在，人，应该早就不在了。

老旧小区的楼梯啊，竟然也能走出青铜的痕迹。戴眼镜的老太太，带着一口南方的口音，眉善目慈并义正言辞地说：楼道垃圾需要清扫啊，楼梯里的“僵尸车”很多，楼梯是公共空间啊，下雨把车都停在楼道里，大家上下楼都很不便啊。

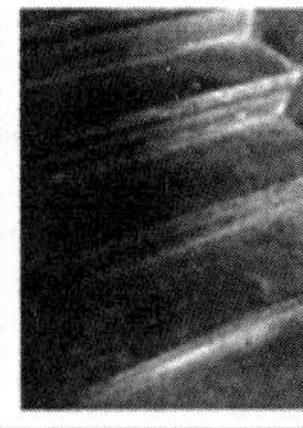

老旧社区画像六：社区领袖李大爷。

王大爷是去年搬过来的，王大爷穿着运动鞋、带着鸭舌帽，在巷道的墙根下种了很多花花草草。在那些花花草草后面立着一个小黑板，上面写着：立党为公、执政为民。李大爷说：我回来后啊，街坊邻居都特别开心，他们说老李啊，你回来我们就不怕了，我们的问题就能向上面反映了，你看这个饭店弄得我们鸡犬不宁，你回来就好了……

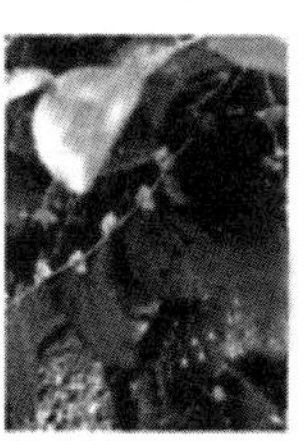

图3 中原区老旧社区画像

社区的消费能力比较低，67%人员处于退休和无业状态。③社区内部没有活动场地，缺乏完整的服务设施配套，日常活动受到限制。④老旧社区安全问题严重，老旧社区外来人员流动量大。部分老旧社区没有门禁，缺乏完整的保安系统，丢车现象严重。

3.2 社区更新整治公众诉求

老旧社区更新整治的每一个动作，是城市发展过程的一个片段，每一个生活在城市的人，也都一直在探索着更好的老旧社区更新方式[8]。不少采访者认为社区入室盗窃属于概率很低，最为普遍的问题是电动

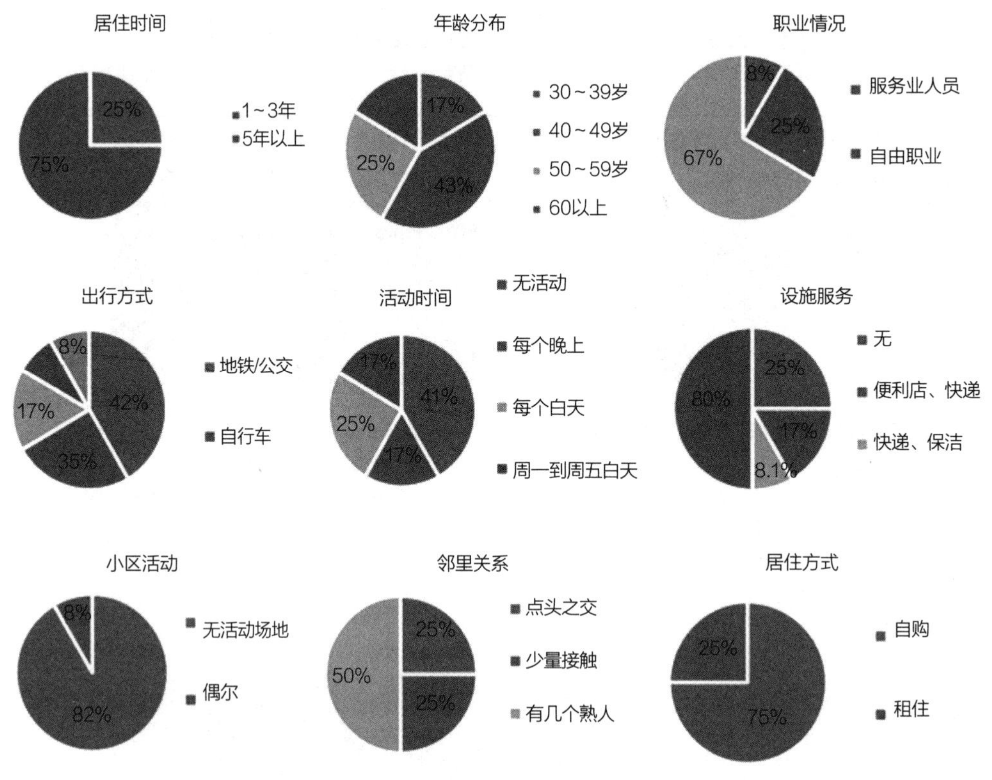

图4 社区调研问卷饼状图

车盗窃的现象，并提议修建车棚并有人监管或其他途径解决偷车现象，门禁系统的完善影响并不大。老旧社区的居民作为微观群众，存在感弱，上访反映问题得不到解决。但生活在社区的人最明白社区应该如何整治，更能够参与到社区更新治理的建设过程中去。

1. 共同缔造的改造意愿

关于共同缔造的改造意愿进行了两次调研（图5），第一次调研中为提升社区品质，需要居民承担部分改造费用时，36%的居民不接受，83%选择接受。第二次调研在第一次调研的基础上进行了问题答案的细分，其中愿意承担部分改造费用的居民占33%，不愿意和搬走的居民占25%，剩余42%的居民态度处于模糊状态，其原因为改造费用的分摊比例不明确、具体的改造项目不明确。

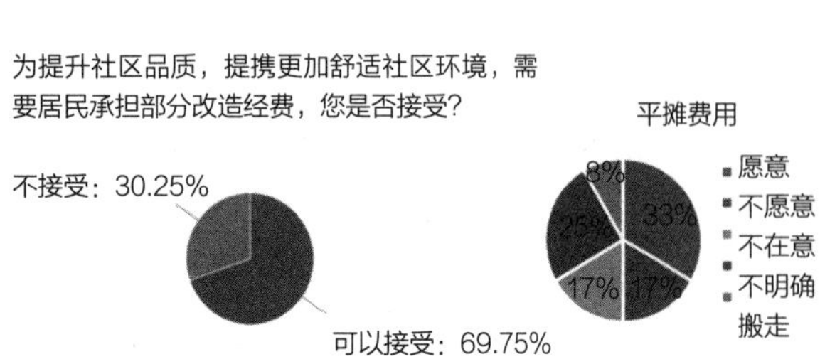

图5 共同缔造意愿调研统计图

2. 社区改造项的意愿强度

在共同缔造的改造意愿基础上，针对改造项的意愿强度对社区居民进行调研（图6）。居民集中反映天然气问题、供暖问题、建筑保温隔热问题、下水不畅、临街饭店油烟污染问题、路面积水、路灯破损、人员杂乱、门禁监控系统、上下楼出门活动不便、停车难等问题是日常生活最常见的问题，也是最亟待改善的内容。其中针对改造项目，调研统计表明，加装电梯、安全防范、门卫系统、供暖管网和绿化提升的共同缔造意向强烈，社区居民愿意在这些方面承担部分费用，侧面也表征这些问题是居民最严峻的问题。

从以上调研，可以看出社区居民愿意为提高生活品质，接受部分项目的改造费用分摊。但由于老旧社区的居民大多数为低收入群体，能够承担的分摊费用有限，而政府在老旧社区财政支出预算也有限，因此针对老旧社区的更新改造要循序渐进，分项目分层级推进。

4 基于公众诉求的城市更新设计策略

老旧小区权属复杂、公众诉求不一，基于改造诉

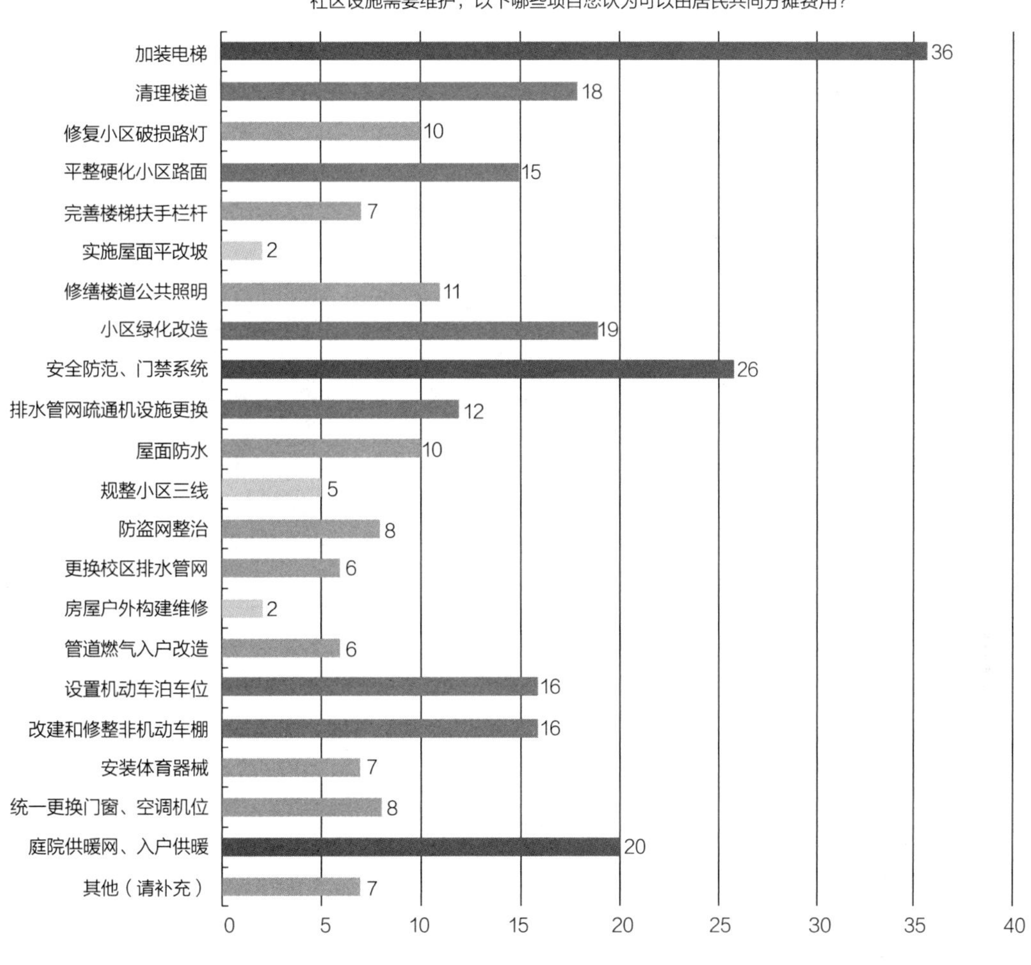

图 6 共同缔造具体改造项意愿统计图

求和社区环境现状，对老旧社区进行权属分类。针对不同的权属状况，提出不同的更新策略。

4.1 权属明确的老旧社区，一次性整体更新

权属明确的社区，意味着其拥有相对完整的运营机构，具有成体系的管理单位及维护运营措施。面对此类社区，改造途径可通过一次性完整设计整改，细部改造分批次实施完成[9]。社区最主要的需求是环境整治和治安管理两项，主要体现在对基础生活设施修补和提升小区管理模式运营机制两个方面。

修补基础设施改造主要经由基础设施、道路交通、建筑楼体和绿化空间四个方面入手，最终以“17项”政府和社区主导出资的项目，与“13项”项居民根据意愿自选参与出资项目共同构成了基于公共意愿的改造标准：

（1）基础设施：社区安装供热系统、一户一表、门禁、监控、照明、消防、三线治理、修补雨水管道、规范垃圾回收站点等；

（2）道路交通：建议实行单行方案、修复破损路面、增设非机动车充电车棚、梳理停车位、规范机动车停车空间、增加道路标识；

（3）建筑楼体：拆除违建、建筑外立面及围墙的粉刷修补、统一空调外格栅、防盗网等，均考虑沿街风貌，并与其相统一；

（4）绿化空间：梳理宅间绿化、修补维护中心活动场地，建议居民自发种植及认领维护，增加居民的共治共管意识。

4.2 权属不一的老旧社区，建议分批次考量

通过了解发现在实际情况中，权属不明确的社区在中原区并不是少数，其构成形式更为复杂。

首先，从物质形态分析，通常一个社区内无论面积大小，不同楼体即便相邻，也可能分属于不同责任

单位。对社区公共区域进行统一规划时，意见难以统一，进度难以推进。

其次，从管理形态来讲，分属散乱。由于市场经济的快速发展，一些企业转型失败走向衰竭，而这些曾经的老社区的管辖范围形态零散分布，更加造就无人托管的状态，这种状态无疑加剧了改造后续如何引入长效管理机制的问题，这也成为老旧社区难度最大的共性问题之一（图7）。

整合空间：由点至块
将密集、相邻的散点状微型院落重新整合。合理拆除楼院间的墙体边界，设置门禁，形成块状院落。
整合后的院落内部应避免尽端死角，做到交通顺达，便于居民生活，利于后期引入长效管理机制。
建议合并：
A: 伏牛路102号院+前进路50号院
B: 前进路100号院+伏牛路97号院
C: 建设路107号院+109号院+市场街81号院
D: 建设路25号院+计划路5号院+计划路8号院
E: 计划路13号院+计划路14号院
F: 桐柏路191号院+桐柏路192号院+计划路15号院
五建建设西路100号院
A
B
C
D
E
F

图7　权属不一社区整合示意图

因此，从以上两点问题入手，建议将临近居住区组团围墙打开，理清共有产权历史遗留问题，将政府作为主导，社区作为带领，以居民意愿为具体改造方向的“三点合一”更新策略是否能为社区改造困境冲破一点点的壁垒，值得探讨与期待。

5　小结

老旧小区好像微不足道，但却涉及许多居民的切身利益。由于老旧社区类型多样、现实问题复杂细微，社区规划整治有必要从居住者的角度，从居民的诉求出发来探讨更新整治路径。针对老旧社区改造过程中谁来改、改什么和怎样改的问题，结合具体的城市规划和改造要求，捋清老旧社区的权属，从社区居民的真实诉求出发，制定科学合理的改造方案。

参考文献

[1] 张京祥，赵丹，陈浩. 增长主义的终结与中国城市规划的转型[J]. 城市规划，2013（01）.

[2] 周剑. 社区精神的衰退——对田子坊社区更新模式的反思[J]. 装饰，2014（08）.

[3] 李迅.城市之美在其养民[N]. 人民网新闻：新华网，2016.

[4] 彼得霍尔. 明日之城 [M]. 上海：同济大学出版社，2017.

[5] 刘悦来. 怎样算是好的小区景观？以及我们每个人能做什么？[N]. 搜狐：城市建筑，2017.

[6] 张磊.“新常态”下城市更新治理模式比较与转型路径[J]. 城市发展研究，2015.

[7] 郑思齐，万广华.公众诉求与城市环境治理[J].管理世界，2013（06）：73-83.

[8] 葛润霞. 老旧小区整改的调查与思考——以山东省烟台市芝罘区老旧住宅小区改造为例[J]. 城市管理与科技，2017，19（02）：68-70.

[9] 闫明艳. 城市开放式老旧小区治理对策研究[D]. 济南：山东大学，2015.

作者简介

陈浩，中国城市建设有限公司河南分院规划设计总监；

许丽君，中国城市建设有限公司河南分院规划设计设计师；

李文竹，中国城市建设有限公司河南分院规划设计设计师；

刘孟阳，中国城市建设有限公司河南分院规划设计设计师。

低影响开发技术对我国海绵城市的启示①

Enlightenment of Low Impact Development Technology to China's Sponge City Construction

阮宇翔，李克永，舒阳
（湖北省武汉市武汉大学城市设计学院）

摘要：新时代，“海绵城市”的普及将会极大地改善现有城市居住条件。美国低影响发展 LID（Low Impact Development）自 1990 年初以来，从微观生态工程技术视角到整体性设计策略，已经逐渐形成了一套应对城市内涝、面源污染和提供高品质水文景观的综合性技术。该技术目前正在逐步进入到城市设计领域，对我国目前正在进行的“海绵城市”具有借鉴意义。本文以美国波特兰“雨水花园”为例，通过简单阐述低影响开发中的技术策略，探讨低影响开发技术带来的启示，以期为我国海绵城市建设提供有效借鉴。

关键词：低影响开发；城市设计；海绵城市

Abstract: In the new era, the popularization of “sponge city” will greatly improve the living conditions of the existing cities. Since the beginning of 1990, in the United States ,the LID (low impact development) has gradually formed a set of comprehensive techniques to cope with urban waterlogging, non-point pollution and provide high quality hydrological landscape. The technology is now gradually entering the field of urban design, which is of reference for China's ongoing “sponge city”. This paper, taking the “rainwater garden” in Portland as an example, briefly expounds the technical strategies in the low impact development, and probes into the enlightenment brought by the low impact development technology, in order to provide an effective reference for the construction of the sponge city in China.

低影响开发(Low Impact Development，LID)，LID即低影响开发，是使用于美国和加拿大的一个术语，描述通过土地规划和工程设计来管理雨水径流的方法。这种方法实现了工程小规模的水文控制，通过渗透、过滤、储存、蒸发和截留接近源头的径流，使开发建设与开发前的水文情况近似，并且形成一项长效机制。LID着重对雨水的源头和过程控制，同时强调场地自然水循环的保护与利用。

1 低影响开发技术概述

在美国，LID大致分为缘起、发展、成熟三个阶段。在20世纪60年代以后到80年代是该技术的缘起阶段。欧美发达国家认识到城市化作用下的非点源污染(non—point source pollution)产生是原因，主要是城市降雨以及地表径流，将工业化污染物扩散。在70年代，美国颁布了洁水法(Clean Water Act)，并实施“最佳管理实践”(Best Management Practices)以期全面治理非点源污染。此时期，欧洲城市也逐步实施综合雨洪管理措施来减少污染的雨水进入城市管网。[2]在80年代美国产生了依托于非结构性方法的雨洪管理（Stormwater Management），在保证地下水充足的前提下，减少或阻止地表径流下渗，从而杜绝污染物的扩散，这种措施就是LID的雏形。

20世纪80年代后期至整个90年代是该技术的发展阶段。美国马里兰州(Maryland) 乔治王子郡(Prince George's County) 以雨水花园作为基础，将场地设计、生物滞留、最佳管理实践相结合，为雨洪管理打开了新的篇章，并且得到迅速的发展和普及。利用植物、微生物的生物化学作用，植被土壤的物理属性等自然力量，对地表径流中的污染物进行降解或者滞留，并保证地下水得到补充。这种设置了大量生物功能的设施的技术被叫做生物滞留(bioretetion)技术。更有比如植草沟、植被屋面、渗透性路面、过滤带、储水桶等措施也都得到很大的发展。1999年，乔治王子郡编制了第一部关于LID的综合性设计标准。2000～2005年，LID设计理念迅速获得美国各级政府认可，LID技术设施得到广泛推广和应用。

2006年，美国联邦环保局正式认可LID设计理念，并将设计理念应用于暴雨管理和面源污染控制

① 国家自然科学基金资助项目，项目编号：51508422。

设计。2009年，该局开始推广“绿色基础设施”理念，一些低影响开发的原则在美国很多地区，比如纽约、洛杉矶、芝加哥、费城、华盛顿、波特兰等城市均得到了很好的实践。

2 美国低影响开发技术的案例——波特兰雨水花园

波特兰市位于美国西北部地区，是俄勒冈州最大的城市，地处太平洋东岸哥伦比亚河和威拉河的交汇处。气候四季分明，由于受季风的影响，具有地中海气候兼海洋性气候的特点，冬季温暖多雨，夏季炎热干燥。年平均降雨量为1119毫米，一年中会出现连续九个月的雨季，因此，波特兰是一个多雨的城市。2003年，迈耶和瑞德景观建筑事务所因为在波特兰会议中心的“雨水花园”的成功，获得了波特兰2003年度最佳水资源保护奖（2003 BEST Award for Water Conservation）。雨水花园成功地处理了雨水排放和初步净化处理的问题，这在水资源处理和景观层面对后来者产生了重要的影响（图1）。

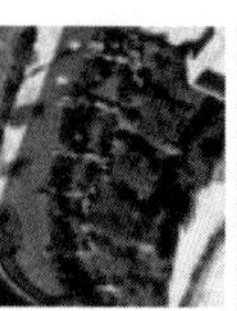

图1 波特兰雨水花园（图片来源：网络）

将传统的路面边缘改造成植草沟或渠道，这种设计布局非常灵活，适应性强且相对便宜。一般来说，明渠系统最适合于地形坡度较小的流域，沿着住宅街道和高速公路进行布置，不仅减少径流速度还可以作为过滤或者渗透装置。雨水花园中的道路两侧采用这种技术，有效提高污染物去除的能力。沉降是污染物去除的最主要机制，因此植草沟具备额外的渗透和吸附机制。一般来说，当水流速度达到最小化和滞留时间达到最大化时，植草沟最为有效。渠道或地上流动的稳定性取决于通道所在土壤的可蚀性，减少坡度或提供密实的覆盖物将有助于提高稳定性和增加污染物去除的效果。在浅溪绵延，瀑布并置，玄武岩堆积点缀之中，一条长约100米，宽约两米的蜿蜒小溪缓缓流过。富有当地特色的水生植物、砂石、土壤形成了一个稳固的过滤层，使得洁净的雨水可以轻松渗入地下，被土壤吸收，以此补充地下水。

雨水花园的设置在解决了雨水排放和过滤问题的同时，也给波特兰市民创造了闲暇时刻可以休憩驻足的优美景观环境空间。会议中心的屋面将近2.23公顷，如此大面积的屋面，可以在降雨过程中聚集足够多的雨水。在南立面，按照一定距离，布置有四个落水管，这些落水管将雨水排入到雨水花园当中。因垂直高度的不同，形成了层层跌落的小溪，在低洼处形成了一片水池。在水池集满水以后，溢出的水就跌落到大约5.5米以外的另一个水池，这无疑减缓了暴雨情况下水流的速度，使得一种人工的自然水流路径更有效果。路面上的雨水同样因为地势原因，汇集到此处。在一个人工的城市中展现出一种自然情趣，将钢筋混凝土作为诞生和滋养绿色的沃土，碎石、植物、蓝天白云相映成趣，一种人工的自然美展现在眼前（图2、图3）。

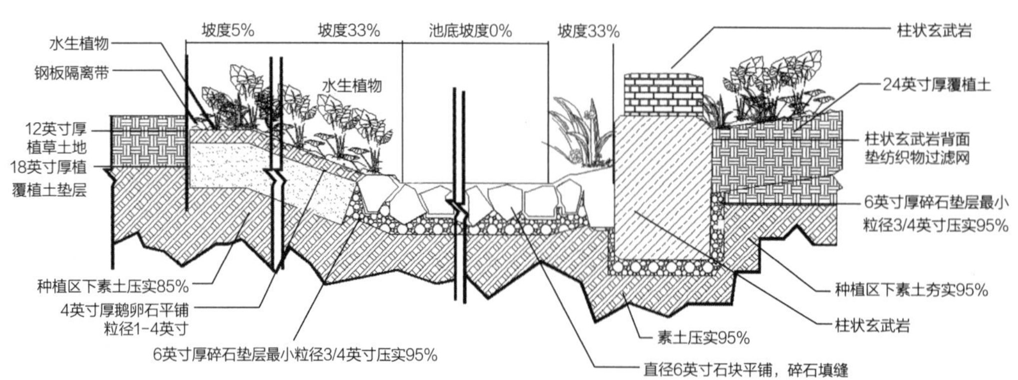

图2 雨水花园剖面图1（图片来源：作者自绘）

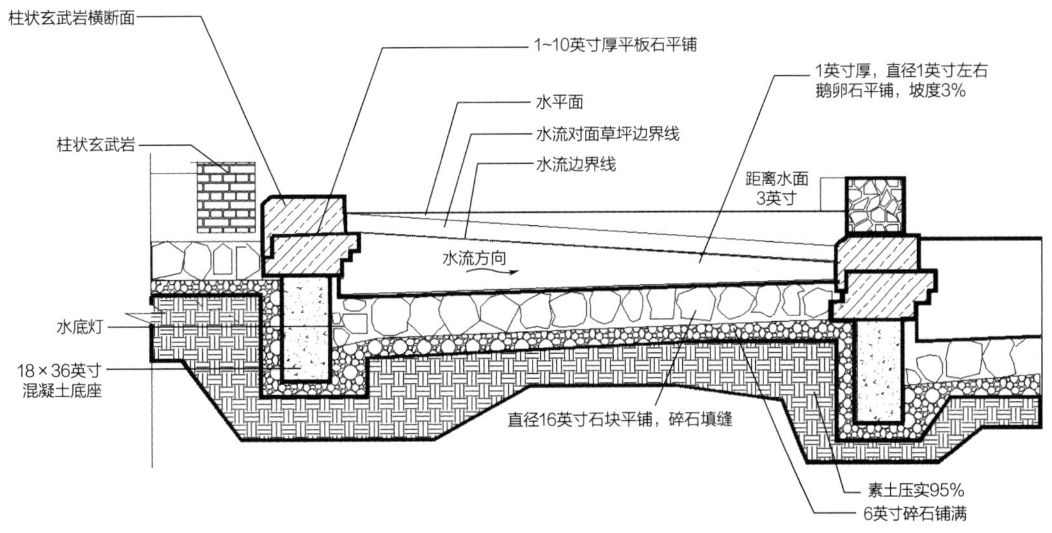

图3 雨水花园剖面图2（图片来源：作者自绘）

根据“生物滞留”这一形成于马里兰州的技术措施，水生植物通过生物作用，吸收路面上冲刷下来的杂物和油污，避免了进一步污染扩散的可能。生物滞留区物种细胞中发现的六种典型成分：

（1）草丛缓冲带减少径流速度并过滤颗粒物质。

（2）沙床提供种植土壤的通风和排水，并有助于冲洗土壤材料中的污染物。

（3）水洼区域对过量径流进行存储，并促进微粒沉降和多余水分蒸发。

（4）有机层通过提供用于生物生长的介质（如微生物）降解石油基污染物来执行有机材料分解的功能。它还可过滤污染物并防止水土流失。

（5）植物提供雨水储存和养分吸收的区域，种植土壤含有一些吸附碳氢化合物、重金属和营养物质等污染物的黏土。

（6）植物通过蒸腾作用去除水分，通过营养循环去除污染物。

同时，植物根系还有固定碎石和土壤的作用，以防止长时间水流冲刷或者瞬时水流过大导致水土流失。砂石土壤不光滑的表面具有同样滞留作用，同时空隙宽大又很容易下渗，在水漫之前，经过层层沉淀和过滤以后，雨水通过合成塑料制成的排水管流入附近直径80厘米的公共雨水排水管道，排到几百米外的维拉河（Willamette River）。

3 美国低影响开发技术对我国海绵城市的启示

将城市中的水设置越多的层次，自然就会产生更加繁杂的矛盾，而不利于统一管理和调度。LID的前身是一种雨洪管理手段，在城市化的发展进程中逐渐融进了一套完备的规划体系。在1999年，马里兰州乔治王子郡的环保资源部发布了《低影响开发设计策略——一个综合的设计方法》。按照一个场地从设计到施工、验收、后续使用的全过程，LID的技术主要分为五大部分。分别为场地规划、水文分析、土壤侵蚀与沉淀物控制、综合实践、公关传播。美国住房与城市发展部在《低影响开发实践》中，对污染物的规划控制进行了细致的分类，拓展到了生产和生活污水的处理。因而就海绵城市而言，将LID中的技术核心应该再增加一条，以应对我国实际情况，即供水场地内部的排水处理。

3.1 生物滞留

生物滞留系统的设计基于土壤类型、场地条件和土地用途。生物滞留区可以由多种功能组分组成，每种功能组分在去除污染物和减少雨水径流方面具有不同的功能（图4）。

生物滞留设施相比于传统的雨水输送系统成本更低，根据土壤类型，马里兰州乔治王子郡典型的生物滞留区的建设费用约为每4平方米5～10美元之间。马里兰州的设计指南建议生物滞留系统占据流域的

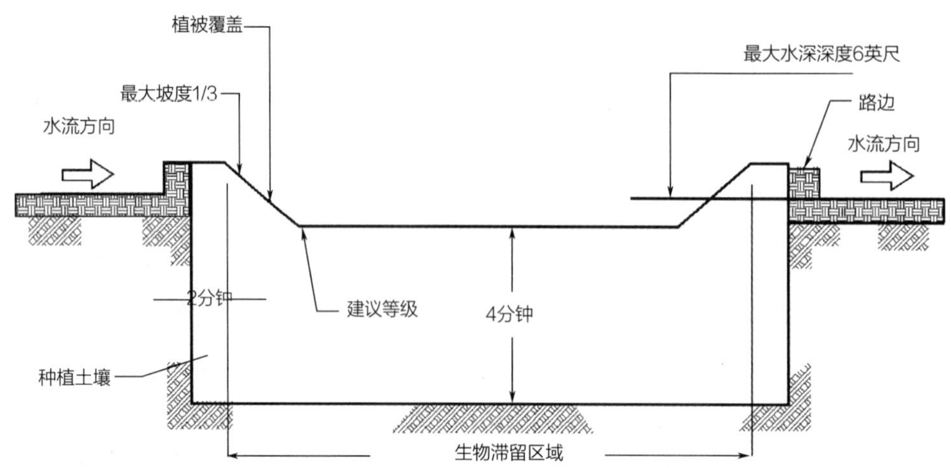

图4 典型的生物滞留系统剖面图（图片来源：乔治王子县环境资源部，1993年，作者重绘）

5%～7%。可以通过降低雨水排放管道的建设成本来实现额外的节省，例如，马里兰州乔治王子县医疗办公楼的排水管的数量的减少节省了50%的总排水成本。

美国对植被种类的选取有州和国家权威机构的检验标准，并有完备的使用记录，这方面在我国还需要进一步完善。本地品种根据其水分状况、形态、对病虫害的易感性和对污染物的耐受性等标准进行选取。其他植物种类根据现场条件和生态因素来选择，例如本地土壤是否可以提供充足的养分，并且依据不同的蒸腾速率，确保在整个生长季节内，均可以保持恒定的蒸发量及对污染物的吸收率。这是一个较为漫长的过程，乔治王子建议在苗圃的使用过程中建立一个保修期计划，作为工厂安装负责的一部分，并让厂家来负责第一年的护理和80%的植被免费替换。

这种总包的方式可以在国内进行试验，毕竟生物滞留系统的完全成功需要经年维护，而整个维护包括植物、土壤层和覆盖层。随着时间的推移，根系和叶冠的尺寸增大，在污染物吸收和去除的效率方面都有所增加，植物本身将提供越来越好的环境效益。但是，土壤会随着时间的推移，从最初可以立即过滤污染物到最终可能会丧失过滤能力。因此，评估土壤肥力对维持有效的生物滞留系统很重要。径流中的营养物质和金属通过降低阳离子交换容量（CEC）的作用，最终破坏正常的土壤功能。因此建议每年测试一次土壤，并在肥力丢失时进行土壤更换。根据环境因素来看，这通常发生在建筑工程的5～10年内。在美国，一个典型的生态滞留系统的土壤替换可以在1~2天内完成,大约要消耗4000平方米的土地，花费在1000～2000美元之间。

3.2 植草沟

在国内，主要采用路缘石和排水沟来解决路面的排水和分流，但路缘石的设置也不甚合理。与安装路缘石和排水沟或带有雨水口、进水口和排水管道的系统相比，工程型沼泽地即植草沟的成本要更低。传统的排水系统的成本范围为每跑步时足间距40～50美元，这比植草沟贵两到三倍。但植草沟有一个劣势，就是需要适当的设计，来缓解开放渠道和对路面稳定性的影响。并且定期去除沉淀物、割草这些重要维护措施都是额外的人工成本。

在《海绵城市建设技术指南》中，对植草沟做了如下规定：①浅沟断面形式宜采用倒抛物线形、三角形或梯形。②植草沟的边坡坡度(垂直:水平)不宜大于1：3，纵坡不应大于4%。纵坡较大时宜设置为阶梯型植草沟或在中途设置消能台坎。③植草沟最大流速应小于0.8m/s，曼宁系数宜为0.2～0.3。④转输型植草沟内植被高度宜控制在100～200毫米。

3.3 植被屋面

在上述波特兰雨水花园中，并未涉及植被屋面，但在低影响发展技术中，通过降低城市区域不透水面的百分比，能够有效减少城市雨水径流，而植被屋面或绿色屋顶是其有效手段。绿色屋顶是由植被层、介质、土工织物层和合成排水层组成的多层结构材料。城市地区的植被屋顶覆盖物提供了多种益处，如延长屋顶的使用寿命，降低能源成本，并保护有价值的土地，否则这些土地将会用于暴雨径流控制。欧洲已广泛使用绿色屋顶来实现这些目标，在美国一些雨水基础设施已达到其能力的老城市，有许多机会可实施这种低影响开发措施。我国海绵城市已经在设计理论与方法中，有源头、中途和末端全方位不同尺度的控制措施，将所有屋面进行改造，将是海绵城市未来在建筑单体层次的重要战略方法。

植被屋面在降低总径流量方面非常有效。简单植被覆盖的屋顶，大约10厘米的基质可以在温带气候下减少50%以上的年径流量。正确设计的系统不仅可以减少径流量，还可以无需额外的加固或结构设计要求，而将其添加到现有屋顶，绿色屋顶减少径流的价值与设计降雨量直接相关。给定地区的混合下水道溢流、水力过载和径流问题最为重要，故而应针对风险事件制定设计方案。但其中的技术和材料质量的要求要远高于传统屋面，增加更多的建设成本和运营维护成本，这需要政府与开发商、住户之间达成共识。在城市建设技术规定中，增加法律性的条文进行约束也是很有必要的。

3.4 渗透性路面

使用渗透性路面是降低流域内不渗透性百分比的有效手段。目前国内路面普遍采用大面积不透水路面，没有考虑到路面的渗透性对径流量的影响，导致下雨路面积水的现象很常见，这也是考虑到车流量和路面承载能力的必然选择。但在LID的设计和实行过程中，超过30项不同的研究表明，当上游流域的不透水层大于10%时，溪流、湖泊和湿地的质量会急剧下降。多孔路面最适合低流量区域，如停车场和人行道。在沿海地区沙质土壤和平坦的斜坡中发现最成功的替代路面设施是渗透性路面，因为渗透性路面允许雨水渗入下层土壤，促进污染物的处理和地下水补给，而不是产生大量需要运输和处理的降雨径流。这无疑缓解了排水的压力。在美国铺路石和石块的成本从2美元到4美元不等，而沥青的成本则仅为0.50美元到1美元，因此增加政策吸引是很有必要的。

4 结语

LID的技术通过设计创造既满足基本场地功能又可以提供优良水文景观的场地，对海绵城市有很重要的启示。通过分布式微型雨水调蓄洪区的保持、不透水路面的减少、流量长度和径流时间的延长，将雨水集成到基础设施中，并且减少雨水输送导致的成本，增加景观的布置等措施，LID保持了场地在开发前的水文条件，在很大程度上弥补了当前雨水管理措施的不足。生物滞留、植草沟、植被屋面、渗透性路面的技术都很值得海绵城市借鉴。但是LID技术的源头是对当时产生的面源污染进行治理，海绵城市是应对复杂的国内气候环境进行因地制宜，更具有复杂性和矛盾性。渗、滞、蓄、净、用、排这几项技术是所有关于雨水调控的核心措施，结合LID技术进行改进完善是当前一项迫切任务。结合国内实际情况，将海绵城市的技术要求约束到法律层面也是很有必要的。将城市设计与雨水管理进行有效整合，倡导绿色生态，努力构建生态文明，从而对城市物质空间进行有效改善和综合利用，引导一个更生态、更绿色、更美好的城市生活空间。

参考文献

[1] 住房和城乡建设部.海绵城市建设技术指南——低影响开发雨水系统构建[M]. 北京：中国建筑工业出版社，2014.

[2] Hinman，Curtis. Low Impact Development: Technical Guidance Manual for Pugent Sound[R]. Olympia，WA: Puget Sound Action Team，Washington State University，Pierce County Extension，2005:1-3.

[3] 国务院办公厅关于推进海绵城市建设的指导意见,国办发[2015]75号，2015.

[4] 李强. 低影响开发理论与方法述评[J]. 城市发展研究，2013，20（6）: 30-35.

[5] 曾忠忠，刘恋. 解析波特兰雨水花园[J]. 华中建筑,2007，25（4）: 34-35.

[6] Prince George's County，Department of Environmental Resources. Bioremediation Manual [R]. Prince George's County，Maryland，2007: 2-3.

[7] Prince George's County，Department of

Environmental Resources, Urban Development Studies Vol.No.6 2013 35 Programs and Planning Division.Low Impact Development Hydrologic Analysis. Prince George's County, Maryland, 1999.

[8] Low Impact Development Center Welcome. [EB/OL]. http: www. Lowimpactdevelopment. org/ [2012-07-10].

[9] U.S.Department of Defense. Unified Facilities Criteria: Low Impact Development Manual [R]. Unified Facilities Criteria No.3-210-10. U. S. Army Corps of Engineers, Naval Facilities Engineering Command, and Air Force Civil Engineering Support Agency, 2004.

Tree of Life:
Symbolism – A Manifestation of Collective Subconscious of a Locale

Ar. Amina Qayyum Mirza

Abstract: The intent of the paper is to examine elements that form a basis for a healthy green city, a city that functions as a guardian to humans that inhabit it.

Tree of life is an archetypal and a mythological symbol that has recurred in almost all religious and philosophical traditions. It is an all-encompassing concept that transcends at many levels in various traditions and is integral to a holistic existence; nurturing and balancing both physical and spiritual dimensions of life.

Technology has facilitated urban dwellers in commute and connectivity. Social platforms have connected people globally via common interest, shared belief or similar values. It is now being realized that a fast-paced globalization has had an overwhelming effect on Gen Y and Gen Z. The sensory overload of social media and hyper-connectivity has impacted urban dwellers; the unaware consequence of this fast-paced activity is isolation at an individual level and an existential crisis faced by these generations.

While designing new cities or retrofitting an existing one urban design primary concern is to address these issues. The intangible qualities of a locale, qualities that lead to cohesion and decompression of its inhabitants on a physical and an emotional level have to be recognized. Comparing and analysing lessons learned from various cities of the world will investigate this and a relationship of key components that are essential to the well-being of a city and its inhabitants will be identified.

Keywords: Collective Subconscious; Ecology; Vernacular Urbanism; Decompression

1 Introduction

The Tree of Life

David R. Maddison

I think that I shall never see
A thing so awesome as the Tree
That links us all in paths of genes
Down into depths of time unseen;
……………………………………
Three billion years the Tree has grown
From replicators' first seed sown
To branches rich with progeny:
*The wonder of phylogeny*①

The intent of this paper is to have a deeper understanding of our existence in urban environments and factors that govern our social systems and our ecosystems and its effects on the inhabitants. The essence of the core of our existence both metaphorically and physically.

Now more so than ever, we as design professionals and architects have to develop an empathetic response to global challenges of technology entrenched addictive urban lifestyle and cities as machines for carbon footprint in view of global climatic challenges. Each action no matter how small is interconnected and interdependent and eventually becomes a part of a "connected whole". We have to be mindful of the impact at a macro and micro level.

2 Archetypal Connections

Each geographical location varies in its flora, fauna and its human inhabitants hereditary collective subconscious. It is vital to understand the relationships among various cultural, social

① David R. Maddison. "The Tree of Life." *Systematic Biology* 62, no. 1 (2013): 179. http://www.jstor.org.ezproxy.library.ubc.ca/stable/23485182.

and ecological aspects of a human dwelling to its context a hereditary archetypal tree of life of a local for continuum of a present day successful urban environment.

We are all connected in the web of life and in this labyrinth of existence all living things share a commonality through DNA. While we are related through a common thread the life on this planet also manifests in many unique forms.

Phylogeny is the evolutionary history of organisms, particularly as that history refers to the relationships between life-forms and the broad lines of descent that unite them. Taxonomy is less fundamental a concept than phylogeny. Whereas taxonomy is a human effort to give order to all the data, phylogeny is the true evolutionary relationship between living organisms. Some scientists call phylogeny the *tree of life*, meaning that it represents the underlying hierarchical structure by which life-forms evolved and are related to one another.①

The symbolic tree of life from various regions and traditions have one commonality i.e. its structure. The structure comprises of roots-footings, trunk-body, and branches-arms that extends into the space around it. The morphological similarity has many variations that are representative of regional and philosophical tradition, innate to the collective subconscious of a particular locale. Some examples are as follows (Figure 1~Figure 6).

Figure 1

Figure 2

Figure 3

Figure 4

Figure 5

Figure 6

2.1 Metropolis Within

Human settlements have existed since pre-historic times. The group settled around resources necessary for the survival of the species. The settlements have existed in myriad patterns diversifying according to the locale. The patterns of culture and geography and the philosophical belief of the humans in various places defined its identity and uniqueness.

This permeates the psyche of the inhabitants of a place over time and moulds

① "Taxonomy." Science of Everyday Things. Copyright 2002. The Gale Group. Encyclopedia.com. Accessed July 10, 2018. https://www.encyclopedia.com/science-and-technology/biology-and-genetics/biology-general/taxonomy.

the way of life that creates a vibe, a tempo of the place. The layers of pattern and behaviour are etched similar to how the human brain neurological pathways develop by repeated use of a particular action and intrinsically make it easier, a second nature. Hence the essence of the place is imbued in its inhabitant' s overtime; layered in ecology and philosophy of the place at a subconscious level creating a "metropolis within" each individual of a place.

3 As a case study, we will examine and compare two cities, their philosophical origins. Their evolution and the lessons learnt from the past and present

3.1 Vancouver: One of the top five most liveable city in the world, has its origins in the indigenous people–First Nations

Approximately 8000 years ago, groups of First Nations began harvesting salmon in the Fraser Canyon, and for 3000 years they exploited the resources of the future Vancouver area.①

First Nations people believed in the Creator and system based on belief and spiritual world was the environment, objects and people are all connected. Whereas the Europeans settlers who came to this region had a different worldview, almost opposite to the eight basic principles.

Eight differences between Indigenous and western worldviews [3]

Indigenous worldviews (I) vs Western worldviews (W)

1.(I) Spiritually orientated society. A system based on belief and spiritual world.

1. (W) Scientific, sceptical. Requiring proof as a basis of belief.

2.(I)There can be many truths; truths are dependent upon individual experiences.

2. (W) There is only one truth, based on science or Western style law.

3.(I) Society operates in a state of relatedness. Everything and everyone is related. There is a real belief that people, objects, and the environment are all connected. Law, kinship, and spirituality reinforce this connectedness. Identity comes from connections.

3. (W)Compartmentalized society, becoming more so.

4.(I) The land is sacred and usually given by a creator or supreme being.

4.(W) The land and its resources should be available for development and extraction for the benefit of humans.

5.(I) Time is non-linear, cyclical in nature. Time is measured in cyclical events. The seasons are central to this cyclical concept.

5. (W) Time is usually linearly structured and future orientated. The framework of months, years, days etc reinforces the linear structure.

6.(I) Feeling comfortable is measured by the quality of your relationships with people.

6. (W) Feeling comfortable is related to how successful you feel you have been in achieving your goals.

7.(I) Human beings are not the most important in the world.

7. (W) Human beings are most important in the world.

8.(I) Amassing wealth is important for the good of the community

8. (W)Amassing wealth is for personal gain②

First Nations were initially subjugated by

① Vancouver Before It Was, http://www.vancouver-historical-society.ca/blog/introduction/i-vancouver-before-it-was/

② Indigenous Peoples Worldviews Vs Western Worldviews, Bob Joseph - https://www.ictinc.ca/blog/indigenous-peoples-worldviews-vs-western-worldviews.

the Europeans and later formed alliances to coexist. Over many centuries the appreciation of indigenous people' s inherent wisdom for the sustainability of the land, knowledge, wisdom, and worldview grew.

In today' s Vancouver, we see the success of embracing principles of forefathers of the land and it is the most liveable city in the world. The people of Vancouver live at a pace where they can enjoy nature and be one with it. There are over 600 parks that are accessible to the city' s neighbourhoods. It is known as the "outdoor city" people are appreciative and take pride in the inherited natural resources and reserves. In most neighbourhoods, there is a block of Social Housing making it an equitable city where mixed-income groups co-exist and have access to the same amenities of the city. This does not marginalize the lower income group. Neighbourhoods are walkable districts.

The excellent public transit is used by most income groups, and in the near future, the use of cars within the city will be further minimized due to policies that engage in greener practice.

This has come with the due process of re-evaluation of public policies and actively involving the inhabitants of the city. Salient features of Green Vancouver by the city of Vancouver are as follows:

- Green Grants
- Greenest City Action Plan
- Renewable City Action Plan
- Zero Waste 2040
- Climate Change Adaptation
- Neighbourhood Energy Strategy
- Trans Mountain Pipeline Expansion
- How we are greening the City
- How you can go green[①]

These initiatives engage communities and give them ownership of the city and a sense of pride in engaging in holistic practices that are sustainable for the city.

A general observation that most Vancouverites have some sort of body art, a tattoo or piercing that gives it a vibe of continuation of an ancient tradition of body art (Figure 7 ~ Figure 10).

Figure 7

Figure 8

Figure 9

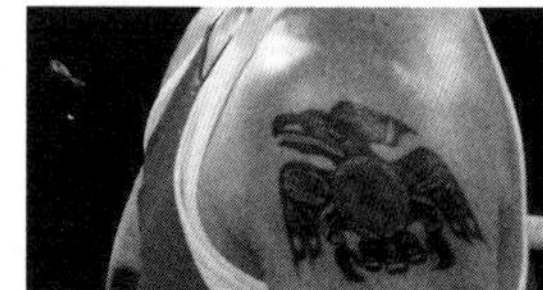

Figure 10

3.2 Lahore: One of the ancient living cities of the world

Hindu legend attributes the founding of Lahore to Lava, or Lōh, son of Rāma, for whom it is said to have been named Lōhāwar. The city of "Labokla" mentioned in Ptolemy' s 2nd-century Guide to Geography may have been Lahore.[②]

Lahore has gone through many eras of transformation and growth through reigns of different rulers of varying ethnicities and religion. The common factor amongst all was binding of the spiritual Sufi tradition which encompasses all faiths and unifies people as humans rather than on basis caste colour or creed. This is reflected in the planning and layout of the Walled city, Lahore. The city comprised of mixed land use, mixed-income groups, walkable districts,

① Greenest City: A Renewable City, City of Vancouver - https://vancouver.ca/green-vancouver.aspx

② The Editors of Encyclopaedia Britannica, "Lahore," Encyclopaedia Britannica, February 14, 2018, accessed July 23, 2018, https://www.britannica.com/place/Lahore.

attached housing in various neighbourhoods, mid-density neighbourhoods a footprint of the green city. Access to nature - "sky" in a courtyard house at a micro level ascribing to a personal piece of heaven. "Maidan" a communal space, a garden and a public park within the walls of a city at a Macro level. The urban fabric of the old city was interspersed with Hindu temples, gurdwaras and mosques, walkable neighbourhoods with a majestic fort on the periphery. After the colonization by the British, the old city was neglected, hence leading to decay.

The British brought with them a new type of gridiron plotting for the new development and a linear connector whereas in the old city the urban fabric was in a concentric format. The new developments only catered to a certain income group. The lower classes settled in informal settlements around the new developments since these residents had to commute to work in the secluded rich bungalow style neighbourhoods that developed. The British changed the model of traditional neighbourhood planning. As the population grew and after the independence the new model of sprawling residential societies developed which created a disparity amongst the residents of the city. The lack of public and design policy furthered the downward trend.

Lahore a city with its origin in green principles was now disconnected from its roots. The neighbourhoods are gentrified overtime, the politicized city authority's neglect for the distressed areas have led to an increase in crime and depression for most lower income dwellers. Once one of the green cities with its magnificent gardens was subjected to infrastructure improvements without public consent hearing or debate hence it lead to the indiscriminate destruction of old neighbourhoods and violation of international and local antiquities act. The residents of the city from various walks of life joined hands to file a writ petition against violations to protect their home -their city. The success was their resilience to withstand long drawn out battle with the local and government finally winning the case at the supreme court level.

The lesson can be learnt from one of the most liveable cities in the world Vancouver and one of the most ancient city Lahore. How each has evolved over time, the layers of similarity and dissimilarity that defines their present and future.

The lessons of sustainability in continuing in cultural practice lies the governance of the city and its public policy(Figure 11～Figure 17).

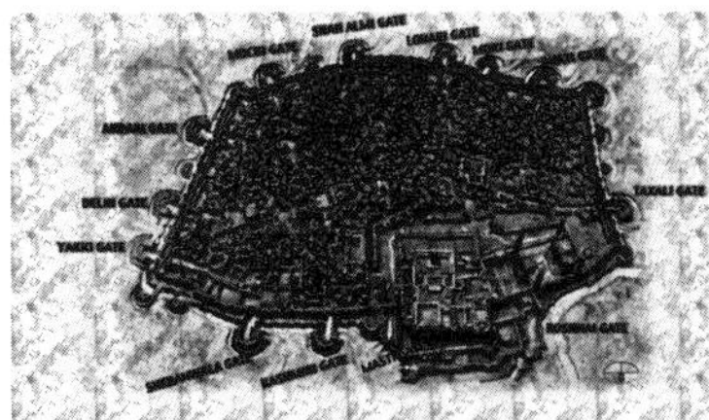

Figure11

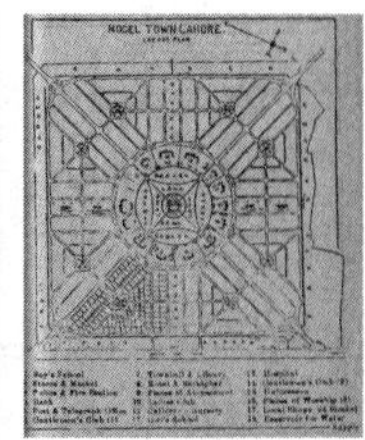

Figure12

Figure13

Figure14

Figure15

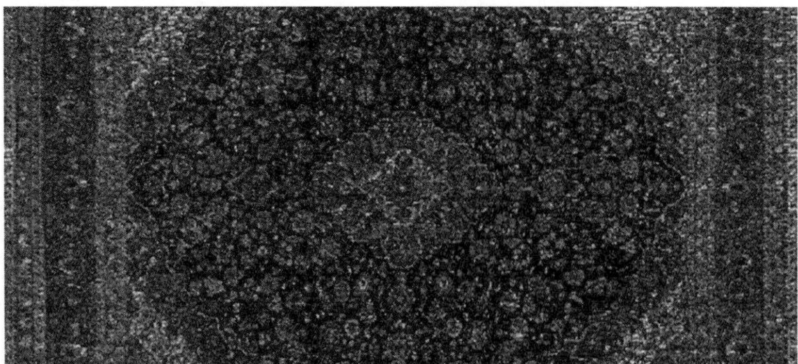

Figure16

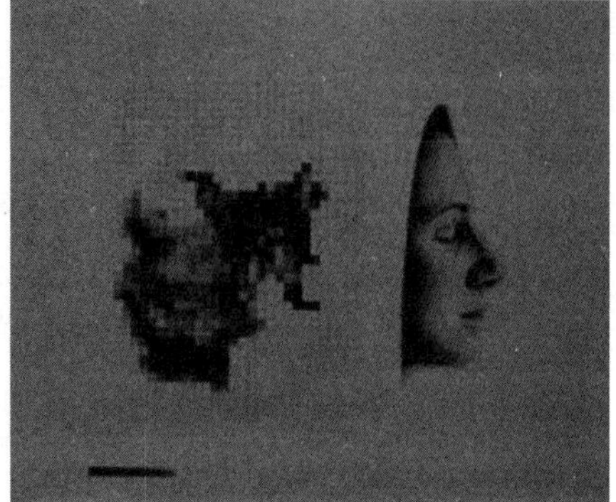

Figure17

4 Organic Growth vs Borrowed

To understand how and why cities differ, grow and evolve into places of hybridity that make them unique places of joy or despair one has to see the inherent map/footprint of the locale of human habitation and how the has city developed under the guide i.e. presence or absence of public and design policies. Corridors of connectivity and economy also play a key role in defining the future growth and longevity of a settlement. These factors also contribute to why a certain settlement evolves into a city and then to a metropolis while on the other hand, some stay rural and, a few cease to exist altogether.

The economic boom and peaking of various cities in the age of global connectivity have led to a collage of ideas and images manifested in a city in myriad form, sometimes creating a dystopian reality for the inhabitants. A city without the effective/through design policy can lead to a disconnect that over time may ultimately lead to dislocation of emotional cultural narrative; in many cases leading to depression or having an opposite effect of hyper behaviour and even crime in the inhabitants.

When the growth of a city is organic; in congruence to its cultural, ecological evolution in sync with a stable economy, education encompassed by effective public policy, these cities become the prime examples of a successful city.

Some of the exemplary cities are Vienna Austria, Vancouver Canada, Copenhagen Denmark, Auckland New. Zealand.

Whereas economic boom in certain parts of the world in an era of global connectivity led to borrowed insertions of materialistic ideals negating and overlooking the ground realities of the locale and its inherent potential creates a disconnect between inhabitants of the place. This disconnect leads to self-doubt and low self-esteem of the inhabitants of the place because they are negating their very origin and unique inheritance of the locale. This everyday encounter with a negation of core values ultimately leads to discontentment and spirals the process of material gain to compensate for the lack of intrinsic value and in some cases ultimately it leads to depression.

Bahira Town Lahore and Ghost cities of China are reminiscent of "surrealist cinema" sets realized by developers, juxtaposing counterfeit icons in neighbourhoods, divorced of reality and its roots. Severing ties from centuries-old tradition and authenticity to the locale. Hence creating a false present alien to the inner core of the locals who inhabit the place(Figure 18～Figure 23).

Figure18

Figure19

Figure20

Figure21

Figure22

Figure23

5 Key Components of a Healthy City

The pursuit of democratic and social values in the city rather than materialistic.

Vernacular Urbanism

City evolving from ecological, geographical, geological and cultural elements.

Scale

Human scale; new developments to be "people-centered", pedestrian and bike friendly.

Communal Spaces; Mixed & Conforming Uses: Street life and Interaction.

Socio-Economic

Mixed Land use and Mixed Income Groups, Higher Density as per infrastructure and energy Free Market and Social Housing, People Centred Developments,

Collapsed Time

A pace of a place alters one's perception of time. Different cities have a different pace and there are many factors that contribute to experiential expansion or contraction of time.

Connectivity

Public transit, Cycle Lanes, Walkable Districts,

Access to Nature

Parks, Water Front, Mountains and Natural Features of the Region, Safeguarding Indigenous Flora and Fauna; the ecology of the place.

Safe, Inclusive and Secure

Safety for Residents, Accessible Inclusive City, Terrorism Free

Local Business and Local Produce

Holistic Living and Qualitative Environment

Celebratory and Communal Public Events, Air Quality, Water Quality, Noise Level Control, Food Quality, Public Art.

Renewable Energy

Public Policy

Community Engagement, Public Policy, Design Policy, Ghetto and the Underclass.

6 Conclusion

In conclusion now more so than ever in this

fast-paced globalization, one has to be mindful and appreciative of the uniqueness of cities by virtue of its origin, philosophical, ecological, geographical and cultural tradition. Also, it is important to develop an inclusionary policy of mixed-income groups and a- mandatory allocation of subsidized housing for the low income in neighbourhoods. This pattern has proven to be successful in reducing crime and mental health issues hence lessening the economic burden on the city. This also instills a sense of ownership as a socially responsible citizen.

A city can succeed in future by diversifying to accommodate new hybrids rooted in its locale best suited for its inhabitants.

Cities as individuals, each distinctive with their unique set of inherited genetic makeup. As all living beings need oxygen to breathe, water to live and fuel for energy, so do the cities. A City is not a collection of roads and buildings only, but it is a connected “whole” of the “animate” and the “inanimate” . It is this complex labyrinth of networks, which makes the city functional, or can render it dysfunctional.①

References

[1] David R. Maddison. “The Tree of Life.” *Systematic Biology* 62, no. 1 (2013): 179. http://www.jstor.org.ezproxy.library.ubc.ca/stable/23485182.

[2] “Taxonomy.” Science of Everyday Things. Copyright 2002. The Gale Group. Encyclopedia.com. Accessed July 10, 2018. https://www.encyclopedia.com/science-and-technology/biology-and-genetics/biology-general/taxonomy.

[3] Vancouver Before It Was, http://www.vancouver-historical-society.ca/blog/introduction/i-vancouver-before-it-was/.

[4] Indigenous Peoples Worldviews Vs Western Worldviews, Bob Joseph - https://www.ictinc.ca/blog/indigenous-peoples-worldviews-vs-western-worldviews.

[5] Greenest City: A Renewable City, City of Vancouver - https://vancouver.ca/green-vancouver.aspx.

[6] The Editors of Encyclopaedia Britannica, “Lahore,” Encyclopaedia Britannica, February 14, 2018, accessed July 23, 2018, https://www.britannica.com/place/Lahore.

[7] Mirza. Amina Qayyum, *Musings of an Architect - City a Living Body*. Iapex 2014. Institutes of Architects Pakistan, 2014.

About the Author

Ar. Amina Qayyum Mirza, Institute of Architects Pakistan- IAP, Email: aminagmirza@gmail.com.

① Mirza. Amina Qayyum, *Musings of an Architect - City a Living Body*. Iapex 2014. Institutes of Architects Pakistan, 2014.

谁的乡镇 谁来建设
都市近郊小城镇规划探究

吴书驰，齐思彤
（天津城市规划设计研究院，300201）

摘要：近年来，随着城镇化的进程，建设城郊型乡镇开始引起各界的注意。本文以位于河北省石家庄市西南部的铜冶镇为例，描述了城镇型乡镇在大城市辐射下面临的主要问题与挑战。对铜冶镇的总体规划编制情况进行分析，认为现状处于建筑面貌、基础设施、居住环境等被割裂的状态，深层次地剖析其内部因素。基于多方利益参与的设计模式，多角度地提出对都市近郊小城镇的规划方法及策略，以期对同类规划项目及相关学术理论有所启发。

关键字：多元利益主体；权益平衡；小城镇；石家庄鹿泉区铜冶镇

我国经济发展的新常态触发小城镇新的发展机遇。特色小城镇建设理当作为推进新型城镇化、促进城乡发展一体化的重要突破口。2016年是“特色小镇”元年，从中央到地方政府，从产业运营商到地产开发商都将目光聚焦到特色小镇上。

在此背景之下，都市区近郊小城镇得到新的发展机遇，如何利用其地域优势，结合自身特色寻求差异化发展，是该领域的热门问题。经过快速城镇化的洗礼，都市区周边小城镇的建设模式早已摆脱大城市机械式的规模扩张，它们所面对的是更加复杂的多元利益主体相互博弈的问题。以往简单的政府主导从上至下的规划模式，无法再适应新的环境。尤其是在小城镇相对有限的空间载体内，其矛盾的体现往往更加直接和激烈。从整个城市的全局与长远考虑，充分关注各类主体的价值取向，协调各类主体的诉求矛盾，引导各类主体的利益平衡，对城市规划的运行机制进行调整是一项重要任务。

本文结合实际项目，以河北省石家庄鹿泉区铜冶镇①的总体规划与城市设计为例，基于多方利益参与的设计模式，对规划方法进行了探讨，以期对同类规划项目及相关学术理论有所启发。

1 大都市区与周边特色小镇的共生关系

根据世界范围城镇化的经验，在基本完成人口和经济活动向中心城市单向聚集的过程后，城镇化将逐渐呈现“大都市区化②”的发展态势，城市形态由单中心向多中心、网络化转变。在这一转变过程中，不仅中心城市将继续发挥都市区经济核心的作用，都市区近郊小城镇的发展也将直接影响到中心城市的竞争力和整个都市区的空间质量与发展进程。特色上，近郊小城镇是大都市外围重要的生态保育和休闲游憩空间，普遍环境品质较高，地方和传统文化传承较好，是维系都市生态环境品质和文化特色、缓解污染释放发展压力的绿色屏障。本项目中，鹿泉也由地级市转变为了石家庄市鹿泉区，而在地理位置上与石家庄市仅一街之隔的铜冶镇的发展将直接影响石家庄的发展。

1.1 石家庄市周边的铜冶镇

铜冶镇位于河北省会石家庄市区西南部，隶属鹿泉区，与石家庄桥西区仅一路之隔，镇域总面积77.29平方公里。现辖25个行政村，4个社区，常住人口10万，是鹿泉区南部政治经济文化重镇。2015年度财政收入实际完成5.1亿元，其优势产业集中在通用设备制造业、农副食品加工业、计算机等领域。

① 河北省石家庄市鹿泉区铜冶镇：铜冶镇位于河北省会石家庄的西南部，太行山东麓山前倾斜平原区，区位条件优越，城镇功能完善。铜冶镇域包含25个行政村，总面积72.2平方公里，镇区规划范围北至镇界，南到井微公路，东起青银高速公路，西过西铜冶村一带，面积约8平方公里。
② 大都市区化：20世纪美国城市化的主导趋势。城市发展以集中为主，大城市市区不断扩大，城市人口向郊区甚至周边城镇转移的现象。

铜冶镇交通便利，四通八达。青银高速、京赞公路、衡井公路从镇域穿过。铜冶镇区距石家庄火车站10公里，距鹿泉主城区15公里，距正定机场仅半小时车程（图1）。

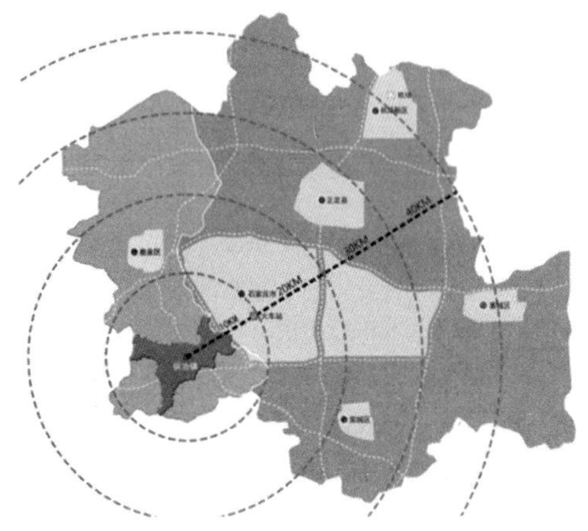

图1 铜冶镇区位分析图

从现状区位看来，铜冶镇虽然行政区划上隶属于鹿泉区，但是石家庄市对其城市功能、空间布局、交通组织等方面的影响起到关键的作用。这种特殊的地理区位，给未来的城市发展带来可预见的复杂性。

一个关键事实就是，青银高速、铁路编组站、南水北调渠道以及石家庄南三环等重大基础设施的直接过境穿越（图2），导致了各种交通流的相互穿插，并使得城市镇空间形成了多层分离，严重阻碍城镇自身发展。同时，2008年河北省政府批复成立的鹿泉绿岛经济开发区，其用地范围（图3）占用铜冶镇大量建设用地，甚至覆盖了大部分的中心镇区。绿岛开发区管委会虽然对产业区拥有管理权，但是其土地的权属是归铜冶镇所有。随着经济、社会及城镇化水平的发展和提高，双方对土地的使用诉求分歧越来越大，后续发展的矛盾已然暴露出来。

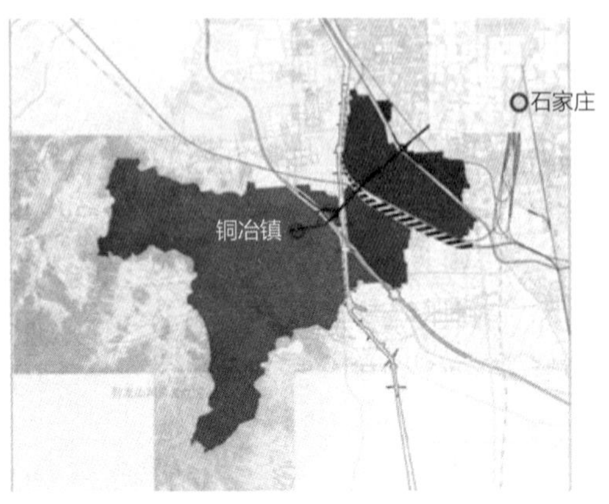

图2 重大基础设施对铜冶镇的切割

图3 鹿泉绿岛经济开发区用地范围

2 现状对比分析：建筑面貌、基础设施、居住环境等呈割裂状态

铜冶镇虽然与石家庄市仅一路之隔，但由于区位、政策、资源等客观因素的影响，镇区的发展呈现出严重不均衡的问题。从城市空间的角度来看，随着石家庄市的辐射力递减，铜冶镇内的建筑风貌、基础设施以及居住环境等质量也逐渐降低。这种现象在大都市边缘的小城镇都有不同程度的体现，铜冶镇可以算是非常典型的代表。但是，随着石家庄城市功能和产业产能的不断外溢，铜冶镇的发展又呈现出其独有的一面。

青银高速、铁路编组站、南水北调渠道、石家庄南三环以及朝凤街等重大基础设施将铜冶镇垂直划分成不同区域（图4）。本文分别从这些不同的区域内选取典型的观察点，从建筑面貌、基础设施、居住环境等层面进行对比分析，分别是：

图4 铜冶镇重大基础设施示意图

A. 桥西区新世纪花园小区（图5），石家庄南三环以东；

B. 铜冶镇永壁村（图6），石家庄南三环以西，南水北调工程以东；

C. 绿岛产业园区（图7），南水北调工程以西，朝凤街以东；

D. 铜冶镇主镇区（图8），朝凤街以西。

图5　桥西区新世纪花园小区

图6　铜冶镇永壁村

图7　绿岛产业园区

图8 铜冶镇主镇区

建筑面貌：

A点已经成为石家庄市桥西区成熟社区的一部分，其城市面貌与市区无异，居民也与市民享受同等待遇。与之仅400米之隔的B点，则还保持着农村的面貌，基本上以农民自建房为主。很明显，大城市的影响力在这里被突然割裂。同样，B点不远处于南水北调渠道对岸的C点（管委会），则完全呈现出产业区的现代与成熟，形成鲜明的对比。而位于镇中心的D点，又将我们拉回熟知的传统“镇”中心面貌。

基础设施：

A点住宅区依托于石家庄市区，各项配套设施齐全，运营状态良好；C点以办公为主，依托于绿岛经济开发区，其各项基础设施建设及运营能满足高标准的要求；然而位于永壁村的B点，由于缺乏资金的投入和日常维护，其路面质量堪忧，基本也没有任何配套设施，全凭村民自筹自建。

居住环境：

4个点位体现出的最直观的结果，基本与上述两项一致。受制于交通条件和空间割据布局，永壁村的状态依然堪忧，主镇区虽然目前的环境及状态一般，但是居住环境改善意愿和潜在的需求，预示着巨大的提升前景。

从上述观察点的对比可以得出如下几点：

铜冶镇的空间布局，在一定程度上呈现出大城市近郊城镇的典型特点，即离大城市增长极越近，其城镇空间建设的质量越高。距离越近，意味着更多机会承接大城市外溢的功能，更加便利的共享其基础设施、公共服务及更多的政策红利等。

但是，值得注意的是，由于各种区域级的基础设施对铜冶镇空间多重的分割和占据，导致了镇区发展不平衡状态。这种不平衡，区别于上文描述的典型现象，并非简单的单级增长极影响格局，而是所谓“碎片化的发展”——即被分割的城镇空间呈现不同的发展状况。

3 深层次的内部因素解析

事实上，空间“割据”表象背后的原因是错综复杂的。有些历史遗留问题，即便到了今天，也依然无法得到解决。由于缺乏统一的调配和协调，随着铜冶镇经济的稳步增长，目前的空间格局已经开始阻碍其进一步发展。究其原因，我们认为有如下几点值得注意和思考。

3.1 多元利益主体对空间诉求的矛盾

在铜冶镇，参与城市建设的利益主体早已不再是单一强势力量的主导，利益诉求呈现多元化、复合化发展。规划设计方案的出台，实际上是政府决策者、规划部门、开发商和公众等多方博弈的利益平衡方案。除了上文提到的诸多的政府部门，还有很多社会主体要素参与其中（表1）。

政府内部各部门之间错综复杂的利益关系以外，社会公众、开发商、企业等利益冲突越来越明显。城市规划的利益冲突并非纯粹的经济利益多少之争，而是利益的占有、使用、收益、处分等所隐含的效用目标、价值的冲突，以及效用与价值之间的冲突。

多元利益主体及诉求列表 表1

	开发参与者	期限	参与动机	对空间调整的诉求
地方政府（广义）	鹿泉区政府	长期	社会整体利益和公共利益最大化	1. 强调功能配比的平衡，落实总体规划定位 2. 强调公共设施的可实施性
	铜冶镇政府	长期	铜冶镇的公共利益最大化	1. 土地出让资金的平衡 2. 重大项目的选址
	鹿泉区规划、国土部门	长期	公共利益最大化	1. 城镇的面貌与功能定位契合 2. 保护基本农田
	河北省交通厅	长期	公共利益最大化	1. 保证重大基础设施的落位 2. 保证路网的实施
	绿岛经济开发区管委会	长期	开发区招商引资	1. 工业用地指标满足发展需求 2. 开发区路网建设
	北京铁路局编组站	长期	公共利益最大化	1. 保证其用地规模 2. 不允许出现过境交通
	封龙山景区管委会	长期	景区利益最大化	1. 保证其用地规模 2. 保证周边环境质量 3. 保证景区的交通可达性
	国务院南水北调工程建设办公室	长期	保证南水北调工程顺利实施	1. 保证工程两侧有足够的安全保护距离 2. 保证工程周边没有污染源
	石家庄市政府	长期	公共利益最大化	1. 各项城市功能正常运行 2. 保证重大基础设施的顺利落位
企业	君乐宝等	长期	企业自身利益最大化	1. 生产用地的供应 2. 相对低廉的地价 3. 保证良好的交通条件
开发商	房地产开发商	短期	自身利润最大化	1. 降低拆迁成本 2. 增加可销售面积，追求经济利益最大化
	地铁建设单位	长期	地铁的建设和维护运营	1. 保证选线的畅通 2. 尽量降低拆迁成本
民众	村民	长期	支出最小化	1. 配套服务设施 2. 还迁补偿标准、房型、地点
	职工	长期	保持房地产价值	1. 配套服务设施 2. 不影响居住环境
	公众或旅游者	长期	中立或寻求公共利润	区域特色、完备的公共服务
设计方	建筑公司	短期	有助于其事业的发展	降低成本，经济合理
	设计者（建筑师、规划师）	短期	寻求利润	有，前提是该外观能够证明他们的能力并有助于其事业的发展

以城市规划为事实和依据的利益冲突，其前提条件就是城市规划中的居住用地、产业用地具有商品属性，城市开发有相当多的市场行为，土地资源的市场运作是房地产开发各主体利益冲突显现的过程，而这些冲突具体体现在对空间利用诉求上的矛盾点。

时至今日，参与铜冶镇城镇空间发展的利益冲突是全方位的，规划过程的主要内容就是在承认这些矛盾的基础之上，保障各种利益主体拥有充分的权益表达权，进行协调和平衡。

3.2 土地权属与管理部门事权的不对等

在市场经济体制下的大城市中，来自政治需要的“政府力”和来自经济利益需要的“市场力”以及来自住区内部环境改善自身需求的“公众力”是推动城市建设的基本力量，三种力量相互制约、相互作用。一般说来，在“镇”这一级的行政单位，其情况会相对简单一点，“政府力”往往会占据主导地位。然而，以铜冶镇为代表的大城市周边的新兴小城镇，其多元利益主体格局的复杂性决定了它们的建设决策过程更偏向于大城市。

从广义的角度来讲，当地政府是指所有的公共行政及管理部门，在铜冶镇行政范围内（图9），存在九家不同的行政管理部门，分别归属不同的部门，但都单独占用了大量土地。正是这种布局的方式，导

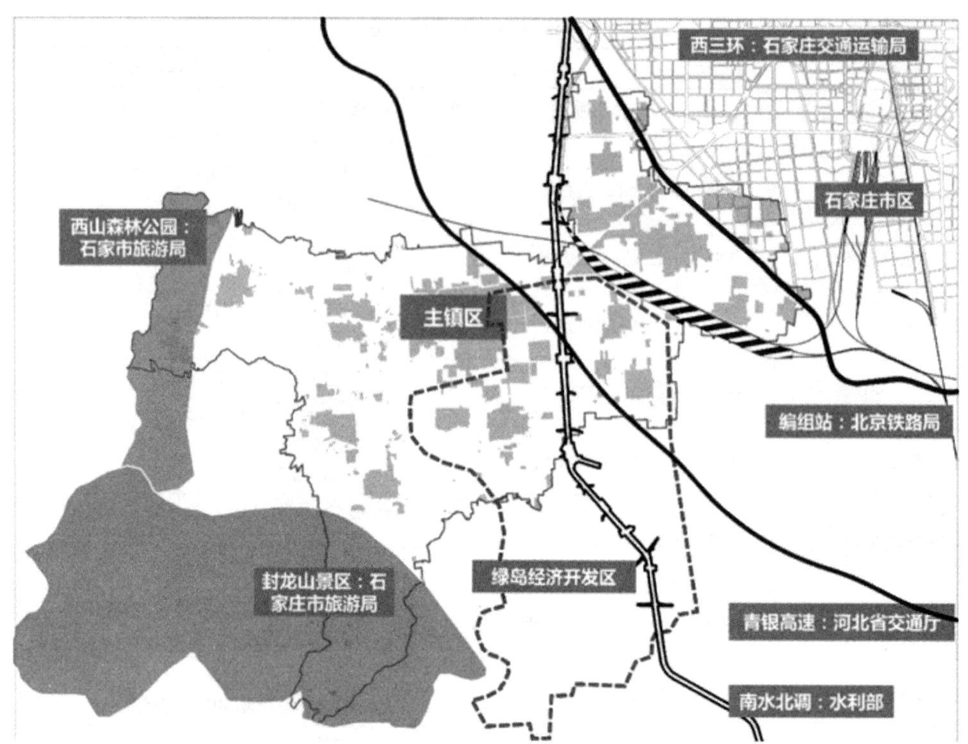

图9 铜冶镇境内各公共行政管理部门分布图

致了铜冶镇空间上的“割裂”的局面。一方面，土地权属名义上归铜冶镇政府所有，但实际上，由于各行政管理部门之间的壁垒存在，被这些部门占用的土地，当地政府基本无权干涉；另外一方面，这些部门所属的行政单位，其行政等级几乎都比铜冶镇政府高，镇政府无法对空间资源形成有效的统一管理。基于以上这些事实，当地政府真正能支配的土地资源比较有限，导致了总体规划修编的进程缓慢而低效。

3.3 城乡规划应变的滞后

在面对上述多元利益主体的格局时，现行的规划管理体制应变已经滞后。传统分层级自上而下封闭的规划管理体系，所体现的是对空间资源的逐级向下分配的逻辑，具体通过城市定位、建设用地规模及用地布局等技术指标来进行层层管控。过去政府主导城市建设时期，的确是行之有效的方法，但是，在目前“新常态”下，不能满足实际需求。在铜冶镇，上级政府对铜冶镇的定位不完全一致，而基层政府的决策空间有限，导致城市规划体系的内部就存在一定的矛盾。

各级政府对铜冶镇职能的定位表述不完全一致，存在细微的差别。石家庄在城市总体规划（图10）中对其定位于以发展旅游服务、食品、机械制造为主，是城市南部农村地区的集贸中心。而下一级的鹿泉市城乡总规（图11）中将其定义为鹿泉市南部的经济重镇，并应承担两大经济之间的物资集散和交易。再次一级的铜冶镇的总规（图12）将其本身确定为省会西部高薪新技术产业聚集区，以发展旅游服务、食品、机械制造和集贸为主的设施齐全、环境优美、特色鲜明的现代化小城镇。

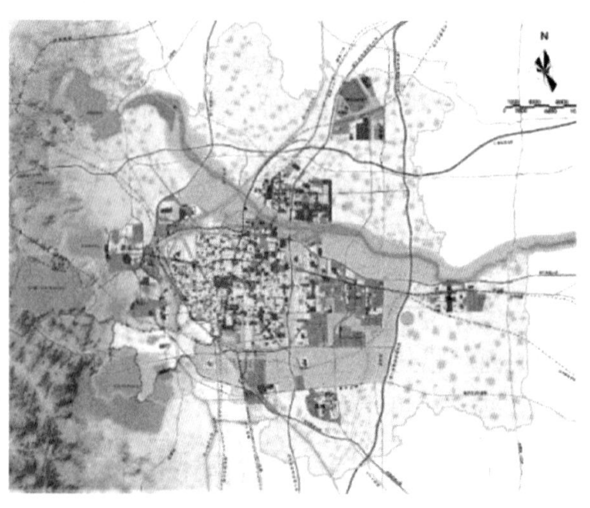

图10 石家庄城市整体规划

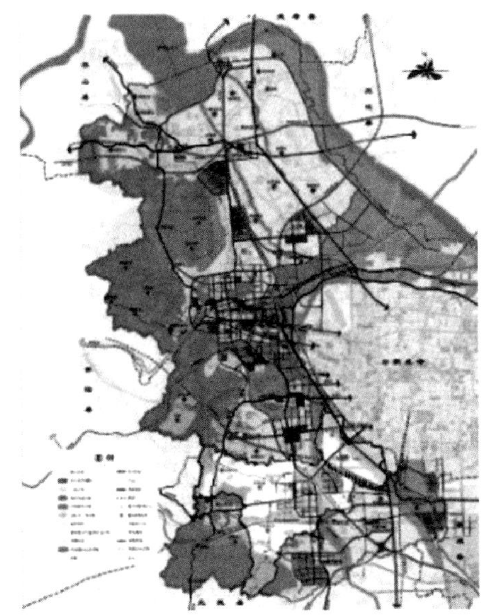

图 11 鹿泉市城乡整体规划（2013-2030）

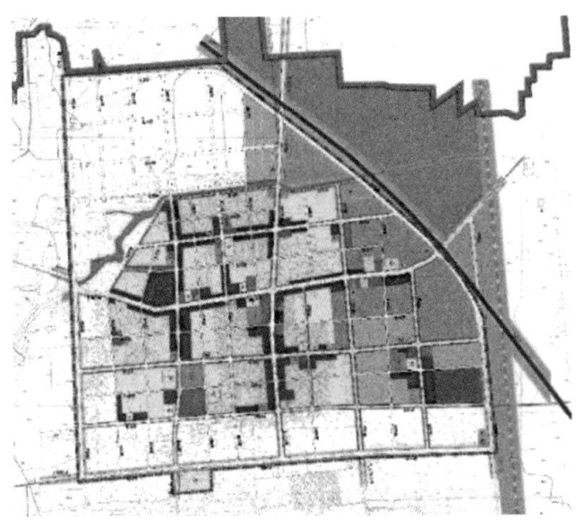

图 12 鹿泉市铜冶镇整体规划

在城市职能描述的层面上，下级政府的表达越来越详细，同时也增加了一些不同的思路，说明下级政府已经意识到，机械式的执行上位规划不能满足实际发展的需求；在用地指标层面，鹿泉市总体规划规定在2030年，铜冶镇的建设用地总规模为18平方公里，其中包含绿岛经济开发区的11平方公里的建筑用地，也就是说，铜冶镇真正留有的实际只有7平方公里建设用地。2016年，铜冶镇现状常住人口为11万，用地指标的制定显然没有反应出实际的发展状况。

铜冶镇总体规划的修编速度远低于实际的社会经济发展速度。旷日持久的编制审批程序使城市规划待到批准之日往往早已丧失其时效性，已编制的规划不适应城市发展的需要，造成城市规划变动频繁。这种做法不仅浪费各种资源，还导致城市规划失去了应有的稳定性。城市规划行政体系不协调，铜冶镇内同一个地域空间同时存在多种规划分设于不同的政府部门的情况，彼此冲突，制约了规划指导实践的能力，影响规划的实施、管理。这些矛盾的存在使城市规划法不仅不能限制非法行为，更加不能保护合法行为。

4 规划师视角下的解决策略

新常态时期，多元利益主体的博弈模式已经影响到大城市周边的小城镇，一方面，仅依靠规划技术层面的解决途径会显得力不从心；另一方面，传统的自上而下的规划方式，也不能及时解决小城镇的建设所面临的问题。本文认为，上述问题的缓解应该主要依靠体制建设来。

4.1 正视利益冲突，直面公共利益实现之困境

大城市周边的小城镇曾被称为所谓“发展腹地”，通过对大城市里面的重大基础设施的转移，这些“腹地”曾一度缓解了大城市空间规划上的矛盾。随着社会经济的发展，这些“矛盾的缓冲地带”已成为新的建设发展空间，有很多亟待解决的问题。多元主体利益博弈的局面，已然出现在小城镇里，而且它们之间的矛盾体现得更加直接和剧烈。个别地方政府仅凭一己之力难以在短时间内改变现实。

大城市与周边小城镇存在着各种与规划的主观特性相悖而驰的问题，“公共利益”相互冲突的情况并不能彻底得到良好解决。地方政府有其独特的公共视域，权衡各部分权益之下履行的社会职责也许并不能满足每一方的预期，根据现状，规划设计从业者首要考虑已经不在于最终蓝图是否完美呈现，而是在各方面利益主体达成共识的同时，自然而然由下至上推动了规划设计的进程。

4.2 多途径开展规划管理体系内部协调工作

目前大城市的城市规划管理存在“分级管理”

和“垂直管理”，两者各有利弊。分级管理有利于发挥各级机构的积极性，但规划执行力度欠佳；垂直管理利于规划的实施，但效率低下，缺乏主动性。针于大城市周边的小城镇，在规划系统内部，需要划分权责，重点把控，留有余地。除了规划系统内部的梳理，还需要积极寻求外部的辅助决策平台。

在多元利益主体的格局之下，建设项目可由规划师分别担纲包括政府、开发主体和公众等在内的所有主体的利益代表。他们分别为所代表的利益集团服务，在符合规划原则的前提下与别的利益集团进行对话和谈判，通过相互协调、相互对话体现各主体平等的权利和机会，维护各阶层、团体的利益实现保障国家社会利益的目的，实现社会、政府和市场等的多方互动，协调相互之间的利益关系（图13）。

4.3 达成以 先进理念为共识的空间发展策略

从规划设计的角度，有针对性地提出空间发展策略，并力求取得广泛的共识，在此基础之上，才能稳步推进城镇的建设。在本案中，围绕铜冶镇“山水林田湖”的自然特点，通过对高程、坡度、坡向、人工灌渠、泄洪渠、自然水系以及适宜的生态廊道宽度控制的分析条件叠加，得到不适宜建设区域，划定生态红线。生态红线的确立（图14）,必须取得各利益主体广泛的共识。在各前提之下，从规划层面，提出生态保育、环境优先的原则。在生态红线以内，保障高效出行的交通系统(图15)，尤其注重与石家庄的高效连接。科学合理地布局公共配套服务(图16)，营造开放宜居的小城镇居住空间，最后达成对城镇空间的重塑（图17）。

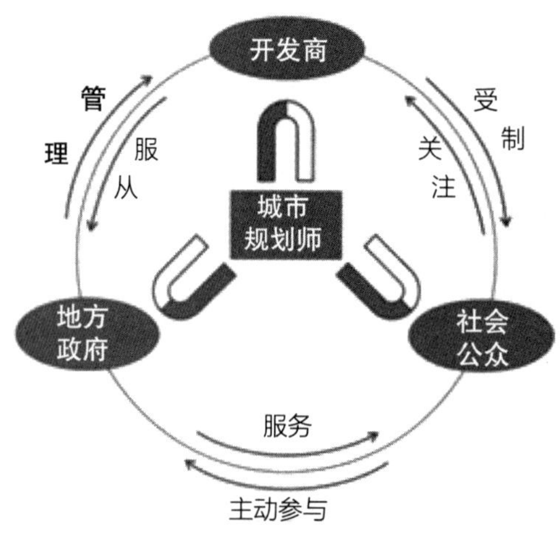

图 13 规划协商平台示意图

图 14 生态红线的确立

图 15 高效的交通体系

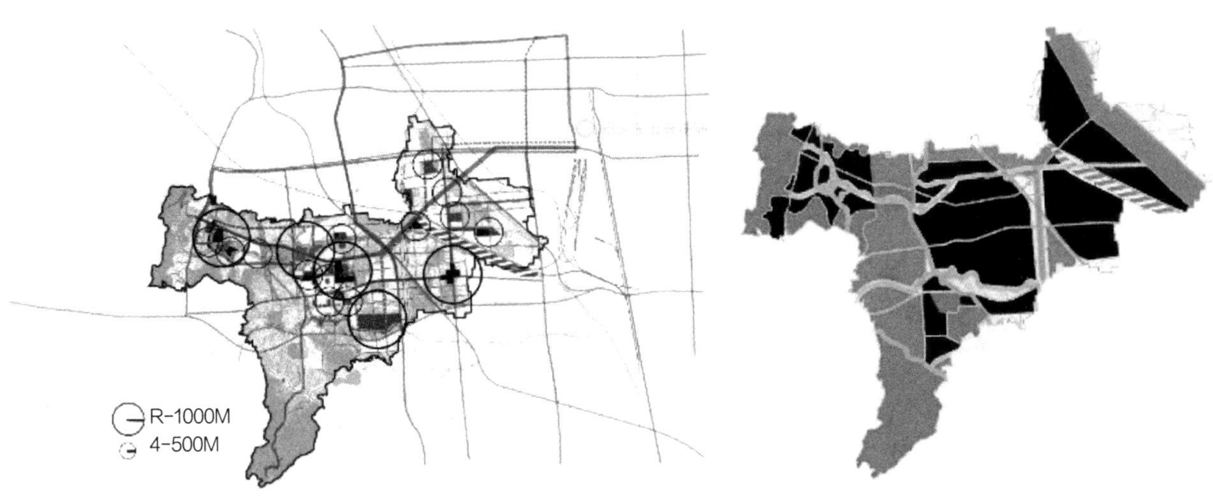

图 16 合理的配套布局

图 17 城市空间布局

参考文献

[1] 阿尔伯思. 城市规划理论和实践概论[M]. 北京：科学出版社，2001：45-46.

[2] 中国建筑设计研究院小城镇发展研究中心. 大城市周边地区重点小城镇发展研究[J]. 小城镇建设，2006（8）：15-19.

[3] （美）詹姆斯 · M · 布坎南. 竺乾威，胡君芳译. 自由、市场与国家[M]. 上海：上海译文出版社，1988.

[4] （美）ED培根等. 黄富厢，朱琪译. 城市设计[M]. 北京：中国建筑工业出版社，1989.

[5] 赵霞. 大都市区近郊小城镇规划编制方法探索——以北京市西集镇为例[J]. 小城镇建设，2008（6）：78-84.

[6] 姚凯. 城市规划管理行为和市民社会的互动效应分析——一则项目规划管理案例的思考[J]城市规划学刊，2006（2）：75-79.

[7] 任绍斌. 城市更新中的利益冲突与规划协调[J]. 现代城市研究，2011，（01）.

[8] 吴可人，华晨. 城市规划中的四类利益主体剖析[J]. 城市规划，2005（8）.

作者简介

吴书驰，注册规划师，天津城市规划设计研究院；

齐思彤，建筑师，天津城市规划设计研究院。

4 中国城市双修研究与实践

Research and Practice of Double Majors on Chinese Cities

2018 ZZ Urban Design

“城市双修”背景下的人居环境改造策略研析

A Study and Analysis on the Strategies of Residential Environment Transformed under the Background of "Urban Double Repair"

钱城，刘叮当
（青岛理工大学建筑与城乡规划学院，266033）

摘要：我国城市化进程的加快，也带来了“城市病”弊端。为此，国家住建部提出了“城市双修”战略，通过生态修复、城市修补的策略，治理城市病，改善人居环境。本文分析了城市人居环境现状，从空间适宜性、文脉延续性、生态可持续性三个方面研究了城市人居环境改造策略，结合城市双修理念，以试点城市淄博市火车站南广场片区规划改造为例，发现良好的空间能促进城市文脉的健康延续，并使城市生态更加完整，也为相关规划提供了有益的借鉴。

关键词：城市病；城市双修；人居环境；改造策略；生态性

Abstract: The acceleration of urbanization in China has also brought the problem of “urban disease”. Therefore, the ministry of housing and urban-rural development has put forward the strategy of “urban double-repair”. Through the strategy of ecological rehabilitation and urban repair, urban diseases are controlled and the living environment is improved. This paper analyzes the present situation of urban human residential environment by summing up the urban living environment improvement strategy from three aspects: the space suitability, cultural continuity, ecological sustainability. It takes the south square area planning transformation of railway station in pilot city-Zibo as an example, and combined with “urban double-repair” idea, finds a good space to promote the health continuation of the urban context. And it will make the urban ecological more complete, provide the beneficial reference for the relevant planning.

Keywords: Urban Disease; Urban Double Repair; Residential Environment; Transformed Strategy; Ecosystem

1 引言

中国自改革开放以来，城市化进程不断加快，一方面社会整体经济、政治、文化水平不断提升；另一方面城市特色消退、文化缺失、生态失衡，种种问题引发了政府与社会的反思。为了重现绿水青山，构建宜居家园，2015年，中央城市工作会议明确提出了“城市双修”的新要求。2017年，住建部发布了《关于加强生态修复城市修补工作的指导意见》，进一步明确了在全国开展“城市双修”工作的要求①，计划先后通过三批试点城市进行修复工作，改善城市人居环境，消除城市病。本文从构建健康人居环境影响要素出发，结合当前城市双修理念探讨人居环境改造策略，对现有人居环境改造与未来住区设计有着重要意义，也是顺应城市未来发展的大趋势。

2 城市人居环境与“城市双修”

2.1 城市人居环境

人居环境是人类的聚居生活地，也是人类赖以生存的根本[1]，城市化发展导致人口高度聚集，在给城市居民带来了许多便利的同时，也给城市人居环境带来了许多负面压力，如住房拥挤、环境脏乱、交通拥堵、生态恶化等城市问题。为探讨理想的城市人居环境，霍华德提出“田园城市”构想，试图寻找一兼具城市与乡村优点的理想城市；沙里宁提出“有机疏散”理论，认为城市可以像有机体一样向外生长；钱学森先生提出“山水城市”概念，将中国园林与山水画联系，提倡园林融入城市。这些理论都强调人与自然和谐共处，但目前还难以适应中国国情，缺少实际操作的可行性。

① 中华人民共和国住房和城乡建设部为贯彻落实《中共中央国务院关于加快推进生态文明建设的意见》、《中共中央国务院关于进一步加强城市规划建设管理工作的若干意见》，全面推进“城市双修”工作，提出的若干意见。

2.2 城市双修与营造良好人居环境

城市双修即“生态修复、城市修补”，作为一种可持续性的应对城市转型的更新手段，运用了生态学的概念和更新织补的理念，修复城市发展过程中被破坏的生态环境和城市人居环境，提升城市活力和品位。生态修复与城市修补不是简单对城市形象和生态进行的修补粉饰，而是以城市居民为核心，通过城市双修，切实改善城市生态环境，完善城市功能和城市风貌，延续城市文脉，提升城市品质。

良好的人居环境应该充分考虑居住者的身心健康，达到自然人文和谐。适宜的空间尺度、独特的人文氛围、可持续的自然环境对人的身心产生积极的影响，通过满足空间适宜性、文脉延续性、生态可持续性的要求，使居住者生活在一个健康、安全、舒适的居住环境中，从而全面提高人居环境质量，实现空间、人文、生态的统一[2]（图1）。

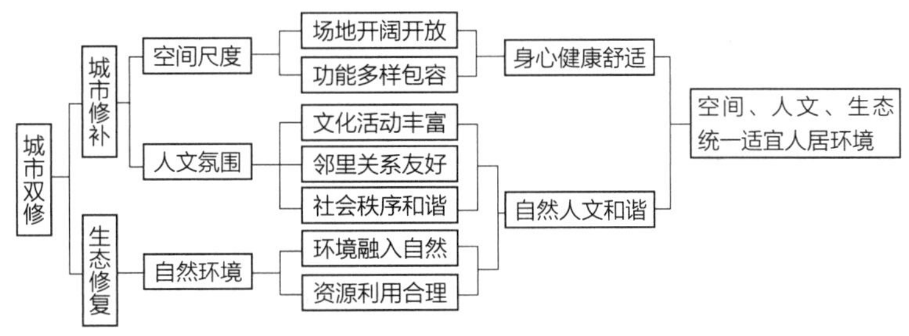

图1 健康人居环境的营建模式（图片来源：作者自绘）

1. 空间适宜性

中国城市受经济全球化与城市化的影响，走入千城一面的误区，城市特征和文化渐渐消逝，人们对城市的认同感在降低，表现在场所精神消失、犯罪率上升、环境污染和生态危机等。所以，提高人们对城市的认同感成为当务之急。人们对于场所的认同感通常始于幼时，当孩子在绿色、棕色或白色的空间里长大，在沙、泥土、石头或沼泽中玩耍，听到的声音如风吹树叶时发出的声音以及冷和热的感受，便认识了自然，而且培养了决定所有未来经验的知觉基型[3]。美国城市开放的足球场（图2）每星期都有几场足球或橄榄球比赛，周围群山环绕，一览绿色映入眼帘，这样的一片足球场是开放的，视野是开放的，对社会也是开放的，孩子在球场上奔跑感受着自然的气息，拥抱着广袤的天地。而在中国某城市笼式足球场（图3），周围充斥着钢筋混凝土建筑，上方笼罩鸟笼似的钢丝网，这样一片球场是封闭的，视野也是封闭的，使用是按时收费的，孩子们在“鸟笼”中感受到的是高密度环境下的挤压感。一个适宜的空间应是一个具有认同感的场所，是一个开放包容的空间，人愿意在这样的空间与人和睦相处，并且身心舒适。反之，一个生硬的、机械的、物化的空间会给人产生疏离感和防卫心理。

图2 美国城市开放的足球场（图片来源：作者自摄）

图3 中国城市笼式足球场（图片来源：作者自摄）

图4 苏州博物馆新馆（图片来源：作者自摄）

2. 文脉延续性

城市的文脉如同城市的灵魂，影响着城市的未来。适宜的人居环境不仅仅需要花草树木，更需要文化衬托，要突显文化在内的人文氛围，而良好的人文氛围恰恰是建立在文脉的延续之上。苏州博物馆新馆（图4）位于老城东北街与齐门街交汇处，总占地一万多平方米，东面为太平天国忠王府，北面为拙政园，在这样一个特殊的地理位置，贝聿铭老先生对它的设计延续了苏州园林的造园手法，引入江南水乡的粉墙黛瓦，虽然材料和技术运用了现代的手段，但场所精神、风格样式都凝炼于苏州的江南水乡和深厚的吴文化，是文化延续的最好的体现。这样的人居环境给人带来的是心理归属感和环境认同感，有益于促进社会和谐发展。

图5 洋湖湿地公园生态保育区（图片来源：图虫风光摄影网）

3. 生态可持续性

现代化的发展往往着眼于当前的经济效益与社会功利，而忽视生态文明作用，导致生态资产流失和生态服务功能退化。恰恰是这些生态因素与条件，构成了社会可持续发展的重要屏障[4]。位于长沙市的洋湖湿地公园（图5），如今是中国中部最大的湿地公园，生活着大量的鸟类昆虫以及上千种亚热带动植物，每至秋冬，白鹭齐聚，形成了“白鹭湖上飞，青山点点白”的壮丽美景。曾经水患之地，经过数年生态保育与修复，形成集生态、文化、休闲、教育多功能于一体的“城市氧吧”，承担着保护生物多样性，净化水质的职责，构建了城市湿地、生态文明与人居环境和谐共处的示范新区。由此可见，生态环境是城市可持续发展的根本，如同城市的脉搏，使城市人居环境永葆生机与活力。

3 案例分析——淄博市火车站南广场片区规划改造

3.1 火车站南广场片区区位分析与控制性详细规划

1. 区位分析

淄博市位于山东省中部，拥有地理资源优势，文化底蕴深厚，城市发展是以铁路为依托，城市工业产业沿铁路线布局，其他功能依次向外扩张，区位条件优越。淄博市火车站从区位（图6）来看，在市域范围内，处于淄博市十字发展轴线的中心位置；

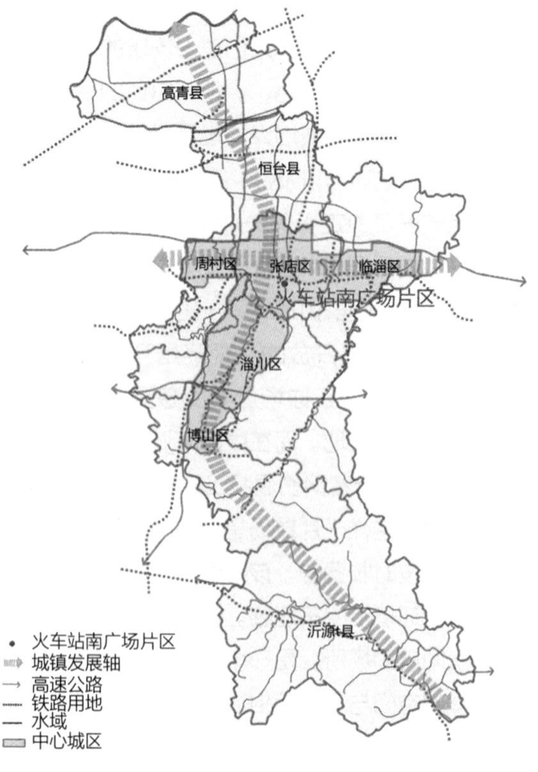

图6 火车站南广场片区区位（图片来源：作者自绘）

在中心城区内，胶济铁路贯穿新城区与老城区，紧邻南部新兴的商贸片区，处于城区发展的几何中心位置，拥有良好的交通可达性，带动了周边经济的发展。但是由于历史原因，以胶济铁路为界，北面经济发展迅速，功能完善；南面棚户区与工业区集中，产业转型困难。为缩小城市南北差异，促进城市发展，对老城区进行潜力分析，发现火车站南广场片区存在着大量易改造用地，为城市发展提供了空间，并且能够引领城市重心向南迁移。作为“城市双修”龙头示范项目，淄博市火车站南广场片区的改造工程对整个城市乃至鲁中地区的发展影响深远，意义重大。

2. 片区控制性详细规划

淄博火车站南广场改造范围为胶济铁路以南、东四路以西、昌国路以北、柳泉路以东，面积270公顷。根据淄博火车站南广场片区的控制性详细规划（图7），火车站南广场片区将建设成为绿色智慧示范区，引领城市发展。其规划结构为“一廊、两轴、五片”，一廊：指猪龙河景观廊道；两轴：指南广场轴线形成的主要景观轴线和沿昌国路形成的次要景观轴线；五片：指绿色智慧枢纽区、绿色智慧商务区、智慧交通服务区和两片绿色智慧居住区。

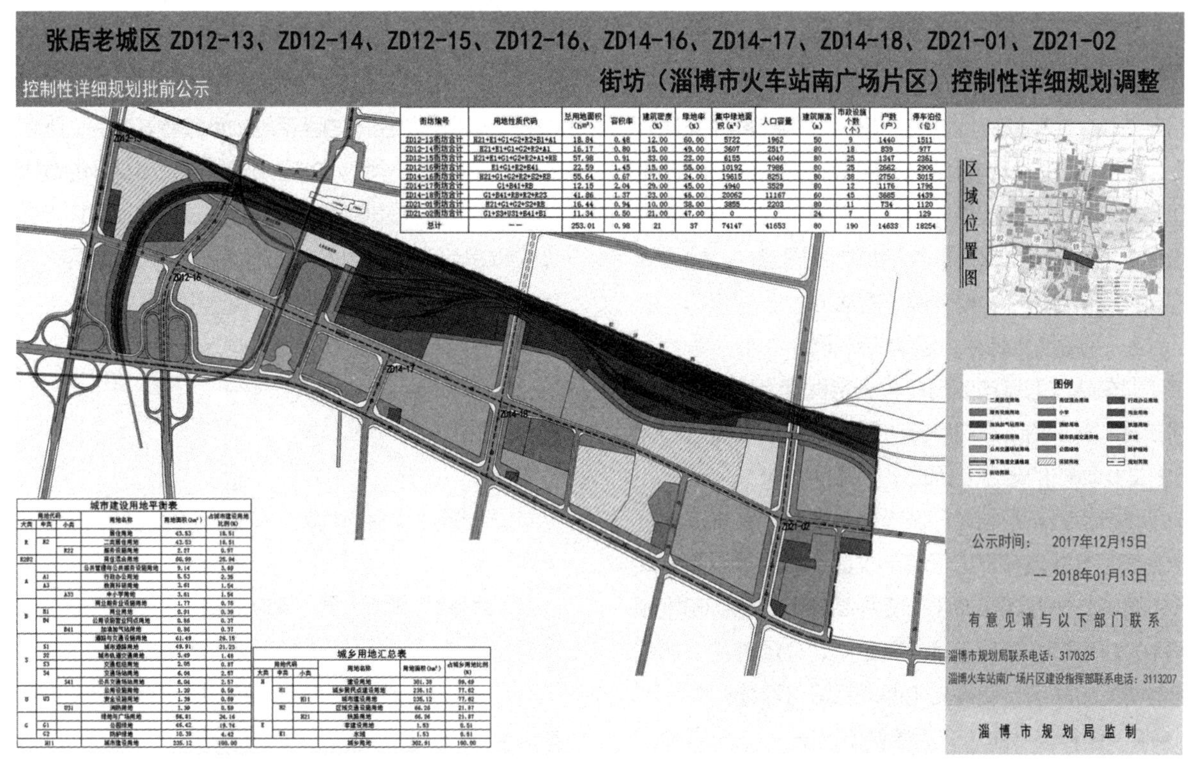

图7 火车站南广场片区控制性详细规划批前公示图（图片来源：淄博市规划局网）

3.2 火车站南广场片区现状

由于淄博市发展由南向北的模式，南广场片区发展滞后，主要表现为资源代谢在时间、空间尺度上的滞留与耗竭，污染企业聚集，水体污染严重，垃圾随意丢弃。其次，公共系统在结构和功能关系上破碎与板结，道路交通拥堵，空间布局混乱，公共空间缺损，城市绿化缺失（图8）。最后，社会行为在经济和生态关系上的短见和调控机制缺损，政府管理缺失，社会监督机制失灵，文化氛围缺失[5]。这些现状严重影响到城市形象与发展，城市急需空间上的修复与结构上的转型。

图8 混乱的居住环境（图片来源：作者自摄）

3.3 城市双修理念下片区人居环境改造策略研析

考虑到火车站南广场片区特殊的地理区位，是城市发展的不可回避的地块，也是生态文明建设的关键，结合空间适宜性、文脉延续性、生态可持续性三个方面，通过城市修补、生态修复，针对片区现状提出改造策略。

1. 调整空间结构，提升城市活力

针对居住环境混乱，生态破坏严重，环境功能缺失，修复重点应对城市空间结构进行调整，分三个方面对片区进行改造：一是借鉴“圈层结构理论”划分功能区，解决布局混乱问题，改造棚户区脏乱差的形象，修复街道感缺失的现象，为居民提供安全舒适的生活环境；二是建立综合交通枢纽，实现多种交通方式“零换乘”，解决区域交通拥堵问题，建立秩序化的城市交通；三是改善公共空间环境，建立一个安全舒适的公共空间，提高居民的城市认同感，以此增强场所的凝聚力，从而提升城市的活力。

2. 保留地域特色，延续文脉记忆

火车站作为城市的门户，一定程度上代表了城市的形象，火车站南广场片区脏乱差的形象破坏了一座历史文化城市的形象。因此，为唤醒城市文化记忆，提升城市活力，必须倡导城市文化建设。首先在保证城市肌理不被破坏下进行城市改造；其次建设文化展示公园、文化广场和文化街等提高城市文化认知度和居民的认可度；三是连接火车站南北广场轴线，加强新老城区的联系，使得文化得以保留与延续。

3. 修复自然生态，完善城市系统

老城区作为曾经的工业重心，土地承载力下降，生态环境破坏，需要进行重点生态修复工作。一是修复城市绿道、城市河道，通过城市生态公园使其恢复自然生机；二是为生态环境注入新的活力，建立城市景观廊道、滨水公园等，其中对片区内唯一的河流——猪龙河进行生态整治，并打造景观廊道；三是与城市功能网结合，使环境与功能相匹配，完善公共服务功能，打造特色宜居城区。

4 结论与思考

随着经济发展进入新常态，从增量规划向存量规划迈进，许多老工业城市进入转型困难时期，通过剖析城市双修的根本内涵，并从空间适宜性、文脉延续性以及生态可持续性三个方面分析营建良好人居环境要素，结合城市双修理念，对淄博市火车站南广场片区的人居环境规划改造提出实质性策略，以期能够对转型期的老工业城市发展与人居环境改造有所助益。

纵观前文理论分析及案例探讨，一座城市最重要的是场所的归属感与认同感，以凝聚人气和提升城市活力。其中舒适适宜的空间尤为重要，能够使人产生心理上认同感，从而安居乐业，邻里和睦，这是城市发展的基石。城市作为空间的巨系统，承载着城市的文脉和生态体系，构建一个良好的空间能促进城市文脉的健康延续，并使城市生态更加完整。因此，城市人居环境的改造应以良好空间为基石，文脉为纽带，生态系统为支持，以此营造健康人居环境，构建和谐社会。

参考文献

[1] 吴良镛. 人居环境科学的探索[J]. 规划师，2001（6）：5-8.

[2] 罗德启. 健康人居环境的营造[J]. 建筑学报，2004（4）：5-8.

[3]（挪）诺伯舒兹著. 场所精神：迈向建筑现象学[M]. 华中科技大学出版社，2010（07）：20.

[4] 王如松. 从物质文明到生态文明：人类社会可持续发展的生态学[J]. 世界科技研究与发展，1998，20（2）：87-98.

[5] 王如松.系统化、自然化、经济化、人性化—城市人居环境规划方法的生态转型[J].城市环境与城市生态，2001，14（3）：1-5.

[6] 杜立柱，杨韫萍，刘喆，等. 城市边缘区“城市双修”规划策略——以天津市李七庄街为例[J].规划师，2017（3）：25-30.

基于多维融合视角的高校单位制社区更新方法研究
——以东南大学校东社区为例

The Study on Strategies of Renewing Enterprise-owned Community which Based on Multi-dimensional Integration Perspective: Take the East of Southeast University Community as an Example

王怡鹤，蔡莹莹
（东南大学建筑学院）

摘要： 城市双修作为提升城市品质的重要手段，涉及空间、社会、经济等多方面的综合协调。单位制社区作为一种特殊的社区形式，在城市双修的背景下也面临着转型的困惑。本文阐述了单位制社区的概念和新时代下单位制社区的特点，通过对东南大学校东社区的调研分析，以解决问题为导向，提出建设社会共同体、经济共同体和空间共同体的转型策略，最后基于多维融合提出综合行动规划，强调落地性与可实施性，为老旧社区提供发展思路与更新策略。

Abstract: City betterment and ecological restoration ,as an important means to improve the quality of the city, involves comprehensive coordination of space, society and economy. As a special form of community, the enterprise-owned community is facing the confusion of transformation in the context of urban renewal. This paper expounds the concept and characteristics of the enterprise-owned community. Through the research and analysis of the East of Southeast University Community, oriented by problem-solving,the paper proposes the renewal strategy which is to build a social community as well as a economic community and a space community. Based on multi-dimensional integration, the paper proposes comprehensive action planning, emphasizing the implementability, to provide development ideas and renewal strategies for old communities.

关键词： 城市双修；单位制社区；多维融合；共同体

过去30多年，我国城市化的快速发展促进了城市中大规模人居空间的建设，总体上满足了社会经济发展的客观需求。但在巨大的成就之外，也不同程度地存在如城市空间模式单一、规划建设粗糙、功能偏离使用人群等诸多问题。如何逐步转变城市发展方式，提升城市发展内涵，以及如何提高城市质量和提升城市品质成为新常态下的重要议题[1]。2017年3月6日，国家住建部出台了《关于加强生态修复城市修补工作的指导意见》，重点指出“生态修复，城市修补”是治理“城市病”、改善人居环境的重要行动，是推动供给侧结构性改革的客观需要，是城市转变发展方式的重要标志。其中，单位制社区的更新更是迫在眉睫，是城市双修的重要内容。

1 单位制社区的概念与特点

新中国成立初期，国家为调控社会资源，实现城市快速发展，采取了按部门单位建设大院的管理方式。这一管理方式一直沿用了二十几年，在历史上发挥过重要作用[2]。直到1978年后，因经济体制改革和住房商品化，单位制社区才逐步消解。

单位制社区代表着一种居住、生活与休闲场所一体化的社区发展模式，居住者多以业缘为主要社会关系展开交往。总体来说，主要有以下几个特点：①封闭性，单位制社区一般都有围墙限制出明确的边界，各类资源都只服务于社区内部。②依附性，社区管理服务体系依赖于单位，社会交往也建立在单位同事的基础之上。③同质性，人群结构单一，社会身份几乎无差距，社会结构相对均衡而稳定。④集体性，由于其依附于单位而产生，在邻里交往上往往更加密切，社区归属感更强，集体记忆突出。

东南大学校东社区原为东南大学单位大院，从1950年开始分批建设，最初是分配给东南大学职工的单位房。2004年，社区实施房改房①，一些住宅通

① 房改房是我国城镇住房由从前的单位分配转化为市场经济的一项过渡政策，是指职工以家庭为单位，按照国家和县级以上地方政府等有关“城镇住房制度改革政策”的规定，以“标准价”或“成本价”购买已建的公有住房。

过市场买卖更换主人，导致社区内人口逐渐多元化，邻里关系随着人群更替被稀释淡化，校东社区逐步解体转变为混合社区。

单位制社区曾是构成城市的基本空间单元，其起源与演变是探寻中国城市空间发展历程的重要线索。而在今天的城市语境下，单位制社区面临着物质环境老化和社会矛盾突出的双重压力，面临着空间、社会和经济等问题，亟需提出有效的策略（图1）。

图1 基地区位图

2 多维度剖析校东社区现状问题

2.1 校东社区物质空间问题剖析

1. 功能布局混乱，设施不完善

东南大学校东社区原来的功能以居住为主，配有少量服务于本社区和学校的公共服务设施，2004年住房改革后，社区功能逐渐多元，出现商业、办公以及更加开放的公共服务功能。但这些功能设施多随着社区演进自然更替叠加，缺乏自上而下的整体统筹和规划，导致当前社区整体功能布局混乱。此外，当前校东社区的服务性功能设施主要为一些小型零售商业和服务业，缺少容纳公共生活的功能设施，社区的公共服务设施亟待完善。

2. 开敞空间破碎，利用效率低

校东社区面状开敞空间仅有四处，除兰园操场外，其他几处使用率极低。所有开敞空间的环境品质均较差，缺少基本的服务设施及景观塑造。从社区本身来看，各个开敞空间之间相对独立，缺乏层级和联系；从城市宏观层面来看，校东社区处于优越的自然环境之中，北邻玄武湖、鸡笼山、北极阁，西邻珍珠河，这些都是城市重要的开敞空间和景观资源，但社区内部的开敞空间与城市系统的联系并不密切，甚至基本隔绝，没有充分发挥其得天独厚的地理优势。

3. 路网组织不完善，停车困难

校东社区的路网仍保留着单位制社区时期的结构，封闭自循环式的路网已不能适应今天城市社区的现状，路网的连通性和密度都有待提升；由于建成年代较早，停车成为困扰校东社区的一大问题。目前社区停车主要依靠路边停车，多数道路出现了不同程度的占道情况，严重干扰了慢行环境和公共空间，降低了空间的利用效率和品质。

4. 房屋质量较差，配套设施落后

由于建设年代久远，时间跨度大，社区整体风貌不协调，居民违章加盖情况严重，存在安全隐患；建筑质量堪忧，有的建筑已不能满足基本的生活需求；建筑的布局和设施仍停留在20世纪的水平，居民楼和宿舍楼缺少电梯等现代配套设施，不适应新时代生活的需求。

2.2 校东社区社会治理问题剖析

1. 管理模式落后，社区环境混乱

社区虽然有门和围墙，但因为管理和维护不善等原因，基本处于开放状态，单元楼也并未安装门禁，环境略显混乱嘈杂，居民的居住品质和人身安全难以得到保障。公众调查结果显示，居民们迫切希望改变管理模式，将现有的完全开放变为大单元开放、小单元封闭。

2. 组织机构不健全，组织能动性差

社区管理组织复杂，自2009年东南大学后勤社会化改革后，演化出了包括物业公司、居委会、业委会、学校国资办等多个部门在内的多元管理构架，各个管理主体之间权责多有交叉，管理效率和效果有待提升。此外，缺少自发性基层组织，与社会及学校的联系薄弱。

3. 人口老龄化严重，社区群体割裂

校东社区建设年代较早，居民很大一部分为当初分配住房的老职工，目前社区60岁以上老年人比例已达到31%，老龄化非常严重，对养老服务的要求更高；近年来，逐渐有一些外来人员迁入社区，随着居住人群的多元化，不同群体之间的矛盾日益突出，邻里关系整体来说比较淡漠。

4. 社区文化匮乏，集体归属感减弱

社区活动匮乏，缺少凝聚性和发展性的社区文体活动，而居民参与社区活动的意愿较为强烈，对社区活动有较高的需求和期望；与此同时，大院时期人们喜闻乐道的社区归属感在今天似乎也并不凸显，单位制大院的特点和优势并没能在今天得到很好的延续。

2.3　校东社区经济组织问题剖析

1. 产业体系不完善，发展动力不足

校东社区东北侧为城市重要的产业发展节点，聚集着丰富的产业发展资源，有非常好的发展基础和潜力，但校东社区却对此对接不足。产业载体类型单一，规模偏小，缺少展示体验空间，与周边大学的联系薄弱，导致其产业发展动力不足，造成对城市资源的极大浪费。

2. 开发模式混乱，开发效率低

校东社区开发时间早、跨度大，中间又经历几次变革，导致其产权复杂，开发主体不明晰，开发模式混乱，缺乏整体统筹；社区整体开发强度过低，以多层和低层为主，布局不合理，与其环境和区位优势不相符，没有做到土地的混合和集约利用。

3. 依赖特征严重，未成良性自循环

校东社区目前的建设和运转资金主要来源于三个方面：教育部拨款、地方政府拨款和居民自筹，其中国家的支持占绝大多数，但社区目前的建设基本为零产出，缺乏资金反馈，难以自给自足，导致其对外部资金依赖严重，不利于社区建设的良性循环。

3　基于多维融合的校东社区更新方法

3.1　校东社区更新思路——构建社区共同体

单位制社区因其在形成模式、发展历程、管理主体、人群构成等方面的特殊性，在转型过程中面临的问题更加复杂，其发展更新模式也必定不同于一般意义上的老旧小区，它需要一个更加综合多维的解决方案。

1887年，德国社会学家滕尼斯在著作《社区与社会》中第一次提出“社区”的概念，更准确地说，是“社区共同体”的概念。社区共同体是指一定地域范围内的人们基于共同利益诉求、密切交往而形成的具有较强认同感的社会团体[3]，随着时代的发展，人们渐渐将这个概念简化称之为社区。

重提这个概念，意在强调社区作为一个“共同体”的性质和内涵，即居民之间的紧密联结，以及多维度要素的协同作用。以东南大学校东社区为主要空间载体，依托于原有社会结构，适应新的发展需求，构建空间共同体、社会共同体和经济共同体，并通过三个维度的融合协调，提出综合行动规划，最终，以空间共同体为平台，以社会共同体为纽带，以经济共同体为基础，打造一个多元、完善、聚合、开放的社区共同体。

3.2　校东社区多维度更新策略

1. 空间共同体构建策略

空间是社区生活的基础和载体。针对社区现状问题，结合居民切实需求，对校东社区物质空间进行梳理和整治。以空间为载体，激活社区公共生活，从主体结构、动静交通、开敞空间和人居环境五个方面入手，构建充满凝聚力的生态宜居的空间共同体（图2）。

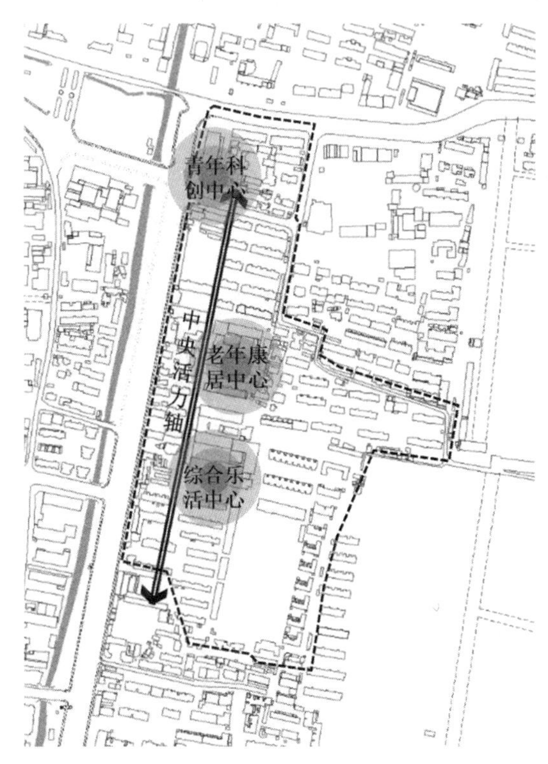

图2　规划结构图

梳理空间结构。规划形成“一轴三心”结构，“一轴”即中央活力主轴，贯穿社区南北，承载社区主要公共生活，结合城市环境与社区现状，打造北部青年科创中心、中部老年康居中心及南部综合乐活中心，服务于不同人群，满足不同生活需求。通过清晰明确的空间结构，统筹生活空间、产业空间和服务空间，使动静有序、公私分明。

优化动静交通。将兰园操场北侧道路进行疏通整治，使城市道路学府路东延直通龙蟠中路，以疏通城市路网，织补城市肌理；利用新建建筑开发三个地下停车场，解决社区及周边的停车问题。

提升开敞空间。利用社区潜在开敞空间，通过景观塑造、环境整治、设施补充等手段，营造不同层级和类型的开敞空间，并结合轴线，以线性空间串联各面状开敞空间，形成完整体系，实现与城市环境的衔接和协调。

改善人居环境。拆除改造违章建筑，依照新的发展需求进行建设；进行配套更新，加装电梯，更新设备，打造现代化人居环境。

2. 社会共同体构建策略

面对校东社区的复杂背景和现实问题，社会治理的角色和作用不可忽视。社区治理的关键是在多元主体的交叉博弈中实现社区的科学管理和品质发展，其中，完善创新的社区治理体系是基础保障，繁荣和谐的社区文化是持续动能，从这两个角度出发，构建一个现代高效、和谐共荣的社会共同体。

完善治理体系。我国社区建设有两种理论取向:一种是“基层政权建设” 取向, 另一种是 “基层社会发育”取向, 前者强调国家不断渗透到基层社会的自上而下过程, 后者则是构建 “社区共同体”的过程[4]。以往，我国的社区治理体系以基层政权为主，近年来随着社会文明的进步和群众自主意识及能力的提升，社区治理体系逐渐从前者向后者过渡。立足基层，充分挖掘多元主体的积极性，激发社会资源的活力，成为社区治理的新手段。在校东社区现状社区治理组织架构基础上，结合其紧邻大学的地缘优势，创新治理体系，引入社会公益组织、大学生志愿组织等基层治理主体，协同构建更富活力、更具能量的社区治理体系。

培育社区文化。频繁的社会交往和密切的社会关系是增加社会资本存量, 培育社区公共文化精神的重要条件, 而促进社会交往和强化社会关系的基本途径是开展社区中的“共同活动”[5]。引导社区居民自主组织和参与社区活动，积极开展老幼互助、家庭联谊等公共活动，在公共生活中增强居民凝聚意识和归属感，提升社区整体文化水平和素养，重拾大院精神，培育和谐共荣的社区文化。

3. 经济共同体构建策略

校东社区由于其所处的优势区位，在产业培育和商业发展方面具有双重优势。因此要最大限度地利用资源，实现资本利益和社区发展之间的良性伙伴关系。从完善社区产业要素和创新经济运转机制出发，构建一个高效可持续的经济共同体。

完善社区产业要素。校东社区紧邻城市重要产业发展中心，应与城市既有产业环境相协调，基于社区物质环境基础，对自身产业要素进行补充和更新。在北侧引入展销中心、交易中心、创客空间等产业要素，并布局青年公寓、休闲场所等配套设施；对社区现有生活性服务业、商业进行整治，在主要轴线和重要节点集中布置，减少对社区干扰的同时提高运转效率。

创新经济运转机制。城市更新伴随着社会转型，逐渐由最初政府的“一元治理”、政府与市场的“二元治理”，转向政府、市场和群众等的“多元治理”与善治模式[6]，建立起多主体之间的协作机制。充分调动各方资源，在多方博弈中寻求平衡和共赢，才能形成社区良性自循环，实现可持续运转。建立起“社区-政府-企业”为主体的三方协同运转机制，社区为企业提供土地和市场，企业为社区提供建设资金和技术，政府在其中进行协调控制，确保公共利益和市场效益的平衡，最终实现多方共赢。

3.3 综合行动规划

空间、社会和经济三个维度的完善提升对于社区更新有着重要作用，然而在现实情况下，绝大多数问题的属性更加复杂，有些行动或规划往往涉及多个维度的融合协调。因此，结合现实操作要求，融合三个维度的各项规划策略，提出综合行动规划（表1）。

综合行动规划一览表　表1

更新计划名称	子项目	管理主体	资金来源	具体措施	策略维度
稳静交通计划	城市路网疏通计划	城市交通部门	政府拨款	规划城市支路连接学府路和龙蟠中路，打通基地内东西向交通干道	空间
	交通疏导计划	物业	学校（国资办）开发商	社区内部以单行道组织交通，主要道路鼓励步行	空间+经济
	地下车库建设	物业	开发商	结合新开发地块建设地下停车场，所有社区车辆进入社区后直接下地库，为地面留出更多公共空间	空间+经济
社区养老计划	食堂助餐计划	东南大学后勤集团居委会	政府养老补贴 NGO组织	东大食堂对老人开放，提供助餐服务，对行动不便老人提供送餐上门服务	社会+经济
	居家养老服务	居委会 社区医院	政府养老补贴	建立各家各户与社区医疗中心的联网，老年人在家便可以享受到上门医疗服务	社会
	硬件设施建设	居委会	政府养老补贴	新建老年人日托中心，老人活动中心	空间+社会
活力社区计划	大学生活动中心更新	学校	高校社区发展基金校友捐资	改造大学生活动中心	空间+经济
	社区活动中心更新	居委会	学校	新建社区内活动场地与社区活动中心； 原兰园大学生活动中心重新改造成东大幼儿园	空间
社区产业计划	空间落实计划	学校	投资商	依托东南大学的人才优势和便利的交通区位，建设成规模的办公建筑和配套的展示体验设施； 建设专项用于人才就业的生活配套租赁公寓，解决科创人才在当地创业的居住问题	空间+经济
	政策管理跟进	学校	学校 政府	为创业团队提供财政、法律方面的支持和路演的机会与场地，并根据创业公司性质给予不同程度的补贴； 为创业个体提供定向租房补贴，吸引年轻人入驻社区	社会+经济
社区综合体开发计划	住宅商业停车场	学校国资办 开发商 第三方管理公司	金融融资	社区综合体用地总面积3836平方米，开发地块需满足114户拆迁户的安置问题，并规划新建一个地下停车场	空间+社会+经济
微景观改造计划	公共空间改造	物业	业主自筹	增加街道家具，如座椅、健身器材、风雨连廊的设计等；增强街道公共性，尤其是步行地段的外部空间营造，吸引居民、学生等更多地参与到户外公共生活中	空间+经济
	社区生态化改造	物业公司	物业费 政府专项基金	在社区集中公共活动空间和社区小公园的绿地层下面，设置蓄水池，通过绿化植被透水，收集雨水； 社区步行道路与局部车行道路，设置透水路面，下方铺设雨水管，与集中蓄水池相连	空间

4 结语

单位制社区更新，是一项综合性强、涉及广泛的城市建设活动，是城市双修的重要对象，具有深远的社会意义。其本身是一个循序渐进的过程，在物质空间更新基础上，未来还需要通过更多的平台和模式共同推进其进程。本文只为单位制社区更新提供了一种思路，具体的策略环节，仍有待进一步的细化和落实。

参考文献

[1] 阳建强，杜雁，王引，段进，李江，杨贵庆，杨利，王嘉，袁奇峰，张广汉，朱荣远，王唯山，陈为邦. 城市更新与功能提升[J]. 城市规划, 2016, 40（01）:99-106.

[2] 刘星. 基于社区发展的单位制社区更新策略研究[J]. 住宅产业，2014（01）：18-21.

[3] 项继权. 农村社区建设：社会融合与治理转型[J]. 社会主义研究，2008（02）：61-65.

[4] 李友梅. 社区治理：公民社会的微观基础[J]. 社会，2007（02）：159-169、207.

[5] 郑萍. 文化民生视野下的城市社区文化建设研究[J]. 城市发展研究，2011，18（11）：115-118.

[6] 许宏福，何冬华. 城市更新治理视角下的土地增值利益再分配——广州交通设施用地再开发利用实践思考[J]. 规划师，2018，34（06）：35-41.

街道设计在城市修补中的实践
——以三亚解放路为例

Practices of Street Design in Urban Repair:
Taking Sanya Jiefang Road for Examples

赵晅，何佳

摘要：本文通过研究人居环境学及城市设计理论，结合三亚解放路项目实例，介绍该项目特色为：在保护人居背景的前提下，体现人居活动的文化特色，通过规划、建筑和景观设计三个层面进行全方位的人居建设；阐述城市设计对人居环境改善途径分别是：通过保护资源环境，体现生态文明；挖掘地域特色，传承历史文化；运用新技术，解决绿色发展问题。

关键词：人居环境；城市设计；三亚解放路；改善途径

Abstract: Based on theory of human settlement environment and urban design research , combining the Sanya Jiefang road project as an example,instroduces the project characteristics:on the premise of protecting living background,reflect the culture characteristics of human activities,through planning architrctural and landscape design from three aspects of the comprehensive residential construction,improve the overall living environment.The improvement of city living environment is summarized as follows:protect the resource environment and reflect ecological civilization;excavate the regional characteristics and inherit the historical culture; use new technology to solve green development problems.

Keywords: Living Environment; Urban Design ;Sanya Jiefang Road ;Improving Way

1 引言

党的十九大报告指出：我们要建设的现代化是人与自然和谐共生的现代化，既要创造更多物质财富和精神财富以满足人民日益增长的美好生活需要，也要提供更多优质生态产品以满足人民日益增长的优美生态环境需要。住房和城乡建设部近年开展的生态修复和城市修补（城市双修）工作，是以绿色发展为指引治理“城市病”，改善人居环境的重要行动。

2 人居环境学理论研究

人居环境学是近年来新兴的学科，是在人居和生态环境科学两大概念范畴的基础上发展而来，是将以人为中心的居游活动与以生存环境为中心的生物圈相联系，加以研究的科学、艺术和工程。人居背景、人居活动和人居建设是构成人居环境的三大要素，人居背景包括资源、环境和生态等自然要素；人居活动包括文化、心理和行为特征等人文要素（图1）；人居建设包括规划、建筑和景观等建造要素。与之对应，吴良镛院士提出人居环境科学研究的主导专业是广义建筑学，包括传统的建筑学、城乡规划学和地景学（风景园林）。在人居环境规划设计中，要建立发展、动态的规划设计时空观，汇时间、空间和人间于一体。

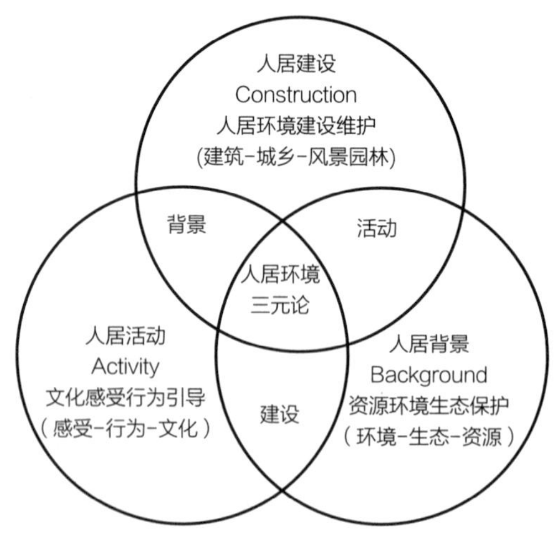

图1 人居环境的三要素

城市设计近几年为规划设计行业所热议，城市设计自古已有，伴随城市的诞生和发展，人们运用技术、艺术等方法改善和美化城市环境，可以看做广义的“城市设计”。狭义的 “城市设计”（Urban Design）一词于20世纪中叶在西方发达国家出现，作为一种技术、专业、职业或角色，涉及城市规划、建筑学、景观学等多个交叉学科，被普遍接受的定义是“城市设计是一种关注城市规划布局、城市面貌、城镇功能，并且尤其关注城市公共空间的一门学科”。吴院士在《人居环境科学导论》中指出：“广义建筑学，就其学科内涵来说，是通过城市设计的核心作用，从观念和理论基础上把建筑、地景、城市规划学科的精髓合为一体”。我国目前开展的“城市双修”是将城市设计理论与城市发展实际相结合，运用多专业、多学科协同合作的方法，解决城市公共空间中存在的最综合、最复杂问题的实践活动，同时是极具现实意义的研究课题。下面以三亚解放路段为例，谈谈对街道设计在城市修补中改善人居环境的体会。

3 三亚解放路探索实践

3.1 基本概况

2015年6月，国家住建部支持三亚开展生态修复和城市修补工作，发文明确三亚为全国城市“双修”的试点城市，由中国城市规划设计研究院负责总协调，编制各项规划及技术标准，并派出多批专业技术人员驻场服务，指导现场设计与实施。

1. 地理位置

三亚市地处海南省最南端，是典型热带滨海城市，解放路位于三亚市天涯区河西片区，道路全长约4.3公里，道路两侧聚集了大量的商场、超市、宾馆酒店、餐饮、零售商业、办公等公共性功能，是人流最密集、最有活力，体现城市形象的重要路段，同时也是河西片区的交通性主干道（图2）。

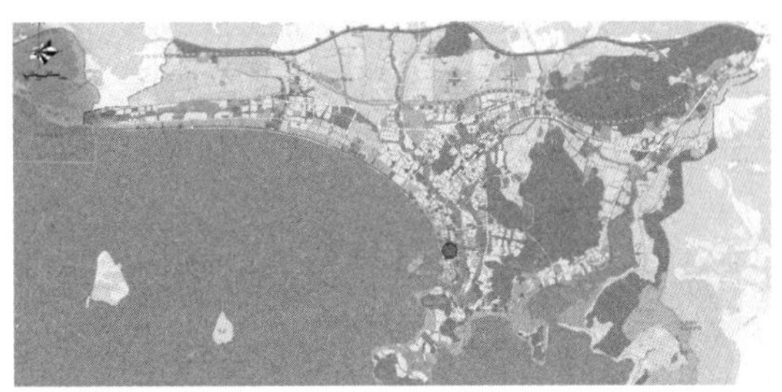

图2 区域位置示意

2. 气候条件

三亚属于热带海洋性季风气候。年平均气温25.4℃，没有严重低温,对植物生长有利。降雨季节分布均匀，热带风暴或台风平均每年1～2次，属于半湿润半干旱地区，具有冬无严寒、夏无酷暑、阳光充足等特点。

3. 现状问题

解放路现状建筑与交通问题最突出：沿街整体建筑风格杂乱，不同时代的设计元素在立面上缺乏协调；建筑色彩较为浓艳；广告牌匾杂乱无章，破坏建筑整体形象；快慢交通及动静交通相互干扰，机动车、摩托车、非机动车之间相互干扰；解放路沿线缺乏停车设施，且停车管理措施不完善，机动车占道停放现象严重；沿街人防出入口及公交站设置不合理。同时，街道绿化及城市家具缺失，沿街业态复杂，维护管理较差（图3）。

图3 解放路现状问题

3.2 规划设计特色

经多方论证选择解放路作为三亚城市修补的示范项目。作为三亚城区内重要的公共服务中心，解放路应成为集中展现三亚多元形象、优美整洁风貌以及良好环境的窗口，三亚城市形象的标志性地区。规划设计具有以下特色。

1. 空间结构

规划主题为多彩画卷、活力珠链。整体空间结构为北段多元现代商业段，体现现代多元、富有活力的商业氛围； 中段人文休闲商业段，该段结合现状具有一定传统风貌的建筑界面改造，重点引导人文休闲餐饮等商业业态，体现具有人文气息和休闲特色的商业氛围，通过提取骑楼元素的建筑立面改造，塑造良好的街道景观和步行环境；南段传统特色商业段，该段是三亚历史最悠久的街道，本次整治建设拟将三亚市传统商业形式和产品引入该区段，通过传统风格的骑楼立面改造，体现具有传统特色、绿化景观优越的滨海旅游城市街道环境（图4）。

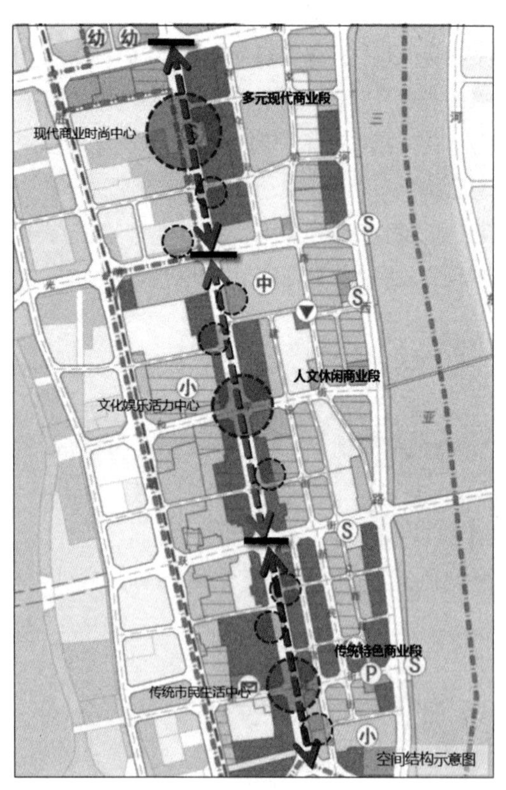

图4 解放路分段示意图

2. 交通修补

根据总规，随着解放路及河西旧城片区更新，解放路的交通功能将被弱化，而生活功能将逐渐增强，由交通性的主干路转化为兼具生活性要求的综合性主干路。对解放路的综合环境改造也以此为定位及方向，以强调人性化与吸引力、街道空间连续性、街道界面整体性、街道文化活力的增长，强化街道特色为主要原则和目标。解放路的交通修补工作，首先要认清街道综合性商业道路的属性，以此完善道路交通网络，保证步行和非机动车的互不干扰。解放路步行和自行车交通空间连续，机动车、摩托车、非机动车分开，增加解放路沿线停车设施，完善停车管理措施，同步进行沿街人防出入口及公交站设置优化（图5）。

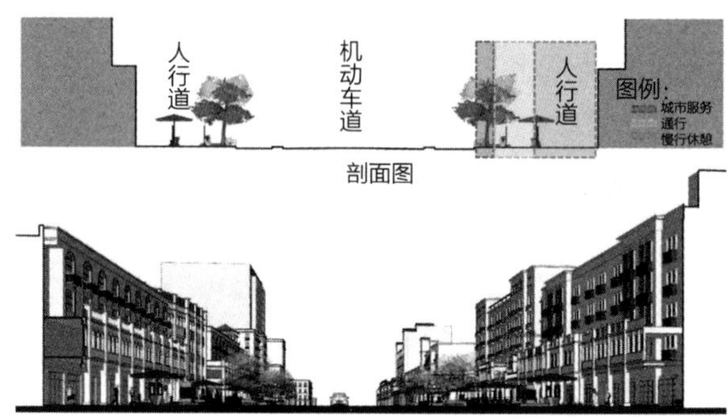

图5 解放路交通改造示意图

3. 风貌引导

城市风貌塑造建立在对城市整体特色充分认知的基础上。三亚地处热带，高温潮湿，浅色涂料很适合热带地区的外立面，有效地对阳光进行反射隔热。传统民居“素色为主，局部出彩”，讲究开敞通风，多遮阳构筑。因此解放路风貌引导中要求建筑色彩总体以白色和浅色调（浅米色、米黄色、浅灰色、浅蓝色等）为主，禁止使用深色为主色调；建筑材质要求采用浅色系的涂料、板材为主。风貌整治原则是“讲实用、高品位、低成本”：首层作为近人空间的商业店面，以提高建筑立面的品位和地方文化特色为主要思路，通过丰富的建筑细节及景观，达到较好的风貌效果；二层以上的建筑立面整治重在清洁，降低整改力度，注重节约建设成本。

3.3 建筑设计特色

实施的示范段位于解放路中段即人文休闲商业段，工作重点针对总长约420m的光明街至和平街两侧建筑、道路组成的“U”形空间。建筑设计有以下特色。

1. 营造檐廊步行空间

优化步行空间，将解放路由单纯的交通通行空间改造成为安全、舒适的绿色街道空间。在调研中发现，与建筑结合的人性化步行空间，是热带、亚热带城市步行街活力的重要基础。解放路遵循这种规律，修补策略为：结合街道两侧建筑立面整治工作塑造沿街的骑楼，形成1～2层连续的檐廊，为行人提供了遮阳挡雨的步行空间，有效地提升了街道慢行环境的舒适性，形成具有地方特色的街道建筑界面（图6）。

图 6　街道步行空间

2. 建筑形式修补

通过对地方建筑文化特色充分挖掘与展示，达到文脉修补的目的。将海口、新加坡等地的“南洋风”骑楼系列进行比较研究，以崖城为代表的三亚地域传统骑楼建筑具有尺度宜人、色彩素雅、材质质朴等特点，更能体现三亚文脉。因此，将其立面制式中提炼的样式及语汇，应用到建筑形式中（图7）。骑楼元素重点改善沿街建筑一、二层的界面视觉质量，形成“裙房+主体”的分段关系，利用骑楼连接界面缝隙，在不同界面之间起到起承转合的作用。立面修补分为骑楼加建与现状骑楼形式恢复两种，骑楼加建采用建筑底层柱廊、中部腰身、檐部女儿墙的三段式立面效果，统一沿街建筑界面设计风格，同时在色彩、装饰细部方面形成变化。现状已有骑楼形式忠实原设计思路，拆除现有的私搭乱建，保持风貌多样性。

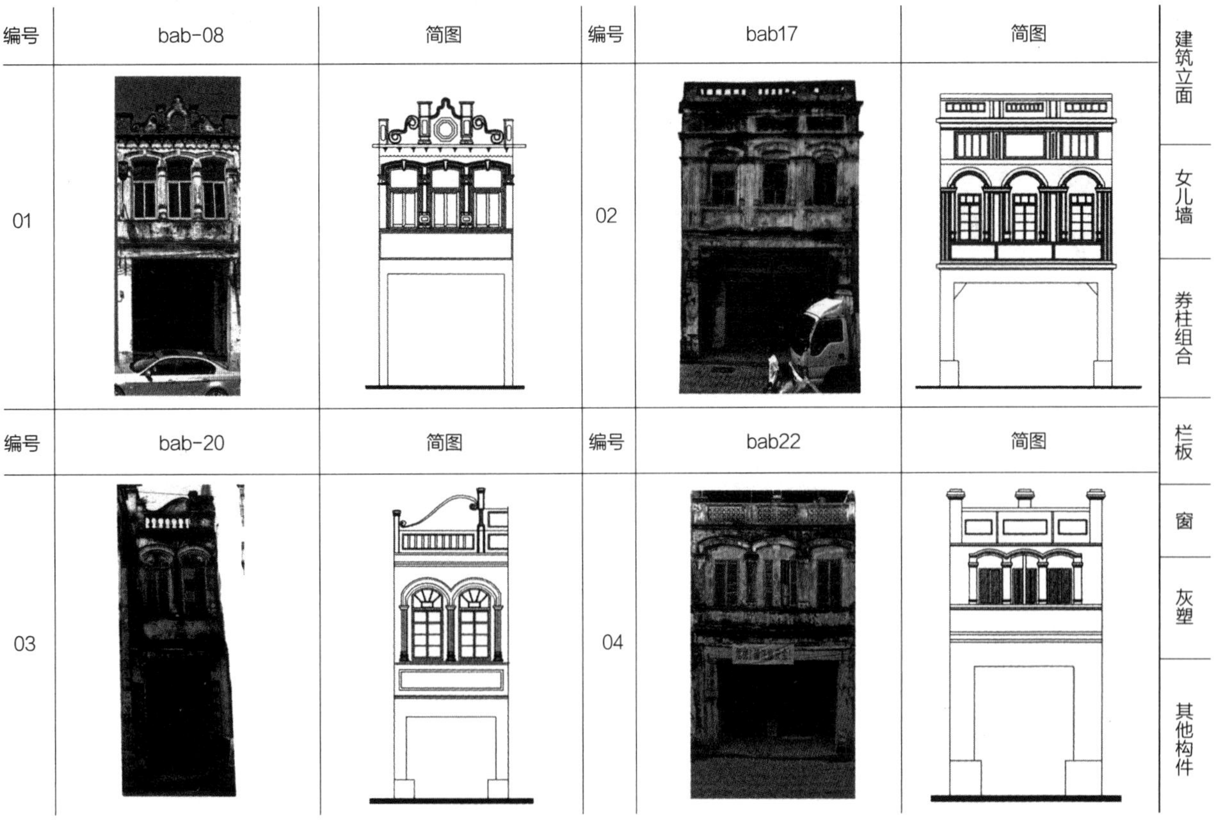

编号	bab-08	简图	编号	bab17	简图
01			02		
编号	bab-20	简图	编号	bab22	简图
03			04		

建筑立面　女儿墙　券柱组合　栏板　窗　灰塑　其他构件

图 7　骑楼资料

3. 沿街广告牌匾整治

针对解放路现状广告牌匾杂乱的问题，结合建筑立面整治工作，对建筑外墙的广告牌匾进行了统一规范整治。结合广告牌匾整治实践，同步制定了《三亚市建筑户外广告牌匾设置技术标准》；广告牌匾整治做出了相应的广告牌匾范例，以明确广告牌匾的尺寸及要求；规定广告都必须在指定的范围，字体不能超过规定大小，所有广告牌匾设置不影响建筑形体（图8）。

图8 广告牌匾整治前后对比

3.4 环境设计特色

修补城市绿地是保护城市生态、提升城市公共空间品质的重要内容，更利于体现城市特色；街道设施优化与夜景亮化是街道品质提升的重要内容。环境设计有以下特色。

1. 海绵种植绿地与立体绿化

解放路商业街的环境设计充分利用了三亚对植物生长有利的气候条件，在保障通行的前提下，尽量增加种植空间，非机动车道和人行道之间设置下凹式种植池，将人行道和非机动车道的雨水引入种植池，街道地面铺装材料使用透水砖，增强雨水渗透能力。植物选择以突出热带滨海景观特色为指导思想，行道树以雨树、尖叶杜英、印度紫檀等树种为主；街道花池采用红掌、翠芦莉、水鬼蕉、长春花、紫竹梅等花卉组合；座椅绿篱采用龙船花、三角梅等花卉组合。丰富植物多样性，同时与城市家具、建筑构件结合开发立体绿化，通过在墙壁、柱廊及风井上种植的垂直绿化及阳台绿化加大绿视率，垂直绿化及阳台绿化采用三角梅、米仔兰、虎尾兰、绿萝、四季秋海棠等花卉组合，努力将城市街道界面装扮得生机盎然（图9）。

图9 解放路海绵种植绿地

2. 街道设施优化

优化街道设施、补充街道家具以方便市民使用，是街道环境修补不可忽视的一部分。解放路城市家具设计在保证功能性、安全性和舒适性的基础上，选取生态环保的本地材料，并结合体现地方文化的装饰纹样，强化三亚城市特色。实施过程中，对包括售卖亭、种植池座椅组合、成品种植池、标志牌、信息栏、垃圾桶、非机动车停车设施、金属树池箅子等城市家具和广告标识系统的产品选型上进行全面把控，采用了简洁大方且体现三亚地方特色的整体风格（图10）。

3. 夜景亮化

解放路作为核心商业街区，夜景照明设计的目标是采用多种照明方式营造舒适、温馨并充满活力的街道氛围。建筑景观照明光色以黄、白光为主，适当点缀其他光色，重点突显骑楼外廊、建筑轮廓及城市家具。首层通过内透光形成连续性商业街道，在檐口设置投光灯或瓦楞灯，体现轮廓线，加强视觉效果。在休息座椅、标志牌、信息栏附近设置安全地灯，突显位置并加强照明度。照明设计重视照明灯具的隐蔽性和使用的安全性，做到建筑细部设计与灯具设计充分地结合（图11）。

图 10　街道环境改造前后对比

图 11　解放路改造后夜景效果

4　人居环境改善途径

通过三亚解放路实践，笔者对城市设计如何改善人居环境有了比较直观的感受，那就是在保护人居背景的前提下，体现人居活动的文化特色，通过规划、建筑和景观设计这三个层面进行全方位的人居建设，提升城市公共空间的环境品质。总结项目经验，提出在城市公共空间的规划设计中，需综合考虑以下问题。

（1）保护资源环境，体现生态文明。保护人居背景（资源环境）是体现生态文明的重要内容。人类文明发展经历三个阶段：农耕文明时期、工业文明时期、生态文明时期，生态文明是人类文明发展的一个新的阶段。在工业文明阶段，人类生产力得到空前解放和发展，人类在获得巨大的物质财富的同时也导致了一定的资源环境危机，影响到人类生存质量。生态文明是人类遵循人、自然、社会和谐发展这一客观规律而取得的物质与精神成果的总和。一味追求效率的工业文明发展阶段由于忽略环境、浪费资源而导致缺乏特色的“千城一面”，城市生态破坏严重引起的空气污染、城市内涝、热岛效应等问题严重影响了城市居民的生活质量，甚至对健康及安全构成威胁。必须明确：生态理念是城市设计的核心思想。每座城市的自然环境都是独一无二的，结合山水格局创造良好城市人居环境的案例不胜枚举。因此，通过对城市中山水林田湖草等自然环境的保护与修复及各种可再生资源的利用，对工业生产严格控制及新型市政基础设施建设，实现较低的污染排放，形成良性循环，是每座城市的发展方向。

（2）挖掘地域特色，传承历史文化。中国人居的建造特色，不是专注于单独建筑或风景的营造，而是采用规划、建筑、风景园林互相融合的营造方法，达到“溪山潇洒入吾庐”的意境。在这一方面，胡同、四合院组成的老北京城、水巷、园林结合的苏州古城等传统城市在人居方面具有很好的示范作用。对于具有历史文化遗存的城市，设计核心是如何保护城市的街巷格局、建筑风貌和景观元素等历史文物，再通过传统元素继承发扬达到传承文化的目的。对于没有历史文化遗存的城市新区，需要对所在地区的历史文化做深入研究，在考虑使用功能的同时充分理解使用者的审美习惯、行为心理等内在需求，规划设计出符合地域特色、满足使用功能同时体现文化内涵的城市公共空间。

（3）运用新技术，解决绿色发展问题。人居活动主要目的是通过生产实现美好生活。随着我国经济发展和人民生活水平的提高，很多城市正在从传统制造业、资源及地产拉动的经济模式逐步转型为文化产业、旅游业、服务业等引领的综合发展方式。在转型过程中，城市之间面临人才、技术的竞争，吸引到更多人才的城市生产力也会持续增强。在这种发展背景下，城市面临的问题越来越复杂，需要综合的理论、工具、方法和具有针对性的技术路线。与传统单一规划、建筑、景观设计相比，城市设计作为综合技术解决方案将会发挥更大作用。运用智能交通、绿色建筑、海绵城市等各种新技术，提升城市的基础设施和综合服务水平，增强城市吸引力，是实现绿色发展的关键。

5 结语

目前，城市设计在城市转型发展中的重要作用已得到共识，但将城市设计成果转化为建设成果绝非易事。首先，城市面临的是几十年积累的问题，解决这些痼疾需要花时间细致谋划，逐步推进；其次，城市设计是一种技术手段，在实施层面需要工作机制做保障，政府职能也需要调整以适应工作机制的转变。解放路城市修补就是一次有效的机制探索，是政府行政统筹与技术协同的共同成果。继三亚以后，住建部陆续公布了第二批、第三批城市双修试点城市，未来改善人居环境将成为城市建设的重点。希望解放路城市修补作为第一批双修项目为今后的双修提供经验，同时通过这篇论文衷心地祝福三亚人民的生活越来越幸福，期盼我国广大城市人居环境越来越美好。

参考文献

[1] 刘滨谊等. 人居环境研究方法论与应用 [M]. 北京：中国建筑工业出版社. 2015.

[2] 杨一帆. 为城市而设计——城市设计的十二条认知及其实践[M]. 北京：中国建筑工业出版社，2016.

[3] 吴良镛. 人居环境科学导论[M]. 北京：中国建筑工业出版社，2001.

[4] 中国城市规划设计研究院. 催化与转型：城市修补生态修复的理论与实践[M]. 北京：中国建筑工业出版社, 2016.

[5] 中国城市规划设计研究院. 三亚市“城市修补生态修复”总体规划及相关专题研究[R]. 2016.

[6] 中国城市规划设计研究院. 解放路（南段）综合环境建设规划（Z），2016.

[7] 中国城市规划设计研究院. 解放路（示范段）综合环境整治工程（Z），2016.

治理之道，双修引领城市内涵式发展
——郑东新区规划建设视角下郑州双修工作机制探索

The Way of Governance, Double-Repair Leads the High Quality Development of Urban: Exploration on the Working Mechanism of Zhengzhou Double-Repair from the Perspective of the Planning and Construction of Zhengdong New District

丁俊玉
（郑州市城乡规划局郑东新区规划分局）

摘要： 改革开放30多年来，郑州城市建设与发展取得了举世瞩目的成就，但是，由于城市快速扩张以及粗放的管理模式，引发公共服务缺位、城市风貌失序、蓝绿生态受损、历史文化特色缺失等诸多“城市病”，倒逼城市寻求内涵发展的转型之路。本文以郑州入选国家“城市双修”试点为契机，通过剖析高速城市化阶段郑州老城区的城市问题，以郑东新区高品质规划建设实践经验为启发，对未来郑州“城市双修”工作重点提出建议。

关键词： 郑州；郑东新区；城市病；城市双修

Abstract: Zhengzhou has achieved remarkable achievements in urban construction and development over the past thirty years since the reform and opening up. However, because of the rapid expansion of the city and the extensive management model, many “urban diseases” have been caused by the absence of public service, the disordered urban features, the damage of blue-green ecology, and the lack of historical and cultural characteristics, which have forced the city to seek a transformational path of connotation development. Taking Zhengzhou into the national “City Double Repair” pilot as an opportunity, the paper analyzes the urban problems in the old city of Zhengzhou at the stage of high-speed urbanization, and takes the practical experience of high-quality planning and construction in Zhengdong New District as an inspiration to put forward suggestions for the future work of “City Double Repair” in Zhengzhou.

Keywords: Zhengzhou; Zhengdong New District; Urban Disease; Urban Double-Repair

改革开放30多年来，郑州经历了持续的快速城市化进程，城市规模扩张显著，体量渐增，成就斐然。但传统摊大饼式的高速、粗放型城市扩张模式造成老城区“城市病”日益突出：高强开发宜居不在、功能缺位品质低端、风貌失序特色不彰、生态受损绿色渐消、遗产损毁印迹难觅，中国“绿城”面临“绿城不绿”的窘境，城市发展迫切需要由外延扩张式向内涵提升式转型。

当前郑州正处于转型发展的重要战略机遇期。中央城市工作会议和国家新型城镇化战略的出台，提出了城乡发展的新理念；国家实施 “一带一路”战略，郑州被确定为重要的节点城市；《促进中部地区崛起“十三五”规划》、《国家发展改革委关于支持郑州建设国家中心城市的指导意见》、《中原经济区规划（2012-2020年）》、《郑州航空港经济综合实验区发展规划（2013-2025年）》等，从不同层面对郑州的定位、发展方向、城市规划建设等提出了明确的要求；2017年，郑州入选国家“城市双修”试点城市，为破解“城市病”难题、改善人居环境、转变城市发展方式提供了重要契机和抓手。

郑东新区作为展示郑州与河南形象的“窗口”，规划建设管理坚持国际化、高起点、高标准、高品位的价值观，代表了河南乃至中原地区城市规划建设的最高水准，在借鉴先进规划理念、整体系统谋划城市、城市设计指导设计城市、生态引领宜居城市、规划先行严格实施等方面，可为郑州城市双修工作提供有益启发[1]。

1 “城市双修”简述

1.1 “城市双修”提出背景

改革开放以来，中国经历了史上速度最快、规模最大的城镇化进程，城市发展成就显著；同时，也面临城市建设盲目追求规模扩张、节约集约程度不高，城市特色缺失、文化传承断裂，公共产品和服务供给不足，环境污染，交通拥堵等“城市病”蔓延加重的问题。党的十九大报告、中央城市工作会议和习近平总书记系列重要讲话精神明确指出“必须坚持以人民为中心的发展思想”，践行生态文明建设，转变城市发展方式，完善城市治理体系，提高城市治理能力，提升城市规划建设管理水平，破解“城市病”，“城市双修”的提出恰逢其时，是达成上述目标的重要着力点。

1.2 “城市双修”理论研究与实践概述

杨保军认为“城市双修”主要是基于我国追赶期快速发展阶段野蛮生长、粗放开发、平庸空间大量出现等问题而提出的具有中国特色的城市建设方式，对城市快速发展过程中留下的缺憾加以弥补，是内外兼修、长远结合的一种治疗城市病的方式，既是物质空间环境的修复修补，也是社会文化、公共服务等软环境的修补。张兵认为“城市双修”是提高城市发展可持续性和宜居性的关键，是我国城市实现内涵式转型发展的催化剂和助推力；“城市修补”是基于良好的城市规划设计理念方法，系统有针对性地持续提升城市公共服务质量，改善市政基础设施状况，保护延续城市历史文脉和社会网络，全面修补完善城市功能体系及其载体空间，使城市更加宜居活力；“生态修复”旨在恢复受损城市生态系统的功能、结构，一方面将城市开发活动对生态系统的扰动降至最低，另一方面恢复城市生态系统的自主调节功能，使其具备克服和消除外来干扰的能力，促进生态系统逐步实现动态平衡[2]。

截至2017年7月，住房和城乡建设部分三批共公布了58个“城市双修”试点城市。三亚作为第一个“城市双修”试点城市，已编制完成《三亚市生态修复城市修补总体规划》，建立了完善的工作框架和工作机制，通过开展“城市双修”重点地区的城市设计，“统筹协调城市与自然山水的关系，系统谋划城市立体蓝图，综合解决城市建设用地使用、空间利用问题，努力实现城市的空间立体性、平面协调性、风貌整体性和文脉延续性[3]”，对包括郑州在内的其他试点城市具有极强的示范意义。

2 把脉郑州老城区城市问题

1948年郑州解放，郑州市在郑县城区基础上设立，1954年河南省政府由开封迁往郑州，郑州市从此成为河南省省会。在改革开放后狂飙突进的城市化时代，郑州借势发展，城市化水平直线上升，2017年年末，市域建成区面积约为831平方公里，人口规模达988.1万，其中城镇人口713.7万，城镇化率为72.2%，城市规划建设取得了巨大成就（图1）。但长期粗放型的城市外向扩张模式，造成城市规划建设历史欠账较多，主要表现在以下方面。

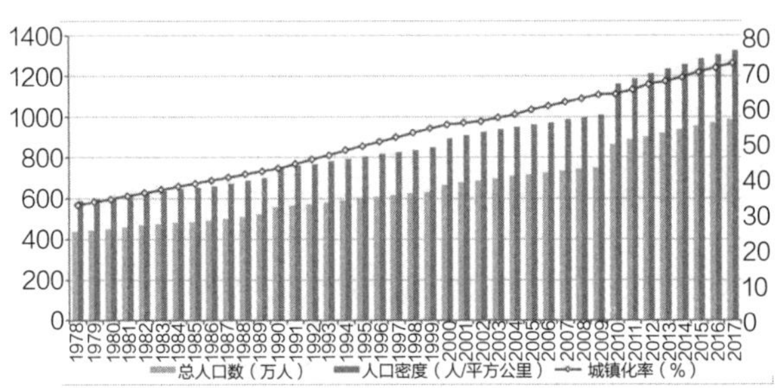

图1 1978～2017年郑州市年总人口数、城镇化率与人口密度变化趋势图

2.1 高强度开发，高密度布局，城市不再舒适宜居

老城区土地资源稀缺，规划建设布局普遍采用高密度、高强度模式，高密度布局势必侵蚀城市开敞空间，挤压市民公共活动空间，高强度开发造成高层建筑林立，平庸空间大量出现，且改变城市下垫面特征，阻滞大气和风的流通，环境质量恶化，降低居住生活环境质量（图2）。

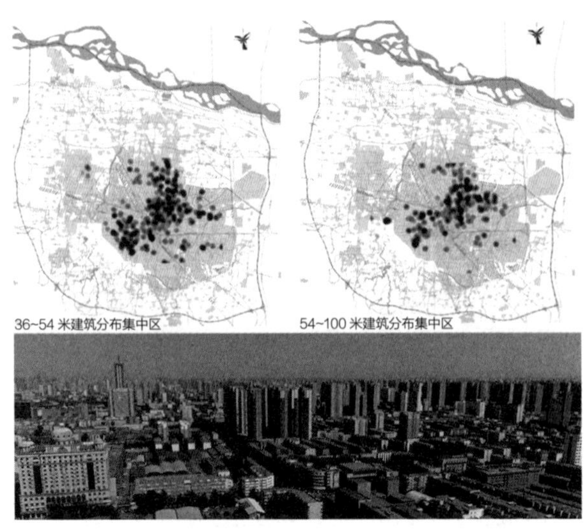

图2 老城区高层建筑集中分布示意图

2.2　服务设施滞后于城市发展，承载能力难以为继

高速城市化过程中，郑州城市空间南北外移、东扩西引，新城区四面开花，公共服务设施配套向新区倾斜显著，体系相对完善，配套标准较高。相比之下，老城区以32.6%的建成区面积容纳了全市37.8%的人口，人口密度高达13777人/平方公里，公共服务设施配套规模不足、类别单一、品质较低，空间布局失衡且集中度高，又因老城区存量空间更新改造困难，导致公共服务设施配套完善进度明显滞后于城市人口增长，长久难以为继。与中央城市工作会议推动城镇常住人口基本公共服务均等化的精神和国务院《“十三五”推进基本公共服务均等化规划》、《河南省“十三五”基本公共服务均等化规划》等规划要求差距甚远。

市政基础设施欠账严重，极端气候下难以有效负荷。“郑州郑州，天天挖沟”，流传于市民间的俗语直接反映出老城区基础设施薄弱，建设缺少系统谋划，只能修修补补，头疼医头脚疼医脚的现实。老城区原有的给水、雨水、污水、电力、热力、燃气、环卫等城市基础设施，在功能、标准方面已不能有效满足城市发展的新要求，特别在极端气候下难以负荷，造成城市雨季观海、夏季热岛效应突出和冬季“气慌”等问题（图3）。

图3　老城区基础设施薄弱

2.3　风貌特色彰显不足，自发无序生长突出

“中国之中，商都郑州”，郑州作为国家历史文化名城，具有深厚的历史文化底蕴。但城市快速发展期以经济建设为中心，城市规划建设忽视城市风貌特色表达，整体风貌定位不明、特色不显，历史文化遗产载体消散、印迹难觅，城中村、棚户区等自发生长特征显著[4]，老城区的传统风貌及文化特色不断消退，不断被水泥森林填塞（图4）。

2.4　蓝绿生态空间缺位，环境质量缺乏亮点

老城区公园绿地规模总体不足，人均公园绿地面积约为1.29平方米，综合性公园稀缺，布局分散，服务半径有限，在存量空间中增加公园绿地困难较大，“绿城”不绿问题突出[5]（表1）。作为水资源紧缺城市，老城区内河流水系经常处于断流状态，部分河道水质较差。滨水空间大面积采用陡坡硬质驳岸，亲水体验不佳，生态景观品质缺乏特色，且降低生物多样性（图5）。

老城区各区公园绿地规模及人均公园绿地面积　表1

不同城区	公园绿地（个）	综合性公园（个）	公园绿地面积（公顷）	人口（万人）	人均公园绿地面积（平方米）
金水区	37	6	186.62	130.02	1.44
中原区	16	4	123.77	76.88	1.61
二七区	24	2	49.11	80.15	0.61
管城区	34	1	82.13	56.16	1.46
合计	111	13	441.63	343.21	1.29

2.5　城市交通与功能布局协调不够，交通体验不佳

城市总体功能布局造成相当部分居民“居住在老

图4 老城区部分地区现状风貌图

图5 老城区河流水系部分区段现状图

城，工作在新城”，老城与新城产城不融合造成显著的钟摆式交通，特定时间单向出行量大，给城市道路交通造成较大压力。调查显示①，郑州市出行需求空间分布特征变化显著，由2010年的老城区-单核心形态转向当前老城区、郑东新区、航空港区等多核心共存的态势。中心城区范围内老城区与郑东新区是出行联系最紧密的区域，出行交换量超过150万人次/日，占中心城区总出行总量的11%；外围区域中航空港区是与中心城区出行交换量最大的区域，达到50万人次/日；郑州中心城区出行需求呈现显著的时空分布

① 调查结果引自2018年6月郑州市城乡规划局发布的《郑州市第五次城市综合交通调查》。

不均衡特征，早高峰时段老城区与郑东新区间出行方向的不均衡性十分明显，西向东的出行量是东向西的1.6倍，其中轨道交通西向东的出行量更是东向西的2.7倍（图6）。

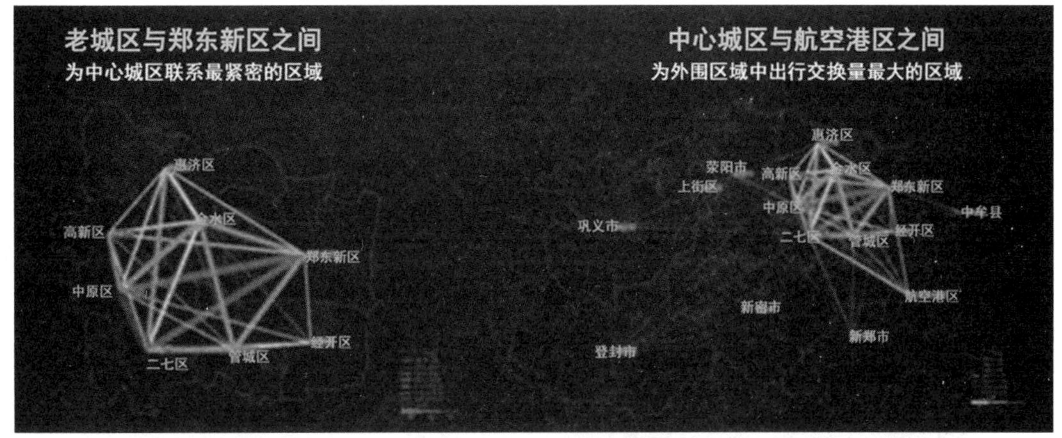

图6　郑州市老城区与郑东新区、中心城区与航空港区之间出行变化特征

老城区路网密度偏低，特别是计划经济时代遗留的封闭式大厂大院阻断城市道路微循环，造成次干路和支路网密度达不到规范指标，内部出行过多依赖主干路，加剧主干路交通负担，导致系统运行不畅；城市道路建设上形成了靠道路扩张解决交通拥堵的惯性，反倒加剧交通拥堵；慢行空间预留不足，街区活力趋弱，无法构建完善的城市绿道体系（表2、图7）。

郑州市现状道路路网密度一览表　表2

道路等级	长度（km）	现状路网密度（km/km^2）	规范指标（km/km^2）
快速路	177.4	0.6	0.4-0.5
主干道	551.4	1.87	0.8-1.2
次干路	213.2	0.72	1.2-1.4
支路	445	1.51	3-4
合计	1386	4.7	5.4-7.1

图7　老城区部分现存大院示意图

3　郑东新区规划建设实践经验

3.1　积极引入当代先进规划理念，坚持指导新区规划建设实践

郑东新区谋划之初即秉持用世界智慧建设郑东新区的理念，对郑东新区远景总体概念规划进行国际招标，通过邀请33位国内外专家反复评审，9万余市民参与问卷调查，最终选定日本黑川纪章的方案。郑东新区规划建设启动阶段即吸收了当时国际上最先进的城市建设思想，引入生态城市、新陈代谢城市、共

生城市、环形城市、地域文化城市等先进理念[6]，并在此后十余年的建设实践中一以贯之，指导新区规划建设。同时，规划彰显地方文化特色，通过运河连接CBD和龙湖金融岛，构成极具传统意向、象征吉祥和谐的“如意”型，将中原文化与现代规划设计完美结合，成功实现了老城区与新城的有机融合与和谐共生（图8）。

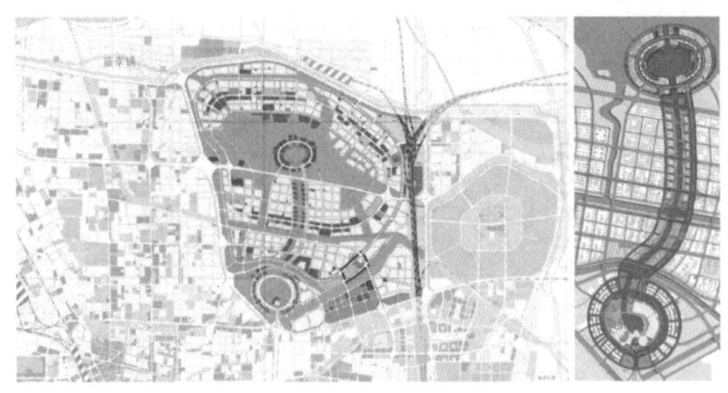

图8 郑东新区CBD与北龙湖片区规划示意图

3.2 用“整体系统”观念谋划城市，全方位统筹协调

当代依赖城市规模扩增带动经济高速发展的时代已然过去，“规模受限”时代受制于生态环境承载力等诸多约束，城市发展亟需探寻从量变转型质变之路。郑东新区发展理念超前，率先突破传统摊大饼、粗放型的城市扩张模式，采用“整体系统”观念超前谋划，全方位统筹协调城市功能布局、产业发展、交通组织、设施配套、生态建设、风貌管控等，组团式、集约化为城市发展提供新“指南”。规划建设过程中，对国际征集中标方案的道路交通系统进行合理优化，并与时俱进整合海绵城市建设和城市通风廊道构建内容，也是对“城市双修”的自觉实践。

3.3 用城市设计理念设计城市，雕琢城市风貌

郑东新区是郑州市、郑州都市区乃至河南省城市化迈向国际化、品质化的集中展示区，规划建设高度重视城市设计，坚持“城市设计”理念指导设计城市，与城市控制性详细规划相结合，在严格遵守相关法律法规基础上，基于城市新区功能布局、空间结构塑造、景观风貌营造、街区活力培育等实际需求，未生搬硬套原《郑州市城乡规划管理技术规定（试行）》等文件，而是弹性制定城市管控要求，从空间立体性、平面协调性、风貌整体性和文脉延续性方面对城市空间进行精雕细琢（图9）。

图9 现状CBD核心区城市风貌

3.4 以生态为基础，引领建设宜居生态城市

环境与形象也是生产力。21世纪初，省市领导作出高标准高起点建设郑东新区决策之时，考虑新区鱼塘遍布、地下水位高的地理条件，前瞻性地强调生态、宜居建设理念，并将建设生态宜居城市纳入郑东新区“十年建新区”跨越式发展目标。新区规划建设伊始就开创性地将生态城市、共生城市、新陈代谢城市、环形城市等先进理念贯穿始终，作出示范。建设实践严格落实规划理念，新区累计完成景观绿化面积1300万平方米，建成城市公园、小游园40多个，整体规划绿化率接近50%，人均绿地47.11平方米；郑州市的主要水系在此相融共生，水域面积超过300万平方米，河道通畅，水质优良；共同构筑了完美的城市生态体系（图10）。

图10 郑东新区生态体系建设现状

3.5 坚守一张蓝图绘到底，管理精细化，保障规划意图实施

2016年，《中共中央国务院关于进一步加强城

市规划建设管理工作的若干意见》指出要“增强规划的前瞻性、严肃性和连续性，实现一张蓝图干到底”。而在2002年，针对郑东新区规划建设，李克强同志即明确要求“确保规划的权威性，一张蓝图绘到底，一任接着一任干”，随后经省市领导集体研究决策，市人大常委会以地方法规形式对东区概念规划予以确立。

郑东新区的开发建设是规划先行、超前规划，充分尊重并严格执行规划设计的典范。通过加强各类项目建设事前、事中、事后的规划管理，先后制定30余项专项规划，邀请国内外相关领域知名专家组成顾问委员会对规划进行监督，确保规划的严格实施。10多年来，始终严格执行规划不动摇，坚持国际化、高起点、高标准、高品位的城市规划与建筑设计，确保了郑东新区的魅力与特色（图11）。

图 11 郑东新区规划建设历程

4 郑东新区规划建设对郑州“城市双修”的启示

郑东新区作为当代中国乃至世界城市新区建设的典范，规划建设经验对当前发展阶段郑州开展“城市双修”工作具有良好的示范意义。

4.1 整体系统，全面统筹郑州“城市双修”工作，构建完善的工作机制

“城市双修”是一项系统性强、多目标协同的工作。郑州市开展“城市双修”应整体统筹、系统谋划，分类瞄准现实问题，基于目标导向和问题导向，明确基本思路，制定完善的工作框架、工作机制、技术路线和组织架构。结合郑州实际，应与百城提质建设、海绵城市建设、城市通风廊道研究、棚改、城中村更新改造等工作统筹衔接，避免工作重复，多头交叉混乱。

4.2 建立与城市规划相协调的城市设计工作机制，提高城市设计水平

城市设计是从空间上落实城市规划、指导建筑设计、塑造城市特色风貌、激发街区活力的重要途径，传统城市设计偏重立体空间管控，因普遍缺乏约束力，且忽视人的需求，难以有效实施，建立与城市规划相协调的新型城市设计工作机制是对郑州开展“城市双修”的有益补充。

为保障城市设计的可实施性，借鉴郑东新区经验，将城市规划工作与城市设计工作挂钩衔接，形成立体空间的规划管理模式：将城市设计内容纳入城市规划成果，将城市设计管理要求纳入城市规划管理环节，将城市设计监督检查纳入城市规划监督检查过程。通过依法推进，融合自然生态，强化对城市空间立体性、平面协调性、风貌整体性和文脉传承性的管控，延续城市特有的地域环境和文脉“基因”。

4.3 修复蓝绿生态空间，营造宜居城市环境

结合郑州实际，制定并实施生态修复工作方案，紧密结合海绵城市建设和城市通风廊道研究，分阶段开展河流、湿地、植被等蓝绿生态空间的修复工作；优化城市绿地系统布局，构建市域绿道系统，实现城市内外绿地连接贯通，将生态要素引入市区，修复城市自然生态；扭转城市建设过程中追求高密度建设、高强度开发、大面积硬化的态势，探索利用“金角银边”建设街区公园，提高城市人均公园绿地面积和城

市建成区绿地率，积极改善城市下垫面，促进城市更加生态宜居。

4.4 强化城市风貌管控，彰显城市风貌特色

研究并明确城市风貌定位和风貌分区，提出城市风貌升级计划和可操作性的实施措施。结合郑州实际，借鉴广州、深圳、武汉等城市更新、“三旧改造”经验，通过棚户区和危旧房改造，推进老旧社区综合整治，对城市存量空间提质增效，配套完善公共服务设施，加强地下和地上基础设施建设，打造魅力公共空间，塑造个性鲜明、和谐有序的商都风貌，彰显城市特色。

4.5 优化城市道路交通系统，打通交通微循环，激发街道活力

改进提升城市道路交通系统，贯彻落实“窄马路、密路网”的理念，构建快、主、次、支级合理的道路网体系；针对建成区的大厂大院和居住区，探索分阶段实现内部道路公共化，疏通老城区的“丁字路”、“断头路”，集约用地，破除城市道路交通阻隔，增加道路供给，提升城市内部交通微循环；完善城市慢行系统，倡导绿色出行，激发街道活力。

4.6 依法保障城市规划的权威性、可持续性和可实施性

城市规划是城市建设和管理的重要依据，在城市发展中起战略引领和刚性控制的作用，经依法批准后必须严格执行；城市规划具有长期性，必须统一规划，分期实施，全过程管控，禁止随意修改规划，保障城市建设品质。

5 小结

“规模受限”时代，郑州依赖的传统外向规模扩张发展模式难以为继，亟需探索从量变到质变的内涵式转型之路。文章以郑州入选国家“城市双修”试点为契机，从五个方面深入剖析郑州在高速城市化阶段的老城区“城市病”问题，并以郑东新区高品质规划建设经验为典范，从整体系统全面统筹，重构城市设计工作机制，修复蓝绿生态空间，强化城市风貌管控，优化城市道路交通系统，依法保障城市规划的权威性、可持续性和可实施性等六方面，对郑州“城市双修”工作提出有针对性的建议，以期助力郑州“城市双修”顺利开展。

参考文献

[1] 张春晖. 城市新区规划发展研究[D]. 南京：南京理工大学, 2012.

[2] 中国城市规划设计研究院. 催化与转型——城市修补生态修复的理论与实践[M]. 北京: 中国建筑工业出版社, 2016.

[3] 中华人民共和国住房和城乡建设部. 三亚市生态修复城市修补工作经验[EB/OL]. http://www.mohurd.gov.cn/dfxx/201703/t20170317_231030.html.

[4] 周昊天, 赵红红. 城市风貌建设的思考建议——基于郑州城市风貌调研[J]. 价值工程, 2016（09）：158-160.

[5] 孙青丽. 城市公园绿地景观节约营建解析——以郑州老城区公园为例[J]. 西北林学院学报, 2013（02）：227-232.

[6] 陈治华. 黑川纪章的设计理念在郑东新区规划中的应用[J]. 美与时代（城市版）, 2018（01）：5-6.

基于活力提升的城市街角空间环境再生研究

Study on the Regeneration of Urban Street Corner Surrounding based on Vitality Promotion

高莹，李思叡，肖尧
（大连理工大学建筑与艺术学院，116024）

摘要：街角空间作为城市重要的节点空间，担负着“交通”、“休闲”、“景观”等城市职能，对周边的环境品质有着重要的影响。但由于城市快速建设等原因导致产生许多碎片化的街角空间。这些街角空间大多责权不明，长期缺乏管理，破坏了周边的环境品质。本文通过调研我国大连市城市街角空间现状，提出城市街角空间建设的评价标准与一体化设计方法。

关键词：街角空间；环境再生

Abstract: As the important node space of the city, the corner space bears the functions of “transportation”, “leisure” and “landscape”, which has an important influence on the surrounding environment quality.But there is a lot of fragmented corner space due to the rapid urban construction.Most of these spaces have unclear responsibilities and lack of management in the long time that damage to the surrounding environmental quality.In this paper, we're looking at the status of space on the corner of the city of Dalian city, and the idea of the city's street corners and the design of the integrated design.

1 引言

1.1 研究背景

由于城市快速建设、建筑退红线的默认规定和规划的不合理等原因导致产生许多碎片化的街角空间。这些街角空间大多责权不明，长期缺乏管理，破坏了周边的环境品质。随着城市双修的进行，对街角空间的设计与管理日益重要。

1.2 研究目的

街角空间作为城市重要的节点空间，担负着“交通”、“休闲”、“景观”等城市职能，对周边的环境品质有着重要的影响。本文旨在通过调研我国大连市城市街角空间现状，提出城市街角空间建设的评价标准与一体化设计方法。

2 街角空间的研究方法与应用

2.1 街角空间设计的原则

1. 整体联系性原则

我们所应意识到的城市空间状态应是“联系的”、“整体的”，而非“局部”的“整体”，人们的社会活动、空间使用，会促使空间构成一个有机的整体；同理，一个与周边空间缺少“联系性”的整体，即使自身有“整体”感，最终仍是缺乏使用感的。街角空间设计的整体联系性原则是指：

（1）空间联系：文中所指的空间联系性是社区与城市之间，城市内部之间的街道转角，交界处的空间联系。在整个城市的空间塑造中，街角空间对城市的内部起着衔接作用。优秀的街角空间的塑造有助于其所在地标志化、场所化建设的推进。同时街角空间在处理后实际上是不同城市构成单位之间的联系，既能够明确街道的前后秩序，又能够丰富城市自身的空间形态。

（2）文化联系：对于转角空间设计，尤其是在城市的历史文化区内，是否尊重原有的城市文脉将是决定这个项目能否成功的必要条件。城市历史是由城市在发展过程中形成的功能、环境等多种因素组合而成的。同时，除了外部的环境肌理，内部的例如居民在城市中的生活习俗、在特定的文化场所的文化习俗以及其相关的公共设施，这些都是城市生活中隐性的最具有生命力的部分，是对于不同时代居民的一个联系延展。

2. 可识别性原则

当我们来到陌生的城市时，我们所面临的最基本的问题就是辨别方位。格式塔心理学的研究表明：那些形态较为特殊、整体结构较清晰的事物总是从环境中凸显出来，成为人们关注的焦点和记忆的对象。街角空间的多向性决定了行人要在这里转向、停顿或做出方向选择；由于位置的独特性，街角空间是人们最容易直视的地标，人们可能通过它们认识、了解和评价城市。所以，街角建筑的可识别性对于城市空间有着重要的意义。

3. 功能适应性原则

街角空间功能与城市功能相匹配，其目的在于形成城市在特定地区的功能体系，这与城市的整体机能密切相关，因此应当遵循功能适应性。

现代城市街角空间正在向着立体化、复合化发展，我们在进行城市街角空间设计时，必须把握功能适应性原则，使城市街角空间更好地发挥作用，满足社会发展的要求。有一些城市空间功能比较单一，只是作为城市的交通中转枢纽，城市空间缺少交往场所，人们在这里只是过客，这种城市空间没有活力，因此在做街角空间设计时，必须对城市空间功能做出详细的考虑，这样才能发挥城市空间功能的作用。

4. 参与性原则

城市街角建筑的参与性原则主要体现在城市空间与街角空间的相互促进上。当代城市空间与街角空间应当联合作用，在下列诸多方面表现出对人的关怀：加强相关职能空间的有机融合，方便人们在有限时段内的多种需求，实现城市生活的一体化；塑造整体的城市公共空间系统，尤其是城市或区段内立体的公共步行系统，由于汽车交通进入城市，打破了传统城市的宜人特征，必须将人们从汽车交通造成的紧张状态中解脱出来；回归人与自然的和谐，城市要打破自身“钢筋混凝土”的特征，让“绿色”在维系功能的同时回归城市。

2.2 街角空间设计的方法

1. 视觉一体化

街角空间在根本上是对城市微观层次的空间处理，其主要有以下几种方式。

（1）直角：直角的处理一般在建筑和城市道路之间有缓冲广场的情况下使用（图1），如果没有广场的缓冲，直角处理容易造成空间的割裂，一般不采用直角的处理。

（2）弧形：弧形处理是街角建筑通常采用的处理方式，建筑街角的弧形处理空间过渡平滑、连续性强，对视线遮挡较小。

图1 大连天兴罗斯福广场

（3）阶梯式：阶梯式的划分可以产生凸出或凹进的不同观感，这与一条或多条折线在建筑物上的位置，以及被它或它们分割成的各部分墙面之比有很大关系。

削面式：建筑转角部分沿斜线切去即为削面式转折，街角的转折通过斜面联系起来。削面式的交叉口建筑立面的整体性和连续性较强，便捷清晰。

2. 功能一体化

街角空间的功能与城市功能应是相匹配的，如果在设计街角空间时只考虑自己的立面美观、功能构成，势必会造成与城市整体联系的缺失。这就需要重新定位街角空间与城市的关系，并按分类寻找积极的组合方法。而街角空间与城市的积极组合大致分为以下几种。

（1）功能相似形：街角空间功能与附近城市建筑相似，两者由于相似的功能形成集聚效应，为使用者提供了更多选择。如公园与餐饮街的结合，游乐园与咖啡厅、水吧等。

（2）互补形：互补形是较为常见的实际作业中城市建筑与街角空间在功能上的相互补充以达到区域的整体以及最大化使用。如在办公区辅助以餐饮，休闲功能的街角空间。

（3）系统形：在城市空间中布置与其具有相通性、延伸性的街角空间。如不同交通空间（地铁站、火车站）的组合，并在交通集聚空间辅助以餐饮休闲功能的街角空间，达到空间的最大化利用。

3. 景观一体化

（1）合理，秩序化：街角空间的景观绿化应该遵循城市自身的绿化层次与序列，成为城市绿化的补充和延伸。让人们置身在街角空间中使用的同时，仍能感受到城市的氛围。在维系街角原有休闲功能外，分割的绿化完美地延伸了城市的绿化系统。

（2）立体化：面对城市土地价值越来越高的现实，绿化应当做得更立体，与城市的结合更紧密，而不是单纯的停留在二维的层次。如在低层的空间塑造屋顶花园，高层建筑园等。

2.3 总结

文章通过前面的分析总结了街角空间的设计原则以及街角空间的设计方法。即在视觉上，不同构成形式不同的处理；空间上，三种积极地组合方式的适用范围；景观上，街角空间如何与城市相联系。

3 大连地区实例分析

3.1 调研对象选择

文章选取了大连市开发区万达广场、大连市文荟小区南街角，分别地处不同的区位，同时也代表着不同功能的街角空间。通过分析本地实例的优缺点，找出拟解决方案，使文章的理论能在不同对象上得以应用。

3.2 调研方法选择

1. 视觉分析

通过对调研对象的第一印象入手，记录其对城市空间可能产生的作用，用来确实街角空间在城市结构中的作用，进而得出街角空间一体化的规律以及设计方法。

2. 关联性分析

通过对调研对象周围的交通、功能、景观的分析，探索街角空间调研对象与城市空间功能之间的联系。

3.3 实例分析

1. 商业空间实例分析——以大连开发区万达广场为例

大连开发区万达广场是万达集团在大连开业的第二个万达广场，广场内规划有大型商业中心、商业步行街、精装公寓、高档酒店、甲级写字楼等业态，集购物、娱乐、餐饮、文化等多种功能于一体。开发区万达广场，成为大连开发区商业购物中心新标杆，全面提升了大连开发区的消费水平，为大连商业树立了全新的价值标杆。

（1）视觉分析：如图2可见，大连开发区万达广场基本采用弧线形与直角形相结合的街角空间构成方式，外部视线上难有太大提升空间。

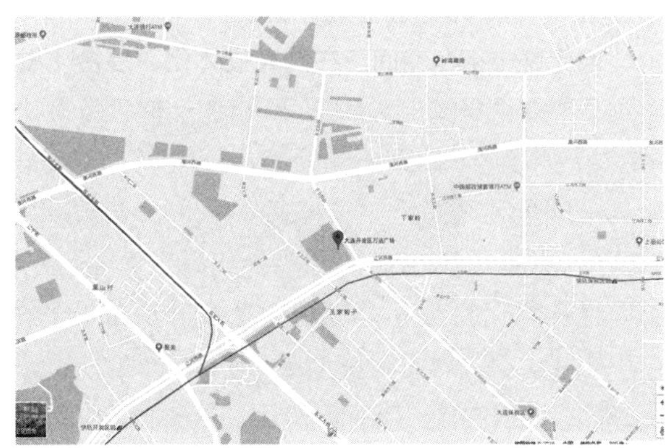

图2 大连开发区万达广场

（2）空间分析：由于大连开发区自身开发进度原因，其周围保有较好的交通状况，但难有较好的基础设施。

（3）绿化分析：其沿街立面，街角绿化都以乔木为主，视觉上与城市绿化主脉络相契合，但细节上内部绿化在使用者视角较为缺乏趣味性，仍有提升空间（图3）。

图3 大连市开发区万达广场

评析：大连开发区万达广场由于兴建于2015

年，年代较新，因此在固有的空间混乱、缺乏秩序等问题上反而做得较好。同时其周围交通构成合理，人流路线优秀。但其街角空间只在宏观上较为合拍，在内部使用者的角度上反而缺乏联系。整体受地点、功能制约，潜力较小。

2. 社区空间实例分析——以大连市文荟小区南街角为例

文荟小区兴建于1994年，属于大连8090老住区的一类，其社区内排列密集，缺乏规划（图4、图5）。

图4 文荟小区入口

图5 文荟小区街角

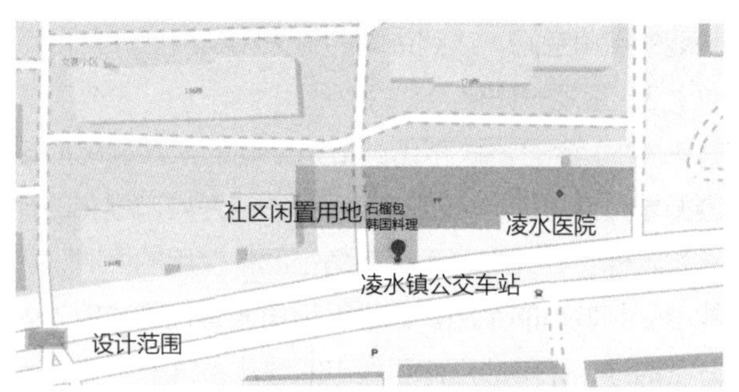

图6 大连文荟小区南街角

（1）视觉分析：如图6可见，其北边面向大连理工大学，南边面向主干道（406路、10路公交线路），无论是使用者人群还是街角空间范围，提升潜力都很大。

（2）空间分析：文荟小区占地狭长，同时只有单侧面向交通区位，属于典型的老旧封闭住区，同时社区内人口结构以老人、小孩为主，缺乏休闲功能的街角空间。

（3）绿化分析： 其南边街角空间绿化匮乏，但与周围城市绿化相对契合，因此在改建时应该以乔木为辅，绿地灌木为主，以免在立面上打破原有空间结构。

评析：整体较为符合社区街角空间改造要求，潜力较大，使用功能大于视觉功能，是现代8090住区所急需的空间。

4 总结

4.1 结论对比

由实例分析对比可以看出，在商业中心街角空间中受众人群多为年轻人，其在视觉功能上的任务远大于它的功能任务。同时，其绿化以及空间构成对城市整体文化氛围的塑造较为重要。社区中心的街角空间受众多为老人、儿童，以及不同年龄构成的行人，因此，其在功能上以使用功能更为重要，在与城市衔接、与周围建筑联系上需求较少，相对的改造空间较大，使用性大于美观。

4.2 方法总结

文章通过分析街角空间的组成得出了街角空间的设计原则和方法：整体联系性原则、可识别性原则、功能性原则、参与性原则。在此基础上，本文从“视觉”、“功能”、“空间”三个不同层面得出了一体化的设计方法、 视觉一体化的设计方法、功能一体化的设计方法以及绿化的设计方法。

参考文献

[1] 李伟. 城市街角建筑一体化设计探析——以青岛为例[D]. 青岛：青岛理工大学，2011.

[2] 孙昊. 建筑综合体与城市交通节点的耦合设计研究[D]. 大连：大连理工大学，2009.

[3] 包纯. 交叉路口的建筑形态研究[D]. 重庆：重庆大学，2004.

[4] （美）卡尔·考夫卡（KurtKoffka）. 格式塔心理学原理[M]. 杭州：浙江教育出版社，1997.

作者简介

高莹，大连理工大学建筑与艺术学院讲师；

李思叡，大连理工大学建筑与艺术学院本科生；

肖尧，大连理工大学建筑与艺术学院本科生。

城市更新与特色活力空间的建构
——以天津文化中心周边地区城市设计为例

Urban Renewal and the Construction of Characteristic Vitality Space:
Take the Urban Design of Tianjin Cultural Center as an Example

陈清，孙红雁
（天津市城市规划设计研究院）

摘要： 随着我国生活水平、文化水平的提高，民众对于城市空间环境品质、文化品质的关注度也在不断提高，也对城市公共空间的合理化设计提出了更高的要求，而城市开放空间作为其中最重要的一部分，对提升城市空间品质有着决定性价值。在我国城市化不断迅速深入的过程中，城市空间品质的急速下降与城市空间面貌千篇一律的现象已成为亟待解决的问题。本文从城市更新入手，希望能通过对城市空间的重塑来提升城市的活力，通过新的活力场来实现城市开放空间的持续性发展。

关键词： 城市更新；活力空间；活力营造

Abstract: With the improvement of the standard of living and culture in our country, the public concern about the quality of the urban space environment and the quality of the culture is also increasing, and it also puts forward higher requirements for the rational design of the urban public space, and the urban open space is the most important part of the urban space, which has a decisive effect on the improvement of the urban space quality. Qualitative value. In the process of urbanization in China, the rapid decline of urban spatial quality and the uniformity of urban space have become a problem to be solved urgently. This paper, starting with urban renewal, hopes to improve the vitality of the city through the reshaping of the urban space, and realize the sustainable development of the urban open space through a new dynamic field.

Keywords: Urban Renewal; Vitality Space; Vitality Construction

1 引言

城市是文化的载体，文化是城市的生命。天津市为促使城市竞争力和文化繁荣，在城市总体规划中为一系列城市大事件的开展预留了一定的发展空间，而这些文化设施的建设一旦启动，必将在各个层次验证和挑战城市应对的能力。这些机遇和挑战充分体现了政府在短时间内通过城市建设的成就引领全方位城市综合实力快速提高的雄心，但以我们现在的发展速度和模式来看，是不可能给城市留有充分的时间去探索或演习的。从规划工作的角度，我们的工作多是出于应激性考虑，而非通盘考虑城市发展与成熟的设定基础上的择优之选。天津曾拥有如此多情而丰饶的近现代文明，它近年来的崛起引发了规划学界与业界的思考，即如何挖掘和发挥天津市的经济资源优势、历史文化资源优势，进一步提升城市的活力。

健康的城市系统是一个具有调节能力和适应力的综合框架，并不需要过分依赖公共投资的个案供给，我们需要证明，除了项目自身文化、商业和特色方面的美，还可以从群体建筑环境的改善上获得摄人心魄的力量，让已建成的项目继续被照料、被培育，成为具有生命力的环境共生的一部分，而这也是城市设计工作者在长期多种尺度的规划项目上表现出的主要贡献。

近年来，天津经济社会发展取得了显著成效，但在文化设施建设方面仍存在单体面积较小、功能不完善、布局相对分散等问题。为适应天津经济、社会的快速发展，体现城市发展定位，完善城市文化服务功能，全面提升天津城市形象，满足人民群众日益增长的文化需要。2008年天津市委、市政府决定规划建设天津市文化中心，天津市文化中心的建设提升了天津市作为现代化大都市的城市形象。文化中心的建设成为展示天津文化底蕴的重要平台，是 推动城市文化发展的重要引擎。

2 城市公共空间活力要素的探索

对于一个城市来说，独特的标志性建筑的确是吸引人观赏的一个要点，然而并不是所有的公共空间都能成功地吸引到人，那是什么样的一个公共空间又有吸引力同时又焕发其活力呢？某种程度上可以说，生动并使人愉快的公共空间是城市空间建设的关键，它们让城市充满生气。

结合空间活力的概念释义，市民活动与参与是空间活力得以表达存在的基础，空间活力借助于市民参与的积极性以及参与度表现出空间活力的程度。其活动分类根据活动属性可以分为必要性活动、自发性活动和社会性活动。根据市民活动的类型以及结合城市意象、场所理论等城市设计语汇，从“空间属性”、“功能复合与适应性”、“公共要素”、“空间情境营造”等方面表达。

空间属性包括空间尺度、空间层次的多样性、空间序列以及空间要素。借助空间比例和尺度之于主体各方面的生理感觉，反映宜人的尺度使人产生安全、舒适、亲切的感受，激发市民的场所感和归属感，增强彼此的感知力，促进人与人、人与空间的相互交流。

功能的复合性原则主要是指城市空间中功能的组合关系，非单一的功能被同一空间组织起来共同使用。适应性则体现出自组织的特征，是指空间功能与人的需求形成互动关系，相互配合的特征。

公共要素包括公共空间及设施、公共活动以及交通的可达性。

空间情境营造，场所感的存在使得城市公共空间变得更加有意义。对于空间情景营造处理得当就会使人产生归属感、认同感和安全感，缺乏情感交流的城市空间是“失落的空间”。

城市公共空间设计不仅需要关注其使用功能，如实用性、规模、维护等物质上的需求，更希望有助于人们思想与情感交流，精神的舒适与享受，可以满足人们的审美情趣、归属感、认同感及具有某种文化内涵。

3 借助城市更新，提升城市空间活力

近年来随着天津社会经济发展取得了显著成效，作为天津城市主中心的小白楼地区，主要承担了商业与商务的城市功能。随着城市的发展，城市现有的主中心小白楼地区，日渐凸显出发展空间不足、功能缺失以及与历史街区保护相矛盾等问题。为了完善城市主中心的城市功能、拓展主中心的建设发展空间，缓解文化历史保护街区的压力，2008年天津市委、市政府决定规划建设天津市文化中心及其周边地区，将文化中心及其周边地区与小白楼商业商务核心区共同组成城市主中心，使天津的主中心成为一个国际性、现代化的文化商务核心区。

3.1 文化中心的建设有效地提升了天津市的城市活力

天津文化中心是天津市委、市政府适应天津经济社会快速发展，体现城市发展定位，完善城市文化功能，利用和整合现有文化资源，满足市民文化需求而规划建设的市民工程，是提升天津综合实力和影响力的惠民工程。天津文化中心由大剧院、博物馆、美术馆和图书馆四大文化建筑组成，并于2012年5月建成并对外开放，每天都有数以万计的市民举家出行在广场上活动。傍晚音乐喷泉的开启，更是吸引了大量市民流连忘返。

文化中心目前运营的状况很好，图书馆向市民全面开放借阅图书，还有很多假期放假的学生在阅览室自习，盛夏时节傍晚时分，大剧院前音乐喷泉开启，活跃了文化中心整体空间气氛，同时高品位的音乐会、演奏会、歌舞剧、戏曲表演、中外民族歌舞、诗歌朗诵会等这些高雅艺术亲近老百姓，其中很多人都是散步过程中和家人买票入场，整个文化中心地区的这些文化形式走的是亲民路线，大多时候人们可以花费一张电影票的价钱欣赏到大师级的演出。这也是吸引人气、普及高雅艺术的重要方面。

四大文化建筑的全面建成开放，高雅的文化盛宴集聚了人气，2016年天津夏季达沃斯晚宴就设在文化中心主广场。文化中心以城市客厅独特的载体形式，创造了城市活力。

3.2 文化中心的建设带动了周边地区的发展及都市活力

天津文化中心的建设极大地提升了天津市的文化影响力，带动和促进周边地区的发展繁荣。借助文化中心建设的契机，天津在文化中心周边地区2.41平

方公里范围内规划一个国际性、现代化的文化商务核心区。

《天津市空间发展战略规划》对天津市的发展方向、空间布局结构等重大问题做出了展望和安排，确定天津市整体空间结构为“一主两副”。“一主”是指“小白楼地区”城市主中心，小白楼地区城市主中心位于城市中心海河两岸，具有深厚的历史文化底蕴和金融、商务办公、中高端商业等多种功能，是天津最具特色和国际化的商务中心。

城市中心是一个城市的经济活动、行政活动和文化活动等城市主要社会活动最集中的区域，小白楼地区作为天津城市的主中心应承担相应的城市功能，但小白楼地区主要承载着商业、商务的功能，同时该地区还存在着发展空间不足、地区功能缺失、地区发展与历史街区保护相矛盾等问题，因此，作为城市的主中心，亟待需要拓展城市中心发展空间，增加文化、行政、科技等功能，创造崭新的国际性现代化城市形象。

文化中心的建设、新迁址到该区域的市政府、新建成的接待中心以及文化中心周边地区的开发建设是作为小白楼城市中心功能的延伸，这样不仅拓展了天津城市中心的土地供给，并且在功能内容上与历史悠久的小白楼、五大道地区相呼应，增加了现代的城市核心所应承担的功能、内涵以及形象、风貌，弥补了城市中心区的功能。文化中心周边地区将成为城市中心重要的组成部分，为密度较高的商业和住宅开发提供宽广的空间和大量的机遇。因此，天津的城市中心才能从迅速发展的都市中心跃升为一个世界级的城市中心。城市中心区功能的延伸，提升了城市核心区的活力。

3.3 亲切舒适的城市肌理，理想宜人的“天津尺度”

街道是人与外界接触的媒介，街道不仅仅具有交通的功能，还能为来往的人们提供一种美的享受，正如简·雅各布斯在《美国大城市的生与死》中的一句名言：“当我们想到一个城市时，首先出现在脑海里的就是街道。街道有生气，城市也就有生气，街道沉闷，城市也就沉闷”。合理舒适的街道尺度可以让在街道上行走的人们驻足、交谈，咖啡桌可以沿街布置，使街道更具亲和力。

天津文化中心周边地区现状为五六十年代建造的住宅区，大部分为3层坡屋顶红砖住宅楼。文化中心周边地区的现状是在原有平房新村规划理论的基础上，相继出现的居住街坊，以街坊为单位的苏联居住区规划理念在文化中心周边地区现状中得以充分的体现。这些理论对天津市居住区规划曾产生过很大影响，以街坊为规划单位的理论在文化中心周边地区现状居住区中得到明显的反映。文化中心周边地区居住区现状街区街廓多为100米×130米，城市街道宽度15～30米，住宅建筑3～7层，呈现为小街区，密路网的城市肌理（图1），原有的街区路网肌理对营造适宜的步行空间尺度、保证城市步行交通的连接性，促进社会之间交往，增加商业沿街面积、形成有活力的城市街道，缓解城市中心区交通压力都起到了积极的作用。

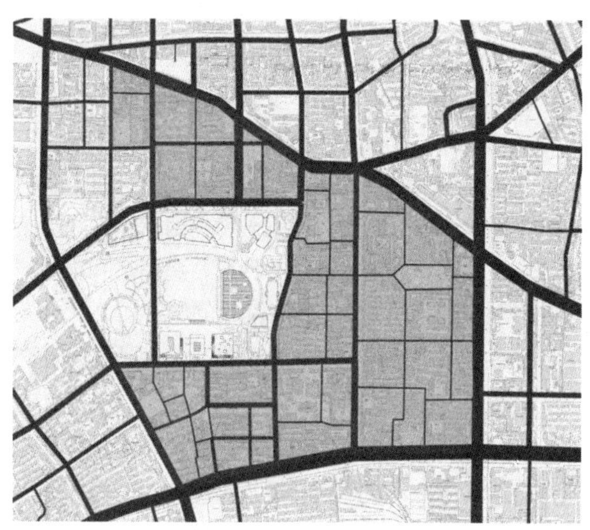

图1 原文化中心周边地区现状城市肌理

未来文化中心周边地区文化商务核心区的城市肌理保留了原有舒适的、人性化的街道尺度与建筑景观，如狭长紧凑的林荫道以及亲切的中低层建筑等。在对文化中心周边地区文化商务核心区的规划中，以100米×130米的尺度为基本的街坊单元，以规划的4～8层的建筑群围合地块为基础单元，为较高的塔楼和标志性建筑预留空间。通过绿轴、南北广场建筑层次的组织，塑造出理想的“天津尺度”（图2）。小街区、密路网，增加商业地块的面街机会，更加适于步行，并为机动车交通提供更多的可选择路径，提升公共服务设施的易达性，创造出积极、健康、充满活力的城市生活。

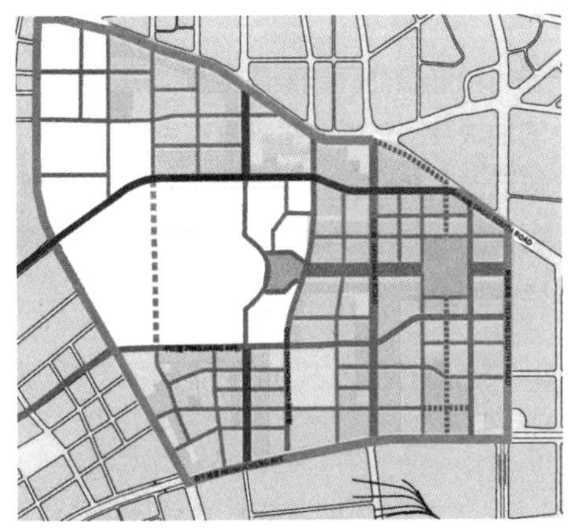

图 2 规划文化中心周边地区城市肌理

3.4 混合功能及紧密性的开发，营造充满活力的城市结构

有活力的城市意味着有多样化的活动、人群在公共区域交汇，并且有机会对话、分享与聚会。文化中心周边地区文化商务核心区由开放空间和城市道路自然划分为四个功能复合而联系紧密的区域（图3）。主要的商业开发在沿路、地铁站周围及主要开放空间发展，活跃的商业建筑围绕着绿轴和公园布置，独特的居住邻里分布在区域的西北、西南及东南。每一个区域均具有混合开发的功能，在紧凑的空间内各类活动同时或交替发生着，营造出不同的活力氛围。如果说多种出行方式能提供给人们慢下来的机会、快速离开和进入的条件，那么一个地区功能混合的开发，意味着各种土地功能彼此临近，将在很集聚的一块地方创建各种类型活动集聚、相互扶持和利用、在时间上可以交错使用的使用模式。这里容纳的建筑类型与式样可以激发人的愉悦感、想象力。充满活力的城市结构，最典型的就是尖山路两侧（图4、图5）：它不是传统的步行商业街，而是来上班、办事、购物、聚会、临时步行经过、停靠、餐饮、休闲等都在一同发生，这些混合的商业功能靠近住宅小区设置 ，也方便周边居民。节假日小广场和街道上还能够举办商业促销、庆典等活动，不仅能够促进地块上商业机会和地产的价值，还会扩大整个地区文化的标志意义。人们会不知不觉地认定这是一个有意思光顾的地方，那么就会自发地形成更多类型的活动。

从城市空间格局上，吸收天津自身以及美国大城市中心区的做法，倡导小街区、密路网，这样做，对商业地块而言，增加了面街的机会，而且也更加适于步行。在小区居民地块里，路网密度大意味着机动车可以选择的路径增多，而不必都在有限的几条主路上堵车，对居民和行人安全、空气质量都有益处，特别是学校、公园、购物场所以及交通设施的易达性大大提高，可以说这里与传统的整个一大片市中心里开辟单一的步行街模式相比，是更加先进的造城思想，创造的是一种积极、健康、充满活力的生活。

图 3 文化中心周边地区城市设计效果图

图 4 尖山路两侧效果图

图 5 尖山路两侧效果图

3.5 公园网络和绿色街道，活跃了地区交往空间

城市中任何区域都不是一个独立的地区，任何系统都不能脱离城市大系统而单独运行，通过加强该区域与城市东西向公共开敞空间的连接，为整个区域创建了一个完善的绿色网络（图6）。在景观设计中，规划有专门的景观街道、公园和步行道体系与最大的文化中心公园相连接，人们可以几乎不间断地行走在绿荫下，一路看到的是绿色的景象，同时享受到很丰富的室外活动体验。

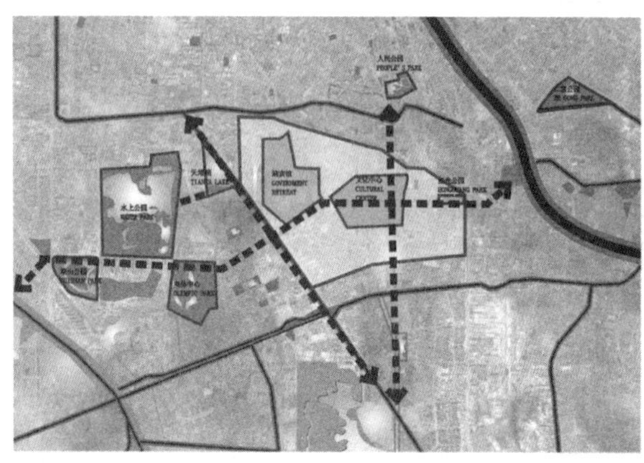

图6 区域绿色网络分析

随着文化中心周边地区文化商务核心区的更新建设，这里将成为市中心最繁华、活力最强的地带，吸引本地和乘坐地铁来的市民人群，以及外地游客前来休闲、消费、体验。街道和公园将成为最主要的公共空间，承载人们社交、休闲、运动、乘车转换、日间办公等需求。规划多样化、多层次的开放空间系统，规划在原有红光公园的基础上扩建了文化中心公园，通过中央绿轴与文化中心公园相连，形成地区的绿色核心；两横两纵的林荫大道作为绿色骨架；每个区域都有各自的社区公园、广场，通过绿色街道及绿色人行步道连接成一个紧密的绿色网络。

城市设计约定了基本的开放空间和景观架构，但这其中还需考虑天津本地气候条件对人的影响：天津冬季冷风，在所有的大型公园（包括文化中心公园和连接它与大剧院的景观轴带）以及社区公园内，都会保证充足的阳光照射，没有建筑阴影的遮蔽。而到了夏季，考虑到暴晒闷热，街道南面种植的树木能为行人遮阴，这些做法能保证在这些街道上行走人群的舒适度。

街道也是连接公园的绿色景观，由于整个地区采用较小的地块及密集的道路网络，人们在街面上步行更容易接近、达到公园以及这些绿街，各个功能区都规划有各自的公园、广场，地块尺度可以容纳开发项目的多样性和灵活性。

3.6 交通出行方式的多种选择，丰富了城市的可达性

人们判断一个城市的活力和多样性，会有一个比较公认的规律，城市生活条件越好，生活方式的选择就会越多。如果更多道路意味着更多车流和拥堵，那绝对不是现代化城市的目标。交通出行方式是寻求机动化与其他慢行交通出行的平衡，最现代化、最密集和经济水平价值最高的地区，一定是能够提供多种出行方式的选择。

如果主要街道和公共交通能很好地连接，那么城市流动性将大大提高。文化中心周边地区的规划加强了尖山路的连接作用，过去这条路是没有办法机动车穿行的，南北两端断开，尖山路的开通，提升了这条道路的等级，为整个地区提供一个新的交通廊道，形成了多模式交通网络系统。

未来这里主要依靠地铁和公交，近期将有3条地铁线经过或穿过这个地区，其中尖山路上设置两个站点。站点周边配有公交转运、自行车存放处，与世界上发达国家一样，在最高端的办公区设立最集中的公共运输系统。远期（未来5年）还将有更多地铁线路的规划建设为该地区服务。

3.7 文化元素的增长，提升了城市公共空间的活力

文化中心的建设为天津空降了很多属于现代城市中艺术文化享受的公共形式，以这些文化功能为基础，结合社区环境、景观和建筑的营建，逐渐成长为一个蓬勃健康的城市中心。先前提到的很多物质空间的建设无形中已经在促使文化中心地区向这个目标发展。比如我们连通城市公园的绿色街道空间（图7），街道两边布置上班族消闲的新型店铺，这些咖啡店、特色餐饮、小型书吧、健身房、鲜花店、纸品文具店、设计工房、邮政、银行等在街道两面延伸，吸引各种类型和目的的人前来使用。街道

家具的设计和位置符合人的使用习惯，将会有人在街道上散步，小广场和公园会有为青少年准备的小型篮球场，居民健身器械场地，不同年龄和兴趣的群体会使用文化中心的设施、街道和公园场地进行日常锻炼，人们在社交、休闲中与自然接触，这些都代表着一座城市公共空间安全、健康、有活力的启示。

图 7 街道空间效果图

4 结语

公共空间可以改变人在城市中的生活，改变人对城市的感受，影响人在城市之间的选择，公共空间的存在是人选择居住城市时，重要的衡量标准之一。现代社会信息化及网络通信等科技手段的广泛使用虽然使人对外在空间的依赖性变得虚拟化，但城市生活的快节奏和快速变化，不但没有减少人们对公共空间的需求，而是增加了人们公共交往的心理需求。怎样才能让一个城市公共空间变成一个人人向往的地方？对于一个城市生活者来说，是否想去公共空间，是否想待在那里，公共空间看起来是否环保友好，能否找到自己休憩的地方等问题都考验着公共空间本身的存在价值，而其利用的好坏不但需要城市管理者、规划者的认真和细心付出，也需要广大公众的主动参与和大力支持，只有这样城市空间的活力才能更好地发挥，更好地服务于城市和人本身。

参考文献

[1]（日）芦原义信.外部空间设计[M]. 尹培桐，译. 北京：中国建筑工业出版社，1985.

[2]（丹）扬 · 盖尔. 交往与空间[M]. 北京：中国建筑工业出版社，2002.

[3]（美）简 · 雅各布斯. 美国大城市的死与生[M]. 北京：译林出版社，2005.

[4] 王建国. 城市设计[M]. 北京：中国建筑工业出版社，2009.

[5] 赵武征.现代城市建筑中的复合公共空间设计[D]. 重庆：重庆大学，2004, 6.

[6] 里尔 · 莱威，彼得 · 沃克.彼得 · 沃克——极简主义庭园. [M]王晓俊，译. 南京：东南大学出版社，2003：7.

[7] 张瀚元. 彼得 · 沃克简约化景观设计研究[D]. 哈尔滨：哈尔滨工业大学，2010.

[8] 缪朴. 亚太城市的公共空间一当前的问题与对策 [M]. 司玲，司然，译. 北京：中国建筑工业出版社，2007：194-212.

[9] 缪小龙. 冷看城市广场热[J]. 规划师，2001,17(1)：101-102.

[10] 赵知敬，钱连和. 城市的开放空间一记“城市广场规划设计”研讨会[J]. 北京规划建设，2003（2）：50-53.

[11] 蔡永洁. 城市广场[M]. 南京：东南大学出版社，2006:220.

[12] 陈刚. 美国城市规划对北京的启示 [J]. 建筑学报，2001（12）：31-34.

[13] 米庭乐、庄祺 . 关于城市公共空间的几点思考[J]. 攀登，2014.

基于点轴理论的城市特色风貌规划研究
——以天津市精武镇总体城市设计为例

Study on Urban Feature Planning based on Point-axis Theory:
Taking the Overall Urban Design of Jing-Wu Town in Tianjin as an Example

高铭
（天津城建大学，300384）

摘要： 一个有特色风貌的城市，有着自己特有的城市名片，具有很强的亲和力、吸引力和感染力，既能加强来访者对该城市期待感和认同感，也能够增加本地居民的归属感。然而现阶段对于城市特色风貌规划的理论方法支持较少，本文试图以区域规划的点轴理论为理论基础分析并解决现城市特色风貌规划建设中遇到的问题。并在第四章中以天津精武镇总体城市设计中风貌的控制为例展示了点轴理论在城市特色风貌规划中的应用。

关键词： 点轴理论；城市特色风貌核心区；城市特色风貌发展轴

Abstract: A city with distinctive features, with its own unique city card, has a strong affinity, attractiveness and appeal, not only to enhance the visitors to the city's sense of anticipation and recognition, but also to increase the sense of belonging to the local residents. However, there is little support for the theory method of urban feature planning, this paper tries to analyze and solve the problems in the urban characteristic style planning and construction with the point axis theory of regional planning as the theoretical basis. In the fourth chapter, the article shows the application of the point axis theory in the urban feature planning by taking the style control of Tianjin Jing Wu town as an example.

Keywords: Point Axis Theory; Urban Characteristic Style Core Area; Development Axis of City Characteristic Style

1 城市特色风貌发展特点

1.1 城市特色风貌基本内涵

城市特色风貌是城市在其历史的发展过程中，由各种自然地理环境、社会与经济因素及居民的生活方式积淀而形成的城市既成环境的文化特征。它是城市的灵性，使城市具有旺盛的生命力，使其得以延续、发展并发挥其传播文化的基本功能。规划师应注重保护城市的风貌特色，善于挖掘具有个性化和典型文化意义的城市风貌特质，并加以培育、提升、强化，用特征化的建筑和景观语言解读城市独特的城市文化，以凸显城市风貌特色。

1.2 依托于一定的物质载体

城市特色风貌所展示的城市的文化特征需要一定的物质载体来呈现。例如：城市空间结构、河网水系、建筑群、街道的氛围与城市家具、植物景观、广场、桥梁等城市各构成要素的外部形态特征。每座城市所特有的风貌在历史的长河中都一点一滴的刻印在了这上面。就是这些摸得到看得到的物质承载着这所城市叫不上、说不清楚、雨雾缥缈的文化，仿佛古代的诗人将感情报复寄托于文字来表达一般，让后人有机会再反复的推测揣摩。

1.3 具有一定的渗透性

文化是竞争的软实力。城市特色风貌就宛如柔水，会见缝插针般的一点一滴地挤进、蔓延进城市的细枝末节当中。它从人们的生活习惯中来又会渗透到人们生活中去。不断往复，不断发展。

1.4 城市特色风貌规划建设中面临的问题

1. 城市风貌无特色

城市的风貌建设毫无疑问将受到规划师与建筑师的设计理念(主义)、个人审美观、艺术修养、设计技巧与设计手法的影响。部分规划师建筑师只追求于个人的表达或者急于求成而模仿、抄袭、克隆都会使城市显得平庸和俗气，导致各城市风貌千城一面，毫无特色。

2. 城市风貌单一

规划建设中只追求于对某一单独文化要素的利

用以及展现，而造成整个城市或者片区都是同一种味道，不免让人乏味。另一方面，在城市风貌建设中一味地注重对城市历史文化的挖掘而丧失对城市现有文化的体现。

3. 城市风貌无序

对于展示的城市多种风貌，风貌直接相互穿插乱序，无主次、无等级体系、无重点。从哲学的角度来说就是没有区分主要矛盾与次要矛盾。因此，导致城市的特色风貌这张牌打不响打不亮，从一定程度上也削弱了特色的表达。

4. 城市风貌地段孤立

在城市建设中，由于工程量的问题，往往考虑分期进行，一先一后分区分地段规划建设。甚至在资金不足的情况下，只进行重要核心地段的建设。在城市风貌建设的问题上体现得尤其明显。因此常常出现城市风貌地段孤立的状况。

5. 城市风貌地段辐射能力弱

由于具有城市特色风貌的地块自身特殊的地理位置、交通因素、覆盖区域有限等可达性的问题，改造建设好的城市特色风貌地段对周围片区的影响较弱，没有更深一步地渗入到市民的生活当中。

2 点轴理论的引入与借鉴

随着十九大中国特色社会主义新时代的到来，人们的追求不再单单是对城市的功能服务，人们日益增长的文化需求对城市建设提出了更高的要求。城市风貌的建设日益重要。而点轴理论原本是区域规划、经济地理的范畴，考虑到其渐进扩展的特点与城市特色风貌相同，本文引入点轴理论，探寻该理论对城市特色风貌规划建设提出有价值的相关意见。

2.1 点轴渐进扩散理论的基本概念与基本论点

陆大道院士在乌鲁木齐召开的全国经济地理和国土规划学术讨论会上做的“2000年我国工业布局总图的科学基础”报告中首次提出了“点-轴系统”理论模型。点轴体系的主体部分是“发展轴”，由点和轴组成，是一个相对密集的人口和产业带。包含有不同等级点轴的点轴体系通过区域可达性来实现渐进式扩散。

2.2 点轴理论对城市风貌特色规划的借鉴

点轴理论通过确定不同等级的点轴，利用其可达性、连接性辐射带动区域的发展。而城市特色风貌正好需要一定的物质载体，完全可以借助点轴的渐进扩散的特点来更好地发挥自身的渗透性。在进行城市特色风貌规划建设时，何不参考点轴理论，确定城市特色风貌核心区以及城市特色风貌轴。所以，本文尝试使用点轴渐进扩散的基本理论解决城市特色风貌规划建设中的问题。

3 基于点轴理论的城市特色风貌规划研究

城市特色风貌的规划一直是城市设计中重要的设计内容。我们从我国城市特色风貌建设发展的现状入手，面对城市风貌建设中的种种问题与机遇，运用点轴理论中的基本要素与作用机制，对我国城市特色风貌规划建设进行探讨。

3.1 城市特色风貌核心区的确立

选定某一块具有某一方而或几方的突出优势的区域作为城市特色风貌核心展示区，集中地展示城市特色风貌，并充分发挥其辐射带动作用。该地区一般在地理位置、资源环境等方面具有高度的综合性，可结合经济文化活动中心、公共服务中心等市民核心公共交往空间来营造。通过产业流、信息流、技术流等对附近区域进行集聚与扩散。

1. 具有一定的规模等级

一定的用地规模是活动的载体，一定的人口规模是活动的动力来源。然而，该规模等级不仅仅指的是核心区的用地规模、人口规模。在另一方面这个规模等级还指的是综合规模，既包含了人口因素也包含了社会、经济等因素，同时具备一定的基础设施水平。综合规模是衡量一个地区吸引力的一个复合性变量，是有目的选取的若干指标的几何平均值。这种计算方法可以更好地反映该地块的吸引力，更符合实际情况。核心区便捷的地理位置、丰富的服务功能等使其具有较强的吸引力，人们以及很多产业经济在这里集聚，从而产生一定的规模经济与外部经济。

另外，根据规模大小应该确定不同级别的城市特色风貌核心区，并且等级数量比应该是一个较为合理的数值。

2. 合理的空间分布

在位置选择上，随着经济社会的发展，线状交通设施的种类和数量大大增加，新的城市特色风貌核心区一般位于自然资源或者交通干线附近。

在密度分布上，主要受到社会经济发展水平和地理环境等因素的影响，并且与区域经济发展水平呈正相关关系。

在职能类型上，不同的核心区根据区域自身发展特点具有其特有的职能类型。另一方面，越高等级的核心区位于特色越突出的地理位置上。

3. 具有一定通达度

通达度简单来说就是交通可达性，主要指两个地区之间交往和联系的方便程度。是衡量点轴体系中城市特色风貌核心区间移动的难易程度的指标，即点轴体系中从一个核心区到其他所有核心区的方便快捷程度。这也从侧面反映出了研究区域内地区发展不平衡的现状。虽然目前交通工具和通信工具十分发达，但距离因素仍然是影响货物、人口流动的重要因素。距离越长，花费的时间越长，相应地，诸如运费等相关成本越高，并且两者之间的连接频率可能会降低。通达度越高的城市特色风貌核心区等级越高。

4. 影响范围

城市对其周围地区的影响强度称为城市地理场强。可以通过城市地理场强计算的方法来研究各个城市特色风貌核心区的扩散与集聚的范围，通过扩散与集聚范围的研究，可以得出“点”的作用力大小，从而进一步可以划分不同层次的强弱影响“点”。

3.2 城市特色风貌轴的确立

该轴线一般依托于交通线路等基础设施建设，并具有一定的运输能力。以交通干线为主体，是“点”，进行集聚与扩散作用的物质基础。通过轴的引导将核心区的集聚与扩散作用更加有序地发挥出来。

1. 具有一定的规模等级

城市特色风貌轴的规模等级一般与其空间载体有关，规模等级越大的交通主干道一般承担着展示城市形象的责任，从而往往作为更高等级的风貌轴来建设。但是并不是其决定因素，另一方面，历史因素、市民生活主导空间也是参考因素之一。具有一定历史价值的老街，更能够原汁原味地来体现城市的风貌。而选择市民生活性主导空间更能够把这份城市的特色渗入到市民的心中去，一种无价的自豪感、归属感油然而生。

2. 合理的空间分布

城市特色风貌轴的空间分布密度以及规模等级皆与地区的发展水平呈正相关关系，同样也体现了区域内存在的地区发展的差异性。依托于交通网的风貌轴一般与区域的道路密度相关，道路密度越大的区域，风貌轴空间分布密度越大。另外在职能类型上，由于每个风貌轴所依托的空间载体不同，往往具有各自不同的特点。依托于水系等自然景观的更加注重生态保护，依托于老街的更加注重文化传承，依托于市场开发的更加注重创新科技。

3. 具有一定连接度

对于城市特色风貌轴，其所连接的城市特色风貌核心区越多，等级就越高，连接性越高，核心区之间的要素流动更方便。高连接度的风貌轴承载了更加丰富的风貌类型。连接着较多核心区的风貌轴一般是等级较高的交通性主干道，该风貌轴承载了较大的交通流、能力流、信息流等。

3.3 城市特色风貌发展轴的确立

发展轴由点和轴组合而成，是一个相对的人口、经济密集带。发展轴对附近区域有很强的经济吸引力和凝聚力。轴线上集中的社会经济文化设施通过产品、信息、技术、人员、金融等，对附近区域有扩散作用。扩散的物质要素和非物质要素作用于附近区域，与区域生产力要素相结合，形成新的生产力，推动社会经济文化的发展。发展轴一般可划分为单极型、双极型、多极型。

1. 层次性

所谓层次性，就是指在不同层次的区域，存在着相对应的发展轴，不同层次的发展轴，其规模、作用等方面也不尽相同。在各种层面的发展轴之中，上一层面的发展轴对下一层面发展轴的架构起决定作用。区域层面的发展轴存在于区域中心城市之间，具有轴线距离长，集聚、扩散能力巨大，分布范围通常会跨越数个省级行政辖区范围的特点。省域层面的发展轴存在于省域中心城市之间，其长度、集聚、扩散能力相对于区域层面的点轴体系来说较弱，通常在省域范围内发挥作用。市（县）域层面的发展轴存在于城区、中心镇之间，通常在县域范围内发挥作用。本文中精武镇的发展轴受到天津市发展轴，以及区域京津冀发展轴的影响。

2. 等级性

在一定区域内，往往存在多条发展轴，这些发展轴对区域的影响能力是存在差异的，这种差异就体现为发展轴的等级性。需要对发展轴进行分级，确定各条发展轴的主次地位。

3. 不同的发展阶段

根据点轴理论，区域点轴体系的形成、发展有四个主要阶段。①原始阶段：点-轴形成前的均衡阶段，地表是均质的空间，社会经济客体虽说呈有序的状态分布，但却是无组织状态；②初始阶段：点、轴同时开始形成，区域局部开始有组织状态，区域资源开发和经济进入动态增长时期；③形成阶段：主要的点-轴系统框架形成，社会经济演变迅速，空间结构变动幅度大；④成熟阶段："点-轴"空间结构系统形成，区域进入全面有组织状态，它的形成是社会经济要素长期自组织过程的结果，也是科学的区域发展政策和规划的结果。

4 对天津市精武镇总体城市设计的启示

精武镇位于天津市西南部，西青区中部，既是与天津中心城区联系密切的大城市边缘区，又地处西青辅城与赛达产业新城两大城市片区的关键区位。距天津中心城区市政府10公里，距天津南站4.5公里，距西青区政府14.5公里。精武镇域总面积约70.5平方公里。西青总体规划确定精武发展规模为：常住人口21万、城镇人口20万、城镇建设用地30.48平方公里、用地总面积约70.5平方公里。

在精武镇总体城市设计的城市特色风貌规划中运用点轴理论，打造以产业创新聚集为基础、水绿生态景观为背景、精武地域文化为灵魂、独具魅力的精致城区。

4.1 具有层次性的精武镇特色风貌发展轴

1. 区域层面发展轴

如图1所示为京津冀发展轴，以此发展轴带动边缘区变为对接区域的节点。自从国家设立雄安新区以来，国家特别重视对雄安新区的建设，投入了大量的人力物力。位于京津冀发展轴上的天津精武镇应该好好把握这个机遇，充分利用这个优势发展自身特色。

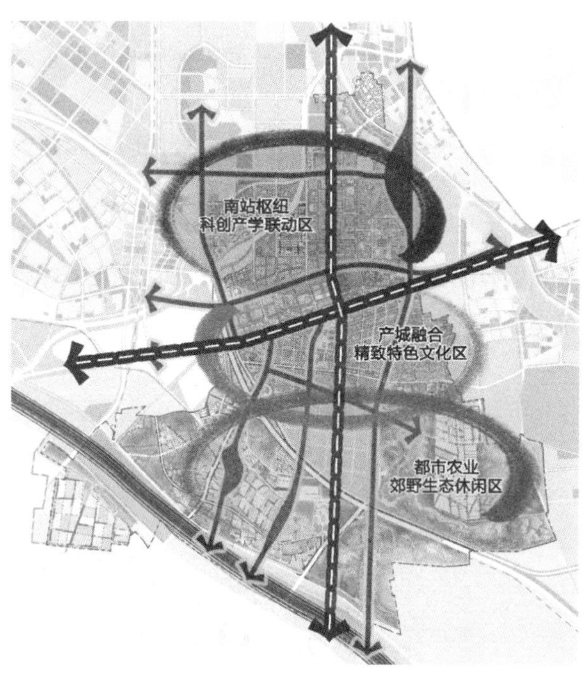

图1

2. 市域层面发展轴

在天津市域层面，精武镇处于南部创新培育廊道的西青华苑产业园区。可重复利用该发展轴的带动作用发展建设以创新为特色的城市特色风貌。

3. 地域层面发展轴

天津市西青区的"三带三区、双城联动、内外交融"的点轴体系中精武镇位于西青辅城范围，并由东西联动发展轴连接。可着重考虑东西方向的发展轴的建设（图2）。

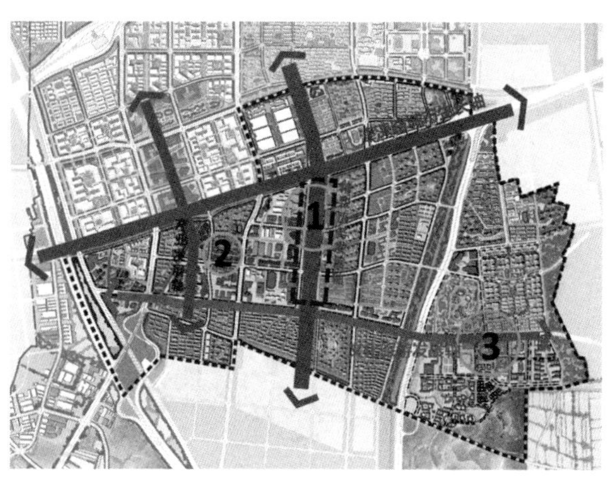

图2

4. 镇域层面发展轴

以以上三个层次的发展轴为基础对精武镇总体城市设计中的城市特色风貌发展轴提出未来发展的判断。

（1）街镇发展模式——西青辅城升级要求之下，系统提升融合城区。

（2）都市边缘地区——京津冀协同发展背景下，区域联系重要节点。

从而进一步确定了镇域层面的发展轴：津涞路创新城区风貌轴、精武路三生共荣风貌轴，以此双轴纵横尽展精武风貌（图3）。

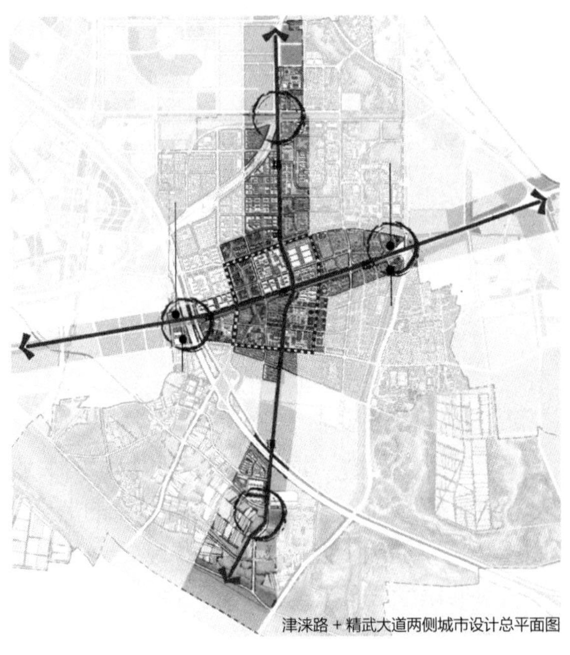

图3

4.2 等级分明的点轴

分别对精武镇的南站枢纽科创产学联动区和产城融合精致特色文化区的点轴体系建设如下（图4、图5）。

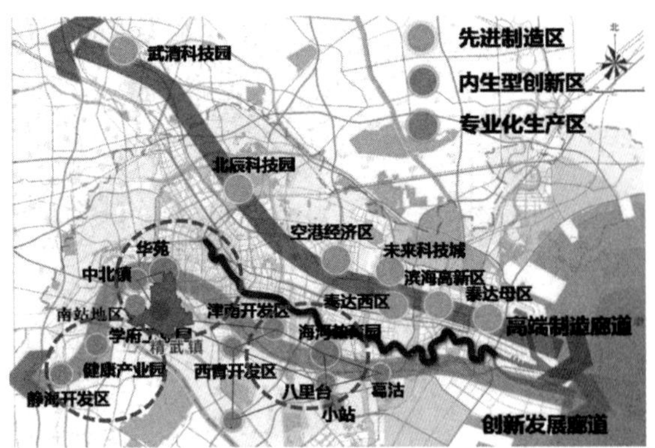

图4

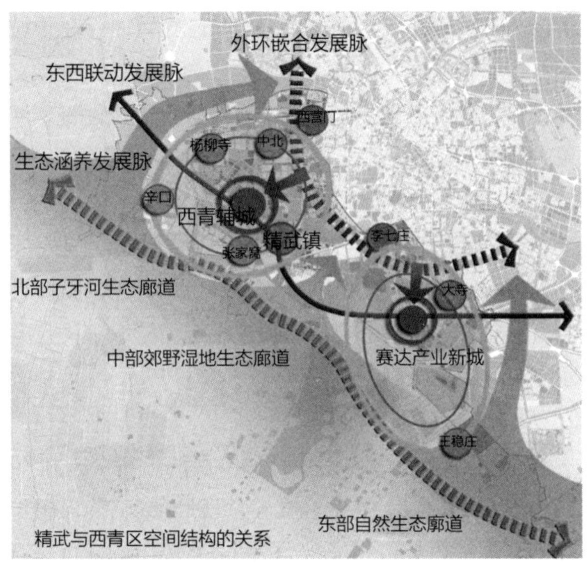

图5

南站枢纽科创产学联动区："一横、四纵、一河、四片"。

产城融合精致特色文化区："两横、两纵（精致服务发展轴、创新产业发展轴）、三心（精致城区服务中心、永红工业更新改造中心、精武原乡文化中心）"。

轴线的选取大多依赖道路交通（京福支线、赛达大道、精武大道、外环线），其中较高等级的轴线为交通线主干道（津涞路），并连接有较多的核心区。核心区依托于各自据点的规模与发展轴线发挥各自的特色。

4.3 有趣有序有影响力的精武风貌

以点轴理论为基础建设有趣有序有影响力的精武风貌，主要从以下两轴进行展示。

1. 津涞路创新城区风貌轴

津涞路作为连接中心城区与南站科技商务区，展现精武发展建设水准，体现精武精神气质的重要连接轴带，城市设计力求有秩序、有节奏、有风格地进行街道景观风貌的控制，规划其风貌分段如下（图6）。

①西部门户风貌段

②创新产业风貌段

③自创智库风貌段

④现代生活风貌段

⑤特色活力中心风貌段

⑥宜居生活风貌段

⑦东部门户风貌段

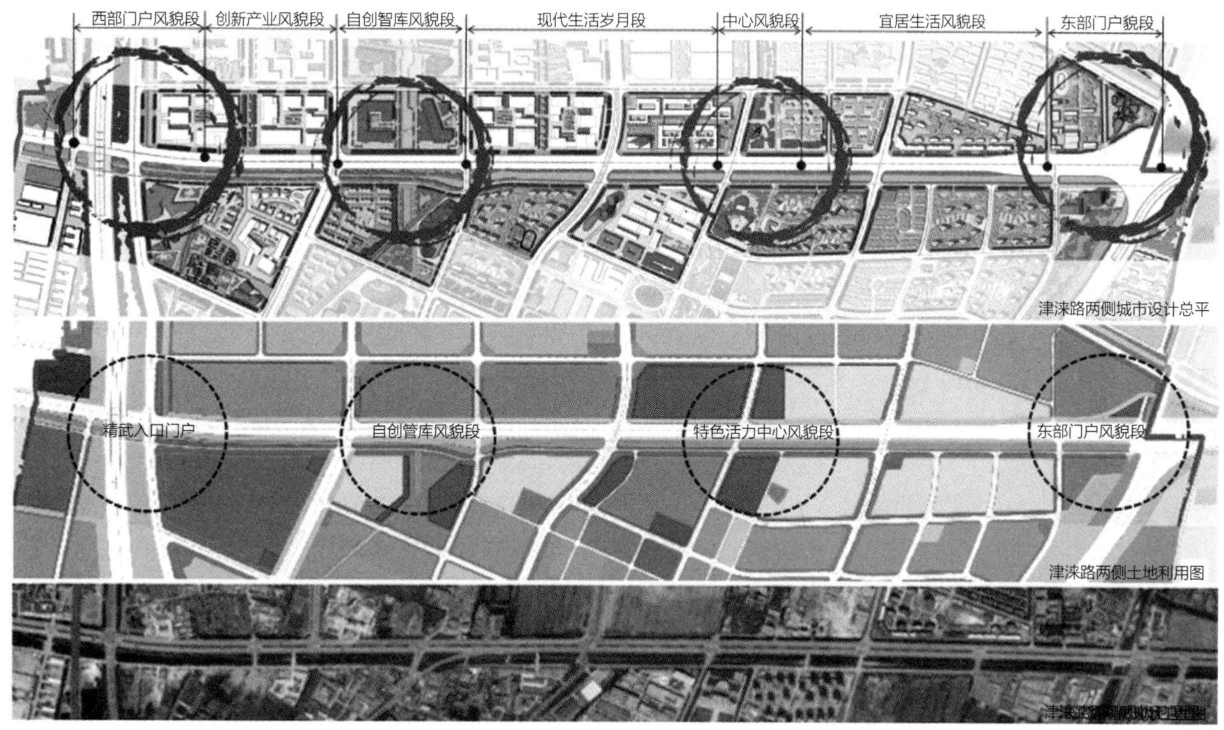

图6

2. 精武路三生共荣风貌轴

精武大道作为联系大学城、学府园区、魅力服务中心区、都市农业区的南北主轴，串连贯通了生产、生活、生态的三生空间，充分展示了共荣协调融合发展的追求，规划其风貌分段如下（图7）。

①大学城科研风貌段

②学府创新产业风貌段

③滨河景观风貌段

④特色活力风貌段

⑤田园综合体风貌段

⑥都市农业风光景观风貌段

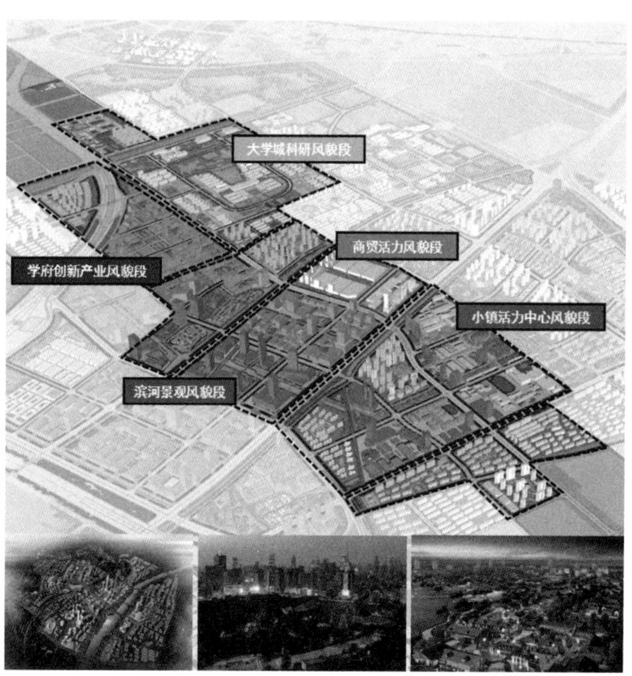

图7

5 结语

本文以点轴理论为基础，探索了基于该理论的城市设计中对城市特色风貌的规划研究。针对现有城市特色风貌规划中出现的问题，并以天津市精武镇总体城市设计为例，从点轴理论的三个要素出发，并结合特色风貌区发展特点对城市特色风貌区规划提出规划策略，以求得一个更加有趣有序有影响力的城市特色风貌来充分展示精武文化。

参考文献

[1] 谢毅. 基于点轴理论的重庆市城镇空间结构演变实证研究[D]. 重庆：重庆大学，2010.

[2] 李蕊蕊，赵伟. 区域空间发展理论研究的进展[J]. 泉州师范学院学报，2006（02）：56-62.

[3] 方中权，陈烈. 区域规划理论的演进[J]. 地理科学，2007(04)：480-485.

[4] 卞显红，章家清. “点-轴”渐进扩散理论及其在长江三角洲区域旅游空间结构研究中的应用[J]. 江南大学学报（人文社会科学版），2007（02）：59-65.

[5] 唐景峰. 区域规划理论和方法的探讨[D]. 成都：四川大学，2005.

[6] 倪艳. “点-轴”渐进扩散理论在湖南“3+5”城市群区域旅游空间结构研究中的应用[J]. 湖北经济学院学报（人文社会科学版），2011，8（01）：50-51.

[7] 周波. 关于城市风貌特色的研究[J]. 湖南城市学院学报（自然科学版），2009，18（03）：30-33.

[8] 马武定. 风貌特色：城市价值的一种显现[J]. 规划师，2009，25（12）：12-16.

[9] 段德罡，孙曦. 城市特色、城市风貌概念辨析及实现途径[J]. 建筑与文化，2010（12）：79-81.

[10] 王颖楠. 城市特色风貌塑造的中国本土设计方法研究[D]. 北京：清华大学，2014.